# Java 第六版
## 教學手冊

The Path to Professionalism

# Java

第六版

## 教學手冊

The Path to Professionalism

感謝您購買旗標書,
記得到旗標網站
www.flag.com.tw
更多的加值內容等著您…

● FB 官方粉絲專頁:旗標知識講堂

● 旗標「線上購買」專區:您不用出門就可選購旗標書!

● 如您對本書內容有不明瞭或建議改進之處,請連上
旗標網站,點選首頁的 聯絡我們 專區。

若需線上即時詢問問題,可點選旗標官方粉絲專頁
留言詢問,小編客服隨時待命,盡速回覆。

若是寄信聯絡旗標客服 emaill,我們收到您的訊息
後,將由專業客服人員為您解答。

我們所提供的售後服務範圍僅限於書籍本身或內
容表達不清楚的地方,至於軟硬體的問題,請直接
連絡廠商。

學生團體　訂購專線:(02)2396-3257 轉 362
　　　　　傳真專線:(02)2321-2545

經銷商　　服務專線:(02)2396-3257 轉 331
　　　　　將派專人拜訪
　　　　　傳真專線:(02)2321-2545

作　　者/洪維恩

發 行 所/旗標科技股份有限公司

　　　　台北市杭州南路一段15-1號19樓

電　　話/(02)2396-3257(代表號)

傳　　真/(02)2321-2545

劃撥帳號/1332727-9

帳　　戶/旗標科技股份有限公司

監　　督/黃昕暐

執行企劃/黃昕暐

執行編輯/黃昕暐

封面設計/林美麗

校　　對/黃昕暐

新台幣售價:680 元

西元 2024 年 3 月六版 2 刷

行政院新聞局核准登記-局版台業字第 4512 號

ISBN　978-986-312-753-6

國家圖書館出版品預行編目資料

Java 教學手冊 第六版 / 洪維恩 著. -- 臺北市:
旗標科技股份有限公司, 2023.06　　面;　公分

ISBN 978-986-312-753-6 (平裝)

1.CST: Java(電腦程式語言)

312.32J3　　　　　　　　　　　　112007403

# 序

Java 是近二十年來資訊產業中備受矚目的程式語言之一。Java 的應用範圍廣泛，使得它成為人機互動、電子商務、手機程式與網路遊戲領域中不可或缺的一部分。從智慧型手機到汽車資訊監控系統，Java 已經深刻的融入我們的生活中，充分發揮其跨平台的特點。現在風行全球的 Android 智慧型手機與平版裝置就是採用 Java 作為應用程式開發的主要語言，Java 所造成的影響和轉變重新塑造了資訊產品新的生命。

本書的目的在提供一個墊腳石，讓您能夠輕鬆進入 Java 程式語言的世界。我們將從 Java 的基礎開始，循序漸進地引導您學習 Java 程式設計，然後一步步地深入瞭解 Java 的應用。透過本書，您將掌握 Java 的基本語法、物件導向程式設計（OOP）的概念與實作，以及 Java 的進階主題與應用等。

除了理論知識之外，本書也提供許多實用的範例和練習，幫助您更好地認識 Java。這些練習可加深對 Java 的理解，還可以讓您更有效率地寫出清晰且易維護的程式，並在日後的開發過程中運用所學，提高程式設計的能力。

## 本書導讀

本書與上一個版本相比，我們在許多章節的字句上做了相當幅度的修訂，並將例題做適當的調整，便於讀者閱讀學習。這個版本採用 JAVA SE 17 作為編譯程式，並使用 VSCode 作為 Java 的編輯環境（IDE）。建議您使用 VSCode 來學習 Java，因為它具有下列各項優點：

(1) **兼容各種平台**：VSCode 整合編輯、編譯與執行程式於同一個介面，提供了親切的視窗操作環境，並有完整的指引說明，讓使用者的學習更方便順手。VSCode 可以在 Windows、macOS 和 Linux 等不同的作業系統中運行，使用者可以選擇自己熟悉的環境進行開發。

(2) **多語言支援**：VSCode 支援多種程式語言，包括 JavaScript、Python、Java、C#、C++、C 與 HTML 等，若是想再學習、撰寫其他程式語言，可以直接使用 VSCode，不需要再重新下載與適應新的 IDE 介面。

(3) **輕量級**：VSCode 是免費軟體，其介面簡單、操作容易，適合個人學習與學校教學之用。它的啟動速度快，佔用系統資源少，使用起來非常流暢。

(4) **強大的擴展能力**：VSCode 的延伸模組豐富，可下載各種擴充功能，例如程式碼格式化、自動完成等，讓使用者可以更效率地進行程式撰寫。

(5) **內建除錯器**：VSCode 內建的除錯器，可以幫助開發者更快速地找到與修正程式碼中的錯誤。

在學習程式方面，如果您是 Java 的初學者，過去沒有寫過程式，那麼 2~15 章的 Java 基礎訓練可以多加熟悉；如果沒有 OOP 的概念，則可以加強 8~15 章的內容。如果您對 OOP 的觀念還算清晰，恭喜您！學習 Java 一點也不是難事。

## 感 謝

我要謝謝臺中科技大學一群可愛的學生們，在本書付梓出版之前，他們已實際閱讀本書的初稿，並給予相當多的建議。如果您覺得本書頗具親和性、學習起來得心應手，都要歸功於這群用功的學生。我要特別感謝資工系的陳柏元同學，他實作了每一題習題，並提出了一些建設性的修正，使得題目的意思可以更清晰的表達。

我也要謝謝旗標的編輯黃昕暐先生，他仔細閱讀本書的每一個章節，給出了許多卓越的見解，並推敲每一段文字的用語，使得本書可以更貼近多數讀者的需求。更難能可貴的是，他還把本書的原稿讀了兩次。另外，陳鶴仁先生提供了一些用於第 17 章的照片，在此一併致謝。

洪維恩
國立臺中科技大學・資訊工程系
wienhong@gmail.com

# 目 錄

●

目
錄

# 01
**Chapter**

# 認識 Java

Java 正以一種史無前例的方式,重新詮釋人們對於資訊產品與數位生活的觀感。從原本幾乎要絕跡的程式語言,到奇蹟式的大翻轉,自有它迷人的魅力與不凡。本章將對 Java 做一個概念性的解說,包含了 Java 的歷史回顧與現階段的發展。此外,本章也介紹如何安裝 VSCode 做為 Java 的開發環境,並撰寫幾個簡單的 Java 程式,藉以熟悉 VSCode 的操作界面。

## 本章學習目標

- 歷史的回顧
- Java 的虛擬機器
- Java 的未來發展
- 安裝 VSCode 並撰寫第一個 Java 程式
- 設定 VSCode

# 1.1 歷史的回顧

1994 年，Java 搭上網際網路快速發展的便車，使得它從即將被拋棄的程式語言，成為眾所注目的焦點。本節將一探 Java 的發展歷史，以及 Java 的魅力所在。

## 1.1.1 Java 的發展歷史

在 1990 年，由 SUN（昇陽）電腦公司 James Gosling 領導的 Green Team，開始研發一種可控制家電產品，且可以跨平台的新型軟體技術。起先他們試著從 C++ 的功能做修改，但一直無法克服技術上的問題，所以決定自行開發新的程式語言 Oak。

Oak 早期的發展並不順利，在一次爭取某個專案失敗後，整個小組被解散，只剩下幾個人研究如何將這種技術應用到其它領域。然而由於 Oak 要去註冊商標時，意外發現這個名稱已被註冊。當時工程師們正在喝著 Java 咖啡討論此事，命名的靈感頓時升起，Java 這名稱也就如此誕生。1994 年 Internet 開始盛行，SUN 順勢將 Java 打造成具備支援網路的功能，使得它迄今依然是使用最廣泛的程式語言之一。2009 年 SUN 被 Oracle（甲骨文）公司併購，Java 更是拓展了它的應用領域，加上智慧型手機的普及，在手機上使用各種 APP 已蔚為風潮，這些 APP 的程式設計也是源自於 Java，使得 Java 的熱度在近 20 年期間裡歷久不衰。

Java 的開發工具稱為 Java Development Kit，簡稱 JDK。JDK 可分為三個版本，分別為 ME（Micro Edition）、EE（Enterprise Edition）及 SE（Standard Edition），每個版本各有其適用的領域，如下圖所示：

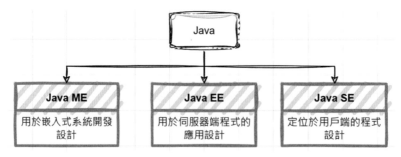

Java ME 是 Java 的微型版，用於嵌入式系統開發，如無線通訊與手機等小型電子裝置的程式設計，目前最新的版本停留在 2018 年。Java EE 是 Java 的企業版，2018 年

更名為 Jakarta EE，它適用於分散式網路的開發，並提供伺服器端程式的應用設計。Java SE 是 Java 的標準版，也是 Java 最通行的版本。Java SE 包含開發 Java 程式所需的類別庫，以及一些常用的編譯程式與額外的輔助工具。它主要是用來開發用戶端的程式，如桌面應用軟體等，本書也是針對這個版本來設計。

Java SE 版本更新的速度很快，每次改版都會添加新的套件以符合不同的需求。Java SE 的改版可分為大改版和小改版，例如與 Java SE 10（2018 年 9 月發行）和 Java SE 17（2021 年 9 月發行）為大改版，而 Java SE 12~16 和 2022 年 3 月發行的 Java SE 18 則為小改版。大改版和小改版在官網的正式名稱分別為長期支援版（Long-Term support）和短期支援版（Short-Term support）。大改版的更新支援期較長，多半為數年，而小改版的更新支援期通常只有半年。

## 1.1.2 Java 的特點

歷經多年的開發與變革，Java 已是一個相當完備的程式語言。但是，它到底具備著什麼樣的魔力，使得大家興起一股學習的熱潮？下面列舉一些 Java 的特點：

### 具物件導向的功能

Java 與 C++ 一樣，都具有物件導向的特點，但 C++ 背負著向下相容於 C 語言的包袱，而必須保留一些不被程式設計師看好的功能。Java 是一個全新的語言，它沒有歷史包袱，因而得以將物件導向的特性發揮到極致。

### 跨平台的語言

Java 是一種跨平台的語言，也就是說，由 Java 語言所撰寫的程式碼可在不修改程式碼的情況下，便能在不同的作業系統裡執行。

### 具有豐富的函數庫

Java 語言提供了龐大的類別庫（Class library），其中包含繪圖、圖形使用者介面（graphical user interface）與網路設計等類別庫。對於 Java 程式的撰寫人員來說，這些類別庫是非常方便且豐富的資源。

# 1.2 Java 的虛擬機器與未來

高階語言的執行方式有編譯（compile）與直譯（interpret）兩種。大部份的高階程式語言都必須先經過編譯或直譯，將程式碼轉換成電腦看得懂的機器碼（machine code）後，才能在電腦上執行。

編譯式語言是將原始程式碼透過編譯器轉成機器碼，再直接執行機器碼，其優點是執行速度快。常見的編譯式語言有 C、C++ 與 FORTRAN 等。直譯式語言則是利用直譯器對原始程式碼一邊讀解，一邊執行。它主要的優點在於初學者容易上手，且使用起來較為方便。直譯式的語言有 JavaScript、Python 和 Ruby 等。

Java 的執行方式比較特殊，它必須先經過編譯的程序，然後再利用直譯的方式來執行。透過編譯器，Java 程式會被轉成與平台無關（platform-independent）的機器碼，稱之為「位元組碼」（byte-code）。透過 Java 的直譯器便可解譯並執行 Java 的 byte-code。下圖說明 Java 相關的執行流程：

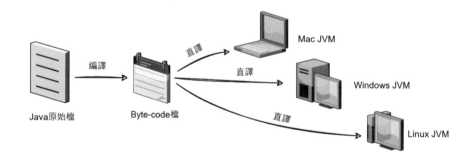

任何一種可以執行 Java 的環境，均可看成是 Java 的「虛擬機器」（Java virtual machine，JVM）。很自然的，我們可以把 Java 的 byte-code 看成是 JVM 所執行的機器碼。bytecode 最大的好處是可跨越平台執行，也就是說，Java 的 byte-code 可讓『撰寫一次，到處執行』（write once, run anywhere）的夢想成真。當 Java 編譯成 byte-code 時，便可在含有 JVM 的平台上執行，無論是 Windows、Mac OS 或 Linux。這種跨越平台的特性，是讓 Java 快速普及的原因之一。

現在 Java 已成為程式設計師最喜愛的程式語言之一。Java 簡單易學，用簡潔的語法就可以解決繁瑣的問題。此外 Java 還有許多特色，例如支援多執行緒、垃圾收集的能力、提供圖形介面與網路功能等，這些都使得 Java 成為一個完美的物件導向程式語言，非常適合專案開發使用。

Java 的未來不只在於課堂上的教學，現代生活中的必備品——金融卡、IC 健保卡、晶片卡、手機和許多消費性電子產品也是使用 Java 來開發，甚至連小朋友玩的樂高（Lego）也順勢推出由 Java 控制的機器人。同時目前最流行的 Android 作業系統，裡面很多的應用程式都是採用 Java 語言來撰寫，Java 影響之廣，由此可見。

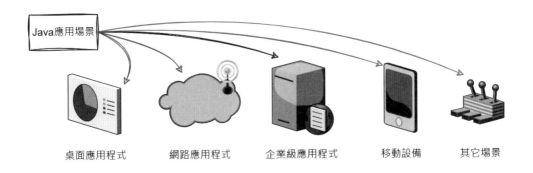

| 桌面應用程式 | 網路應用程式 | 企業級應用程式 | 移動設備 | 其它場景 |

## 1.3 安裝 VSCode 並撰寫第一個 Java 程式

Visual Studio Code( 簡稱 VSCode )是微軟推出的一套專門用來撰寫程式的開發工具，它支援了主流的程式語言，如 Java、Python、C、C++ 和 HTML 等。由於 VSCode 免費、界面美觀，且提供了豐富的延伸模組，因此廣受程式設計師的喜愛，本書也選擇它做為 Java 的開發環境。

過去利用 VSCode 撰寫 Java 時，必須先到 Oracle 的官網下載並安裝 JDK，然後安裝 VSCode，最後再安裝 Java 的延伸模組，這個過程較為繁瑣。在 2022 年之後，VSCode 提供了一個專門為 Java 設計的安裝包，可以同時把 JDK、VSCode 和 Java 的延伸模組安裝好。假設您使用的作業系統是 Windows，請先到

　　https://code.visualstudio.com/docs/languages/java

這個網址,把網頁稍往下拉可看到 `Install the Coding Pack for Java - Windows` 這個按鈕,按下它即可下載 VSCode for Java 安裝包(或者也可以鍵入 https://aka.ms/vscode-java-installer-win 直接取得安裝包)。

下載完成後,點選下載的檔案即可進行安裝。首先您看到的是一個 Install Coding Pack for Java 的視窗,請點選 Next 按鈕繼續。接著出現的是 Configure Components 視窗,如果您的電腦已安裝 JDK 和 VSCode,則這個視窗中,Java Development Kit 和 Visual Studio Code 欄位後面會顯示 OK,否則顯示 N/A(Not Available 之意)。呈現 OK 的項目已滿足執行 Java 的需求,安裝程式就不會安裝它們。按下 Install 按鈕即可開始進行安裝。

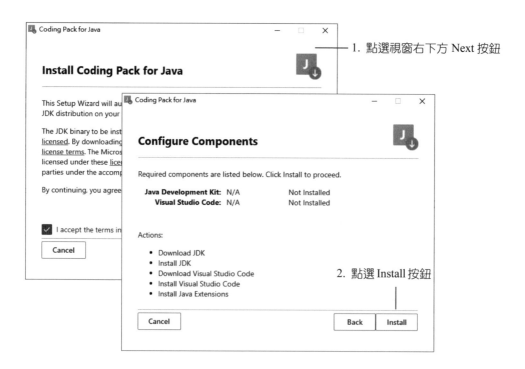

如果先前沒有安裝 JDK 和 VSCode 的話,安裝程式會自動下載它們,然後連同 Java 的延伸模組一起安裝。安裝好後,我們即可看到如下的 Completing the Setup Wizard 視窗:

1. 正在安裝

2. 點選 Finish 按鈕結束安裝

按下 Finish 按鈕之後，Windows 會開啟一個全新的 VSCode 視窗，或者您也可以在桌面上點擊 Visual Studio Code 圖示來啟動 VSCode。第一次啟動時，VSCode 會偵測到您使用的是中文的作業系統，因此在視窗的右下方會彈出一個提示，詢問是否要安裝語言套件，將 VSCode 以中文的界面來顯示。由於本書的內容是採中文界面來呈現，因此建議您點選 安裝並重新啟動 (Install and Restart) 將界面改為中文：

點選此項，將界面改為中文版

安裝好語言套件後，VSCode 會自動重啟。重啟後，您就可以看到中文界面的 VSCode，並自動開啟一個「快速入門」的頁面。下圖是 VSCode 視窗的解說：

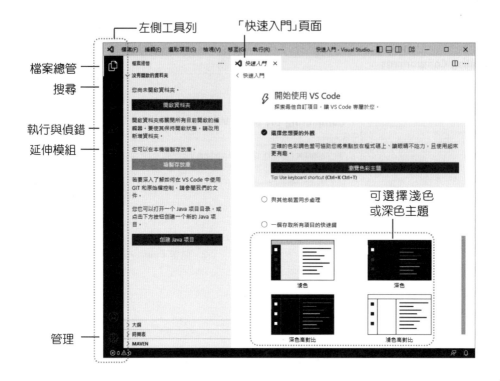

在「快速入門」頁面的下方可以選擇 VSCode 的佈景主題。建議您採用預設的深色主題，長時間看下來眼睛會比較舒服（不過本書為了印刷時的清晰度，視窗是以淺色主題呈現）。

接下來我們要撰寫第一個 Java 程式了。在練習本書的範例時，建議您在 C 碟的根目錄裡先建立一個 MyJava 資料夾，然後在此資料夾內建一個子資料夾 Ch1，用來存放第一章的範例。因為 VSCode 會把同一個資料夾內的檔案視為同一個專案，在編譯時會將整個資料夾內的 .java 檔案一起編譯。因此建議您將每一個範例單獨放在一個資料夾內，以避免造成執行時發生錯誤。

建立好 Ch1 資料夾後，我們要開始撰寫第一個 Java 程式 Ch1_1.java。首先需要建一個資料夾來存放 Ch1_1.java，因此請在 Windows 系統中的 Ch1 資料夾內再建立一個子資料夾 Ch1_1，然後回到 VSCode，點選左側工具列裡的「檔案總管」按鈕，於出現的窗格中點選 開啟資料夾 ，然後於彈出的視窗內找到 MyJava 裡，資料夾 Ch1 裡的子資料夾 Ch1_1，再按下「開啟」按鈕。此時會有一個對話方塊出現，詢問是否信任此資料夾中檔案的作者：

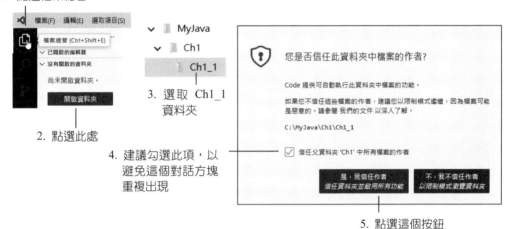

1. 點選檔案總管

3. 選取 Ch1_1 資料夾

2. 點選此處

4. 建議勾選此項，以避免這個對話方塊重複出現

5. 點選這個按鈕

選擇「是，我信任作者…」這個按鈕，VSCode 會在左側檔案總管的窗格中顯示這個資料夾的標籤。您可以注意到我們建立的資料夾名稱是大寫開頭的 Ch1，在窗格內顯示的標籤是全部大寫 CH1，這僅是在 VSCode 中所呈現的樣貌。現在我們要開始撰寫第一個 Java 程式，因此必須新增一個 Java 檔案。請將滑鼠移到「檔案總管」窗格中，此時 Ch1_1 標籤右側會出現一行工具列，我們可以看到最左側那個按鈕是「新增檔案」 按鈕：

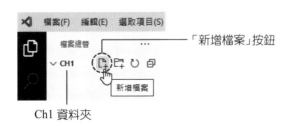

「新增檔案」按鈕

Ch1 資料夾

按下「新增檔案」按鈕後，於出現的欄位中鍵入 Ch1_1.java（注意 C 是大寫）。由於 VSCode 會把 Ch1_1 資料夾看成是一個工作區（Workspace）進行資源配置，因此在視窗的右下角可以看到 VSCode 正在忙著配置資源的一些過程。如果右下角有一些關於工作區資源配置的提示對話方塊出現，可以先不理會它，直接把它關閉即可。資源配置好後的視窗應如下所示：

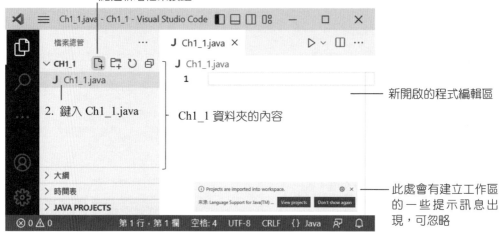

現在我們要在 VSCode 新開啟的程式編輯區裡編輯 Ch1_1.java，這個程式可以列印一行 "Hello Java" 字串。您可以先不用理會每一行程式碼的意思，我們在第二章會有詳細的解說。注意 Java 會區分大小寫，所以請確定鍵入程式碼的大小寫和下面的範例完全相同：

```java
01  // Ch1_1, 第一個 Java 程式
02  public class Ch1_1{
03      public static void main(String[] args){
04          System.out.println("Hello Java!");
05      }
06  }
```

程式的第 1 行是註解，VSCode 預設是以綠色來呈現。當第二行輸入 pu 兩個字時，可以發現會有一個選單出現在下方，裡面有三個選項可供選擇。這個功能是 VSCode 延伸模組 IntelliCode 起的作用，它可以依據目前的輸入猜出您想要輸入的程式片段，然後把可能的選項列出：

在上面的選單中，第一個選項是 public 關鍵字，這是我們要的，因此選擇它。把 public 這個關鍵字送到編輯區中，然後再繼續後面的輸入。當我們輸入完 "public class Ch1_1{"，VsCode 會自動輸入配對的大括號 "}"，按下 Enter 鍵到第 3 行時，會自動縮排 3 個空格，您只要繼續鍵入程式碼即可。注意當我們鍵入 pub 時，會再次帶出一個 5 個選項的選單。由於這次我們要輸入的是一個靜態函數（static method，於第二章裡會介紹），因此我們可以選擇第 3 個選項 public_static_method：

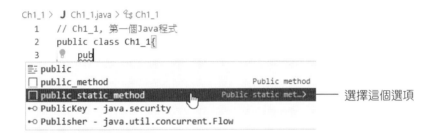

選好之後，VSCode 會把 public static void name() 送到編輯區，VSCode 預設的函數名稱為 name，這不是我們想要的，因此請把 name 改為 main，此時按下 Tab 鍵就可以將輸入點移到 name 上，輸入 main 即可直接覆蓋掉 name，接著繼續輸入括號內的參數：

```
Ch1_1 > J Ch1_1.java > ⅗ Ch1_1 > ⚙ name()
  1    // Ch1_1, 第一個Java程式
  2    public class Ch1_1{
                                        2. 在括號內輸入 String[] args
  3  💡   public static void name() {
  4    |      |
  5    |   }                  1. 按下 Tab 鍵即會將輸入點移到 name 上，再改為 main
  6    }
```

鍵入好第 3 行後，接著鍵入第 4 行的程式碼，並檢查 5~6 行的右大括號是不是有在正確的位置。輸入完後，您的畫面應如下所示：

```
Ch1_1 > J Ch1_1.java > ⁇ Ch1_1 > ⊕ main(String[])
  1    // Ch1_1, 第一個Java程式
  2    public class Ch1_1{
       Run | Debug
  3        public static void main(String[] args) {
  4            System.out.println(x: "Hello Java!");
  5        }
  6    }
```

VSCode 自動新增加的一行，它會出現在 main() 函數的上面。注意它不是程式碼的一部分，所以這一行也沒有行號

VSCode 會自動加上垂直的對齊線，方便觀察程式碼是否有對齊

這個 x: 符號是 VSCode 自動帶出，用來標識這個位置的參數名稱。它也不是程式碼的一部分，可以先忽略它

如果輸入的語法錯誤，例如第 4 行 System 開頭的 S 沒有大寫，或是第 4 行最後沒有打上分號，都將導致程式無法正常執行。所幸 VSCode 的 Debugger for Java 延伸模組可以幫我們檢查這種因不合語法而導致的錯誤，這些錯誤都會顯示在編輯區下方的「問題」窗格內：

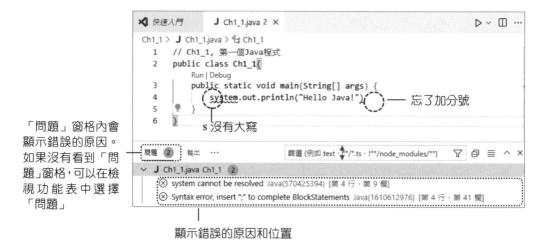

「問題」窗格內會顯示錯誤的原因。如果沒有看到「問題」窗格，可以在檢視功能表中選擇「問題」

忘了加分號

s 沒有大寫

顯示錯誤的原因和位置

在上面的畫面中，您可以看到第 4 行的 system 和右括號的下面都有紅色的波浪線，代表程式碼在這邊出現語法錯誤。這個設計有點類似 Word 的拼字檢查，非常好用。

在「問題」窗格中顯示了兩個錯誤。第一個錯誤訊息是 "system cannot be resolved"。Resolve 是解析或分辨的意思，這個錯誤告訴我們編譯器看不懂 system 是什麼，把開頭的 s 改成大寫的 S 即可修正這個錯誤。第二個錯誤訊息是 "Syntax error, insert ";" to complete BlockStatements"，這個錯誤是因為這一行的最後面沒有加上分號導致，錯誤訊息裡也建議我們加上分號。當您點選這些錯誤訊息時，VSCode 會將錯誤發生的那行標識出來，方便我們修改，使用起來非常方便。

在「問題」窗格裡顯示的錯誤是 VSCode 預先幫我們進行的 Java 語法檢查，您可以在這個階段就先排查完程式碼所有的錯誤。排查完後，程式碼也就編輯好了。您可以按下 VSCode 自動生成那行裡的 Run，或是編輯視窗上方的 Run Java 按鈕 ▷ 來編譯並執行這個程式。如果沒有任何錯誤，在下方的「終端機」窗格內會顯示出這個範例執行的結果，也就是顯示一行 "Hello Java! " 字串，如下圖所示：

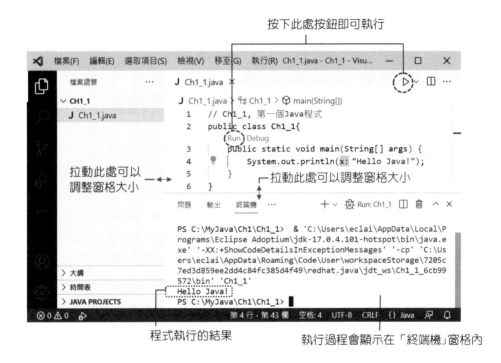

另一種執行方法是在「終端機」窗格內，先確認目前的程式所在資料夾為 Ch1_1，若不是，則切換到程式所在的資料夾 Ch1_1，再鍵入

```
java Ch1_1.java
```

然後按下 Enter 鍵，這是以指令的方式執行 Ch1_1.java 這個程式，不過請記得附加檔名 .java 一定要寫上：

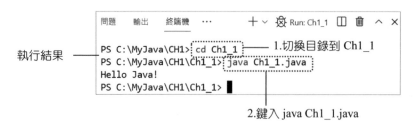

執行結果 ——

1.切換目錄到 Ch1_1

2.鍵入 java Ch1_1.java

一般來說，使用 Run Java 按鈕 ▷ 來執行程式會比較方便。不過如果有參數需要傳到程式內的話，就必須以這種下指令的方式來執行 Java 程式。後面的章節我們就會看到以這種方式執行的例子。

注意在我們按下「執行」按鈕的同時，VSCode 也同時會儲存編輯的檔案。儲存過的檔案在檔名標籤的旁邊會有一個打叉的符號（如 ⒿCh1_1.java × ），按下它即可在編輯區關閉檔案。需要開啟它時，可在「檔案總管」窗格內點選它即可打開。如果在檔名標籤旁邊出現的是一個實心圓圈（如 ⒿCh1_1.java ● ），則代表編輯過的檔案尚未儲存。選擇「檔案」功能表的「儲存」即可儲存它。

現在我們嘗試再編輯一個檔案 Ch1_2.java。請先回到 Windows 系統，在 C:\MyJava\Ch1 資料裡內建一個子資料夾 Ch1_2。

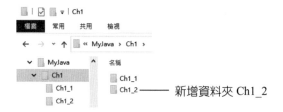

新增資料夾 Ch1_2

接著回到 VSCode 中即可看到「檔案」功能表裡已經出現剛剛建立的子資料夾 Ch1_2。若是沒有自動出現，在 VSCode 的「檔案」功能表裡選擇「開啟資料夾」，再選擇的資料夾 Ch1_2。因為在前一個範例已經點選「信任父資料夾 Ch1 中檔案的作者」，所以 VSCode 很快的就開啟一個新的工作區。

您可以發現在 VSCode 開啟一個資料夾（專案）之後，原本開啟的資料夾會自動被關閉。當然您也可以先關閉目前的資料夾（從「檔案」功能表裡選擇「關閉資料夾」），再開啟新的資料夾。開啟在 Ch1_2 資料夾後，請在 CH1_2 標籤的右側點選「新增檔案」 ⬚ 按鈕，然後輸入檔名 Ch1_2.java（C 要大寫）。

現在請編輯 Ch1_2.java，編輯的過程和前一個範例相同。再次提醒您 Java 會區分大小寫，同時 public class 後面接的名稱 Ch1_2 必須和檔案名稱相同：

```
01  // Ch1_2，第二個 Java 程式
02  public class Ch1_2{
03     public static void main(String[] args){
04       System.out.println("Hello Java!");
05       System.out.println("My second Java program");
06     }
07  }
```

和 Ch1_1.java 相比，這個檔案在第 5 行多加了一行敘述，因此程式的執行結果會印出 "Hello Java" 和 "My second Java program" 這兩個字串，此時的畫面應如下所示：

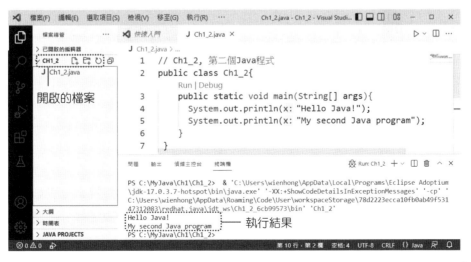

現在我們已經完成兩個範例的編譯和執行的過程了。如要離開 VSCode，按下 VSCode 視窗右上角的 ⊠ 即可關閉 VSCode。再次啟動 VSCode 時，VSCode 的視窗會回復到當初離開時的樣子。如果要關閉目前開啟的資料夾（工作區），則可以選擇「檔案」功能表裡的「關閉資料夾」選項。相同的，要開啟某個資料夾，請選擇「檔案」功能表裡的「開啟資料夾」。

# 1.4 設定 VSCode

VSCode 提供了多樣的設定方式，可供使用者自行設定一些選項，以符合自己的需求。如設定佈景主題、編輯區字體的大小、界面顯示的語言，以及是否顯示函數參數提示等。下面我們來看看要如何設定這些常用的選項。

## ♣ 佈景主題

你可以依個人喜好選擇淺色或深色的佈景主題。點選左側工具列最下方的「管理」圖示 ▓，於出現的選單中選擇「色彩佈景主題」，此時會出現一個佈景主題的選單供您選擇。一般而言，選擇深色對於長時間寫程式時，眼睛較不會疲勞，建議選擇深色的主題。

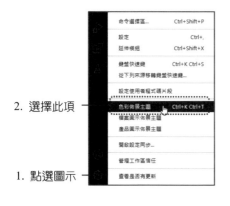
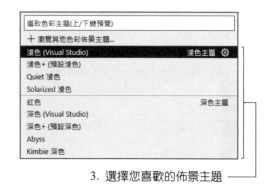

## ♣ 改變字體大小

如果要放大或縮小整個 VSCode 界面字體的大小，可以利用快捷鍵。按下 Ctrl 再按加號鍵 + 可以將界面的字體放大一級；相反的，按下 Ctrl 再按減號鍵 − 則是將字體縮小一級。

如果只是想設定編輯區字體的大小，請先按下「管理」圖示 ，然後選擇「設定」，於出現的頁面中選擇「使用者」，再點選「經常使用的」，最後可以在 Editor: Font Size 中設定字體的大小：

1. 點選圖示
2. 選擇「設定」
3. 選擇此項 ——
4. 選擇此項 ——

如果看不到這個窗格，把視窗拉寬一點就會出現

❖ 改變界面顯示的語言

如果想將 VSCode 的界面切換成英文或中文，可以按下「管理」圖示 ，選擇最上方的「命令選擇區」（或是直接按下快捷鍵 Ctrl+Shift+P），然後於出現的選單中鍵入 configure disp，選擇「設定顯示語言」，再選取您想要顯示的語言即可。選好之後，重新啟動 VSCode，VSCode 的界面就會切換成您設定的語言：

1. 按下 ⌈Ctrl⌉ + ⌈Shift⌉ + ⌈P⌉

2. 鍵入 Configure Disp

3. 選擇「設定顯示語言」

4. 更改要顯示的語言

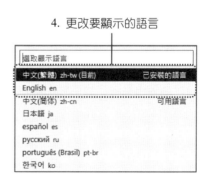

## ❖ 顯示函數參數的提示

稍早我們看到 VSCode 會自動在 println() 函數內加上參數名稱的提示（x:）。這種設計對於函數內有多個不同的參數時非常好用，因為它可以適時的提醒哪一個位置要用哪一個參數，這種功能稱為內嵌提示（Inlay hint）。下面的程式碼是有和沒有內嵌提示的比較：

```
System.out.println(x: "Hello Java");        System.out.println("Hello Java");
                   |                                            |
              有內嵌提示                                    沒有內嵌提示
```

如果想要關閉內嵌提示功能，請按「管理」圖示 ⚙，然後選擇「設定」，再於最上方「搜尋設定」的欄位中鍵入 inlay，然後於「啟用編輯中的內嵌提示」中將 On 改為 Off 即可。如果想開啟內嵌提示，則把 Off 改為 On：

1. 點選圖示
2. 選擇「設定」
3. 鍵入 inlay

本章簡單地瞭解 Java 的演進與發展，並將執行 Java 的編輯環境安裝設置完成，接下來就可以進入 Java 的世界，也許您對於 VSCode 建立程式工作區的方式尚未熟悉，若是還未上手，可以回頭再看著本章中如何新建資料夾的步驟進行在往後各章節的練習中，一定會很快地熟悉 VSCode 介面操作。

# 第一章 習題

## 1.1 歷史的回顧

1. 試著簡單描述 Java 的發展過程。

2. 請說明 JSE、JME 與 JEE 怎麼區別？

## 1.2 Java 的虛擬機器與未來

3. 何謂位元組碼？請試著描述之，並指出它的好處。

4. 何謂 JVM？請試著描述之。

5. 試解釋 "write once, run anywhere" 的涵義。

## 1.3 安裝 VSCode 並撰寫第一個 Java 程式

6. 試撰寫一程式 Ex1_6.java，可印出字串 "Hello Java, Hello World!"。

7. 試撰寫一程式 Ex1_7.java，可印出您的中文名字。VSCode 裡是否可以正確的顯示中文？

8. 試撰寫一程式 Ex1_8.java，可分兩行印出 "Hello Java!" 和 "Hello World!"。

9. 下面的 Ex1_9.java 的程式碼，你可以發現有 4 處有波浪線，代表它有四個語法錯誤：

```
J Ex1_9.java > ❄ ex1_9
1    // Ex1_9
2    public class ex1_9{
3        public static void main(string[] args){
4            System.out.println("Hello Java!");
5        )
6    }
```

下面是 VSCode 給出的錯誤訊息:

```
∨ J Ex1_9.java                                                    4
    ⊗ The public type ex1_9 must be defined in its own file  Java(16777541) [第 2 行，第 14 欄]
    ⊗ string cannot be resolved to a type  Java(16777218) [第 3 行，第 29 欄]
    ⊗ Syntax error on token ")", delete this token  Java(1610612968) [第 5 行，第 5 欄]
    ⊗ Syntax error, insert "}" to complete ClassBody  Java(1610612976) [第 6 行，第 1 欄]
```

請試著理解這個錯誤訊息的意思，並嘗試修改程式碼，使其可以正確的執行。

## 1.4 設定 VSCode

10. 請將 VSCode 編輯區裡的字體大小改為 20pt。

11. 請試著將 VSCode 的界面在中文和英文語係之間切換。

12. 當程式碼縮排時，VSCode 預設是 4（也就是按一下 Tab 鍵會對齊在第 4 格）。試更改這個預設值，使得按一下 Tab 鍵會對齊在第 3 格。提示：在「設定」窗格-「使用者」-「經常使用的」裡面就可以找到。

# 02
**Chapter**

# 簡單的 Java 程式

認識 Java 的歷史以及 VSCode 的基本操作之後，我們就要開始學習 Java 的程式設計了。本章介紹了 Java 程式的架構，並引導您認識關鍵字、識別字以及一些基本的資料型別。經由簡單的範例，您可以學習到當程式發生錯誤時要如何偵錯、如何提高程式的可讀性，藉以培養正確的程式撰寫習慣。

## ℮ 本章學習目標

- 📺 認識 Java 的基本語法
- 📺 認識 Java 的識別字與關鍵字
- 📺 學習如何在 VSCode 的環境裡偵錯
- 📺 學習如何提高程式的可讀性

## 2.1 一個簡單的例子

前一章我們已經看過幾個範例,它們可以利用 println() 函數來列印字串。本節再以一個簡單的例子來介紹 Java 程式的架構,以及每一行程式碼是在完成哪些事。在還沒有介紹程式的內容之前,不妨先瀏覽這個程式,並試著猜想每一行程式碼所要表達的含意:

```
01   // Ch2_1, 簡單的 Java 程式
02   public class Ch2_1{        // 定義 public 類別 Ch2_1
03      public static void main(String[] args){  // main() 函數,主程式開始
04        int num=2;              // 宣告整數 num
05        System.out.println(num+" cats are running"); // 印出字串及變數內容
06      }
07   }
```

如果還不懂這個程式也沒關係,請依照第 1 章介紹的方式建立資料夾 Ch2_1,並開新檔案 Ch2_1.java,逐字將它敲進 VSCode 裡,然後執行它。當然,如果您是 Java 的初學者,那麼除錯的過程大概免不了。請於 VSCode 的「問題」窗格裡查看錯誤,並一一排除它們。如果順利的話,執行後可在螢幕上看到下面這行輸出:

```
 2 cats are running
```

由上面的輸出中,我們可以猜想的到 System.out.println() 是用來印出括號內所包含的文字,那麼 public、class、static 與 void 又是什麼意思呢?在此我們先簡單的說明這個程式的結構與意義,在稍後的章節裡將會有更深入一層的探討。

第 1 行為程式的註解。Java 是以「//」記號開始,至該行結束來表示註解的文字。註解有助於程式的理解,然而註解僅供程式設計師閱讀,因此當編譯器讀到註解時,會直接跳過註解的文字,不會做編譯的動作。要特別注意的是,「//」所影響到的範圍,僅局限在「//」後面同一行敘述的文字。

第 2 行 public class Ch2_1 中的 public 與 class 是 Java 的關鍵字(keyword)。class 為「類別」之意,後面接上類別名稱,本例中的類別名稱即為 Ch2_1。public 是用來表示該類別為公有,也就是在整個程式裡都可以存取到它。由於 Java 是純物件導向的

語言，因此每一個程式至少要有一個類別才能執行。為了方便辨識，類別的名稱習慣上是大寫開頭，所以您可以看到 Ch2_1 的 C 是大寫。

如果將一個類別宣告成 public，檔案名稱必須和這個類別名稱相同。例如本例的檔名為 Ch2_1.java，而 public 之後所接的類別名稱也必須為 Ch2_1。也就是說，在一個附加檔名為 java 的檔案（*.java）裡只能有一個 public 類別，否則檔案便無法命名，Java 在這一點的規定上頗為特殊。

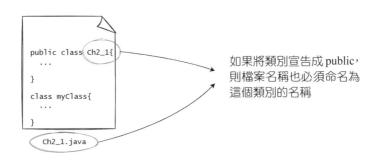

另外，在類別 Ch2_1 後面緊接了一個左大括號，從這個左大掛號開始到第 7 行右大括號結束之間的範圍稱為類別 Ch2_1 的本體（Body）。本體一般會內縮 3~4 個空格，以方便閱讀程式碼。注意我們也可以把左大括號寫到下一行，如下面的寫法：

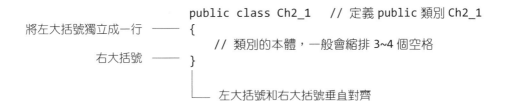

只是這種寫法程式碼會多佔一行。本書習慣上會將左大括號寫在類別名稱的後面。

第 3 到 6 行是 main() 函數的定義，其本體則被包圍在第 3 行的左大括號和第 6 行的右括號內。main() 在 Java 裡是一個相當特殊的函數，它是程式執行的起點，所以現在我們可以知道為什麼 VSCode 要把 Run | Debug 這個標籤安插在 main() 的上面：

按此處可執行或偵錯程式

```
1    // Ch2_1, 簡單的Java程式
2    public class Ch2_1{          // 定義public類別Ch2_1
       Run | Debug
3        public static void main(String[] args){   // main() 函數,主程式開始
4          int num=2;             // 宣告整數num
5          System.out.println(num+" cats are running");   // 印出變數及字串內容
6        }
7    }
```

main() 函數前面的 public、static、void 都是修飾子,用來指明 main() 的屬性。public 屬性是將 main() 設成公有,使得在類別的其它地方可以呼叫到它。static 是把 main() 宣告成靜態函數,使得在程式一啟動時,便可自動的執行 main(),詳細的內容我們會在第 9 章介紹。再者,由於 main() 沒有傳回值,所以之前要加上 void。main() 括號內的引數 String[] args 表示程式執行時,所鍵入的引數會由字串型別的陣列 args 來存放。此時您可以不需要完全明白其中的意義,在後面的章節裡會有詳細的說明。

第 4 行敘述

```
int num=2;
```

宣告了 num 為 int(整數)型別的變數,並將它的值設定為 2。Java 有別於其它直譯式語言(如 Python),使用變數之前必須先宣告其型別。這個限制對於熟悉 Python 語言的讀者來說可能會覺得不習慣且麻煩,但是宣告變數的好處相當多,本章稍後將會說明。

第 5 行敘述

```
System.out.println(num+" cats are running");   // 印出字串及變數內容
```

可在螢幕上列印出變數 num 的值和字串 "cats are running",其中加號「+」是用來連接數字與字串的運算子。System.out 是指標準輸出,通常指電腦螢幕,而後面接的函數 println() 是由 print 與 line 所組成的縮寫,它可將括號中的內容列印於螢幕上然後換行。因此第 5 行在印出 "2 cats are running" 後換行,也就是把游標移到下一行的開端。

Ch2_1 雖然只有短短的 7 行，卻是一個完整的 Java 程式！本書的前幾章只會專注在 main() 函數的撰寫，因此您可以先不用理會 public、class、static 和 void 這些關鍵字的用法，在適當的地方我們會仔細介紹這些關鍵字。

## 2.2 變數

變數（Variable）在程式語言中扮演著最基本的角色。變數可以用來存資料，因為資料有多種型別（如整數、浮點數和字串等），因此我們必須先將變數宣告成它欲儲存的型別才能使用。

直譯式語言（如 Python）不需宣告變數，如果不留意把變數名稱寫錯，在執行時程式會把這個寫錯名稱的變數視為新的變數，因而常會造成不易察覺的錯誤。因此在撰寫直譯式語言時，程式設計師必須負起檢查變數名稱的責任。

在撰寫 Java 程式時，一般我們會在 main() 函數開始時就宣告變數以方便管理它們。在宣告變數後，編譯程式可以很快地找到沒有被宣告的變數，並將它視為錯誤的識別字，因此可節省不少除錯的時間。另外，請記得為每個變數取一個有意義的名稱，或在變數後面加上註解來說明它的用途，以方便日後的維護。

### 2.2.1 變數的宣告與設值

在 Java 裡要宣告一個型別為 type，變數名稱為 var 的變數，並設定其值為 value，我們可以利用下面的語法：

```
type var=value;      // 將 value 設給型別為 type 的變數 var 存放
```

例如在 Ch2_1 中，第 4 行我們宣告

```
int num=2;
```

其中的 int 即為變數 num 的型別，並在宣告的同時設定它的值為 2。int 為 Java 的關鍵字，代表整數（integer）之意。除了整數型別之外，Java 還提供了浮點數與字元等基本型別（於第 3 章介紹），本章只會以整數型別為範例。

如果想宣告兩個整數變數 a 和 b，可以分別宣告它們：

```
int a=12;
int b=6;
```

或把它們都寫在同一個敘述中，再將每個變數以逗號分開，如下面的寫法：

```
int a=12, b=6;        // 同時宣告兩個整數變數並設定初值
```

注意上面這種寫法只能是在變數的型別都相同的時候（例如都是整數）。如果變數有不同的型別，則必須把它們分行來宣告。另外，我們也可以只宣告變數而不設定初值，等到適當的時機再設值給它，如下面的範例：

```
int a;                // 宣告變數 a，但不設定初值
int b=4, sum;         // 宣告 b 和 sum 兩個變數，但只將 b 的值設為 4
a=5;                  // 設定 a 的值為 5
sum=a+b;              // 將 sum 的值設為 a+b，因此 sum 的值為 5+4=9
```

我們將上面的範例寫成下面實際的例子：

```
01   // Ch2_2, 變數的宣告
02   public class Ch2_2{        // 定義類別 Ch2_2
03      public static void main(String[] args){
04         int a;                // 宣告變數 a，但不設定初值
05         int b=4, sum;         // 宣告 b 和 sum 兩個變數，但只將 b 的值設為 4
06
07         a=5;                  // 設定 a 的值為 5
08         sum=a+b;              // 將 sum 的值設為 a+b
09         System.out.println("sum= "+sum);  // 印出 sum 的值
10      }
11   }
```
• 執行結果：
```
sum= 9
```

在上面的例子中，第 4 行只宣告變數 a，並沒有設定初值給它，一直到第 7 行才設定 a 等於 5。第 5 行則是同時宣告 b 和 sum 兩個變數，其中 b 設值為 4，但 sum 沒有設定初值。第 8 行將 a 和 b 的值相加之後，將結果設給 sum，因此第 9 行印出 sum 的值為 9。

注意第 6 行刻意空了一行，如此做是為了方便閱讀程式碼（不空行也可以正確執行）。一般程式處理到某個段落時，我們會空一行來代表這個段落的結束。以這個範例而言，第 6 行之前是變數的宣告，之後是變數的處理，所以在第 6 行空了一行。最後要注意的是，變數沒有設定初值，就不能取用它。例如，如果在第 6 行加上下面這行敘述：

```
System.out.println("sum= "+sum);   // 印出 sum 的值
```

則我們會得 "The local variable sum may not have been initialized" 的錯誤訊息。這個錯誤訊明確的告訴我們變數 sum 還沒有被初始化（initialized），也就是還沒被設值的意思。

❖

## 2.2.2 變數命名的規則

變數通常會以其代表的意義來命名（如 num 代表數字，sum 代表總和等）。當然您也可以使用 a、b、c…等簡單的英文字母代表變數，但是當程式越大，所宣告的變數數量越多時，這些簡單的變數名稱所代表的意義會較容易忘記，也會增加閱讀及除錯的困難度。

Java 的變數名稱可以是英文字母、數字或底線組合而成，但第一個字元不能是數字。例如 java2、_java_、dec2bin、student_name 和 studentName 等都可以做為變數的名稱。注意變數名稱如果是由兩個單字組成，一般會用底線把它們連接起來，或是把第二個單字開頭的字母大寫，方便我們閱讀這個變數。例如，您一定會覺得 student_name 或 studentName 都會比 studentname 來的容易閱讀。還有 Java 的變數有大小寫之分，因此 Num 和 num 會被看成不同的變數。

要注意的是，Java 的變數名稱不能有空白字元，也不能是 Java 的關鍵字（稍後提及）。另外也不要用中文來當成變數的名稱（雖然 Java 允許您這麼做）。例如 2cats（首字為數字）、 class（class 為 java 的關鍵字）和 my cats（中間有空白）都不能做為變數名稱：

## 2.3 輸出函數 println()

到目前為止，我們已經多次使用 System.out.println() 函數來印出字串或是變數的內容。System 是 Java 的一個類別（從大寫的 S 開頭就知道 System 是一個類別），該類別提供了一個 out 物件，裡面定義有 println() 函數。因此 System.out.println() 事實上就是呼叫了 System 類別裡的 out 物件裡的 println() 函數。

println() 括號內的引數是我們要列印到螢幕的內容，它是以加號「+」將要列印的字串或數字由左而右串接起來，且字串必須以一對雙引號(")包圍。舉例來說，若 a=2，b=5，想在印出 2*5=10 這個結果，我們可以利用加號將 a 的值、乘號、b 的值、等號，以及 a*b 的運算結果串接起來，然後利用 println() 來輸出，如下面的範例：

```
01  // Ch2_3, 使用 println()函數
02  public class Ch2_3{       // 定義類別 Ch2_3
03     public static void main(String[] args){
04        int a=2, b=5;                // 宣告變數 a 和 b
05        System.out.println(a+"*"+b+"="+(a*b));  // 印出運算結果
06     }
07  }
```

印出 2　　印出 5　　印出 10
印出 * 號　　印出 = 號

• 執行結果：

```
2*5=10
```

於本例中，第 5 行以 4 個加號「+」串接要列印的資料，然後由 println() 輸出。在此，加號「+」是 "串接" 的意思，並非數學上的加法。如果要計算 a+b 的結果，我們可以把第 5 行改成

```
System.out.println(a+"+"+b+"="+(a+b));  // 印出運算結果
```

此時會印出

```
2+5=7   //  印出運算結果
```

這個結果。不過如果您把 a+b 外面的括號去掉，也就是改寫成

```
System.out.println(a+"+"+b+"="+a+b);
```

因為 println() 裡加號「+」的運算次序是由左而右，因此上式並不會先計算 a+b，而是先執行

```
a+"+"+b+"="+a
```

得到 "2+5=2" 之後，再與 5 串接，得到 "2+5=25"，顯然這個答案是錯誤的。因此記得如果需要串接一個運算式的話，記得先把這個運算式加個括號，以防止有類似的情況發生。


## 2.4 關鍵字及識別字

本節我們將探討 Java 的關鍵字（Keyword）及識別字（Identifier），這兩者的意思相近，但代表的涵義卻大不相同。

### 2.4.1 關鍵字

關鍵字（keyword）則是編譯程式本身所使用的識別字，而識別字則是使用者用來命名變數或函數的名稱。Ch2_3 中的 int、void 與 static 等均是 Java 常用的關鍵字，我們不能更改或者是重複定義它們，因此自行定義的變數或函數名稱都不能與 Java 的關鍵字相同。Java 提供的關鍵字如下：

Java 提供的關鍵字

| abstract | boolean | break | byte | case | catch |
|----------|---------|-------|------|------|-------|
| char | class | const | false | continue | default |
| do | double | else | extends | final | finally |
| float | for | goto | if | import | implements |
| int | instanceof | interface | long | native | new |
| null | package | private | protected | public | return |
| short | static | synchronized | super | this | throw |
| throws | transient | true | try | void | volatile |
| while | strictfp | switch | | | |

值得一提的是，雖然 const 和 goto 不是 Java 的關鍵字，但它們是其它程式語言的關鍵字。為了避免混淆，在 Java 裡我們不能使用 const 和 goto 做為識別字。

## 2.4.2 識別字

在 Java 中，我們稱變數、類別或者是函數的名稱為識別字，它是由使用者自行定義。識別字是由英文大小寫字母、數字或底線組合而成。識別字名稱不能是 Java 的關鍵字，同時第一個字元必須是英文字母或是底線，數字只能出現在第二個字元之後。空白字元及特殊符號，如 #、$、和 @ 等不能使用在識別字的名稱裡。此外，識別字有大小寫之分，因此 Pi 和 pi 會被看成不同的變數。一般來說，識別字有其慣用的命名方式，下表列出在 Java 中，識別字的慣用命名原則：

識別字的習慣命名原則

| 識別字 | 命名原則 | 範例 |
|--------|----------|------|
| 常數 | 常數是指設值之後，便不會再修改其值的變數。全部字元皆由英文大寫字母及底線組成 | `PI`<br>`MAX_NUM` |
| 變數 | 由小寫字母開頭。若由數個英文單字組成，則後面的單字開頭大寫，或是以底線隔開兩個單字 | `radius, circleArea`<br>`circle_area` |
| 函數 | 同變數的命名原則，但函數名稱後面通常會加上圓括號 | `show(), addNum()`<br>`mouseClicked()` |
| 類別 | 同變數的命名原則，但開頭第一個字母大寫 | `Caaa, Customer`<br>`MaxSize` |

使用慣用的命名原則可以讓程式更容易閱讀。當使用者看到某個識別字時，雖然還不清楚該識別字的用途，但可以大概瞭解到它應該是常數、變數、類別或是函數。舉例來說，當我們看到 PI，即可聯想到這個識別字應該是個常數，其值一旦設定之後，就不會再更改。

雖然 Java 沒有限定識別字的長度，但識別字只要能代表變數的意義即可，過長的識別字反而會造成閱讀與編輯上的困擾。最後，您可以觀察到在 VSCode 的環境裡，識別字和關鍵字會以不同的顏色來顯示，這個設計方便我們區分它們之間的不同，這對於學習程式語言有相當的助益。

## 2.5 當執行發生錯誤時

在撰寫程式時難免會發生一些錯誤。程式的錯誤可以分為兩種，一是不合 Java 的語法，這種情況稱為語法錯誤（Syntax error）。另一種是語法完全正確，不過執行的結果不對，這種情況稱為語意錯誤（Semantic error）。我們以下面兩個小節來討論這兩種錯誤。

### 2.5.1 語法錯誤

如果程式碼不合 Java 的語法，例如敘述後面少了分號，或是把大括號打成圓括號，那麼造成的錯誤就是語法錯誤。一般來說，語法錯誤比較容易解決，因為編譯器就已經告知哪一行出錯，以及錯誤的原因了。程式 Ch2_4.java 在語法上出現幾個錯誤，您可以試著先找出其中錯誤之處：

```
01    // Ch2_4,有錯誤的程式
02    public class ch2_4{
03        public static void main(String[] args){
04            int num1=2;                 // 宣告整數變數 num1，並設值為 2
05            int num2=3;                 // 宣告整數變數 num2，並設值為 3
06
07            System.out.println("I have "+num1+" dogs");
08            System.out.println("You have "+num2+" dogs")
09        )
10    }
```

有趣的是，即使您還沒按下 Run Java 按鈕 ▷ ，在編輯視窗裡已經可以看到 VSCode 利用波浪線標註出語法有錯誤的地方，且在「問題」窗格內可以看到相關的錯誤訊息，這是 VSCode 的 Java 延伸模組自動做的事：

當然您也可以先按下 ▷ ，再於「終端機」窗格內查看錯誤的訊息。不過如此做的話，視窗右下角會先出現一個「Build failed, do you want to continue？」的對話方塊，按下 Proceed 按鈕後才可以看到 Java 編譯器給的錯誤訊息：

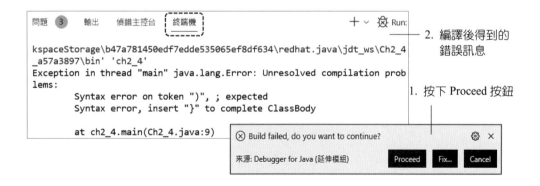

因為在「問題」窗格內列出的錯誤訊息比較容易查看，我們建議您採用第一種方法，在「問題」窗格內將問題排查完畢後，再按 Run Java 按鈕  來執行。於「問題」窗格內，第一個錯誤訊息 "The public type ch2_4 must be defined in its own file" 意思是說 ch2_4 是公有類別，它應該要定義在屬於它自己的檔案裡。換句話說，就是公有類別的名稱和檔案名稱不一樣。因為 Ch2_4.java 的 C 的大寫，而類別 ch2_4 的 c 是小寫，所以會有這個錯誤。把類別 ch2_4 改成大寫開頭的 Ch2_4 就可以解決這個錯誤。

第二個錯誤訊息是 "Syntax error on token ")", ; expected"，它告訴我們程式第 9 行預期有一個分號，不過它沒有找到。這個錯誤是因為第 9 行的最後少了一個分號導致，加上分號就可以更正這個錯誤。第三個錯誤是 "Syntax error, insert "}" to complete ClassBody" 表明了第 10 行少了一個右大括號，建議我們加上一個右大括號來完成類別的本體。這個錯誤是因為我們把右大括號誤打成圓括號了，訂正它就可以解決這個問題。

上述的三個錯誤均屬於語法錯誤。當編譯器發現程式語法有誤時，會告知這些錯誤的位置和原因，您便可以根據編譯器給的訊息來更正錯誤。程式經過除錯之後執行的結果如下：

```
I have 2 dogs
You have 3 dogs
```

❖

## 2.5.2 語意錯誤

當程式本身的語法都沒有錯誤，但是執行後的結果卻不符合原本預期的要求，這種錯誤稱為語意錯誤，也就是程式邏輯上的錯誤。語意錯誤比起語法錯誤來得難處理，因為編譯器無法找到錯誤所在，我們必須逐行檢查程式碼，重新思考程式的邏輯想才能解決。下面是一個一個語意錯誤的例子：

```
01  // Ch2_5,語意錯誤的程式
02  public class Ch2_5{
03      public static void main(String[] args) {
04          int a=2;        // 宣告整數變數 a,並設值為 2
05          int b=3;        // 宣告整數變數 b,並設值為 3
06          System.out.println("a+b="+a+b);
07      }
08  }
```
• 執行結果:
a+b=23

執行完 Ch2_5 後,可以發現程式於編譯的過程中並沒有找到錯誤,所以程式碼完全合乎 Java 的語法,但是執行後的結果卻是不正確($a+b$ 的結果應為 5),這種錯誤就是語意錯誤。這個程式的錯誤在於 6 行中未把 $a+b$ 用括號括起來,導致 + 號先串接 "a+b=" 和 2,得到 $a+b=2$,然後串接 3,得到錯誤的 $a+b=23$。將錯誤更正後,執行程式時就不會出現這種非預期的結果。

本節使用一個簡單的例子來說明語意錯誤的發生,不過實際上有語意錯誤的程式通常不會這麼容易看出,我們必須逐步檢查程式的內容,嘗試找尋可能發生錯誤的地方。使用這種地毯式的檢查方式,應該是每個程式設計師的必經之路。

# 2.6 提高程式的可讀性

在撰寫程式時應注意程式的可讀性,以方便日後的維護,例如在程式中加上註解、為變數取個有意義的名稱、保持每一行只有一個敘述、適當的空格或空行,或是利用空白鍵或 Tab 鍵將程式碼縮排(Indent)等都是很好的方法。

## ♣ 將程式碼縮排

您可以發現本書的程式碼皆有縮排,這是為了方便程式碼的閱讀與除錯。例如,Ch2_6 與 Ch2_7 這兩個程式的內容皆相同,但 Ch2_6 沒有縮排,Ch2_7 則有。Ch2_6 這個例子雖然語法沒有錯誤,但是因為撰寫風格的關係,閱讀起來較為困難:

```
01   // Ch2_6，沒有縮排的程式碼
02   public class Ch2_6{        // 定義 public 類別 Ch2_6
03   public static void main(String[] args){
04
05   System.out.println("Hello Java!");
06   System.out.println("Hello world!");
07   }
08   }
```

• 執行結果：
```
Hello Java!
Hello world!
```

Java 是依據分號與大括號來判定敘述到何處結束，因此您甚至可將 Ch2_6.java 所有的程式碼全擠在一行，編譯時也不會有錯誤訊息產生，但沒有人這麼做，因為一個令人賞心悅目的程式對於撰寫程式的人而言，是很重要的一件事。Ch2_6.java 這個程式經過縮排後，比較容易瞭解程式的內容，同時也有利於程式的偵錯，如 Ch2_7.java：

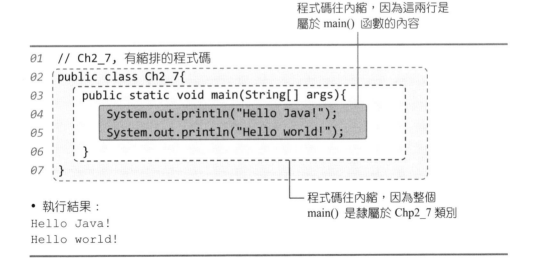

雖然這兩個範例的輸出結果都是一樣的，但是經過比較之後，更能瞭解到「縮排」這個小技巧可以提高程式的可讀性。事實上，在 VSCode 裡也會自動顯示直線來標記程式碼應該縮排的位置。下圖是 Ch2_7 在 VSCode 裡顯示的結果，不過我們刻意把第 5 行往內縮，使得它和第 4 行沒有對齊：

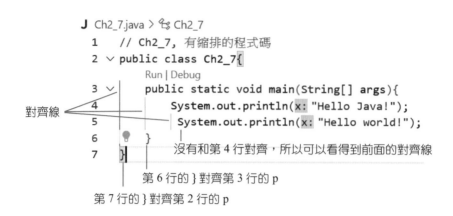

VSCode 提供了格式化文件的功能，可以結構化的編排程式碼，如利用輔助對齊線將程式碼對齊、以縮排的方式可以讓程式的結構分明、自動填入配對括號、標示文字顏色等功能，如此不但能減少程式錯誤的發生，且有利於除錯。非常建議讀者一定要養成將程式碼以格式化撰寫風格的好習慣。

## ♣ 將程式碼加上註解

註解有助於程式的閱讀與偵錯，因此可提高程式的可讀性。如前所述，Java 是以「//」記號開始，至該行結束來表示註解的文字。如果註解的文字有好幾行時，您可以用「/*」與「*/」記號將註解文字包圍起來，在這兩個符號之間的文字，Java 編譯器均不做任何處理。例如，下面的範例均是合法的註解方式：

```
// Ch2_8, examples
// created by wien hong
```
以「//」符號註解

```
/* This paragraph demonstrates the capability
   of comments used by Java    */
```
於「/*」和「*/」符號之間的文字均是註解

許多時候，適當的註解可方便程式設計師日後重新閱讀程式的內容。因此在發展大型程式時，請記得適度地加上註解，以便維持程式碼的可讀性。當然，過多且冗長的註解也是沒有必要的，因為如此會影響到程式碼的閱讀，使程式碼看起來較為雜亂不清。

# 第二章 習題

## 2.1 一個簡單的例子

1. 請試著逐行瞭解下面的程式碼，並在每一行敘述後面加上註解，然後執行它。

```
01  public class Ex2_1{
02    public static void main(String[] args){
03      int n;
04      n=8;
05      System.out.println(n+"+"+n+"="+(n+n));
06      System.out.println(n+"*5="+(n*5));
07    }
08  }
```

2. 下面的程式碼與習題 1 相似，不同的是在第 5 與第 6 行分別去掉 n+n 與 n*5 外面的括號。請試著執行它，結果和習題 1 是否相同？若是不同，試解譯為何會有此種差異？

```
01  public class Ex2_2{
02    public static void main(String[] args){
03      int n;
04      n=8;
05      System.out.println(n+"+"+n+"="+n+n);
06      System.out.println(n+"*5="+n*5);
07    }
08  }
```

3. 下面的程式碼可印出兩行字串。請試著逐行瞭解下面的程式碼，並試著執行它。

```
01  public class Ex2_3{
02    public static void main(String[] args){
03      System.out.println("Easy come, easy go.");
04      System.out.println("Practice makes perfect.");
05    }
06  }
```

4. 請撰寫一程式，可列印出你的中文名字，並為每行敘述加上註解。

## 2.2 變數

5. 試撰寫一程式，可列印出字串 "Never too late to learn"。

6. 試撰寫一程式計算 12 + 26 的值，並將結果利用 println() 列印出來。

7. 下面有哪些可以用來做為 Java 的變數名稱？

| | | | | | | | | | |
|---|---|---|---|---|---|---|---|---|---|
| (a) | _blue | (b) | Wacom | (c) | QUEEN | (d) | 22_ | (e) | _225 |
| (f) | max3ds | (g) | white_cat | (h) | rgb | (i) | new york | (j) | for |

## 2.3 輸出函數 println()

8. 請撰寫一程式，分別以 print() 和 println() 列印出 " East or west" 和 "Home is the best" 兩個字串，用以區分這兩個函數的作用有何不同。

9. 請撰寫一程式，將變數 num 宣告成 float 型別，並設值為 2.95，然後用 println() 列印出如下的執行結果：

     num=2.95

10. 請撰寫一程式，將 $a$、$b$ 和 $c$ 宣告成 int 型別變數，並分別設值為 1、6 與 8，然後利用 println() 列印出這三個變數的值。

## 2.4 關鍵字與識別字

11. 下面哪些是有效的識別字？

| | | | | | | | | | |
|---|---|---|---|---|---|---|---|---|---|
| (a) | _fiona | (b) | @korea | (c) | King | (d) | JSE | (e) | AURORA |
| (f) | 3dsMax | (g) | platinum | (h) | 2022 | (i) | Aa6 | (j) | ryan |
| (k) | sonic | (l) | 2_bee | (m) | one kid | (n) | class | (o) | news98# |
| (p) | true | (q) | FREE | (r) | INTEL | (s) | halloween | (t) | finally |

12. 試說明識別字與關鍵字的不同。

13. Java 裡的 main() 函數，main 是屬於識別字還是關鍵字？為什麼？

14. 下面是某些數據要儲存在一些變數之中，請試著為這些變數取個適當的名稱：

     (a) 某學生的身高　　(b) 學生的年齡　　(c) 圓的圓周率　　(d) 長方形的面積

## 2.5 當執行發生錯誤時

15. 請說明語法錯誤和語意錯誤的不同。

16. 試找出下列程式何處有誤，並將它修改成可執行的程式：

```
01  public class Ex2_16{
02    public static void main(String args[])   main() 函數
03      int num=2
04      system.out.println("I have "+Num+" dogs");
05    }
06  }
```

17. 試找出下列程式碼錯誤的地方，並將它修改成可正確執行的程式：

```
01  public class Ex2_17{
02    public static void main(String args[]){    # main()
03      int a=2; b=3; c=4;
04      System.Out.Println (a+"+"+b+"+"+c+"="+a+b+c)
05    }
06  }
```

## 2.6 提高程式的可讀性

18. Java 之註解方法有哪兩種？請說明之，並比較二者有何不同。

19. 如何提高程式的可讀性？提高程式的可讀性對程式的維護有哪些好處？

20. 下面是一個簡單的 Java 程式，但其程式內容有錯誤且編排方式並不易於閱讀。請將程式修正使之可以執行，並重新編排它來提高程式的可讀性：

```
01  // Ex2_20, 沒有縮排的程式碼
02  public class Ex2_20{
03  public static void main(String args
04  int i;i=5;
05  System.out.println("i="+i);
06  i=i+3;
07  System.out.println("i="+i);}
```

第二章 習題

# 03
Chapter

# 變數與資料型別

Java 的變數是利用宣告的方式，將記憶體中的某個區塊保留下來以供變數使用。變數有整數、浮點數、字元等不同的型別，方便用來儲存各種類型的資料。因應不同型別的變數，Java 提供了好用的格式化列印函數 printf()，可將變數以指定的格式印出來，例如列印的欄位、小數點之後的位數，以及空白的欄位是否補 0 等。本章將針對各種資料型別和變數的使用做一個基礎的介紹，並學習如何從鍵盤輸入資料，以便和程式互動等。

## 本章學習目標

- 認識變數與常數
- 認識 Java 的基本資料型別
- 格式化列印資料
- 學習如何由鍵盤輸入資料

# 3.1 資料型別與變數

前一章已經提及使用變數前，要先宣告變數所要儲存的資料型別和變數名稱。本節將詳細介紹 Java 提供的各種資料型別，以及如何用變數來儲存它們。

## 3.1.1 資料型別

資料型別（Data type）在程式語言裡佔有相當重要的角色。Java 的資料型別可分為原始型別（Primitive type）與非原始型別（Non-primitive type）。我們已經熟悉的 int和 char 都是屬於原始型別，另外諸如字串（String）與陣列（Array）等則是屬於非原始型別。Java 對於資料型別的劃分如下圖所示：

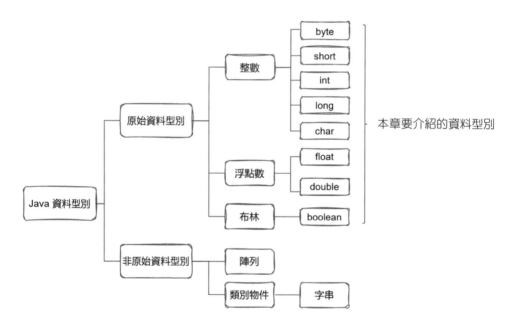

在 Java 中，相同的資料型別在不同的作業系統均佔有相同數量的位元組。這意味著我們所撰寫的 Java 程式，在不需修改程式碼的情況下即可於不同的作業平台執行。這點有別於 C 或 C++，它們在不同的平台或編譯器下同一資料型別可能佔有不同數量的位元組。本章我們將介紹原始資料型別，後續的章節將會介紹非原始資料型別。下表中列出 Java 所使用的各種原始資料型別，以及它們所佔用的記憶體空間與可表達範圍等：

Java 的原始資料型別

| 資料型別 | 說明 | 位元組 | 表達範圍 |
| --- | --- | --- | --- |
| byte | 位元組 | 1 | $-128 \sim 127$ |
| short | 短整數 | 2 | $-32768 \sim 32767$ |
| int | 整數 | 4 | $-2147483648 \sim 2147483647$ |
| long | 長整數 | 8 | $-9223372036854775808 \sim 9223372036854775807$ |
| float | 浮點數 | 4 | $-3.40292347^{38} \sim -3.40292347^{38}$ |
| double | 倍精度 | 8 | $-1.7976931348623157^{308} \sim 1.1.79769313486231577^{308}$ |
| char | 字元 | 2 | $0 \sim 65535$('\u0000'~'\uFFFF') |
| boolean | 布林 | 1 | 只能使用 true 或 false |

## 3.1.2 變數的宣告與設值

變數是用來儲存數字、字元、字串等資料的媒介。我們可以根據變數的名稱提取存放在其中的資料。在宣告變數的同時，我們可以將一個常數設定給該變數，這個常數被稱為「字面值」(Literal)。在 Java 中，字面值可以是常數、字串、布林值等等，它是一種固定的值，不需要進行運算計算或是額外的變數，直接使用在程式碼中，例如整數 56、浮點數 3.14 和字元 'C' 等都是字面值。Java 是利用

```
type var=literal;
```

這個語法來宣告變數 var 的型別為 type，並把字面值 literal 設定給 var 存放。下面是一個變數宣告业設值的範例：

```
01  // Ch3_1, 變數的設值
02  public class Ch3_1{
03    public static void main(String[] args){
04      int num=3;     // 宣告 num 為 int 型別的變數，並設值為 3
05      char ch='C';   // 宣告 ch 為 char 型別的變數，並設值為'C'
06      System.out.println(num+" is an integer");
07      System.out.println(ch+" is a character");
08    }
09  }
```

• 執行結果：

```
3 is an integer
C is a character
```

在 Ch3_1 中，由於變數 num 要存放 int 型別的整數值 3，所以我們在第 4 行把 num 宣告成 int。另外，變數 ch 需要存放 char 型別的常數 'C'，因此第 5 行要把 ch 宣告成 char。程式於 6~7 行分別印出 num 和 ch 的值。在這個範例中，整數 3 和字元 'C' 都是字面值。

注意變數在宣告時可以不設定初值，不過在後續的程式碼中一定要將該變數設值，否則會因為存取不到該變數的值而發生錯誤。例如在 Ch3_1 中，如果將第 4 行改為

```
04   int num;      // 宣告 num 為整數變數，但未設定初值
```

此時因為 num 未設定初值，而第 6 行卻要取用它，因此編譯時會出現 "The local variable num may not have been initialized" 的錯誤，表明變數 num 沒有設定初值。

當您為變數命名時，最好能取個有意義的名稱，例如，若是想儲存一個物件的長度，length 本身的意思就是長度，直接做為變數名稱會是很直覺且有意義的方式。如果要存放總和，可將變數命名為 sum，如果要存放平均的結果，可將變數命名為 average。好的變數命名可以讓您容易記住這個變數所代表的意義，就如同我們總是比較容易記住一個人的綽號一樣。如此一來，在撰寫及維護這些程式時，就能夠更方便閱讀程式的內容，增加程式維護或除錯的效率。

## 3.2 整數型別

不帶有小數的數字即為整數，如 3，−14 等均為整數。在 Java 中，整數依數值的表達範圍可分為 byte、short、int 及 long 四種型別。較小的資料範圍（介於 −32768 到 32767 之間）可以用 short（短整數）來表達；若是資料值更小，在−128 到 127 之間時，可以用 byte 表達以節省記憶體空間。舉例來說，如果我們想用一個變數儲存

一本書的頁數，一般書的頁數不會超過上萬頁，但有可能大於 127 頁，因此選擇 short 型別的變數來儲存比較合適。想宣告一個 short 型別的變數 pages，可以於程式中做出如下的宣告：

```
short pages=132;          // 宣告 pages 為 short 型別的變數，並設值為 132
```

經過宣告之後，Java 即會在記憶體空間中，取出一個佔有 2 個位元組的空間供 pages 變數使用，同時將這個變數的值設為 132。由於 pages 的型別是 short，所以它只能儲存 −32768 到 32767 之間的整數。

在 Java 中，整數字面值（Literal）的預設型別是 int，因此其範圍介於 −2147483648 到 2147483647 之間，因此在上面的宣告中，數字 132 是一個 int 型別的常數。超出 int 型別可表達範圍的常數可在後面加一個 l 或 L，代表它是一個長整數，例如 360000000000L，但由於小寫 l 太容易與數字 1 混淆，因此建議您直接使用大寫 L，避免造成閱讀上的錯誤。當然，較小的整數也可以表達成長整數，如 0L、−12L 和 136L 等。另外，Java 從 7.0 版開始也支援千分位符號，不過是以底線來代替數學上慣用的逗號。例如 72,000 可表達成 72_000，6,432,201,505 可以表達成 6_432_201_505L。

## 3.2.1 宣告整數變數並設定初值

當我們把一個整數常數 $x$（如 0、−98 或是 132887 等）設定給一個整數型別的變數存放時，應該注意以下幾點，以避免錯誤發生：

1. 整數 $x$ 的值必須在該型別可以表達的範圍內。例如，常數 1024 只能設定給 long、int 或 short 型別的變數存放，但不能設定給 byte 型別的變數；而常數 60000 只能設定給 long 或 int 型別的變數存放，若設定給 short 或 byte 型別的變數則會發生錯誤。

2. 若整數常數 $x$ 的值小於 −2147483648 或大於 2147483647，則後面要加上一個 L（如 −12345678900L 或 66000000000L），代表該常數是一個長整數。

3. 長整數常數（如 3600L）不能設定給 int、short 或 byte 型別的變數存放，即使它的值是落在這些型別的範圍之內。

下面是幾個宣告整數變數的例子。您可以嘗試將這些例子寫成一個程式，並印出它們的值來驗證這些宣告的正確性：

```
byte value=20;              // 宣告 byte 型別的變數 value，並設值為 20
short id=-3200;             // 宣告 short 型別的變數 id，並設值為-3200
int num=0;                  // 宣告 int 型別的變數 num，並設值為 0
int len=16_384;             // 宣告 int 型別的變數 len，並設值為 16384
long largeNum=0L;           // 宣告 long 型別的變數 largeNum，並設值為 0L
long huge=6_432_201_505L;   // 宣告 long 型別的變數 huge，並設值為 6432201505
```

也許您會好奇，在上面前兩個宣告中，20 和 −3200 都是 int 型別（Java 整數常數預設的型別為 int），那為什麼可以分別設定給範圍較小的 byte 和 short 型別的變數存放呢？事實上當我們把 int 型別的常數設定給 byte 和 short 型別的變數存放時，Java 會自動進行型別轉換，先將 int 型別的常數轉成 byte 或 short，再設定給 byte 或 short 型別的變數存放。若是超過 int 型別範圍的數值，Java 無法自動轉型，還是會維持原本預設的 int 型別。

下面是一個錯誤的範例，我們將利用這個範例來說明宣告變數並設定初值時，初學者常犯的一些錯誤：

```
01   //Ch3_2,有錯誤的範例
02   public class Ch3_2{
03       public static void main(String[] args){
04           byte num=-360;            // 錯誤，byte 容許的最小值為-128
05           short area=40000;         // 錯誤，short 容許的最大值為 32767
06           int value=600L;           // 錯誤，600L 是長整數
07           long width=12345678900;   // 錯誤，12345678900 後面要加 L
08
09           System.out.println(num+" is of type byte");
10           System.out.println(area+" is of type short");
11           System.out.println(value+" is of type int");
12           System.out.println(width+" is of type long");
13       }
14   }
```

當您鍵入完 Ch3_2 的程式碼後，您可以在「問題」窗格中看到有如下的 4 個錯誤：

問題 4　　輸出　　偵錯主控台　　終端機

∨ J Ch3_2.java 4

　⊗ Type mismatch: cannot convert from int to byte Java(16777233) [第 4 行，第 18 欄]
　⊗ Type mismatch: cannot convert from int to short Java(16777233) [第 5 行，第 20 欄]
　⊗ Syntax error on token "600L", delete this token Java(1610612968) [第 6 行，第 19 欄]
　⊗ The literal 12345678900 of type int is out of range Java(536871066) [第 7 行，第 20 欄]

這些錯誤訊息裡的 Type mismatch 意思即為型別不匹配。第一個錯誤訊息告訴我們第 4 行不能將 int 型別的常數（-360）設定給 byte 型別的變數存放。相同的，第二個錯誤訊息指出第 5 行不能將 int 型別的常數（40000）設定給 short 型別的變數存放。第 3 個錯誤訊息說明了 6 行不能將 long 型別的常數（600L）設定給 int 型別的變數存放。最後，第 4 個錯誤訊息告訴我們第 7 行的字面值 12345678900 超出了 int 型別可以表達的範圍。

在學習 Java 的過程中，非常建議您嘗試讀懂英文的錯誤訊息，它們就像是在您身旁的小老師，隨時隨地指明您發生錯誤的地方和原因。要特別留意的是 4~7 行的錯誤是因為將常數設定給某個型別的變數存放時，常數並沒有落在該型別的範圍內。如果將常數值限定在相對應的型別內，Java 就可以幫我們自動從涵蓋範圍較大的 int 型別，轉換到涵蓋範圍較小的其他型別，也就是把 4~7 行改成如下的程式碼：

```
04    byte num=-36;                // -36 在 byte 的範圍內
05    short area=4000;             // 4000 在 short 的範圍內
06    int value=600;               // 600 是 int 型別，可以設定給 value
07    long width=12345678900L;     // 12345678900L 是 long 型別
```

則 Ch3_2 就可以正確執行了。執行的結果如下：

```
-36 is of type byte
4000 is of type short
600 is of type int
12345678900 is of type long
```

❖

## 3.2.2 以二進位、八進位和十六進位表示整數

除了慣用的十進位，Java 也允許我們以二進位（Binary）、八進位（Octal）或十六進位（Hexadecimal）來表達一個整數，它們分別以前綴 0b、0 和 0x 接上相對應的數字來表示，注意這些進位數的前綴都是以數字 0 為開頭。二進位前綴 0b 的 b 取自二進位的英文 binary。十六進位前綴 0x 的 x 取自十六進位的英文 hexadecimal。八進位是以 0 開頭接上八進位的數字，因為 Java 十進位的整數不會是以 0 為開頭，因此編譯器可以區分 1024 是十進位的整數，而 01234 是八進位的整數。

二進位、八進位或十六進位的整數預設型別也是 int，如果需要 long 型別，則加上後綴 L。宣告一個變數並將它初值化為二進位、八進位或十六進位的整數之規則和十進位完全相同。另外無論是幾進位的數字，println() 都會將它們轉成十進位的值來印出。我們來看看下面的範例：

```
01  //Ch3_3, 二進位、八進位和十六進位的使用
02  public class Ch3_3{
03     public static void main(String[] args){
04        byte bin=0b1111;           // 以二進位表示的整數
05        short oct=02001;           // 以八進位表示的整數
06        int hex1=0xff12;           // 以十六進位表示的整數
07        long hex2=0x12345ffeL;     // 以十六進位表示的長整數
08
09        System.out.println("bin= " + bin);
10        System.out.println("oct= " + oct);
11        System.out.println("hex1= " + hex1);
12        System.out.println("hex2= " + hex2);
13     }
14  }
```
• 執行結果：
```
bin= 15
oct= 1025
hex1= 65298
hex2= 305422334
```

在這個範例中，第 4 行宣告了一個 byte 型別的變數 bin，並將二進位的整數 0b1111 設定給 bin 存放，事實上 0b1111 是十進位的 15。第 5 行的 02001 是八進位，相當於十進位的 1025，它落在 short 型別可以表達的範圍內，因此可以設定給 short 型別的變數 oct 存放。

第 6 行的 0xff12 是十六進位的整數，其值等於十進位的 65298，我們把它設定給 int 型別的變數 hex1 存放。注意十六進位整數裡的每一個數字必須是 0 到 9 或英文字母 a~f。第 7 行的 0x12345ffeL 是一個十六進位的長整數，因此可以設定給 long 型別的變數 hex2 存放。最後 9~12 行分別列印了 bin、oct、hex1 和 hex2 這 4 個變數的值，從輸出中可以看出 println() 函數是以十進位的整數印出它們。

## 3.2.3　簡單易記的代碼

Java 提供 long、int、short 及 byte 四種整數型別最大值與最小值的代碼，以方便我們使用。最大值的代碼是 MAX_VALUE，最小值是 MIN_VALUE。如果要取用某個型別的最大值或最小值，只要在這些代碼之前，加上它們所屬的類別全名即可。舉例來說，如果程式碼裡需要用到長整數的最大值，可用下面的語法來表示：

長整數型別 (long) 的最大值

由上面的語法可知，如果要使用某個型別的代碼，必須先指定該型別所在的類別庫 java.lang（lang 為 language 的縮寫），以及該型別所屬的類別。Java 中提供了許多常用的程式，並將這些程式分門別類地放置在不同的類別中，這些類別集合起來統稱為類別庫（library）或 API（Application Programming Interface），就像圖書館中各種類型的藏書有系統地放置在不同的分類書架中，當我們需要使用某個功能的程式時，就可以從類別庫中取出該程式所屬的類別，如同從書架上取出一本書一樣。此時如果還是不太理解什麼是類別也沒關係，在目前這個階段只要您會使用它即可。

由於 java.lang 這個類別庫實在是太常使用，Java 程式預設會自動將它載入，因此在實際撰寫程式時，可以省略 java.lang。下面的程式是利用代碼來列印四種資料型別的最大值，您可以將程式的輸出結果與 3.1.1 節提供的表做一個對照。

```
01   // Ch3_4, 印出 Java 定義的整數常數之最大值
02   public class Ch3_4{
03     public static void main(String[] args){
04       long lmax=java.lang.Long.MAX_VALUE;        // long 型別的最大值
05       int imax=java.lang.Integer.MAX_VALUE;      // int 型別的最大值
06       short smax=Short.MAX_VALUE;    // 省略類別庫 java.lang
07       byte bmax=Byte.MAX_VALUE;      // 省略類別庫 java.lang
08
09       System.out.println("Max value of long  : "+lmax);
10       System.out.println("Max value of int   : "+imax);
11       System.out.println("Max value of short : "+smax);
12       System.out.println("Max value of byte  : "+bmax);
13     }
14   }
```
• 執行結果：
```
Max value of long  : 9223372036854775807
Max value of int   : 2147483647
Max value of short : 32767
Max value of byte  : 127
```

程式 Ch3_4 列印出各種整數型別的最大值，讀者可注意到第 6 和 7 行雖然沒有指定類別庫 java.lang，但仍然可得到正確的結果。如果要列印出最小值，只要把 MAX_VALUE 改成 MIN_VALUE 即可，讀者可以自行試試。

## 3.2.4 溢位的發生

當變數存放的數值超過該變數型別可以表達的範圍時，溢位（overflow）或下溢（underflow）的情況便會發生。溢位的情況有點像是三個位數的計數器，最小值是 000，最大值是 999。如果目前的值 999，往前轉一格就會得到 000，往前轉兩格就會得到 001，當儲存的值超過了該型別的最大值，結果會回到最小值，此種情況稱為溢

位（overflow）。如果目前的值 000，往後轉一格就會得到 999，往後轉兩格就會得到 998，當儲存的值低於該型別的最小值，結果會回到最大值。則稱為下溢（underflow）。

下面是 int 型別的變數溢位的範例。在程式中我們宣告 int 型別的變數 $i$，並把 $i$ 設值為 int 型別可表示的最大值，然後分別印出 $i$、$i+1$ 和 $i+2$ 的值：

```
01   // Ch3_5, 溢位的發生
02   public class Ch3_5{
03      public static void main(String[] args){
04         int i=java.lang.Integer.MAX_VALUE;   // 將 i 設為 int 型別的最大值
05
06         System.out.println("i="+i);
07         System.out.println("i+1="+(i+1));         // 會發生溢位
08         System.out.println("i+2="+(i+2));         // 會發生溢位
09      }
10   }
```
• 執行結果：
```
i=2147483647
i+1=-2147483648
i+2=-2147483647
```

int 型別的表達的範圍為 −2147483648~2147483647。從本範例可知，當我們把 $i$ 設為 int 可表達範圍的最大值時，$i+1$ 會變成表達範圍的最小值；$i+2$ 變成表達範圍的次小值，這就是 int 型別的溢位。這種情形就像是計數器的內容到最大值時，在往前走一格就會全部歸零（零在計數器中是最小值）一樣。

int 型別的最大值為 2147483647，所以當 $i = 2147483647$ 時，$i+1$ 就會變成 int 型別可表達的最小值 −2147483648。參考下圖即可瞭解資料型別的溢位問題：

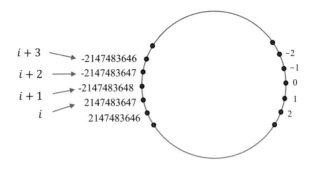

要避免 int 型別的溢位,可以在運算式中整數常數結尾處加上大寫的 L,該整數常數以 long 型別使用;或是在變數前面加上(long),直接做強制型別轉換。Ch3_6 是防止溢位發生的範例,為了讓您方便比較,特地在第 7 行讓整數發生溢位:

```
01   // Ch3_6, 型別的溢位處理
02   public class Ch3_6{
03      public static void main(String[] args){
04         int i=Integer.MAX_VALUE;          // 將 i 設為 int 型別的最大值
05
06         System.out.println("i="+i);
07         System.out.println("i="+(i+1));          // 會發生溢位
08         System.out.println("i+1="+(i+1L));       // 自動型別轉換
09         System.out.println("i+2="+((long)i+2));  // 強制型別轉換
10      }
11   }
```
• 執行結果:
```
i=2147483647
i=-2147483648
i+1=2147483648
i+2=2147483649
```

於 Ch3_6 中,第 4 行宣告變數 $i$,並設值為 int 型別的最大值。第 6 行印出 $i$ 的值,即 2147483647。第 7 行印出 $i + 1$ 的值,此時溢位發生,相加後變成 $-2147483648$。為了避免溢位的發生,第 8 行計算 $i + 1$ 時,在整數 1 的後面加上 L,如此編譯器會自動把整數 $i$ 轉換成長整數,再與長整數 1L 相加,因此執行結果變成 2147483648。相同的,第 9 行計算 $i + 2$ 的值,我們在整數 $i$ 之前加上 (long),將 $i$ 強制轉換成 long 型別,如此編譯器便會自動把整數 3 轉換成長整數,再與長整數 $i$ 相加。

由本例可知，int 型別的溢位可以利用強制型別的轉換方式來解決。但是像 long 型別的溢位就沒有辦法處理（因為沒有比 long 範圍更大的整數資料型別），此時就必須要仰賴程式設計師的把關，在程式中加上變數值的界限檢查，才不會發生執行時的錯誤。 ❖

在 Ch3_6 中我們首度看到了「自動」和「強制」這兩種型別轉換，在第四章中會詳細介紹它們，下面我們先概略說明一下整數的自動型別轉換機制。不同型別的整數在進行加減乘除等運算時，Java 為了避免溢位的情況發生，會自動將表達範圍較小的型別轉換成表達範圍較大的型別，以保證其計算的精度，這種轉換的方式，稱為隱含轉換（Implicit conversion），或稱為自動型別轉換（Automatic type conversion）。例如 short 和 byte 型別的變數相加，byte 就會被轉成 short。相同的，short 和 long 型別的變數相加，short 會被轉成 long。有了這個概念，下面的程式片段就很好理解了：

```
01    byte i=java.lang.Byte.MAX_VALUE;        // 將 i 設為 byte 型別的最大值
02    System.out.println("i="+i);
03    System.out.println("i="+(i+1));         // 不會發生溢位
```

這個例子中，從第 1 行我們知道變數 $i$ 的值為 byte 型別的最大值（127），所以第 2 行會印出 $i$ 的值為 127。第 3 行印出 $i + 1$ 的結果，因為整數常數 1 的型別為 int，int 的表達範圍比 byte 廣，所以 Java 會把 byte 型別的 $i$ 轉換成 int 型別，如此 $i$ 和 1 都是 int 型別，且相加後的結果也在 int 的表達範圍內，因此第 3 行會印出 $i + 1$ 的結果為 128，而不會有溢位的情況發生。

## 3.3 浮點數型別

在日常生活中經常會使用到帶有小數點的數值，例如平均里程數、身高、體重等。當我們需要帶有小數的數值時，採用整數來儲存就不合適。帶有小數點的數值稱為浮點數（floating point），Java 以佔有 4 個位元組的 float 型別來儲存它們，可表達範圍為 $-3.4 \times 10^{38} \sim 3.4 \times 10^{38}$。當浮點數的表達範圍或精度不夠大時，可以使用 8 個位元組的倍精度（Double precision）浮點數，它的表達範圍為 $-1.7 \times 10^{308} \sim 1.7 \times 10^{308}$。

舉例來說，想宣告一個 double 型別的變數 num（初值為 0.0）與一個 float 型別的變數 avg（初值為 2.0），可以於程式中做出如下的宣告及設值：

```
01 double num=0.0;        // 宣告 num 為 double 型別的變數，並設值為 0.0
02 float avg=2.0f;        // 宣告 avg 為 float 型別的變數，並設值為 2.0f
```

經過宣告之後，Java 即會在記憶體空間中，分別配置 8 個與 4 個位元組的空間以供變數 num 與 avg 使用。若浮點數需要以指數的型式來表示時，可用字母 E 或 e 來代表 10 的乘幂。例如 6.2e5（或 6.2E5）代表 $6.2 \times 10^5$，7.4e3（或 7.4E3）代表 $7.4 \times 10^3$。另外，浮點數常數的預設型別是 double，於數值後面可加上 D 或是 d，作為 double 型別的識別，在 Java 中，這個 D 或 d 是可有可無的。如果在數值後面加上 F 或是 f，則作為 float 型別的識別。下列為 float 與 double 型別的變數在宣告與設值時應注意的事項：

```
01 double num1=-5.6e64;   // 宣告 num1 為 double 型別，其值為 $-5.6 \times 10^{64}$
02 double num2=-6.32E16;  // e 也可以用大寫的 E 來取代
03 float num3=2.478f;     // 宣告 num3 為 float 型別，並設初值為 2.478
04 float num4=2.63e64;    // 錯誤，$2.63 \times 10^{64}$ 已超過 float 可表達的範圍
05 float num5=6.3;        // 編譯錯誤，常數 6.3 的型別是 double
06 double num6=6.3;       // 編譯成功，正確的宣告方式
```

下面的範例宣告一個 float 型別的變數 n，並設定初值為 5.0f，接著計算出 n 的平方，然後把結果設定給 double 型別的變數 p 存放，最後把 n 和 p 的值列印到螢幕上：

```
01  // Ch3_7，浮點數的使用
02  public class Ch3_7{
03    public static void main(String[] args){
04      float n=5.0f;    // 5.0f 為 float 型別的常數
05      double p=n*n;    // n*n 的結果會自動轉成 double，再設定給 p 存放
06      System.out.println(n+"*"+n+"="+p);    // 印出 n*n 的結果
07    }
08  }
```
• 執行結果：
```
5.0*5.0=25.0
```

在 Ch3_7 中，如果把第 4 行的 5.0f 改為 5.0，則會有 Type mismatch: cannot convert from double to float 這個錯誤訊息產生，這是因為 double 可以表達的範圍比 float 大，所以無法把 double 型別的常數 5.0 設定給 float 型別的變數存放。不過如果把第 5 行的 double 改成 float，則程式一樣可以執行，因為 n*n 的結果一樣在 float 的範圍內。

浮點數型別也提供了 MAX_VALUE 和 MIN_VALUE 這兩個代碼，與 float 於 double 型別相對應的類別為 Float 與 Double，利用這兩個類別即可提取它們。不過要注意，MIN_VALUE 提取的是 double 或 float 型別的最小正值，而不是可表達範圍的最小值。下面是一個簡單的範例：

```
01  // Ch3_8，印出浮點數的最大值和最小值
02  public class Ch3_8{
03      public static void main(String[] args){
04          System.out.println("f_max="+Float.MAX_VALUE);
05          System.out.println("f_min="+Float.MIN_VALUE);
06          System.out.println("d_max="+Double.MAX_VALUE);
07          System.out.println("d_min="+Double.MIN_VALUE);
08      }
09  }
```
• 執行結果：
```
f_max=3.4028235E38
f_min=1.4E-45
d_max=1.7976931348623157E308
d_min=4.9E-324
```

Ch3_8 的第 4 和 6 行分別印出了 float 和 double 型別可以表達範圍的最大值，第 5 和 7 行則分別印出了它們可以容許的最小精度。我們可以看到 float 型別的最小精度是 $1.4 \times 10^{-45}$，而 double 型別的最小精度為 $4.9 \times 10^{-324}$。當一個浮點數常數的值小於其精度時，Java 會回應我們一個錯誤訊息。例如下面這兩行程式都是錯誤的設值：

```
double d=1.2E-325;    // 錯誤，1.2E-325 小於 4.9E-324
float f=1.2E-46F;     // 錯誤，1.2E-46F 小於 1.4E-45
```

上面的第一行程式 Java 會回應 "The literal 1.2E-325 of type double is out of range" 這個錯誤訊息，意思就是 1.2E-325 這個字面值已經小於 double 型別可以提供的最小精度了。第二行程式的錯誤訊息亦同。您可以試著將字面值調大一些就不會有錯誤訊息發生。                                                                    ❖

# 3.4 字元型別

Java 使用標準萬國碼（Unicode）對字元（Character）編碼。Unicode 將世界各國使用的文字和符號編碼，使得每個字元都有它自己唯一的編碼，如此在任何的平台裡都可以提取相同的字元而不會有亂碼產生。在 Unicode 的編碼系統裡，無論是英文、中文還是日文，每個字元都是佔 2 個位元組。

在 Java 中，以單引號括起來的字元稱為一個字元常數，如 'a'、'Q' 和 '好' 等。字元變數可利用 char 關鍵字來宣告。在宣告時，我們可以將字元常數、字元的十進位 Unicode 編碼，或是字元的十六進位 Unicode 編碼（格式為 '\u$xxxx$'，其中 $xxxx$ 為字元的十六進位 Unicode）設定給一個字元變數存放。

例如英文字母 G 的 Unicode 是 71，71 的十六進位值是 $47_{16}$，要把字元常數 'G' 設定給 char 型別的變數 ch 存放，可以利用下面任一種語法：

```
char ch='G';            // 宣告 char 型別的變數 ch，並設值為'G'
char ch=71;             // 'G'的 Unicode 為 71
char ch='\u0047';       // 71 的 16 進位為 47
```

如果想取得某個字元的 Unicode，只要把該字元設定給一個整數來存放即可，例如

```
int uc='好';               // char 型別會自動轉換成 int 型別
```

可以取得 '好' 字的 Unicode。在上面的敘述中，Java 會自動將 '好' 字由 char 型別轉換成 int 型別。或者我們也可以強制將 '好' 轉成 int 型別，再設定給 int 型別的變數存放：

```
int uc=(int)'好';          // 強制將 char 型別轉換成 int
```

關於型別轉換的語法，第四章會有更詳盡的探討。下面是字元的使用範例，我們以不同的方法來列印出字元 'G'，並嘗試取得中文字元 '好' 的 Unicode：

```
01  // Ch3_9, 字元型別的範例
02  public class Ch3_9{
03    public static void main(String[] args){
04      char c1='G';              // 將字面值'G'設定給 c1 存放
05      char c2=71;               // 利用 Unicode 設定 c2 為字元'G'
06      char c3='\u0047';         // 利用 16 進位的 Unicode 設定 c3 為字元'G'
07      int uni='好';             // 取得 '好' 字的 Unicode
08
09      System.out.println("c1="+c1+", c2="+c2+" ,c3="+c3);
10      System.out.println("uni="+uni);
11      System.out.println((int)'好');  // 印出字元的 Uincode
12    }
13  }
```
• 執行結果：
```
c1=G, c2=G ,c3=G
uni=22909
22909
```

於本例中，4~6 行是利用各種不同的方法將字元變數設值為 'G'，並在第 9 行印出它們。第 7 行可以取得 '好' 字的 Unicode，並於第 10 行印出，我們可以發現它的 Unicode 是 22909。第 11 行則是直接將字元 '好' 轉換成整數並印出，如此一樣可以取得它的 Unicode。

❖

對於某些無法由鍵盤輸入的字元（如換頁、倒退一格等），或是不能用單一個符號表示的字元，可以利用跳脫序列（Escape sequence）的方式為字元變數設值。這種設定方式是在特定的英文字母前，加上反斜線「\」，使其成為跳脫序列。整個跳脫序列可以看成是一個具有特別功能的字元，例如換行或是 Tab 鍵等。下表為常用的跳脫序列：

常用的跳脫序列

| 跳脫序列 | 所代表的意義 | 跳脫序列 | 所代表的意義 |
|---|---|---|---|
| \f | 換頁 (form feed) | \\ | 反斜線 (Backslash) |
| \b | 倒退一格 (backspace) | \' | 單引號 (Single quote) |
| \n | 換行 (new line) | \" | 雙引號 (Double quote) |
| \r | 歸位 (carriage return) | \uxxxx | 十六進位的 Unicode 字元 |
| \t | 跳欄 (tab) | \ddd | 八進位的字元編碼,範圍在 000~377 之間（十進位為 0~255） |

跳脫序列可以用來列印出一些無法列印的字元。例如想列印出包含有雙引號的字串 Java is a "beautiful" language，我們可能會嘗試寫出如下的敘述：

```
System.out.println("Java is a "beautiful" language");
```

不過您馬上會發現 Java 會拋出一些錯誤訊息，原因是編譯器會把 "Java is a " 看成是一個字串，把 " language" 看成是另一個字串，因此編譯器就不理解中間的 beautiful 是什麼意思了，所以您可以看到 Syntax error on token "beautiful" 這樣的錯誤訊息。利用跳脫序列就可以解決這樣的問題。從上表中我們知道「\"」代表一個雙引號字元，因此我們可以把上面的敘述改寫成下面的敘述，就可以正確的印出 Java is a "beautiful" language 這個字串：

```
System.out.println("Java is a \"beautiful\" language");
```

跳脫序列的用法有很多種，我們可以如前例一樣，直接在欲列印的字串中加入特殊的跳脫序列，或是把字元變數設值為某個跳脫序列，再將它列印出來。下面的程式裡宣告兩個字元變數，分別將它們設值為某個跳脫序列，然後將它們列印出來。您可以比較一下這幾種方式的差異：

```
01   // Ch3_10, 列印跳脫序列
02   public class Ch3_10{
03     public static void main(String[] args){
04       char ch1='\042';        // 雙引號字元的八進位碼為 042
05       char ch2='\u0022';       // 雙引號字元的十六進位碼為 0022
06
```

```
07        System.out.println("\"Time is money!\"");
08        System.out.println(ch1+"Time flies."+ch1);
09        System.out.println(ch2+"Tomorrow never comes"+ch2);
10    }
11  }
```
• 執行結果：
```
"Time is money!"
"Time flies."
"Tomorrow never comes"
```

在這個範例中，我們知道雙引號的 Unicode 為 34，其八進位是 $42_8$，十六進位是 $22_8$。因此第 4 和第 5 行分別以跳脫序列的寫法將雙引號字元設定給 ch1 和 ch2 存放。第 7 行是利用跳脫字元雙引號，第 8 和第 9 行則是在字串的前後分別列印雙引號字元。值得注意的是，我們也可以把第 4~5 行改寫成下面的敘述：

```
04  char ch1=042;    // 設定 ch1 的 Unicode 為八進位的 42
05  char ch2=0x22;   // 設定 ch2 的 Unicode 為十六進位碼為 22
```

稍早我們曾提及在數字前加上數字 0，表示該數字是八進位的整數；若是在數字前面加上 0x，則該變數字是十六進位的整數。因此上面兩行的寫法是直接將雙引號字元的 Unicode 設值給 ch1 和 ch2 存放。於本例可看出，不管是以變數存放跳脫序列，或是直接使用跳脫序列的方式來列印字串，都可以順利執行程式。

## 3.5 布林型別

布林（boolean）型別的變數只有 true（真）和 false（假）兩種。舉例來說，想宣告名稱為 status 的布林變數，並設值為 true，可以寫出如下的敘述：

```
boolean status=true;       // 宣告布林變數 status，並設值為 true
```

經過宣告之後，布林變數 status 的初始值即為 true。若是想在程式中更改 status 的值，亦可以在程式碼裡更改。我們來看看下面的範例：

```
01  // Ch3_11, 印出布林值
02  public class Ch3_11{
03      public static void main(String[] args){
04          boolean status=false;      // 設定 status 布林變數的值為 false
05          System.out.println("status="+status);
06      }
07  }
```

• 執行結果：

```
status=false
```

這個範例相對簡單，我們只是在第 4 行宣告一個 boolean 型別的變數 status，然後把它設值為 false，第 5 行再印出 status 的值。布林值通常用來控制程式的流程，在此可能會覺得有些抽象，在後續的章節中會介紹到布林值在程式流程中所扮演的角色。

# 3.6 格式化列印資料

我們知道 println() 函數可以用來列印資料，但不能控制輸出的格式，例如用幾個字元寬度來列印數字，或是要列印到小數點以下幾位等。Java 提供了另一個好用的函數 printf()，可以格式化輸出不同型別的變數。printf() 是 print 和 f 的合體字，其中 f 是 format 之意，也就是格式的意思。printf() 的語法如下：

```
System.out.printf(格式字串, 引數 1, 引數 2,...);    // 格式化函數
```

其中格式字串為我們想要輸出且帶有格式碼的字串，後面接的引數依格式碼的要求依序填入格式字串中。每種資料型別都有其相對應的控制碼，這些控制碼列表如下：

printf() 的格式碼

| 格式碼 | 說明 | 格式碼 | 說明 |
|---|---|---|---|
| %d | 十進位整數（decimal） | %f | 浮點數（float） |
| %o | 八進位整數（octal） | %s | 印出字串 |
| %x | 十六進位整數（hexadecimal），以小寫英文字顯示 | %% | 印出百分比符號 |
| %X | 十六進位整數（hexadecimal），以大寫英文字顯示 | %c | 字元（character） |

從上表中，我們可以看到格式碼以前綴 % 為開頭，後面接上一個要列印之資料型別的型別字元，例如 %d 裡的 d 就是型別字元，它代表要以十進位格式列印整數。這些型別字元都取自它們的英文，因此相對好記。注意 byte、short、int 和 long 等型別的資料都是以 %d 格式碼來列印，而 float 和 double 型別的資料均是以 %f 格式碼列印。另外，在前綴 % 和型別字元之間我們也可以加上一些控制碼來細部調整列印的格式。完整的格式碼如下所示，其中方括號代表裡面的控制碼可以省略：

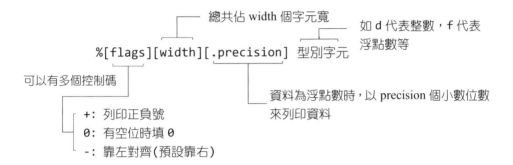

例如，%6.2f 代表 width 為 6，precision 為 2，型別字元為 f，因此它會以 6 個字元的寬度、小數點以下兩位靠右列印浮點數。%+08d 則是 flag 為 +0，width 為 8，型別字元為 d，因此它會以 8 個欄位靠右列印整數，整數不足 8 位時前面補 0，且加上正負號。下表是不同資料與格式碼搭配時，列印出來的結果：

格式碼的範例（符號 ○ 代表一個空格）

| 格式碼 | 資料 | 列印結果 | 說明 |
|---|---|---|---|
| %4d | 12 | ○○12 | 以 4 個字元寬靠右列印整數 |
| %+-8d | 123 | +123○○○○ | 以 8 個字元寬、加正負號、靠左列印整數 |
| %0+8d | 123 | +0000123 | 以 8 個字元寬、加正負號、靠右列印整數，空白處補 0 |
| %6.2f | 12.345 | ○12.35 | 以 6 個字元寬、小數點以下 2 位靠右列印浮點數 |
| %+8.3f | 12.3 | ○+12.300 | 以 8 個字元寬、小數點以下 3 位，加正負號靠右列印浮點數 |
| %6c | 'a' | ○○○○○a | 以 6 個字元寬靠右列印字元 'a' |
| %-8s | "Java" | Java○○○○ | 以 8 個字元寬、靠左列印字串 'Java' |

printf() 函數也可以同時格式化列印兩筆或多筆資料。例如，假設整數變數 a 為 12，浮點數變數 b 為 34.567，則下面的程式碼可以同時格式化列印出 a 和 b 的值：

```
int a=12;
double b=34.567;
System.out.printf("a=%3d, b=%08.2f\n", a, b);
```

列印於第二個格式碼的位置

列印於第一個格式碼的位置

輸出結果：a=○12, b=00034.57

熟悉 C 語言的讀者對於 printf() 函數的寫法應不陌生，因為 Java 和 C 的 printf() 函數的語法幾乎是相同的。下面是 printf() 函數使用的範例，您可以注意到由於 VSCode 預設有開啟 linting 的效果，因此會自動在 printf() 函數的第一個引數的位置加上 "format"，提醒您這個位置的引數是格式化字串：

```
01   // Ch3_12, 格式化列印
02   public class Ch3_12{
03      public static void main(String[] args){
04         byte bt=65;
05         float ft=3.14f;
06         double db=567.1234;
07
08         System.out.printf("bt=%c\n",bt);          // 列印字元
09         System.out.printf("bt=%+05d\n",bt);        // 列印整數
10         System.out.printf("oct=%o, hex=%x\n",bt, bt);// 以不同進位數列印
11         System.out.printf("ft=%7.4f\n",ft);        // 列印浮點數
12         System.out.printf("db=%f\n",db);           // 列印倍精度浮點數
13      }
14   }
```

• 執行結果：
```
bt=A
bt=+0065
oct=101, hex=41
ft= 3.1400
db=567.123400
```

在這個範例中，4 到 6 行分別宣告了 byte、float 和 double 型別的變數 bt、ft 和 db，8 到 12 行將它們以不同的格式列印出來。第 8 行以 %c 來列印整數 65，因為 65 是字元 'A' 的 Unicode，因此 %c 會印出 'A' 這個字元。第 9 行是以 5 個欄位，加上正

負號，並在數字前面補 0 的方式來列印整數 65。第 10 行是將 65 分別以八進位和十六進位的數字列印，欄位寬度預設為整數的位數。第 11 行是以 7 個欄位、小數點以下 4 位來列印變數 ft。第 12 行沒有指定欄位數來列印變數 db，從輸出中可以看到預設會列印到小數點以下 6 位，不過 db 只有到小數點以下 4 位，因此最後兩位補 0。

## 3.7　由鍵盤輸入資料

在 Java 中，我們可以利用 Scanner 類別從鍵盤輸入資料。Scanner 類別是放在 java.util 類別庫裡（util 是 <u>util</u>ity 的縮寫，Java 把一些很常用的類別放在這裡），使用前必須先用下面的語法載入它：

```java
import java.util.Scanner;            // 載入 Scanner 類別
```

要輸入資料前，我們必須先建立 Scanner 類別的物件，然後再利用物件提供的函數傳回讀取的資料：

```java
Scanner scn=new Scanner(System.in);    // 建立 Scanner 類別的物件 scn
int age=scn.nextInt();                 // 以 int 型別傳回讀取的資料
```

在上面的語法中，第一行利用 new 建立一個 Scanner 類別的物件 scn。您可以注意到 Scanner 的 S 是大寫開頭，所以它是一個類別。Scanner 的括號內必須指明讀取的來源。因為我們是從鍵盤輸入，所以填上 System.in。第二行則是利用物件 scn 呼叫 nextInt() 函數，它會等待使用者從鍵盤輸入數字，在按下 Enter 鍵之後將輸入的內容以整數的形式傳回。

下表是輸入資料時 Scanner 類別提供的函數，撰寫程式時請依照資料型別選擇相對應的函數。另外，本書在第 8 章才會介紹到類別的實際操作，在此讀者只有知道由 Scanner 類別建立的物件就擁有這些函數即可。如果不明瞭每一行程式碼的用意也沒關係，只要跟著範例的操作即可。

由鍵盤輸入資料時，常用的相對應型別之函數

| 函數 | 說明 | 函數 | 說明 |
|------|------|------|------|
| nextByte() | 以 byte 型別傳回讀取的資料 | nextFloat() | 以 float 型別傳回讀取的資料 |
| nextShort() | 以 short 型別傳回讀取的資料 | nextDouble() | 以 double 型別傳回讀取的資料 |
| nextInt() | 以 int 型別傳回讀取的資料 | next() | 以 String 型別傳回讀取的資料 |
| nextLong() | 以 long 型別傳回讀取的資料 | nextLine() | 以 String 型別傳回讀取的資料 |

接下來我們就實際舉個例子，來說明如何由鍵盤輸入文字及數值型別的資料。程式 Ch3_13 可由鍵盤輸入姓名和年紀，然後將它們列印出來：

```
01   // Ch3_13, 由鍵盤輸入資料
02   import java.util.Scanner;          // 載入 Scanner 類別
03   public class Ch3_13{
04     public static void main(String[] args){
05        Scanner scn=new Scanner(System.in);   // 宣告 Scanner 類別的物件
06
07        System.out.print("What's your name? ");
08        String name=scn.next();      // 輸入字串
09        System.out.print("How old are you? ");
10        int age=scn.nextInt();        // 輸入整數
11        System.out.print(name+",  "+age+" years old.");
12        scn.close();                  // 將 scn 關閉
13     }
14   }
```
• 執行結果：
```
What's your name? Junie
How old are you? 16
Junie, 16 years old.
```

程式第 2 行利用 import 指令載入 java.util 類別庫裡的 Scanner 類別，第 5 行建立 Scanner 類別的物件 scn，並指定從鍵盤輸入資料。第 7 行印出一個字串，要求使用者輸入姓名。當程式執行到第 8 行時，Java 會建立一個 String（字串）型別的物件 name， 然後等待使用者將資料輸入。輸入完畢後按下 Enter 鍵，所有輸入的文字會被轉成字串，並設定給 name 存放。注意 String 是屬於本章一開頭題到的非原始資料型別，稍後我們會詳細介紹它。相同的，第 9 行提示使用者輸入年紀，第 10 行將輸

入內容轉成 int 型別，並設定給變數 age 存放。11 行則是印出 name 和 age 等訊息，最後於第 12 行將 scn 關閉。

在執行時，您可以發現在終端機窗格內會分別出現第 7 和第 9 行的提示訊息，您可以在提示訊息後方的游標處分別鍵入一個字串和一個整數。在這個範例中，我們分別鍵入 Junie 和 16，因此可以得到 "Junie, 16 years old. " 這個字串。 ❖

當程式要求使用者輸入數值，此時若是使用者不慎輸入成其它型別的資料，轉換的過程就有可能會發生錯誤。以 Ch3_13 為例，第二個輸入應該是整數，若是輸入浮點數 16.5，則可以看到編譯器回應下列的錯誤訊息：

```
Input an integer: 16.5
Exception in thread "main" java.util.InputMismatchException
        at java.base/java.util.Scanner.throwFor(Scanner.java:939)
        at java.base/java.util.Scanner.next(Scanner.java:1594)
        at java.base/java.util.Scanner.nextInt(Scanner.java:2258)
        at java.base/java.util.Scanner.nextInt(Scanner.java:2212)
```

當變數接收到不合型別的資料時，會出現類似的錯誤訊息，因此在程式撰寫的過程中，最好能加上相關問題的處理。關於這個部分將在第 13 章裡有詳細的介紹與討論。

在 Ch3_13 中第 8 行使用 Scanner 類別輸入資料時，由於 Scanner 類別並沒有提供字元輸入相對應型別的函數，因此若要輸入字元，可以利用 next() 取得字串之後，再利用 charAt(0) 函數取出字串中索引為 0 的字元（也就是最開頭的字元）即可，如下面的程式片段：

```
01    Scanner scn=new Scanner(System.in);
02    String str=scn.next();       // 輸入字串
03    char ch=str.charAt(0);       // 取出字串索引為 0 的字元
```

藉由從鍵盤輸入資料的方式，可以提升與使用者之間的互動。Java 提供了許多字元、字串與數值的處理函數，讓程式設計互動顯得更加生動有趣。

# 第三章 習題

## 3.1 資料型別與變數

1. 下列何者是錯誤的字面值？為什麼？

   (a) 2B      (b) @A      (c) 3.20      (d) a5      (e) $53

   (f) -67      (g) 2I      (h) 6.34K      (i) Aa6      (j) ryan

2. 試指出下列各字面值之類型。

   (a) 6.56      (b) 3.2E24      (c) 6.74e3      (d) 1024      (e) 1.5E-06

3. 字串（String）是屬於原始資料型別或非原始資料型別？

4. 下列的敘述中，試問應該用什麼型別的變數來描述下列各項較為恰當？

   (a) 一個班級的學生數          (b) 餅乾盒的體積

   (c) 星球之間的距離            (d) 手機的重量

   (e) 一個成年人的身高與體重     (f) 一本書的總頁數

   (g) 學校的班級數             (h) 一包薯條的重量

   (i) 昨天有下雨               (j) 一個國家的人口數

## 3.2 整數型別

5. int、char、float 與 double 型別的變數各佔有多少個位元組？它們能夠表達的數值範圍分別是多少？

6. 試將下列各數以 Java 的指數型式來表示。

   (a) -96.43     (b) 1974.56     (c) 0.01234     (d) 0.009875     (e) 0.000432

7. 試指出下面宣告錯誤的原因：

   (a) long num=32998399887;

   (b) byte num=1024;

   (c) int large=1024L;

   (d) short small=32768;

   (e) byte by=130;

8.  試撰寫一程式，可列印出 byte、short、int 和 long 型別可表達範圍的最小值。

9.  假設 int 型別的變數 a、b 和 c 的值分別為 20、25 和 50。試撰寫一程式計算 a + b + c 的結果，並將計算結果列印出來。列印的結果應為

    20+25+50=95

10. 設變數 num 的值為 long 型別的最小值。試將 num 的值減 1，然後列印出所得的結果。試解釋您得到的結果為什麼會是 long 型別的最大值。

### 3.3 浮點數型別

11. 在下列的變數中，試說明它們各屬於哪一種資料型別？

    (a)　164　　　　(b)　786L　　　　(c)　33.42　　　　(d)　33.344F　　　　(e)　367.87D

12. 請指出下面的宣告是正確還是錯誤。如果是錯誤，請指出原因：

    (a)　`float num=3.5E-46f;`

    (b)　`float sum=1.23E40f;`

    (c)　`float avg=1200L;`

    (d)　`float mean=2.0;`

    (e)　`Double pi=3.14159`

    (f)　`Double inch=2.54f`

13. 假設 float 型別的變數 a 和 b 的值分別為 20.4 和 9.6。試撰寫一程式，計算 a*b 的結果，並將計算結果列印出來。列印的結果應為

    20.4*9.6=195.84

### 3.4 字元型別

14. 試寫一程式，分別利用字元 'B' 的 Unicode 編碼（66）與 16 進位碼（0042）列印。

15. 試將字元變數 ch 的值設為 100，再於程式中以 println() 印出 ch。您會得到什麼樣的結果？試解釋您為何會得到這個結果

16. 希臘的小寫字母 θ 的 16 進位值為 03B8，π 的 16 進位值為 03C0。試在 Java 程式裡列印出這兩個字母。

17. 試利用跳脫序列印出 "明天下雨的機率為 75%" 字串（包含字串左右兩邊的雙引號）。

## 3.5 布林型別

18. 試撰寫一程式碼，試試 boolean 型別的常數 true 或 false 是否可以設定給 byte、short 或 int 型別的變數存放？如果不行，請試著理解 Java 的編譯器會產生的錯誤訊息。

19. 下列宣告 boolean 型別的變數並初始化的敘述中，哪個是可以被 Java 編譯器所接受？

    (a)  `boolean flag=true;`

    (b)  `Boolean flag=true;`

    (c)  `boolean flag=True;`

    (d)  `boolean flag=TRUE;`

## 3.6 格式化列印資料

20. 設 a 為 int 型別的變數，其值為 127。試利用 printf() 函數以如下的格式列印變數 a 的值（○ 代表一個空格）：

    (a)  `a=+00127`　　　　　　(b)  `a=127○○○`

    (c)  `a=○○○127`　　　　　　(d)  `a=127`

21. 設 b 為 float 型別的變數，其值為 12.3456。試利用 printf() 函數將變數 b 以如下的格式列印出來（○ 代表一個空格）：

    (a)  `b=+0012.35`　　　　　(b)  `b=+12.345600`

    (c)  `b=○○12.346`　　　　　(d)  `b=○○○○○○12`

    (e)  `b=○○12.35`　　　　　　(f)  `b=0012.346`

22. 設 p 為 double 型別的變數，其值為 12.34。試利用 printf() 函數將變數 p 以如下的格式列印出來（○ 代表一個空格）：

    (a)  `p=+0012.34%`　　　　(b)  `p=○○○12.34%`

    (c)  `p=12.34%`　　　　　　(d)  `"p=12.34%"`

    (e)  `p=○12%`　　　　　　　(f)  `p=+12.34%`

## 3.7 由鍵盤輸入資料

23. 請撰寫一程式，由鍵盤輸入 "Wrong never comes right!!" 字串，輸出結果也是 "Wrong never comes right!! " 字串（包括雙引號）。

24. 請撰寫一程式可由鍵盤輸入一個整數，然後印出此數乘以 2 之後的結果。

25. 試由鍵盤讀入兩個數值 1200 與 2100，然後計算兩數之和。

26. 請撰寫一程式，由鍵盤輸入一個小寫英文字母，計算它在 26 個字母裡的順序。舉例來說，若輸入的是 d，則輸出為 "d 是第 4 個字母"。（提示：英文字母的 Unicode 是連續的，例如字元 'a' 和 'b' 的 Unicode 分別為 97 和 98）

❖

第三章 習題

# 04

Chapter

# 運算子、運算式與敘述

程式是由許多敘述（Statement）組成。一個敘述可能會有多個運算式，其基本
單位是運算元與運算子。當一個運算式有多個運算子時，我們就必須考慮到它
們之間的運算優先次序，以及運算前後資料型別的轉換。本章將介紹 Java 提供
的各種運算子、它們的優先次序，以及運算時資料型別轉換的法則等。熟悉這
些運算子與型別轉換的規則，有助於日後在撰寫 Java 程式時更能得心應手。

## 本章學習目標

- 認識運算式與運算子
- 學習運算子的用法
- 認識運算子的優先順序
- 學習資料型別的轉換

# 4.1 運算式與運算子

運算式是由運算元（Operand）與運算子（Operator）所組成；運算元可以是變數或是字面值，而運算子就是數學上的運算符號，如 +、－、* 和 / 等。將運算式的後面加上分號就是一個完整的 Java 敘述（Statement）。以下面的運算式為例：

```
sum=num+20;          // 計算 num+20，然後把結果設給 sum 存放
```

敘述中的 sum、num 與 20 都是運算元，而「=」與「+」則為運算子，如下圖所示：

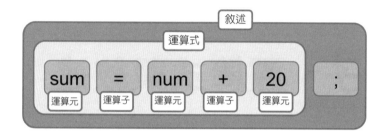

Java 提供許多的運算子，這些運算子不但可以處理一般的數學運算，還可以進行邏輯與位元等運算。運算子依其功能可分為算術、設定、遞增與遞減、關係、邏輯，以及位元處理等運算子。下面我們分幾個小節來討論它們。

## 4.1.1 算術運算子

算術運算子(Arithmetic operator)包含了常用的 +、－、*、/ 和 % 等五個運算子，下表列出這些運算子與它們的用法說明：

算術運算子

| 運算子 | 代表意義 | 範例 | 說明 |
|--------|----------|------|------|
| + | 加法 | a+b | 計算 a 與 b 相加 |
| - | 減法 | a-b | 計算 a 與 b 相減 |
| * | 乘法 | a*b | 計算 a 與 b 相乘 |
| / | 除法 | a/b | 計算 a 與 b 相除 |
| % | 取餘數 | a%b | 計算 a 除以 b 的餘數 |

在算術運算子中，＋、－、＊和／這四個運算子我們比較熟悉，另一個取餘數運算子 ％ 是用來計算兩數相除的餘數。下面是算術運算子的使用範例：

```
01   // Ch4_1, 算術運算子的使用
02   public class Ch4_1{
03     public static void main(String[] args){
04       int a=9, b=5;
05
06       System.out.printf("%d + %d=%d\n",a,b,a+b);     // 相加
07       System.out.printf("%d - %d=%d\n",a,b,a-b);     // 相減
08       System.out.printf("%d * %d=%d\n",a,b,a*b);     // 相乘
09       System.out.printf("%d / %d=%d\n",a,b,a/b);     // 相除
10       System.out.printf("%d %% %d=%d\n",a,b,a%b);    // 取餘數
11     }
12   }
```
• 執行結果：
```
9 + 5=14
9 - 5=4
9 * 5=45
9 / 5=1
9 % 5=4
```

於本例中，第 4 行宣告了 int 型別的變數 a 和 b，並分別設值為 9 和 5。6~10 行分別以 printf() 函數列印出 a 和 b 相加、相減、相乘、相除，以及相除取餘數之後的結果。注意整數和整數相除，其結果是取其商（也是整數），因為 9/5 的商是 1，餘數是 4，所以第 9 行 a/b 的結果為 1，第 10 行 a%b 的結果為 4。如果希望相除的結果是浮點數的話，可以把第 9 行改成

```
System.out.printf("%d / %d=%6.2f\n",a,b,(float)a/b);     // 相除
```

也就是利用強制型別轉換的方式（稍後將介紹），先將變數 a 轉換成 float，再和整數 b 相除，就可以得到如下的浮點數了：

```
9 / 5=  1.80
```

## 4.1.2 設定運算子

想為變數設值,可使用設定運算子(=,Assignment operator)。您已經很熟悉設定運算子了,它的作用是把等號右邊的值設定給左邊的變數存放。等號在 Java 中並不是「等於」,而是「設定」的意思,如下面的範例:

上面的敘述是將整數 21 設定給 age 這個變數存放。等號的右邊也可以是一個運算式,例如下面這個敘述:

age=age+1;                    // 先計算 age+1 的值,再設定給變數 age 存放

若是把上面敘述中的等號當成「等於」,這在數學上是行不通的。如果把它看成是「設定」時,敘述的意思就很容易解釋,也就是把 age+1 運算之後的值設定給變數 age 存放。如果原本 age 的值為 21,那麼執行這行敘述時,Java 會先計算等號右邊的部分 age+1(其結果為 22),再設定給等號左邊的變數 age,因此存放在變數 age 的值就會變成 22,這個動作相當於是「更新」變數 age 的值。

類似 age=age+1 這種用來「更新」變數的運算式實在是太常用了,因此 Java 提供了複合設定運算子(Compound assignment operator),方便來更新目前的變數值。複合設定運算子列表如下:

複合設定運算子

| 運算子 | 代表意義 | 範例 | 說明 |
|---|---|---|---|
| = | 直接設定 | a=b | 將 b 的值設定給 a 存放 |
| += | 以和設定 | a+=b | 將 a+b 的值存放到 a 中,等同於 a=a+b |
| -= | 以差設定 | a-=b | 將 a-b 的值存放到 a 中,等同於 a=a-b |
| *= | 以積設定 | a*=b | 將 a*b 的值存放到 a 中,等同於 a=a*b |
| /= | 以商設定 | a/=b | 將 a/b 的值存放到 a 中,等同於 a=a/b |
| %= | 以取餘數設定 | a%=b | 將 a%b 的值存放到 a 中,等同於 a=a%b |

一開始您可能會不太習慣複合設定運算子的寫法，不過寫久也就習慣了。複合設定運算子可以少寫一個變數，使得程式碼看起來更為簡潔。例如；

    salary=salary+500;            // 先計算 salary+500，再把結果設定給 salary

和

    salary+=500;                  // 這是複合設定運算子的寫法

可得完全相同的結果，不過後者少寫了一個變數 salary。下面是一個使用複合設定運算子的簡單範例：

```
01  // Ch4_2, 複合設定運算子的使用
02  public class Ch4_2{
03     public static void main(String[] args){
04        int a=5, b=3;
05
06        a+=4;    // 相當於 a=a+4
07        b-=1;    // 相當於 b=b-1
08        System.out.printf("a=%d\n",a);
09        System.out.printf("b=%d\n",b);
10     }
11  }
```
• 執行結果：
```
a=9
b=2
```

這個程式第 4 行將 a 和 b 的值分別設為 5 和 3。第 6 行計算 a+=4，這個語法相當於先把 a 的值（目前 a 的值為 5）加 4 之後，再設定給 a 存放，因此第 8 行印出 a 的值為 9。相同的，第 7 行計算 b-=1，這個語法相當於 b=b-1，也就是先把當前的 b 減去 1 之後，得到 2，再設定給 b 存放，因此第 9 行印出 b 的值為 2。            ❖

## 4.1.3 遞增與遞減運算子

Java 提供的遞增與遞減運算子可將變數值加 1 或減 1，在複合運算時可以簡化程式，也可以用於迴圈控制等場合，具有相當大的便利性。下表列出遞增與遞減運算子的成員：

遞增與遞減運算子

| 運算子 | 代表意義 | 範例 | 說明 |
|---|---|---|---|
| ++ | 遞增運算 | ++a | 遞增運算在前。先將 a 加 1，再傳回 a 的值 |
| | | a++ | 遞增運算在後。先傳回 a 的值，a 再加 1 |
| -- | 遞減運算 | --a | 遞減運算在前。先將 a 減 1，再傳回 a 的值 |
| | | a-- | 遞增運算在後。先傳回 a 的值，a 再減 1 |

根據運算子擺放的位置不同，加減 1 的時間點也就不同。如果 ++ 是放在變數的前面，則變數值會先加 1，再傳回變數值，因此傳回的值會比原本的變數值多 1。相反的，如果 ++ 放在變數的後面，則會先傳回變數的值，然後再將變數的值加 1，因此傳回的值會和原本的變數值相同。遞減運算子的情況亦同，我們來看下面的範例：

```
01  // Ch4_3, 遞增運算子「++」
02  public class Ch4_3{
03      public static void main(String[] args){
04          int a=5,b=5;
05
06          System.out.printf("++a 的傳回值: %d\n",++a);  //遞增運算子在前
07          System.out.printf("執行完++a 之後，a= %d\n",a);
08          System.out.printf("b++的傳回值: %d\n",b++);  //遞增運算子在後
09          System.out.printf("執行完 b++之後，b= %d\n",b);
10      }
11  }
```
• 執行結果：
```
++a 的傳回值: 6
執行完++a 之後，a= 6
b++的傳回值: 5
執行完 b++之後，b= 6
```

在這個範例中，第 5 行先把變數 a 和 b 的值都設為 5，第 6 行印出 ++a 的值。因為 ++ 是放在 a 的前面，所以 a 會先加 1，再傳回 a，因此第 6 行印出 ++a 的結果為 6。因為 a 已經被加 1，所以第 7 行印出 a 的值為 6。相反的，第 8 行要印出 b++ 的值。因為 ++ 是放在 b 的後面，所以會先傳回變數 b 的值，於是第 8 行印出 b++ 的值為 5，然後 b 再加 1，因此第 9 行印出 b 的值為 6。 ❖

我們再來看一些遞增與遞減運算子的例子。例如下面的程式碼片段：

```
01    int a=5,b;
02    b=--a-3;
03    System.out.printf("a=%d, b=%d\n",a,b);
```

第 2 行的 --a 會先將 a 減 1 再傳回 a 的值，因此 --a 的結果是 4，減去 3 之後得到 1，因此第 3 行會印出 a=4, b=1。事實上，第 2 行就相當於下面這兩行的運算結果：

```
a=a-1;
b=a-3;
```

相反的，如果將第 2 行的 --a 改成 a--，也就是如下的程式：

```
01    int a=5,b;
02    b=(a--)-3;     // 刻意加了括號，也可以寫成 b=a---3，但不好閱讀
03    System.out.printf("a=%d, b=%d\n",a,b);
```

則第 2 行的 a-- 會先傳回 a 的值，得到 5，然後減去 3，得到 2，再設定給 b 存放，因此 b 的值為 2，此時 a 再減 1，到到 4，因此第 3 行會印出 a=4, b=2。注意我們在第 2 行刻意加了括號，如此運算式的結構比較清晰。其實不加也可以，因為遞減運算子的優先次序高於減法運算子。第 2 行的寫法事實上也就等同於下面兩行敘述：

```
b=a-3;
a=a-1;
```

善用遞增與遞減運算子可提高程式的簡潔程度。例如，如果單純的想將變數 a 的值加 1，則下面 4 種寫法都是一樣的：

```
a=a+1;          // a 加 1 後再設定給 a 存放
a+=1;           // 利用複合運算子將 a 加 1
a++;            // 利用++運算子
++a;            // 利用++運算子
```

注意上面的第 3 種寫法會先傳回 a 的值，再將 a 加 1。第 4 種寫法先將 a 加 1，再傳回 a。因此不論那種寫法，得到的都是將 a 加 1 之後的結果。

最後要提醒您，雖然遞增與遞減運算子以及上一個小節介紹的複合運算子都可提高程式的簡潔性，但是建議在同一行敘述之內只使用一次，不要使用兩次以上。在同一行內多次使用這些運算子容易干擾程式的閱讀，例如下面的程式碼片段：

```
01   int a=5,b=2,c;
02   b+= a++;            // 同時使用了+=和++運算子
03   c=(a++)*(++a);      // ++運算子用了兩次
04   System.out.printf("a= %d, b=%d, c=%d\n",a,b,c);
```

上面的程式碼完全符合 Java 的語法，且會得到 a= 8, b=7, c=48 這個結果，但是第 2 行和第 3 行並不太好閱讀。我們可以把第 2 行改寫成下面兩敘述：

```
b+=a;           // 相當於 b=b+a
a++;            // 將 a 加 1
```

如此程式碼就清楚很多。b+=a 可以得到 b=7，a++得到 a=6，因此執行完上面程式碼的第 2 行，我們得到 a=6，b=7。第 3 行的 c=(a++)*(++a) 是不太好的寫法，此處我們就簡單的講解一下。因為目前的 a=6，因此 (a++) 的結果為 6，運算完 (a++) 之後，a 的值變成 7，因此 (++a) 先將 a 的值加 1，得到 8，然後傳回 8。因此 c 的值為 6*8=48。我們不建議把程式寫的這麼複雜，在除錯時也會帶來一些困擾。

## 4.1.4 關係運算子

關係運算子（Relational operators）可用來判斷一個條件式是否成立。若判斷式成立，則回應 true；若不成立，則回應 false。下表列出關係運算子的成員，這些運算子在數學上也經常會使用到：

關係運算子

| 運算子 | 代表意義 | 範例 | 說明 |
|---|---|---|---|
| > | 大於 | 5>8 | 不成立，回應 false |
| < | 小於 | 5<8 | 成立，回應 true |
| >= | 大於等於 | 5>=5 | 成立，回應 true |
| <= | 小於等於 | 6<=8 | 成立，回應 true |

| 運算子 | 代表意義 | 範例 | 說明 |
|---|---|---|---|
| == | 等於 | 7==8 | 不成立，回應 false |
| != | 不等於 | 7!=8 | 成立，回應 true |

從上表我們可以觀察到 Java 是以兩個連續的等號（==）來代表關係運算子「等於」；而關係運算子「不等於」是以「!=」來代表。若是將「!=」中的「!」寫得離「=」近些，是不是和「≠」很像呢？Java 的初學者較容易忘記這兩個運算子，在此特別提出來提醒您。

下面是關係運算子的使用範例。一般關係運算子會搭配 if 敘述來使用，不過我們在下一章才會介紹到 if 敘述，因此這個範例就先簡單展示一下關係運算子的用法：

```
01  // Ch4_4, 關係運算子
02  public class Ch4_4{
03     public static void main(String[] args){
04        System.out.printf("5>=4: %b\n",5>=4);    // 大於等於運算子
05        System.out.printf("6<=6: %b\n",6<=6);    // 小於等於運算子
06        System.out.printf("8!=7: %b\n",8!=7);    // 不等於運算子
07        System.out.printf("5==4: %b\n",5==4);    // 等於運算子
08     }
09  }
```
• 執行結果：
```
5>=4: true
6<=6: true
8!=7: true
5==4: false
```

於 Ch4_4 中，第 4 行因為 5 ≥ 4 的條件成立，所以這一行會印出 true。第 5 行 6 ≤ 6 的條件成立，因此印出 true。第 6 行 8 ≠ 7 成立，因此這行也印出 true。最後第 7 行 5 == 4 不成立，所以印出 false。

❖

## 4.1.5 邏輯運算子

關係運算子會回應 true 和 false。true 和 false 之間的運算則可以使用邏輯運算子（Logical operator）。下表列出了邏輯運算子的成員：

邏輯運算子

| 運算子 | 代表意義 | 範例 | 說明 |
|---|---|---|---|
| && | AND，且 | x>5 && x<10 | && 兩邊都是 true 則傳回 true |
| \|\| | OR，或 | x<4 \|\| x>8 | \|\| 兩邊任一是 true 則傳回 true |
| ! | NOT，取反運算 | !true | !true 傳回 false，! false 傳回 true |

邏輯運算子 && 前後的兩個運算元皆為 true，運算結果才會為 true。|| 運算子前後兩個運算元只要一個為 true，運算結果就會是 true，而 ! 運算子則是把其後接的運算元取反。我們可以用下面的真值表來表達邏輯運算子的運算情形：

| AND | T | F |
|---|---|---|
| T | T | F |
| F | F | F |

| OR | T | F |
|---|---|---|
| T | T | T |
| F | T | F |

| NOT | |
|---|---|
| T | F |
| F | T |

於真值表裡，T 代表真（true），F 代表假（false）。在 AND 的情況下，兩者都要為 T，其運算結果才會為 T；在 OR 的情況下，只要其中一個為 T，其運算結果就會為 T。下面是幾個簡單的範例：

```
3>0 && 5>3      // 3>0 和 5>3 皆為 true，因此運算結果為 true
5>8 || 7!=0     // 7!=0 為 true，所以運算結果為 true
!(3>5)          // 3>5 為 false，取反之後得到 true
```

下面是邏輯運算子的使用範例。我們先宣告兩個 boolean 型別的變數 a 和 b，然後利用這兩個變數來測試邏輯運算子：

```
01   // Ch4_5, 邏輯運算子
02   public class Ch4_5{
03      public static void main(String[] args){
04         boolean a=true, b=false;
05         System.out.printf("%b || %b=%b\n",a,b,a||b); // 邏輯運算子 OR
06         System.out.printf("%b && %b=%b\n",a,b,a&&b); // 邏輯運算子 AND
07         System.out.printf("!%b == %b\n",a,!a);       // 邏輯運算子 NOT
08      }
09   }
```
• 執行結果：
```
true || false = true
true && false = false
!true == false
```

於本例中，第 4 行宣告了兩個 boolean 型別的變數 a 和 b，並分別設值為 true 與 false。
第 5 到 7 行分別印出 a||b、a&&b 與 !a 的運算結果。由於 a 為 true，因此不管 b 的
值為何，第 5 行的運算結果都會是 true（注意要列印 boolean 型別的變數必須使用
%b 格式碼）。第 6 行由於 b 為 false，所以a&&b 的運算結果為 false。第 7 行中 a 為
true，取 not 之後就變成 false 了。                                    ❖

## 4.1.6 位元運算子

位元運算子（Bitwise operators）可以用來對整數裡的每一個位元進行特定的運算。
英文裡的 Bitwise 是逐位元的意思，也就是針對每個位元逐一運算。Java 的位元運算
子列表如下，我們並以 a=7 和 b=13 為範例來做說明：

位元運算子　（假設 a=7 (0b0111), b=13 (0b1101)）

| 運算子 | 代表意義 | 範例 | 說明 |
|---|---|---|---|
| & | 位元 AND | a & b = 5 | 0111 & 1101 = 0101 = 5 |
| \| | 位元 OR | a \| b = 15 | 0111 \| 1101 = 1111 = 15 |
| ~ | 位元 NOT | ~a = -8 | ~00111=11000=-8，取 2 的補數 |
| ^ | 位元 XOR | a ^ b = 10 | 0111 ^ 1101 = 1010 = 10 |
| >> | 位元右移 | a >> 2= 1 | 0111 >> 2 = 0001 = 1 |
| << | 位元左移 | a << 2 = 28 | 0111 << 2 = 11100 = 28 |

整數的二進位中每一個位元為 0 或 1。我們可以把 0 看成是 false，1 看成是 true，然後將位元運算子作用到每一個位元來做運算。上表中，比較特別的是位元 XOR 運算子，如果兩個位元相同（同為 1 或 0），則回應 0，否則回應 1。

注意位元 NOT「~」可將位元反轉（即 0 和 1 互換），然後以 2 的補數（Two's complement）來解釋計算後的數值。2 的補數是一種表示負數的方法，它是將一個正整數的二進位表示取反（每個位元都由 0 變成 1，由 1 變成 0），然後再加 1 所得到的值。這種表示負數的方法能夠簡化負數的運算，也可以用來表示正整數、負整數和 0。

例如上表中 a 的值是 7，其 2 進位是 00000111，對 a 取位元 NOT 之後變成 11111000。因為-8 的 2 補數也是 11111000，因此 ~a 會回應-8。我們把上表的範例寫成一個 Java 的程式，用來說明位元運算子的使用：

```
01   // Ch4_6,位元運算子
02   public class Ch4_6{
03      public static void main(String[] args){
04         int a=7, b=13;
05         System.out.printf("%d & %d = %d\n",a, b, a&b);    // 位元 AND
06         System.out.printf("%d | %d = %d\n",a, b, a|b);    // 位元 OR
07         System.out.printf("!%d = %d\n",a, ~a);            // 位元 NOT
08         System.out.printf("%d ^ %d = %d\n",a, b, a^b);    // 位元 XOR
09         System.out.printf("%d >> 2 = %d\n",a, a>>2); // 右移兩個位元
10         System.out.printf("%d << 2 = %d\n",a, a<<2); // 左移兩個位元
11      }
12   }
```

• 執行結果：

```
7 & 13 = 5
7 | 13 = 15
!7 = -8
7 ^ 13 = 10
7 >> 2 = 1
7 << 2 = 28
```

在這個程式中，第 4 行宣告了 a 和 b 的值分別為 7 和 13，並於 5~10 行利用不同的位元運算子進行位元運算。注意第 9 和 10 行分別將變數 a 右移和左移 2 個位元。在右移的過程中，右邊被移出的位元就不見了，左邊空出來的位元會補 0。如果是往左移，則空出來的位元會補 0，也有可能會因此變負數。

## 4.2 運算子的優先順序

下表列出各種運算子優先順序的排列，數字愈小的表示優先順序愈高。所列出的運算子有些您已經熟悉，有些會在稍後的章節中會陸續介紹：

運算子的優先順序

| 優先順序 | 運算子 | 類別 | 結合性 |
|---|---|---|---|
| 1 | ( ) | 括號運算子 | 由左至右 |
| 1 | [ ] | 方括號運算子 | 由左至右 |
| 2 | !、+（正號）、-（負號） | 一元運算子 | 由右至左 |
| 2 | ~ | 位元邏輯運算子 | 由右至左 |
| 2 | ++、-- | 遞增與遞減運算子 | 由右至左 |
| 3 | *、/、% | 算術運算子 | 由左至右 |
| 4 | +、- | 算術運算子 | 由左至右 |
| 5 | <<、>> | 位元左移、右移運算子 | 由左至右 |
| 6 | >、>=、<、<= | 關係運算子 | 由左至右 |
| 7 | ==、!= | 關係運算子 | 由左至右 |
| 8 | &（位元運算的 AND） | 位元邏輯運算子 | 由左至右 |
| 9 | ^（位元運算的 XOR） | 位元邏輯運算子 | 由左至右 |
| 10 | |（位元運算的 OR） | 位元邏輯運算子 | 由左至右 |
| 11 | && | 邏輯運算子 | 由左至右 |
| 12 | || | 邏輯運算子 | 由左至右 |
| 13 | ?: | 條件運算子 | 由右至左 |
| 14 | = | 設定運算子 | 由右至左 |

上表的最後一欄是運算子的結合性（Associativity）。結合性可以讓我們瞭解到運算子與運算元的相對位置及其關係。舉例來說，當我們使用同一優先順序的運算子時，結合性就顯得非常重要，它決定何者先處理，您可以看到下面的例子：

```
a=b+d/3*6;              // 結合性可以決定運算子的處理順序
```

這個運算式中有不同的運算子，優先順序是「/」與「*」高於「+」，而「+」又高於「=」，但是您會發現到，「/」與「*」的優先順序是相同的，到底 d 應該先除以 3 再乘以 6 呢？還是 3 乘以 6 處理完成後 d 再除以這個結果呢？

經過結合性的定義後，就不會有這方面的困擾，算術運算子的結合性為「由左至右」，就是在相同優先順序的運算子中，先由運算子左邊的運算元開始處理，再處理右邊的運算元。上面的式子中，由於「/」與「*」的優先順序相同，因此 d 會先除以 3 再乘以 6，然後將所得的結果加上 b，最後再設定給 a 存放。

事實上，有些運算子的優先次序不是那麼好記。如果對於優先順序沒有把握的話，可以把想要先計算的運算式用括號括起來就可以了。以下面簡單的式子為例：

```
12-2*6/4+1;                 // 未加括號的運算式
```

根據四則運算的優先順序（* 與 / 的優先順序大於 + 與 -）來計算，這個式子的答案為 10。但是如果想分別計算 12-2*6 及 4+1 之後再將兩數相除時，就必須先將 12-2*6 及 4+1 分別加上括號，而成為下面的式子：

```
(12-2*6)/(4+1);             // 加上括號的運算式
```

加上括號之後，計算結果為 0。從這個範例可知，利用括號可以提高運算式的優先順序，因此在不太確定運算子優先順序的情況下，可以適時的加上括號來避免錯誤的情況發生。

## 4.3 資料型別轉換

Java 變數的資料型別在宣告時就已經決定，因此不能隨意改變成其它的型別，但 Java 容許使用者有限度的進行型別轉換。資料型別的轉換可分為「自動型別轉換」及「強制型別轉換」兩種，下面我們分兩個小節來討論它們。

## 4.3.1 自動型別轉換

自動型別轉換是 Java 在必要時自動對資料的型別進行轉換，以符合設值或運算時所需，也稱隱含轉換（Implicit conversion）。例如，稍早我們曾提及在宣告時，將 int 型別的常數設定給 byte、char 或 short 型別的變數存放時，只要是此常數的值落於這些型別的範圍內，Java 會自動將它寫入 byte、char 或 short 這些型別的變數中，這便是自動型別轉換。

另外一種自動型別轉換是發生在型別相容（Type compatible），且將較小型別的變數設值給型別較大的變數存放時。例如 byte 型別的變數可以設定給 short 型別的變數存放，反之則不行。數字型別都是相容的，它們依可表達範圍，由小到大可排列成 byte、short、int、long、float 和 double。將一個型別較小的變數設給另一個較大的變數存放時，型別較小的變數會自動轉換成較大的型別，然後再進行存放，稱為放大轉換（wildening conversion）。例如在下面的敘述中：

```
long large=300L;
float f=large;        // large 會自動轉成 float 型別
```

long 型別的變數 large 會先自動轉換成 float 型別（float 的表達範圍較大），再設定給 float 型別的變數 f 存放。注意這邊 "large 會先自動轉換成 float 型別" 指的是會先取出 large 的值，將取出的值轉換成 float，再設定給變數 f 存放。因此在自動型別轉換的過程中，變數 large 的型別不會改變，轉換完後，large 的型別還是 long。

相反的，下面是一個錯誤的設定，因為 float 的範圍比 long 大，我們無法將 float 型別的變數設定給 long 型別的變數存放：

```
float f=300.0f;
long large=f;        // 錯誤，float 的表達範圍較大比 long 大，無法將 f 設給 large
```

値得一提的是，char 型別的範圍只有正數（0~65536），而數字型別的變數可能帶有負數，因此我們沒有辦法把數字型別的變數設定給 char 型別的變數存放。例如下面是有錯誤的程式片段：

```
byte num = 95;
char ch= num;        // 錯誤，無法將 byte 轉換成 char
```

不過反過來說，我們可以把 char 型別的變數設定給 int、long、float 或 double 型別的變數存放，因為這 4 種型別的可表達範圍都足以涵蓋 char 的範圍（0~65536）。最後 boolean 型別只能存放 true 或 false，與其它型別都不相容，因此彼此之間不能做型別的轉換。我們來看看下面幾個簡單的例子：

```
char ch= 'a';        // 宣告 char 型別的變數
int num = ch;        // 正確，因為 char 的範圍落在 int 的範圍內
float f = ch;        // 正確，因為 char 的範圍落在 float 的範圍內
boolean bool= 0;     // 錯誤，int 型別不能轉成 boolean
```

自動型別轉換不只發生在變數設值，它們也常發在運算式的求值。如果某個運算子左右兩邊的運算元型別不同，則 Java 會自動將範圍較小的型別轉換成範圍較大的型別，然後再進行運算。以 Ch4_7 為例，程式中分別宣告數個不同型別的變數，並把它們放在同一個運算式裡進行計算：

```
01   // Ch4_7,運算式的型別轉換
02   public class Ch4_7{
03      public static void main(String[] args){
04         char ch='m';
05         short s=-5;
06         int i=6;
07         float f=9.7f;
08         double d=1.76;
09             System.out.print("(s*ch)-(d/f)*(i+f)=");
10         System.out.printf("%7.3f",(s*ch)-(d/f)*(i+f));   // 印出結果
12      }
13   }
```

- 執行結果：
```
(s*ch)-(d/f)*(i+f)=-547.849
```

在這個範例要計算的運算式 (s * ch) − (d/f) * (i + f) 共有 3 對括號，第一對括號內是計算 short 和 char 型別的變數相乘，因此 short 和 char 型別會被轉成 int，所以運算結果為 int。第 2 對括號是 double 和 float 型別的變數相除，因此運算結果為 double。相同的，最後一對括號的運算結果為 float。

處理完括號後，接下來是三個括號運算結果之間的四則運算。因為三個括號的型別中，範圍最大的是 double，因此最終運算結果為 double。下面的左圖繪出了 Java 在求值時，每個運算元的型別轉換過程，右圖則是計算出來的值。您可以從中理解到在運算式求值時，自動型別的轉換過程：

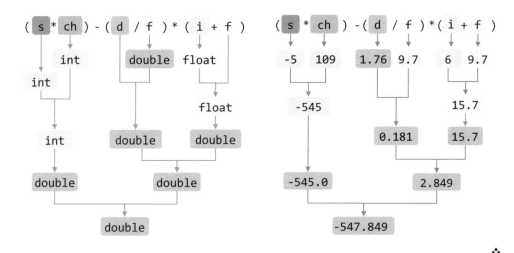

## 4.3.2 強制型別轉換

當兩個整數進行運算時，其運算的結果也是整數。舉例來說，整數除法 5/3 的運算，其結果為整數 1，並不是實際的 1.66666…。如果可以把 5 或 3 其中一個整數轉換成浮點數，那麼在計算時，Java 會進行自動型別轉換，將另一個整數轉成浮點數，這樣計算出來的結果就是浮點數了。

想將某個型別的變數 var 轉換成 type 型別，可利用下面的語法：

4.3 資料型別轉換

---

變數轉換型別的語法

```
(type) var;    // 將 var 轉換成 type 型別
```

---

因為強制型別轉換是直接撰寫在程式碼中，所以也稱為顯性轉換（Explicit cast）。
下面的程式說明在 Java 裡，整數是如何進行強制轉換成浮點數的：

---

```
01   // Ch4_8, 強制型別轉換
02   public class Ch4_8{
03      public static void main(String[] args){
04         int a=25;
05         int b=9;
06
07         System.out.printf("a=%d, b=%d\n",a,b);    // 印出 a、b 的值
08         System.out.printf("a/b=%d\n",a/b);         // 印出 a/b 的值
09         System.out.printf("(float)a/b=%6.3f\n",(float)a/b);
10      }
11   }
```
將 a 轉換成浮點數
之後，再除以 b

• 執行結果：
a=25, b=9
a/b=2
(float)a/b= 2.778

---

於本例中，由第 8 行可以看出兩個整數相除的結果只會取其商，且運算結果依然為
整數，並不會轉為浮點數。第 9 行將整數 a 強制轉換成 float 型別，則計算出來的結
果就是浮點數。我們也可以把第 9 行改成下面的兩種寫法，其計算的結果也會一樣：

```
a/(float)b              // 將整數 b 強制轉換成浮點數，再以整數 a 除之
(float)a/(float)b       // 將整數 a 與 b 同時強制轉換成浮點數
```

不過要注意的是，我們不能把型別轉換的過程寫成如下的敘述：

```
(float)(a/b)            // 先計算 a/b,再將結果轉換成浮點數
```

如此做的話，a/b 的結果會先被求出，得到 2，再轉成浮點數，得到 2.0，其結果就不對了。

和自動型別轉換一樣，將變數強制轉換成另一種型別時，變數原先的型別並不會被改變。例如於 Ch4_8 中，雖然第 9 行把整數 a 的值轉換成浮點數，但這只是取出變數 a 的值再進行轉換，因此變數 a 原先的整數型別並不會被改變，也無法被改變。

❖

若是將一個較大型別的變數設給較小型別的變數存放時（例如將 int 型別的變數設給 byte 型別的變數），這種轉換稱為縮小轉換（Narrowing cast）。由於在縮小轉換的過程中可能會遺失資料的精度，Java 並不會自動做這類的轉換，此時就必須進行強制型別轉換，因此程式設計師就必須考慮因精度不準確帶來的風險。例如下面的程式碼片段，我們嘗試將 int 型別的變數轉成 byte 型別：

```
int a=129;
byte b=(byte)a;      // 將 int 型別的變數轉成 byte 型別
```

因為 byte 型別的表達範圍小於 int，因此這是一個縮小轉換。然而 byte 型別可以表達的範圍為 −128~127，因此 a 的值已經超出 byte 的範圍了，於是強制型別轉換時會發生溢位。如果印出變數 b 的值，我們會發現它的值為 −127。這種轉換發生的錯誤並不容易檢查出來，在撰寫程式時應特別留意。

# 第四章 習題

## 4.1 運算式與運算子

1. 下列的運算式中，試指出哪些是運算元，哪些是運算子？

   (a) (6+num)-12+a　　(b) num=(12+ans)-24　　(c) k++　　(d) a=5+2

2. 試推測下列程式片段的輸出結果，並撰寫程式碼驗證您的推測。

   (a) ```
       int a=20,b=5;
       a%=b;
       b*=3;
       System.out.printf("a=%d\n",a);
       System.out.printf("b=%d\n",b);
       ```

   (b) ```
       int a=10,b=20;
       a%=5;
       b/=6;
       System.out.printf("a=%d\n",a);
       System.out.printf("b=%d\n",b);
       ```

   (c) ```
       int a=8;
       System.out.printf("a=%d\n",++a);
       System.out.printf("a=%d\n",a--);
       ```

3. 試推測下面哪些運算式的值為 true，哪些為 false。請撰寫一程式，將這些運算式的結果印出，並和您的推測進行比較。

   (a) 'a'<28　　(b) 4+3==8-1　　(c) 8>2　　(d) 'a'!=97　　(e) 5!=7

## 4.2 運算子的優先順序

4. 下列的四則運算都沒有加上括號。請在適當的位置將它們都加上括號，使得這些運算式更容易閱讀，且依然符合先乘除後加減的原則：

   (a) 12/3+4*10+12*2

   (b) 12+5*12-5*6/4

   (c) 5-2*7+56-12*12-6*3/4+1
       ```

5. 試判別下列的各敘述的執行結果，並撰寫一程式來驗證您的判別：

    (a)    6+4<9+12             (b)    16+7>=6+9

    (c)    13-6==7+8           (d)    7>0 && 6<6 && 12<13

    (e)    8>0 || 12<7          (f)    8<=8

    (g)    7+7>15               (h)    19+34-6>4

    (i)    12+7>0 || 13-5>6    (j)    3>=5

6. 設下列各題中，每一個小題 a 的初值皆為 10，b 的初值皆為 20。試推導出下列各題經運算後，num、a 與 b 之值，並撰寫程式驗證您的結果：

    (a)    num=(a++)-b

    (b)    num=(-b)*a

    (c)    num=(a++)+(++b)

    (d)    num=(--a)+(b--)

    (e)    num=(a+=a*(b++))

7. 假設下列各題中，每一個小題 a 的初值皆為 10，b 的初值皆為 5。試寫出下列各式中，經運算過後的 a 與 b 之值，並撰寫程式驗證您的結果：

    (a)    b*=a

    (b)    a/=b++

    (c)    a/=++b

    (d)    a%=--b

    (e)    b%=a++

8. 試求出攝氏 0 度是多少華氏度。攝氏與華氏的轉換公式為：華氏度 ＝(9/5)*攝氏度+32。

9. 根據攝氏度與華氏度的轉換公式，試計算華氏 32 度是多少攝氏度。

10. 已知 1 英磅=0.454 公斤，試撰寫一程式計算 100 英磅是多少公斤。

11. 試撰寫一程式，可以從鍵盤輸入長方形的長和寬，然後計算其面積（假設長和寬皆為 int 型別）。

12. 若圓的半徑為 12.4，半徑為 3.14，試撰寫一程式求此圓的面積。

13. 已知圓球體積為 $v = \frac{4}{3}\pi r^3$，試撰寫一程式可以從鍵盤輸入圓球半徑 $r$，經計算後輸出圓球體積 $v$（半徑 $r$ 為 double 型別）。

14. 一週有 7 天，試撰寫一程式計算 285 天是幾週又幾天。

15. 一年有 12 個月，試撰寫一程式計算 100 個月是幾年又幾個月。

16. 雅筑買了一瓶飲料花了 23 元，她拿 50 元給老闆，試撰寫一程式告訴老闆應找雅筑幾個 10 元硬幣、幾個 5 元硬幣，和幾個 1 元硬幣。

## 4.3 資料型別轉換

17. 試指出下列的宣告何者有誤，並指出錯誤之處：

    (a) `int a=20L;`

    (b) `long a=30;`

    (c) `char ch=97;`

    (d) `short num='z';`

    (e) `short n=50L;`

18. 設有一程式碼，其變數的初值宣告如下：

    ```
    char ch='A';
    short s=12;
    float f=12.4f;
    int i=15;
    double d=13.62;
    ```

    在下面的運算式中，試仿照 4.3 節的畫法，繪出資料型別的轉換過程與每個過程的結果，並試撰寫一程式驗證結果的正確性：

    (a) `s+(f/s)+(ch*i)`

    (b) `ch+d/(s-i)*f`

    (c) `(s+d)/ch*(d+i)`

    (d) `s+f*s+ch`

# 05
## Chapter

# 程式流程控制

到目前為止我們所撰寫的程式，都是一個敘述執行完再接著執行下一個敘述，這種執行方式屬於循序性。但是有時候程式執行的流程可能會因條件的不同而轉向，或是必須執行某些重複性的工作，此時循序性的寫法就不太適合。本章將介紹程式流程的控制，使得程式可以依我們的設計而有不同的走向。學會如何控制程式的流程可以讓程式的撰寫更靈活，處理的事情也就更加寬廣。

## ❷ 本章學習目標

- 認識程式的結構設計
- 學習選擇性敘述
- 學習各種迴圈的用法
- 學習巢狀迴圈的使用
- 學習迴圈的跳離

# 5.1 程式的結構設計

程式的結構有循序（Sequence）、選擇（Selection）與重複（iteration）等三種，這三種結構都只有一個入口，也只有一個出口。這些單一入、出口的結構可以使程式易讀且容易維護。下面是這三種結構的流程圖，我們可以從中瞭解它們之間的差異：

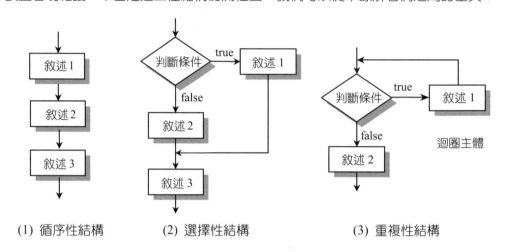

(1) 循序性結構      (2) 選擇性結構      (3) 重複性結構

## ♣ 循序性結構

循序性結構是採由上至下的方式，一行一行的執行敘述，如上圖 (1)。循序性結構在程式設計中是最簡單的語法，但卻扮演著非常重要的角色，因為大部分的程式都是依照這種由上而下的流程來設計。到目前為止我們撰寫的程式都是屬於循序性結構。

## ♣ 選擇性結構

選擇性結構是根據判斷條件的成立與否，再決定要執行哪些敘述的結構。如上圖 (2)，當判斷條件的值為真（true），則執行敘述 1，若判斷條件的值為假（false），即執行敘述 2；不論哪一個敘述被執行，最後都會執行敘述 3。

## ♣ 重複性結構

重複性結構則是根據判斷條件成立與否，決定是否重複執行某個程式區塊。如上圖 (3)，如果判斷條件成立，則執行敘述 1，並重新檢查判斷條件是否成立，如此形成了一個迴圈，直到判斷條件不成立為止，此時轉而執行敘述 2。Java 提供了 for、while 及 do-while 三種迴圈來完成重複性結構。

## 5.2 選擇性敘述

選擇性結構包括 if、if-else 及 switch 敘述，若是在敘述中加上選擇性的結構，程式就會根據不同的選擇，往不同的方向執行並產生不同的結果。

### 5.2.1 if 敘述

if 敘述可根據判斷條件的值（true 或 false）決定是否要執行後面的敘述主體。如果判斷條件的運算結果為 true，則執行其後的敘述主體，否則略過 if 的敘述主體不執行。if 敘述的語法如下：

if 敘述的語法

| 語法 | 說明 |
|------|------|
| if(判斷條件){<br>　　敘述主體；<br>} | 如果判斷條件成立（true），則執行敘述主體。 |

在 if 敘述中，當判斷條件的值為 true 時，if 敘述就會逐一執行大括號裡面所包含的敘述主體。值得一提的是，若是 if 的敘述主體中只有 1 個敘述，則可以省略左、右大括號。if 敘述的執行流程如下圖所示：

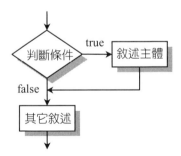

下面以一個簡單的範例來說明 if 敘述的使用。我們知道要判別一個數是否為偶數（Even number）最簡單的方法是看看它除以 2 的餘數是否為 0。如果是 0，那它就是偶數。我們把這個概念以下面的 if 敘述來實現：

```
01    // Ch5_1, if 敘述的練習-判別是否為偶數
02    public class Ch5_1{
03        public static void main(String[] args){
04            int a=4;
05            if(a%2==0){        // 判別 a 除以 2 的餘數是否為 0
06                System.out.printf("%d is an even number",a);//若成立則執行這行
07            }
08        }
09    }
```
• 執行結果：
```
4 is an even number
```

這個範例第 4 行宣告了一個變數 a，並設值為 4。第 5 行利用 if 敘述判別 a 除以 2 的餘數是否為 0。如果是，則執行第 6 行。4 除以 2 的餘數為 0，因此判斷條件成立，於是第 6 行會印出 "4 is an even number" 字串。注意這個範例中，if 敘述的主體只有一行，因此 if 後面接的大括號是可以省略的，所以我們可以把 5~7 行改寫成如下的兩行：

```
if(a%2==0)
    System.out.printf("%d is an even number",a);
```

不過如果 if 的主體有兩行或兩行以上的敘述，則大括號不能省略。

## 5.2.2 if-else 敘述

當程式中有分歧的選項可供選擇時，便可使用 if-else 敘述來處理。當判斷條件成立，即執行 if 的敘述主體；如果不成立，則執行 else 後面的敘述主體。if-else 敘述的語法如下：

if-else 敘述的語法

| 語法 | 說明 |
|------|------|
| if(判斷條件){<br>　　敘述主體 1;<br>}<br>else{<br>　　敘述主體 2;<br>} | 如果判斷條件成立（結果為 true），則執行敘述主體 1，否則執行敘述主體 2。 |

相同的，若是在 if 或 else 主體中要處理的敘述只有 1 個，可以省略左、右大括號。
if-else 敘述的流程圖如下所示：

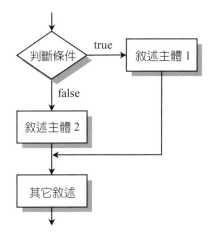

我們接續前例來說明 if-else 的使用。前例只有一個 if 敘述，沒有 else，因此無法明確印出變數 a 是奇數（Odd）還是偶數（Even）。利用 if-else 則可以達到這個要求：

```
01  // Ch5_2, if-else 敘述的練習-判別奇偶數
02  public class Ch5_2{
03    public static void main(String[] args){
04      int a=15;
05      if (a%2==0)  // 如果可被 2 整除
06        System.out.printf("%d is an even number",a);// 印出 a 為偶數
07      else
08        System.out.printf("%d is an odd number",a); // 印出 a 為奇數
09    }
10  }
```

- 執行結果：
```
15 is an odd number
```

本例第 5 行 if 的判斷條件為 a%2==0，也就是如果 a 除以 2 的餘數為 0，表示 a 為偶數，即會執行第 6 行。若 a 除以 2 的餘數為 1，則 a 為奇數，那麼第 8 行會被執行。由於本例中的 a 值為 15，所以運算的結果判別 15 為奇數。

由 Ch5_2 可發現程式的縮排非常重要，它可以幫助我們看清楚程式中不同的層次，在維護上也就比較容易，同時在撰寫程式時也不容易搞混，所以務必在撰寫程式時養成縮排的好習慣。

## 5.2.3 if-else 的簡潔版─條件運算子

如果 if-else 裡要執行的敘述比較簡單，那麼我們可以採用條件運算子（Conditional operator）。條件運算子是由一個問號和一個冒號組成，它可根據問號前面的判斷條件來決定運算結果。

條件運算子的語法

| 語法 | 說明 |
| --- | --- |
| 變數 = 判斷條件 ? 運算式 1 : 運算式 2； | 若判斷條件成立，則傳回運算式 1 的結果，否則傳回運算式 2 的結果 |

接下來，我們試著利用條件運算子撰寫一程式，它可找出二數之間的較大者。您可以比較一下這個程式和利用 if-else 撰寫的程式有什麼不同：

```java
01  // Ch5_3, 條件運算子?:的使用-找出較大的數
02  public class Ch5_3{
03      public static void main(String[] args){
04          int a=8,b=3,max;
05
06          max=(a>b)?a:b;              // a>b 時,max=a,否則 max=b
07          System.out.printf("a=%d, b=%d, %d 是較大的數\n",a,b,max);
08      }
09  }
```

- 執行結果：
```
a=8, b=3, 8 是較大的數
```

於本例中我們要找出變數 a 和 b 中較大的數。由於程式的結構較為簡單，因此在第 6 行採用條件運算子

```
max=(a>b)?a:b;
```

找出 a 與 b 之間的較大者。若 a>b，則 max=a，否則 max=b，因此第 7 行可以正確的印出較大的數值。當然您也可以把這個範例改成用 if-else 來撰寫，不過它寫起來要 4 行。因此當 if-else 裡要執行的敘述很簡潔時，改用條件運算子是一個很好的選擇。

## 5.2.4 更多的選擇—巢狀 if 敘述

當 if 敘述中又包含其它 if 時，這種敘述稱為巢狀 if 敘述（Nested if），通常用在一個判斷條件成立後，還會有其它條件需要判斷時。下面是巢狀 if 敘述的語法：

巢狀 if 敘述的語法

| 語法 | 說明 |
| --- | --- |
| `if(判斷條件1){`<br>　　`if(判斷條件2){`<br>　　　　`敘述主體;`<br>　　`}`<br>　　`其它敘述;`<br>`}` | 如果外層 if 敘述裡的判斷條件 1 成立，則進到內層的 if 敘述，若判斷條件 2 也成立，則執行敘述主體。無論判斷條件 2 是否成立，只要判斷條件 1 成立，其它敘述就會被執行。 |

在巢狀 if 敘述的語法中，外層或內層的 if 敘述也可以改為 if-else 敘述，或者是內層的 if 敘述裡也可以有另一層的 if 敘述，實際程式的結構可以依要解決的問題來調整。在上表中，巢狀 if 敘述的語法可以用下面的流程圖來表示：

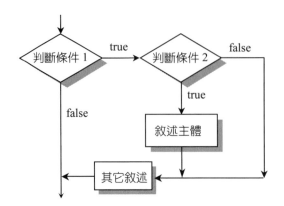

下面是巢狀 if 敘述的使用範例。當第 1 行 if 敘述裡的判斷條件 num>0 時，即會執行第 2 行的 if 敘述；若 num%2==0 也成立，則第 3 行會被執行：

```
01    if(num>0)
02      if(num%2==0)
03        System.out.printf("%d 是大於 0 的偶數",num);
```

巢狀 if 敘述多半用在判斷條件是環環相扣的情況下。巢狀 if 敘述在使用上要稍加注意，由於其結構較為複雜，縮排程式碼可有效的減少程式出錯的機會，因此建議讀者一定要養成程式碼縮排的好習慣。若是巢狀 if 敘述裡沒有使用 else 敘述，可以用邏輯運算子簡化成單一 if 敘述，以前面的巢狀 if 敘述為例，可改為成下面的敘述：

```
01    if(num>0 && num%2==0){
02        System.out.printf("%d 是大於 0 的偶數",num);
03    }
```

## 5.2.5 更好用的多重選擇—switch 敘述

如果要在許多判斷條件中，找到並執行其中一個符合條件的敘述，除了可以使用多個 if-else 判斷之外，還可以使用 switch 敘述。switch 的英文本意是開關，您可以把它想像成開關切到哪兒，哪條敘述就會被執行。使用巢狀 if-else 敘述最常發生的狀況，就是容易將 if 與 else 配對混淆造成閱讀及執行上的錯誤，而使用 switch 敘述時則可以避免這種問題。switch 敘述的語法如下：

switch 敘述的語法

| 語法 | 說明 |
|---|---|
| ```switch(運算式){
    case 選擇值 1:
        敘述主體 1;
        break;
            ...
    case 選擇值 n:
        敘述主體 n;
        break;
    default:
        預設的敘述主體;
}``` | 由運算式算出一個選擇值，然後根據算出的選擇值執行相對應的敘述主體。如果算出的選擇值和列出的選擇值都不符合，則執行預設的敘述主體。 |

要特別注意的是，於 switch 敘述裡由運算式算出的選擇值可以是字元、字串或是整數。下面我們詳細看看 switch 敘述執行的流程：

1. switch 敘述先計算括號中運算式的運算結果。

2. 根據運算式的值，檢查是否符合 case 後面的選擇值。如果某個 case 的選擇值符合運算式的結果，就會執行該 case 所包含的敘述主體，直到執行至 break 敘述後便跳離整個 switch 敘述。

3. 若是所有 case 的選擇值皆不適合，則執行 default 後面所包含的敘述主體，執行完畢即離開 switch 敘述。如果沒有定義 default 的敘述，則會直接跳離 switch 敘述。

值得一提的是，請記得在 case 敘述結尾處加上 break。break 的原意是打斷、中斷的意思。如果沒有加上 break，則程式會把之後接續的每個 case 都執行一遍才離開 switch 敘述，如此一來將造成執行結果的錯誤。switch 敘述的流程圖可繪製如下：

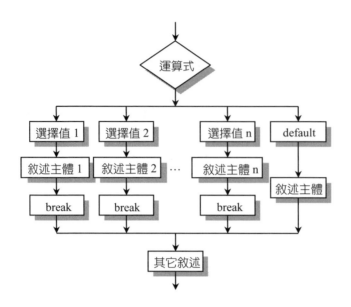

下面的程式是利用 switch 敘述依據給予的選擇值來進行簡單的加法或減法計算，然後再印出計算後的結果：

```
01  // Ch5_4, switch 敘述-根據選擇值來進行加法或減法計算
02  public class Ch5_4{
03     public static void main(String[] args){
04        int a=50,b=20;
05        char oper='+';
06
07        switch(oper){
08          case '+':       // 選擇值為'+'
09             System.out.println(a+"+"+b+"="+(a+b));  // 印出 a+b
10             break;
11          case '-':       // 選擇值為'-'
12             System.out.println(a+"-"+b+"="+(a-b));  // 印出 a-b
13             break;
14          default:        // 沒有相對應的選擇值
15             System.out.println("Unknown expression!!");  // 印出字串
16        }
17     }
18  }
```
• 執行結果：
50+20=70

在這個範例中，當 oper 為字元 '+' 或 '-' 時，switch 會根據所給予的字元選擇相對應的敘述來執行，並在印出計算的結果後即離開 switch 敘述。由於第 5 行已經設定了 oper 變數的值為字元 '+'，因此第 9 行會被執行，印出相加的結果之後，接著執行第 10 行的 break，從而跳離整個 switch 敘述。若是所輸入的運算子不是 '+' 或 '-' 時（例如是一個乘號），則會執行 default 所包含的敘述，然後跳離 switch，讀者可自行試試。 ❖

如果有多個選擇值都要執行相同的敘述時，可以把 case 和後面的選擇值分行撰寫，例如於下面的程式片段中，若算式的值為 'a' 或 'A'，則執行敘述主體 1：

```
switch(運算式){
   case 'a' :      // 如果運算式的值為'a'
   case 'A' :      // 如果運算式的值為'A'
      敘述主體1;
      break;
   ...
}
```

# 5.3 for 迴圈

需要重複執行某個程式區塊時，迴圈是最好的選擇。我們可以根據要實現的功能選擇使用 for、while 或 do-while 迴圈。舉例來說，想計算 1+2+3+4+5 的值時，可以於程式中寫出如下的敘述：

```
sum=1+2+3+4+5;        // 計算 1+2+3+4+5 的值，然後存放到變數 sum 中
```

然而若是想累加到 1000 的時候，這種寫法就不太實際。這個簡單的例子馬上可以解釋為什麼要學習使用迴圈。

## 5.3.1 簡單的 for 迴圈

明確的知道迴圈要執行的次數時，就可以使用 for 迴圈。for 迴圈內主要有三個敘述要設定，分別為設定迴圈控制變數的初值、判斷條件和設定增減量，其語法如下：

for 迴圈的語法

| 語法 | 說明 |
|------|------|
| `for(迴圈初值；判斷條件；設定增減量){`<br>　　`迴圈主體；`<br>`}` | 根據迴圈初值、判斷條件與增減量的設定來決定迴圈主體的執行方式 |

不可以加上分號

若是 for 迴圈主體中要處理的敘述只有 1 個，則可以省略左、右大括號。下面詳細列出 for 迴圈執行的流程，並繪出它的流程圖：

1. 第一次進入 for 迴圈時，根據「迴圈初值」設定迴圈控制變數的起始值。

2. 根據「判斷條件」的內容，檢查是否要繼續執行迴圈，當判斷條件的值為真（true），則繼續執行迴圈主體；若判斷條件的值為假（false），則跳離迴圈執行後續的敘述。

3. 執行完迴圈主體的敘述後，迴圈控制變數會根據「設定增減量」來更改其值，再回到步驟 2 重新判斷是否繼續執行迴圈。

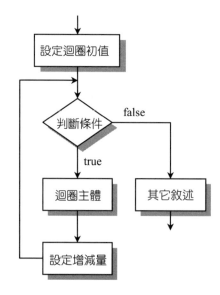

程式 Ch5_5 是 for 迴圈的範例，它可計算由 1 累加至 10 的運算結果。注意在這個範例中，由於迴圈的主體只有一行（第 7 行），所以 for 迴圈的大括號可以省略：

```
01  // Ch5_5, 利用 for 迴圈計算 1 加到 10 的總和
02  public class Ch5_5{
03      public static void main(String[] args){
04          int i,sum=0;
05
06          for(i=1;i<=10;i++)
07              sum+=i;      // 計算 sum=sum+i
08          System.out.printf("1+2+...+10=%d",sum);  // 印出結果
09      }
10  }
```

* 執行結果：
```
1+2+...+10=55
```

於本例中，第 4 行宣告 i（迴圈控制變數）及 sum（累加的總和）兩個變數，並將 sum 的初值設為 0；由於要計算 1 到 10 的加總，因此在第一次進入迴圈時，將 i 的值設為 1（迴圈初值），接著判斷 i 是否小於等於 10。因為此時 i=1，所以 i 小於等於 10 成立，因此第 7 行會被執行。此時 sum 的值為 0，i 的值為 1，因此 sum+i 的值為 1，設定給 sum 存放後，sum 的值更新為 1，到這時迴圈的主體已經執行完畢。

由於增減量設定為 i++，因此 i 的值會加 1，得到 2。因為 2 小於等於 10，所以判斷條件還是成立，因此第 7 行會再度執行。這個過程一直循環，直到 i ≤ 10 不成立為止，此時程式流程會跳離 for 迴圈來到第 8 行印出 sum 的值。注意這個範例中，由於我們是以變數 i 來控制整個迴圈（以 i=1 做為迴圈的初值，且執行完迴圈主體一次，i 的值會加 1），因此稱變數 i 為迴圈控制變數。                              ❖

## 5.3.2 在 VSCode 裡偵錯迴圈

迴圈對多數程式設計的初學者來說是一個小門檻。每一輪迴圈在執行時，迴圈裡變數的值會不一樣，迴圈執行的次數越多，變數的值也就越不好追蹤。如果可以看見迴圈內每個變數值的變化，這樣就比較容易理解迴圈的運行，也容易除錯。

有兩個小技巧可以讓我們追蹤迴圈裡變數的變化，我們可以利用 VScode 提供的偵錯模組。以 Ch5_5 為例來說明偵錯模組的使用。請在 Ch5_5 視窗行號 4 的左邊空白處點選一下滑鼠，即可在第 4 行建立一個中斷點（即程式執行後暫時停留的地方），然後選擇「執行」功能表裡的「啟動偵錯」，或是直接按下 F5 鍵來啟動偵錯模組。

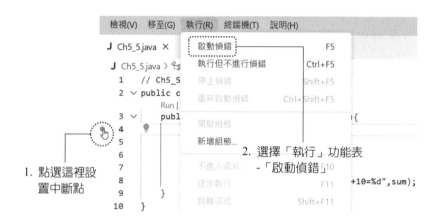

啟動後，因為我們把中斷點設定在第 4 行，所以您會看到第 4 行被標識起來，代表程式執行到這邊先暫停，等待我們指示它才會繼續往下執行。下圖是啟動偵錯模組之後的視窗，在視窗上方您會看到有一排按鈕出現，它們是用來告訴使用者偵錯模組怎麼執行程式。這排按鈕由左而右的功能依序如下：

1. ▷ 繼續：繼續執行到下一個中斷點（在行號左側空白區點選滑鼠即可增加中斷點）。
2. ⤵ 不進入函式：一行一行執行，若該行有一個函數，會直接執行完該函數，不進入函數進行逐步偵錯。
3. ⤓ 逐步執行：一行一行執行，若該行有一個函數，會跳到該函數裡執行。
4. ↑ 跳離函式：若現在正在一個函數裡執行，則立即執行完該函數然後跳離。
5. ⟳ 重新啟動：重新啟動偵錯模組。
6. ☐ 停止：退出偵錯模組。

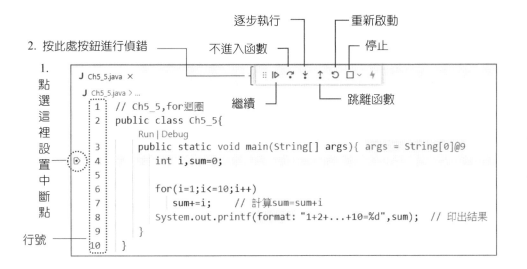

由於 VSCode 可安裝多國語言，其中文化的用字可能會與我們慣用的語詞有些出入，例如「函式」，即是本書中使用的「函數」。

因為這個範例沒有必要跳到函數裡執行，所以只要按下「不進入函式」按鈕 $\boxed{?}$ 一行一行執行即可。注意執行到每一行時，該行後面會列出該行相關的變數值，下圖是按了兩下 $\boxed{?}$ 後的畫面：

```
1    // Ch5_5,for迴圈
2  ∨ public class Ch5_5{
       Run | Debug
3  ∨    public static void main(String[] args){ args = String[0]@9
●  4        int i,sum=0; i = 1, sum = 0              目前變數的值
   5
   6        for(i=1;i<=10;i++) i = 1
目前正要    7          sum+=i;     // 計算sum=sum+i sum = 0, i = 1
執行這行    8        System.out.printf(format: "1+2+...+10=%d",sum);   // 印出結果
   9        }
  10    }
```

您可以多按幾下 $\boxed{?}$ 按鈕，觀察變數 i 和 sum 的變化。如果改按「逐步執行」按鈕 $\boxed{↓}$，您會發現程式的執行最終會跳到 printf() 函數裡，此時按下跳離函數按鈕 $\boxed{↑}$ 即可離開 printf() 函數，回到我們的 main() 函數中。按下停止按鈕 $\boxed{□}$，即可結束偵錯模組。

注意我們可以在行號的左側增加任意個中斷點。如果不想要某個中斷點，只要在該中斷點上方點選一下滑鼠即可取消它。一般我們會把中斷點設置在想要觀察變數值的那一行。如果您設置了好幾個中斷點，則按下繼續按鈕 ▷ 會從目前正要執行的那一行一直執行到下一個中斷點。

偵錯模組還有另一個好用的功能是設定中斷點的條件。例如我們想觀察 for 迴圈內，i 的值為 8 時變數 sum 的值為何，此時我們可以在第 7 行設置一個中斷點，在此中斷點標示符號上點選滑鼠左鍵，於出現的選單中選擇「編輯 中斷點…」，然後在出現的欄位中鍵入 Java 的條件式 i==8。這個條件式告訴偵錯模組，只要 i==8 成立，程式會停駐在此處：

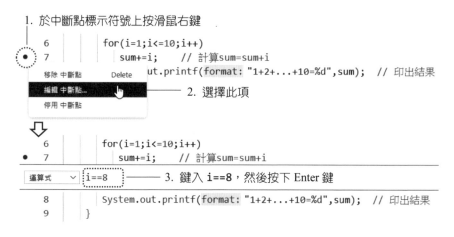

此時再啟動偵錯模組，我們可以發現偵錯模組已經幫我們運行到迴圈中的第 7 行，i 的值等於 8 的時候（注意目前 sum 的值為 28，第 7 行正要執行）：

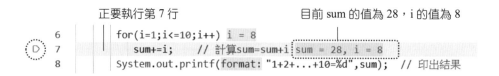

此時如果按下「不進入函式」按鈕 ⤵ ，您可以發現 sum 的值已經被更新到 36 了（28 + 8 = 36）。您可以多練習幾次 VSCode 偵錯模組裡每個按鈕的功能，並熟悉它們的運作方式，這對我們瞭解程式執行的流程與變數值的變化非常有幫助。

另一個方法直接在迴圈內印出每個變數的值。以 Ch5_5 為例，如果我們把 6~8 行改成如下的程式碼，那麼我們就可以觀察每個迴圈裡，變數 i 和 sum 的變化，這對於理解迴圈的執行非常有幫助，您可以自行試試：

```
06    for(i=1;i<=10;i++){
07        sum+=i;    // 計算 sum=sum+i
08        System.out.printf("i=%d, sum=%d\n",i,sum); // 印出 i 和 sum 的值
09    }
```

以這種方式進行變數的偵錯監控時，結束時要記得將這些監控程式清除，以免造成執行結果混亂。相比起來，**VSCode** 提供的偵錯模組顯得方便許多，建議讀者可以多加利用。

## 5.3.3 for 迴圈裡的區域變數

Java 可以在程式的任何地方宣告變數，當然也可以在迴圈裡宣告。有趣的是，在迴圈裡宣告的變數只是區域變數（Local variable），只要跳出迴圈，這個變數便不能再使用。我們以一個範例來說明區域變數的使用：

```
01  // Ch5_6, for 迴圈裡的區域變數
02  public class Ch5_6{
03      public static void main(String[] args){
04          int sum=0;
05
06          for(int i=1;i<=4;i++){        // 在迴圈內宣告變數 i         ┐
07              sum=sum+i;                                              │ 變數 i 的
08              System.out.printf("i=%2d, sum=%2d\n",i,sum);           │ 有效範圍
09          }                                                          ┘
10      }
11  }
```
• 執行結果：
```
i= 1, sum= 1
i= 2, sum= 3
i= 3, sum= 6
i= 4, sum=10
```

於 Ch5_6 中，我們把變數 i 宣告在 for 迴圈裡，因此變數 i 此時是扮演區域變數的角色，它的有效範圍僅在 for 迴圈內（6~9 行），只要一離開這個迴圈，變數 i 便無法使用。相反的，變數 sum 是宣告在 main() 一開始的地方，因此它的有效範圍從第 4 行開始到第 11 行的右大括號之前結束，當然在 for 迴圈內也是屬於 sum 的有效範圍。這個範例可以印出迴圈在運行時，每個循環裡控制變數 i 和累加總和 sum 的值。

您可以在 for 迴圈的後面（於 9 行與 10 行之間插入新的一行），試著將 i 的值列印出來，此時的變數 i 就超出它的有效範圍了。您可以注意到 VSCode 會發現這個錯誤，並且將錯誤訊息 "i cannot be resolved to a variable" 顯示在「問題」窗格中。這個錯誤訊告訴我們在執行時無法找到變數 i。由於迴圈已經結束，變數 i 的生命週期也隨之結束，因此無法在迴圈之後印出 i 的值。

## 5.3.4 初值與判斷條件的設定

在 for 迴圈裡可以同時宣告數個控制變數，並給予初值。這些變數必須具有相同的型別，因此型別的關鍵字（如 int） 只能夠出現一次，同時型別的關鍵字必須寫在第一個變數之前。例如，下面的程式片段同時宣告 int 型別的變數 i 與 j，並將它們設值為 0：

```
for(int i=0,j=0; i+j<10; i++,j+=2){          // 正確的迴圈初值設定方式
    迴圈主體
}
```

下面是常見的錯誤宣告方式，有興趣的讀者可以自行撰寫程式測試：

```
for(int i=0,int j=0; i+j<10; i++,j+=2){    // 錯誤，關鍵字 int 只能出現一次
}

for(i=0,int j=0; i+j<10; i++,j+=2){   // 錯誤，int 要寫在第 1 個宣告變數之前
}

for(int i=0,short j=0; i+j<10; i++,j+=2){    // 錯誤，i 和 j 的型別必須相同
}
```

另外在 for 迴圈內，當判斷條件不滿足時迴圈就會結束執行。然而如果判斷條件設置不當，就可能導致無窮迴圈（Infinite loop）的發生，也就是迴圈會執行無窮多次，因此在使用時要特別注意。不過有些時候在程式中必須使用無窮迴圈來進行某些工作，如銀行提款機的使用，就必須一直處在無窮迴圈的狀態，使用者進行各種功能，結束後換下一位使用者，若是沒有一直重覆回到輸入密碼頁面，下一位使用者就會無法登入進行銀行作業。

就此時我們可以刻意不設定判斷條件來避免跳離迴圈。例如在下面的程式碼中我們省略了判斷條件，因此這個迴圈是一個無窮迴圈：

```
for(int i=1; ┌┈┈┐ ;i++){
             └── 省略判斷條件（或是填上 true）
    // 迴圈主體;
}
```

要注意的是，雖然省略了判斷條件，但括號裡的兩個分號都不能省略，一定要寫出來。另外若是要跳離無窮迴圈，在 VSCode 裡可以在「終端機」窗格內按下 Ctrl+C 強制中斷程式的執行。

# 5.4 while 與 do-while 迴圈

當迴圈重複執行的次數很確定時，使用 for 迴圈是一個好的選擇。但是如果無法事先知道迴圈該執行多少次時，就可以考慮使用 while 或是 do-while 迴圈。

## 5.4.1 while 迴圈

while 迴圈一般用在無法確定迴圈會跑幾次的時候。例如 1 加到多少時加總的值會超過 100，或者是要找出小於 100 的最大質數等。這些問題都沒有辦法事先知道迴圈會跑多少次，因此選用 while 迴圈會比 for 迴圈來得好些。while 迴圈的格式如下：

while 迴圈的語法

| 語法 | 說明 |
| --- | --- |
| 設定迴圈初值；<br>while(判斷條件){<br>    迴圈主體；<br>} | 當判斷條件成立時，就執行迴圈的主體，直到判斷條件不成立為止。 |

在 while 迴圈中，判斷條件通常是一個帶有邏輯運算子的運算式，當判斷條件的值為 true，迴圈的主體就會執行一次，直到判斷條件的值為 false 時，才會跳離 while 迴圈。另外，如果迴圈主體只有一個敘述，則可以省略大括號。下面為 while 迴圈執行的流程圖：

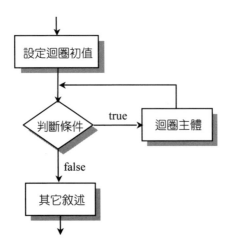

下面是使用 while 迴圈時應注意的事項：

1. 第一次進入 while 迴圈前，就必須先設定迴圈控制變數的初值。

2. 在迴圈主體內應包含有一些敘述，在某些情況下會使得判斷條件不成立，如此才能跳離迴圈，否則將造成無窮迴圈。

while 迴圈同樣也可以用在明確知道迴圈要執行的次數時。但是在程式設計的習慣上，通常會在確定迴圈次數時選擇 for 迴圈，而在不確定迴圈次數時選擇 while 迴圈，這樣的做法能讓程式的表達更清楚，因此選擇使用 for 或 while 迴圈時最大的考量在於是否知道迴圈執行的次數。

下面的例子是用來找尋最大的 n，使得 $1 + 2 + \cdots + n \le 20$。在這個範例中，我們無法得知迴圈要執行幾次，因此以 while 迴圈來撰寫這個問題是非常合適的。

```
01  // Ch5_7, while 迴圈-當 sum>20 時就跳離迴圈
02  public class Ch5_7{
03      public static void main(String[] args){
04          int n=1,sum=0;
05          while(sum<=20){
06              sum+=n;        // 累加計算
07              System.out.printf("n=%d, sum=%2d\n",n, sum);
08              n++;           // 將 n 值加 1
09          }
10      }
11  }
```
• 執行結果：
```
n=1, sum= 1
n=2, sum= 3
n=3, sum= 6
n=4, sum=10
n=5, sum=15
n=6, sum=21
```

於本例中，第 4 行將變數 n 的值設定為 1，並進到第 5 行執行 while 迴圈裡的判斷條件。第 1 次進入迴圈時，由於 sum 的值為 0，所以判斷條件的值為 true，因此執行

6~8 行的迴圈主體。第 6 行把 sum 的值加 n 後再指定給 sum 存放，於第 7 行印出 n 和 sum 的值，第 8 行再把 n 的值加 1，然後回到迴圈起始處，繼續判斷 sum 的值是否仍小於等於 20。如此循環，直到 sum 的值大於 20，已經不滿足判斷條件時便跳離迴圈。

從輸出可知，滿足 $1 + 2 + \cdots + n \leq 20$ 最大的 n 為 5。不過讀者也許會覺得奇怪，迴圈的判斷條件為 sum<20，那為什麼最後一行會印出了 n=6, sum=21 呢？這是因此要印出這行之前，sum 的值是 15，因此還是滿足迴圈的判斷條件，所以迴圈的本體會再執行一次，因此會有這行產生。

## 5.4.2 do-while 迴圈

do-while 迴圈也是用於迴圈執行次數在未知的情況下。while 與 do-while 迴圈最大的不同在於進入 while 迴圈前，while 會先測試判斷條件是否成立，再決定要不要執行迴圈主體；而 do-while 則是「先做再說」，執行完一次迴圈主體後，再測試判斷條件是否成立，然後決定是否再次執行迴圈主體。所以不管判斷條件是否成立，do-while 迴圈至少都會執行一次迴圈的主體。do-while 迴圈的語法如下：

do-while 迴圈的語法

| 語法 | 說明 |
| --- | --- |
| 設定迴圈初值；<br>do{<br>　　迴圈主體；<br>}while(判斷條件) ; —— 這裡要加分號 | 在設定迴圈初值後，先執行迴圈的主體，然後根據 while 裡的判斷條件決定迴圈是否繼續執行。 |

相同的，當 do-while 迴圈主體只有一個敘述時，可以省略左右大括號。第一次進入 do-while 迴圈時並不會判斷是否符合執行迴圈的條件，而是直接執行迴圈主體，執行完畢後才開始測試判斷條件的值。如果為 true，則再次執行迴圈主體，然後再度測試判斷條件的值。如此循環，直到判斷條件的值為 false 才會跳離 do-while 迴圈。

do-while 和 while 迴圈一樣，在撰寫時必須在適當的地方更新某些變數的內容，使其到達某個值之後判斷條件會不成立，從而可以跳離迴圈。下面為 do-while 迴圈的流程圖：

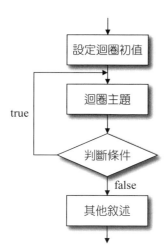

Ch5_8 是利用 do-while 迴圈設計一個能累加 1 至 n 的程式，其中整數 n 由使用者輸入，若 n 的範圍小於 1，則會要求使用者重新輸入：

```
01  // Ch5_8, do-while 迴圈-累加 1 至 n 的程式
02  import java.util.Scanner;
03  public class Ch5_8{
04     public static void main(String[] args){
05        Scanner scn=new Scanner(System.in);
06        int n,sum=0;
07
08        do{
09           System.out.print("請輸入累加的最大值: ");
10           n=scn.nextInt();      // 輸入一個整數
11        }while(n<1);             // n 要大於等於 1,否則會要求重複輸入
12
13        for(int i=1;i<=n;i++)
14           sum+=i;              // 計算 sum=sum+i
15        System.out.printf("1+2+...+%d=%d\n",n,sum);    // 印出結果
16        scn.close();
17     }
18  }
```

• 執行結果：
請輸入累加的最大值：-8
請輸入累加的最大值：10
1+2+...+10=55

於本例中，第 8~11 行利用 do-while 迴圈判斷所輸入的值 n 是否小於 1。如果是，則 9~10 行迴圈的主體會重複執行，要求使用者重新輸入，直到 n ≥1 為止。此外，第 13 ~14 行利用 for 迴圈計算累加 1 至 n 的結果，最後於第 15 行將結果印出。在本例中，我們不知道使用者會輸入多少次錯誤，而且一定要等到使用者輸入才有辦法判別是否輸入錯誤，因此使用 do-while 迴圈是較好的選擇。 ❖

do-while 迴圈不管判斷條件的結果為何，先做再說，因此迴圈的主體最少會被執行一次。在日常生活中並不難找到 do-while 迴圈的影子哦！舉例來說，在利用提款機提款時，您一定要先輸入密碼，程式才有辦法判別密碼是否正確。另外，您可輸入三次密碼，如果皆輸入錯誤，就會將提款卡吸入，這種操作的流程完全符合 do-while 迴圈的運作方式。

# 5.5 巢狀迴圈

當迴圈敘述中又有其它迴圈敘述時，就稱為巢狀迴圈（Nested loops），如巢狀 for、while 和 do-while 迴圈等。當然您也可以使用混合巢狀迴圈，例如 for 迴圈中有另一個 do-while 迴圈等。下面的範例是以一個巢狀 for 迴圈來產生部份的九九乘法表：

```
01   // Ch5_9, 巢狀 for 迴圈求 9*9 乘法表
02   public class Ch5_9{
03      public static void main(String[] args){
04         for (int i=1;i<=3;i++){          // 外層迴圈
05            for (int j=1;j<=4;j++)         // 內層迴圈
06               System.out.printf("%d*%d=%2d   ",i,j,i*j);
07            System.out.println();          // 換行
08         }
09      }
10   }
```

- 執行結果：

```
1*1= 1    1*2= 2    1*3= 3    1*4= 4
2*1= 2    2*2= 4    2*3= 6    2*4= 8
3*1= 3    3*2= 6    3*3= 9    3*4=12
```

於 Ch5_9 中，i 和 j 分別為為外層和內層迴圈的控制變數。當 i 為 1 時，符合外層 for 迴圈的判斷條件（i<=3），因此進入內層 for 迴圈主體。由於是第一次進入內層迴圈，所以 j 的初值為 1，符合內層 for 迴圈的判斷條件（j<=4），於是執行第 6 行，印出 i*j 的值（1*1=1）後，j 再加 1，其值變成 2，仍符合內層 for 迴圈的判斷條件，再次執行列印及計算的工作，直到 j 的值為 5 才離開內層 for 迴圈，於第 7 行執行換行動作後回到外層迴圈。

回到外層迴圈後，i 會加 1 成為 2，符合外層 for 迴圈的判斷條件，重新執行內層 for 迴圈，此時建立變數 j，並設定初值為 1，重複執行內層迴圈，直到 j 的值為 5 才離開內層迴圈，回到外層迴圈，重複上述動作，直到 i 的值為 4 時離開巢狀迴圈。

於這個範例中，當 i 為 1 時，內層迴圈會執行 4 次（j 為 1~4），當 i 為 2 時，內層迴圈也會執行 4 次，以此類推，因此這個程式的第 6 行會執行 12 次。於本例中，只要將內外迴圈的上限值更改為 9，便可印出完整的九九乘法表。

❖

# 5.6 迴圈的跳離

有些時候我們可能等不及迴圈執行完畢，就要跳離迴圈。例如我們想要的結果已經得到，剩餘的迴圈已經沒有必要繼續執行的時候。Java 提供了 break 和 continue 兩個跳離迴圈的敘述，可提早結束迴圈的執行。本節我們來探討這兩個敘述。

## 5.6.1 break 敘述

還記得在 switch 選擇性敘述裡也有用到 break 這個關鍵字嗎？break 敘述也可以讓程式強迫跳離迴圈。當程式執行到 break 敘述時，即會跳離迴圈，繼續執行迴圈外的下一個敘述。如果 break 敘述出現在巢狀迴圈中的內層迴圈，則 break 敘述只會跳離當層迴圈。下面以 for 迴圈為例來說明 break 的使用，注意 break 也可以用在 while 或 do-while 迴圈：

break 敘述的語法

| 語法 | 說明 |
|---|---|
| for(初值設定；判斷條件；設定增減量){<br>　　敘述 1;<br>　　...<br>　　break;<br>　　...<br>　　敘述 n;　}此區塊內的敘述不會被執行<br>}<br>　...  | 在迴圈內執行到 break 敘述時，程式會跳離當層迴圈的主體，繼續執行當層迴圈外面的敘述。 |

下面是 break 敘述的使用範例。Ch5_10 利用 for 迴圈印出變數 i 的值，當 i 除以 3 所得的餘數為 0 時，則使用 break 敘述跳離迴圈，並於程式結束前印出迴圈變數 i 最後的值：

```
01   // Ch5_10, break 的使用-當 i%3==0 時跳離迴圈
02   public class Ch5_10{
03     public static void main(String[] args){
04       int i;
05       for (i=1;i<=10;i++){
06         if(i%3==0)                          // 判斷 i%3 是否為 0
07           break;
08         System.out.println("i="+i);         // 印出 i 的值
09       }
10       System.out.println("when loop interrupted, i="+i);
11     }
12   }
```
• 執行結果：
```
i=1
i=2
when loop interrupted, i=3
```

Ch5_8 中，第 5~9 行為迴圈主體，i 為迴圈控制變數。當 i%3==0 時，符合 if 的條件判斷，即執行第 7 行的 break 敘述，並跳離整個 for 迴圈，因此第 8 行就不會被執行。此例中，當 i=3 時，i 除以 3 的餘數為 0，符合 if 的條件判斷，於是跳離 for 迴圈執行第 10 行的敘述。 ❖

## 5.6.2 continue 敘述

當程式遇到 break 時會跳離整個迴圈，而遇到 continue 則是略過迴圈主體中剩餘的部分，跳到迴圈的起頭繼續執行剩餘的迴圈。下面是以 for 迴圈為例來說明 continue 的語法：

continue 敘述的語法

| 語法 | 說明 |
| --- | --- |
| for(初值設定; 判斷條件; 設定增減量){<br>　　敘述 1;<br>　　...<br>　　**continue;**<br>　　...<br>　　敘述 n; ⎫ 此區塊內的敘述<br>　　　　　 ⎭ 不會被執行<br>} | 當程式執行到迴圈主體中的 continue 敘述時，會跳過 continue 敘述後面未執行的部分，然後回到迴圈的起點繼續執行剩餘的迴圈。 |

Ch5_11 是前一個範例的小改版，我們把將程式中的 break 改成 continue，如此便可以觀察到這兩種敘述的不同。break 會跳離當層迴圈，而 continue 會回到迴圈的起點，繼續執行迴圈剩餘的部分。更改後的程式如下所述：

```
01   // Ch5_11, continue 的使用-回到迴圈起點，繼續執行剩餘的部分
02   public class Ch5_11{
03     public static void main(String[] args){
04       for (int i=1;i<=10;i++){
05         if(i%3==0)                          // 判斷 i%3 是否為 0
06           continue;
07         System.out.printf("%3d",i);         // 印出 i 的值
08       }
09     }
10   }
```

- 執行結果：

```
1   2   4   5   7   8   10
```

於本例中，第 5~7 行為迴圈主體，i 為迴圈控制變數。當 i 除以 3 的餘數為 0 時，符合 if 的條件判斷，即執行第 6 行的 continue 敘述，此時會跳離目前 for 迴圈剩下的敘述（第 7 行），再回到迴圈開始處判斷是否繼續執行迴圈。此例中當 i 的值為 3、6、9 時，i 除以 3 的餘數為 0，因此會執行 continue 敘述，所以 3、6、9 這三個數字不會被印出。

迴圈讓循序漸進的程式變得活潑有趣，但是也要注意程式判斷的流程走向，若是無法達到離開迴圈的條件，就會陷入困境，增加發生邏輯錯誤的機會，在使用上要特別小心。

# 第五章 習題

## 5.1 程式的結構設計

1. 程式的結構可以分成哪三種？試簡單的說明它們。

2. 婷婷某日將她從出門、去 7-11、選購麵包、排隊結帳、付款、走路回家的過程，一一記錄下來。試完成下列的問題：

    (a) 試繪出婷婷當日行程的流程圖。

    (b) 這個行程屬於程式的哪一種結構？

3. 小雯規劃了明天的行程，如果天氣好，則外出看電影；如果天氣不好，則在家裡學烘焙。試問這個行程的規劃類似程式三種結構的哪一種？

## 5.2 選擇性敘述

4. 試撰寫一程式，可以輸入一個整數，然後印此數的絕對值。

5. 試撰寫一程式，可輸入一個字元。若此字元是數字（即 0~9），則印出 "此字元是數字"；若此字元是英文字母（即 a~z、A~Z），則印出 "此字元是英文字母"。

（註：Scanner 類別並沒有讀取字元的函數，您可利用 next() 讀入一個字元的字串，再用 charAt(0) 取出輸入該字元。此題可以用讀入字元的 Unicode 來判別是字元或數字）

6. 試撰寫一程式，可輸入一個整數，然後判別它是奇數或偶數。

7. 試撰寫一程式，可輸入一個整數，然後以條件運算子來計算該整數的絕對值。

8. 試撰寫一程式，利用 if 敘述判別所輸入的整數是否可以被 5 和 6 同時整除。若是，則印出 "可被 5 和 6 同時整除"，否則印出 "無法被 5 和 6 同時整除"。

9. 試利用巢狀的 if 敘述設計一程式，可從鍵盤輸入學生成績，輸出為成績的等級。學生成績依下列的分類方式分級：

    80~100：A 級

    60~79：B 級

    0~59：C 級

10. 試撰寫一程式，由程式中宣告並設定三個整數的初值，然後判別這三個整數是否能構成三角形的三個邊長（註：三角形兩邊長之和必須大於第三邊）。

11. 試輸入一個 1~7 之間的整數 day，代表星期一到星期日。若 day 的值是 1~5，則印出 "今天要上班上課"，若 day 的值是 6~7，則印出 "今天休息"，若 day 的值不是 1~7，則印出 "輸入錯誤"。

12. 試輸入一個整數，如果範圍在 1~12 之間，則利用 switch 印出相對應的季節。如果超出此範圍，則印出 "月份不存在"：

    3~5：春天

    6~8：夏天

    9~11：秋天

    1、2、12：冬天

試由鍵盤讀入一個動物名稱（中文字元）。如果讀入的是 '貓'，則印出 "喵喵叫"；如果讀入的是 '狗'，則印出 "汪汪叫"；如果讀入的是 '羊'，則印出 "咩咩叫"。如果讀入的不是這三種動物，則印出 "不明動物"。

## 5.3 for 迴圈

13. 試撰寫一程式，印出從 1 到 100 之間，所有可以被 16 整除的整數。

14. 試撰寫一程式，求出 1 到 100 之間所有整數的平方和。

15. 試以 for 迴圈計算 $1 \times 2 \times 3 \times \cdots \times 10$ 的乘積。

16. 若 a 可以整除 b，則 a 稱為 b 的因數。例如 1、2、3 和 6 都是 6 的因數。試根據這個定義找出 64 所有的因數。

17. 質數（Prime）是除了 1 和它本身之外，沒有其它的因數的數。試根據質數的定義，判別 89 是質數或不是質數。

18. 試撰寫一程式，計算 $1^2 - 2^2 + 3^2 - 4^2 + \cdots + 47^2 - 48^2 + 49^2 - 50^2$ 的值。

## 5.4 while 與 do while 迴圈

19. 試撰寫一程式，利用 while 迴圈完成九九乘法表。

20. 試輸入一個整數，然後判斷輸入的數是幾個位數的整數。例如若輸入 23983，則輸出 "5 個位數的整數"（提示：一個整數用整數除法除以 10，其位數會少一位）。

21. 設 $f(n) = 1 + 2 + 3 + \cdots + n$，試找出滿足 $f(n) \geq 100$ 最小的 $n$。

22. 老張養了一群兔子，但不知有幾隻。三隻三隻數之，剩餘一隻；五隻五隻數之，剩餘三隻；七隻七隻數之，剩餘二隻；試問最少有幾隻兔子？

23. 試撰寫一程式，可以輸入一個整數 $n$。如果 $n \geq 0$，則印出此數的平方，然後要求使用者輸入下一個整數，以此循環。如果 $n < 0$，則結束程式的執行。

## 5.5 巢狀迴圈

24. 試利用巢狀 for 迴圈撰寫一程式來繪出下列各小題的圖形：

```
(a) *****        (b)     *      (c) *****      (d) *****
    ****                **           ****          ^****
    ***                ***           ***           ^^***
    **                ****           **            ^^^*
    *                *****           *             ^^^^*
```

25. 試利用巢狀 for 迴圈撰寫一程式來繪出下列各小題的圖形：

| (a) | | (b) | | (c) | | (d) | |
|---|---|---|---|---|---|---|---|
| | 1 | | 5 | | 1 | | 0 |
| | 12 | | 54 | | 22 | | 12 |
| | 123 | | 543 | | 333 | | 345 |
| | 1234 | | 5432 | | 4444 | | 6789 |
| | 12345 | | 54321 | | 55555 | | abcde |

## 5.6 迴圈的跳離

26. 假設有一條繩子長 3500 公尺，每天剪去一半的長度，請問需要花費幾天的時間，繩子的長度會短於 3 公尺？請搭配 break 敘述來撰寫。

27. 試找出 0-100 的整數中，所有可以被 2 與 3 整除，但不能被 12 整除的整數。試利用 continue 敘述來完成這個程式。

28. 設 $f(n) = 1^2 + 2^2 + 3^2 + \cdots + n^2$，試找出滿足 $f(n) < 320$ 的最大整數 $n$。請以 for 迴圈配合 break 敘述來撰寫。

29. 試撰寫一程式，利用 break 敘述來撰寫 4 個位數之密碼輸入的過程。使用者有三次的輸入機會，並須滿足下列的條件（假設正確的密碼為 6128）：

    (a) 程式一開始會出現 "請輸入密碼：" 提示，要求使用者輸入密碼。

    (b) 如果密碼輸入不對，則會出現 "密碼輸入錯誤，請重新輸入密碼："。

    (c) 如果三次輸入都不對，則會印出 "密碼輸入超過三次！"，然後結束程式執行。

    (d) 如果輸入正確，則印出 "密碼輸入正確，歡迎使用本系統！"。

❖

第五章　習題

# 06
## Chapter

# 陣列

如果有一系列的資料要儲存，那麼陣列（Array）應該是最好的選擇。陣列可用
來存放相同型別的資料，並且可以利用索引（Index）快速存取陣列的內容。陣
列依其結構，可分為一維、二維與多維陣列。配合前一章介紹的迴圈，我們可
以走訪陣列裡的每一個元素，並對它們進行處理。本章將針對陣列的基本觀念
與相關語法做一個詳細的說明，並輔以一些簡單的範例來介紹陣列的應用。

## ✿ 本章學習目標

- 📖 認識陣列與一般資料型別的不同
- 📖 認識一維、二維與多維陣列
- 📖 學習陣列的應用
- 📖 瞭解陣列的儲存方式

陣列（Array）屬於非原始資料型別（Non-primitive type）的一員，它是由一系列相同型別的資料所組成，並以一個共同的名稱來表示。陣列依其結構可分為一維、二維與二維以上的多維陣列。本章我們先從最簡單的一維陣列談起。

# 6.1 一維陣列

一維陣列（1-dimensional array）可以存放多筆相同型別的資料。陣列也和原始資料型別的變數一樣，也需要經過宣告後才能使用。

## 6.1.1 一維陣列的宣告與記憶體的配置

要使用 Java 的陣列，必須經過兩個步驟：(1)宣告陣列、(2)配置記憶體給該陣列。這兩個步驟的語法如下：

---

使用陣列的語法

資料型別 陣列名稱;　　　　　　// 宣告一維陣列
陣列名稱 = new 資料型別[個數]; // 配置記憶體給陣列

---

陣列的宣告格式裡，「資料型別[ ]」是宣告陣列元素的型別，方括號 [ ] 代表所宣告的是一個陣列；如果拿掉方括號就變成宣告原始資料型別的變數了。「陣列名稱」是用來賦予陣列元素一個統一的識別名稱，其命名規則和變數相同。陣列經宣告後，接下來便是要配置陣列所需的記憶體空間，其中「個數」是用來指定陣列可存放多少個元素，而「new」則會根據指定的元素個數，配置記憶體空間供陣列使用。

我們以下面的範例來說明一維陣列宣告的方式，以及如何配置記憶體空間給它：

```
01  int[] score;        // 宣告整數陣列 score
02  score=new int[4];   // 配置可存放 4 個整數的記憶體空間，以供陣列 score 使用
```

第一行宣告一個整數陣列 score，此時編譯器會配置一塊記憶體空間給它，用來存放指向陣列實體的位址，如下圖所示：

```
int[] score;
```

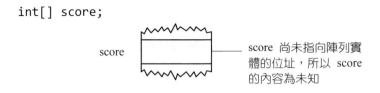

宣告完陣列之後，第二行是用來進行記憶體配置的動作。這一行會配置 4 個可供整數存放的記憶體空間，並把此記憶體空間的參考（Reference，我們可以把它看成是記憶體的位址）設給 score 存放，因此我們可以把 score 理解為陣列變數，它存放的是陣列實體的位址。注意陣列元素的預設初值皆為 0。記憶體配置的動作可用下圖來表示：

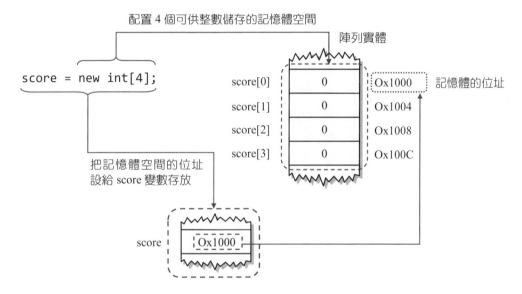

上圖中的記憶體位址 Ox1000 是假設值，此值會因為環境的不同而異。在此提醒您，陣列是屬於非基本資料型別，因此陣列變數 score 並非儲存陣列的實體，而是陣列實體的位址。我們也可以把宣告陣列和配置記憶體空間這兩行程式改寫成一行，其格式如下：

---

**宣告陣列並配置記憶體**

資料型別[ ] 陣列名稱= new 資料型別[個數]；  // 宣告陣列並配置記憶體

---

下面是將宣告陣列和配置記憶體空間寫成一行的範例。於此範例中，我們宣告了整數陣列 score，並配置可儲存 4 個整數的記憶體空間給陣列 score：

```
int[] score=new int[4];    // 宣告可存放 4 個整數的陣列 score
```

在 Java 中，由於整數資料型別佔 4 個位元組，而整數陣列 score 可儲存的元素有 4 個，所以佔用的記憶體共有 4 × 4 = 16 個位元組。我們將陣列 score 化為圖形表示，您可以比較容易理解陣列的儲存方式：

```
int[] score=new int[4];
```

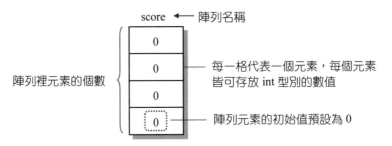

有趣的是，Java 也允許我們以下面的方式來宣告 score 陣列：

```
int score[];               // 宣告 score 陣列（把方括號放在陣列名稱後面）
```

這種宣告方式是傳統 C 語言的寫法，Java 也把它保留下來了。無論您採用哪一種方法，Java 的編譯器均可接受。本書習慣將方括號放在型別後面來宣告陣列。

## 6.1.2 陣列元素的存取

想要存取陣列裡的元素，可以利用索引（index）來完成，陣列索引的編號是從 0 開始。習慣上，本書將陣列索引為 0 的元素稱為第 0 個元素。以前面提到的 score 陣列為例，score[0] 代表第 0 個元素，score[1] 代表第 1 個元素，以此類推。下圖為 score 陣列中元素的表示法及排列方式：

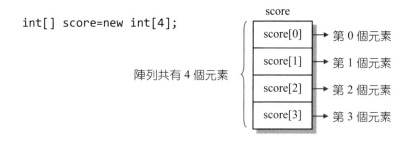

```
int[] score=new int[4];
```

陣列共有 4 個元素

score
score[0] → 第 0 個元素
score[1] → 第 1 個元素
score[2] → 第 2 個元素
score[3] → 第 3 個元素

我們來看一個實際的範例。下面的程式宣告一個一維陣列 a,其長度為 3,利用 for
迴圈印出陣列的內容後,再印出陣列的元素個數。

```
01  // Ch6_1, 一維陣列的使用
02  public class Ch6_1{
03    public static void main(String[] args){
04      int[] a=new int[3];  // 宣告整數陣列 a,並配置可存放 3 個整數的空間
05      a[0]=9;      // 設定第 0 個元素的值為 9
06      a[1]=6;      // 設定第 1 個元素的值為 6
07
08      for(int i=0; i<a.length; i++)
09        System.out.printf("a[%d]=%d, ",i,a[i]);   // 印出陣列的內容
10      System.out.printf("length=%d",a.length); // 印出陣列長度
11    }
12  }
```
• 執行結果:
```
a[0]=9, a[1]=6, a[2]=0, length=3
```

Ch6_1 中,第 4 行宣告整數陣列 a,並配置一塊可存放 3 個整數的記憶體空間以供陣
列 a 使用。第 5~6 行則分別設值給陣列的第 0 個與第 1 個元素。值得一提的是,我
們並沒有設值給陣列的最後一個元素,因此它的預設值為 0。第 8~9 行利用 for 迴圈
印出陣列的內容,第 10 行則是印出陣列的長度。

要特別注意的是,在 Java 中欲取得陣列的長度時(也就是陣列元素的個數),可以
利用「.length」完成,如下面的格式:

---

取得陣列的長度

陣列名稱.length          // 取得陣列的長度

---

也就是說，若是要取得 Ch6_1 中所宣告的陣列 a 之元素個數，只要在陣列 a 的名稱
後面加上「.length」即可，如下面的程式片段：

a.length              // 取得陣列 a 的長度

利用「.length」的方式即可取得陣列長度，是個非常簡單、方便的方式，Java 在這點
的設計上頗為特殊。

## 6.1.3 陣列初值的設定

如果想在宣告時就設定陣列的初值，可在陣列宣告後，將陣列的初值寫在左、右大
括號裡，如下面的語法：

---

陣列初值的設定

資料型別[ ] 陣列名稱={初值 0，初值 1，…，初值 n};    // 陣列初值的設定

---

在上面的語法中，大括號內的初值會依序指定給陣列的第 0、1、…、n 個元素存放。
注意此時我們不需要用 new 關鍵字來配置記憶體空間，因為編譯器會自動以初值的
個數來決定陣列的長度，如下面的範例：

int[] days={6,8,12};      // 宣告陣列並設定初值

上面的敘述宣告整數陣列 day 並設定初值為 6、8 和 12。雖然沒有特別指明 day 的長
度，但是由於大括號裡的初值有 3 個，因此編譯器會分別依序指定給各元素存放，
所以 day[0] 為 6，day[1] 為 8，而 day[2] 為 12。

Ch6_2 是一維陣列初值設定的範例。我們利用 for 迴圈走訪陣列，取得陣列元素的總
和之後，計算並印出陣列的平均值。

```
01   // Ch6_2, 設定陣列初值並計算平均
02   public class Ch6_2{
03      public static void main(String[] args){
04         int sum=0;
05         int[] a={62,7,12,3,8,47};          // 宣告整數陣列 a 並設定初值
06
07         for(int i=0;i<a.length;i++)      // 計算陣列元素的和
08            sum+=a[i];
09         System.out.printf("Average = %5.2f",(float)sum/a.length);
10      }
11   }
```
• 執行結果：
```
Average = 23.17
```

於本例中，第 5 行宣告整數陣列 a 並設定初值為 {62,7,12,3,8,47}。7~8 行利用 for 迴圈走訪陣列裡的每一個元素，並計算它們的總和。第 9 行計算並印出陣列元素的平均值。注意 sum 和 a.length 的型別都是 int，因此在計算平均值時，我們必須利用強制型別轉換的方式，將計算結果轉成 float 型別。

❖

## 6.1.4 利用 for each 走訪陣列裡的元素

在前兩個範例中，我們都是利用 for 迴圈來走訪陣列裡的每一個元素。不過 for 迴圈裡要設定變數初值、判斷條件以及增減量，這些設定對於走訪陣列而言似乎沒有必要，因為都是從第 0 個元素走訪到最後一個元素。因此 Java 提供了一個好用的 for 迴圈簡化版，我們稱它為 for-each 迴圈，可以專門用來走訪陣列裡的內容。下面是 for-each 迴圈的語法：

for-each 迴圈敘述的語法

| 語法 | 說明 |
|---|---|
| for(type *var*: *arrName*){<br>    敘述主體<br>} | 走訪陣列 arrName 裡的每一個元素，其中變數 var 代表走訪到的元素，其型別和 arrName 內的元素型別相同。 |

下面是利用 for-each 來找尋陣列元素最大值的範例，您可以比較一下 for-each 和傳統 for 迴圈寫法的不同：

```
01  // Ch6_3, 比較陣列元素值的大小
02  public class Ch6_3{
03      public static void main(String[] args){
04          int arr[]={17,48,30,74,62};  // 宣告整數陣列 a,並設定初值
05          int max=arr[0];    // 將 max 設值為陣列的第 0 個元素
06
07          for(int i:arr){
08              if(i>max)
09                  max=i;     // 將 max 設值為目前找到的最大值
10          }
11          System.out.printf("Maximum is %d",max);  // 印出最大值
12      }
13  }
```

• 執行結果：

```
Maximum is 74
```

於 Ch6_3 中，第 4 行宣告整數陣列 a，其陣列元素有 5 個，分別為 74、48、30、17 與 62。第 5 行將 max 的初值設為陣列的第 0 個元素，第 7~10 是利用 for-each 迴圈逐一走訪陣列裡的每一個元素，然後於第 8 行和目前記錄的最大值 max 進行比較。如果走訪到的元素 i 的值比 max 大，就將 max 設值為 i，使 max 的值保持最大。當 for-each 迴圈將陣列中所有的元素都比較完畢，變數 max 的值就是最大值。

注意本例使用了 for-each 來走訪陣列的內容。當然我們也可以把 7~10 行的 for-each 改寫成傳統的 for 迴圈：

```
07  for(int i; i<arr.length; i++){
08      if(arr[i]>max)
09          max=arr[i];     // 將 max 設值為目前找到的最大值
10  }
```

這種方式是利用陣列的索引來提取元素，寫法比 for-each 來的複雜。不過 for-each 會逐一提取陣列的所有元素，如果是要提取陣列部分元素，例如前 3 個元素或是索引為偶數的元素，我們還是必須利用傳統的 for 迴圈來提取。

# 6.2 二維陣列

一維陣列可存放一系列的資料，它只需要一個索引就可以存取陣列裡的元素。二維陣列則常用來儲存二維的表格數據，它需要列（Row）與行（Column）兩個索引才可以存取到位於某一列某一個行的元素。本節我們將學習二維陣列的使用。

## 6.2.1 二維陣列與初值的設定

二維陣列宣告的方式和一維陣列類似，記憶體的配置也一樣是用 new 這個關鍵字，其宣告與配置記憶體的語法如下：

| 二維陣列的宣告與配置記憶體 |
| --- |
| 資料型別[][] 陣列名稱;         // 宣告二維陣列<br>陣列名稱 = new 資料型別 [列數][行數];    // 配置記憶體空間 |

我們也可以把上面兩行程式寫在同一行：

| 二維陣列的宣告與配置記憶體 |
| --- |
| 資料型別[][] 陣列名稱=new 資料型別 [列數][行數]; // 宣告和配置記憶體空間 |

二維陣列在配置記憶體時，必須告訴編譯器二維陣列之橫列與直行的個數。「列數」是告訴編譯器所宣告的陣列有多少個橫列，「行數」則是設定陣列有多少個直行。例如，假設有一份表單記錄了 2 個業務員在 4 季中銷售某款汽車的業績，這個表單如下所示：

| 業務員 | 年度銷售量 | | | |
|---|---|---|---|---|
| | 第一季 | 第二季 | 第三季 | 第四季 |
| 1 | 32 | 35 | 26 | 30 |
| 2 | 34 | 30 | 33 | 31 |

我們可以利用一個 2×4 陣列 sales 來記錄這個表單，因此利用下面的語法即可宣告並配置空間給陣列 sales：

```
int[][] sales;              // 宣告整數陣列 sales
sales=new int[2][4];        // 配置記憶體空間，以供 2 列 4 行的整數陣列 sales 使用
```

上面兩行程式也可以把它們寫成一行：

```
int[][] sales=new int[2][4];  // 宣告整數陣列 sales，同時配置記憶體空間
```

上面的敘述中，整數陣列 sales 可儲存的元素有 2×4＝8 個，因此陣列共佔用 4×8＝32個位元組。接著我們需要把銷售業績設定給陣列裡的元素存放，每一個業務員每一季的銷售業績應該要和陣列裡的某一列和某一行對應。我們先把銷售業績表單畫成如下的陣列，其中陣列第 0 列，0~3 行為業務員 1 的第 1~4 季的業績；第 1 列的第 0~3 行為業務員 2 的 1~4 季的業績。

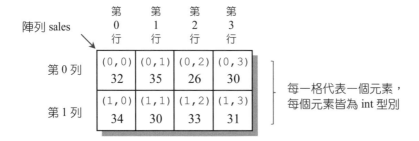

要將每個業務員的業績填入陣列裡，我們可以利用下面的語法：

```
sales[0][0]=32;      // 設定第 0 列第 0 行的元素值為 32
sales[0][1]=35;      // 設定第 0 列第 1 行的元素值為 35
   …
sales[1][3]=31;      // 設定第 1 列第 3 行的元素值為 31
```

不過如果這樣設定的話，寫起來有點冗長。由於陣列 sales 的內容為已知，因此我們可以在宣告陣列時就設定初值。下面是宣告二維陣列並設定初值的語法：

---

### 二維陣列並設定初值的語法

```
資料型別[][] 陣列名稱={{ 第 0 列初值 },        // 二維陣列初值的設定
                     { 第 1 列初值 },
                     { …         },
                     { 第 n 列初值 }};
```

---

注意在資料型別後面兩個連續的中括號裡面並不需要填入陣列的大小，它只是用來指明宣告的陣列是二維。以陣列 sales 為例，我們可以利用下面的語法來設定 sales 的初值：

```
int[][] sales={{32,35,26,30},        // 二維陣列的初值設定
               {34,30,33,31}};
```

當然您也可以把上面的設定寫成一行：

```
int[][] sales={{32,35,26,30},{34,30,33,31}};
```

不過習慣上，我們會把陣列 sales 陣列的初值寫成兩行，並讓每一個一維陣列對齊，讓它看起來像是數學上二維的矩陣。

值的一提的是，我們可以把一個 m 列 n 行的陣列（即 m × n 陣列）想像成是由 m 個一維陣列所組成，其中每個一維陣列都有 n 個元素。以 sales 陣列來說，因 sales 是 2 × 4 的陣列，所以它是由 2 個一維陣列 {32,35,26,30} 與 {34,30,33,31} 所組成，您可以注意到每一個一維陣列恰有 4 個元素。利用這個觀念，二維陣列初值的設定可以利用下圖來說明：

2×4 的陣列是由 2 個具有 4 個
元素的一維陣列所組成

```
int[][] sales={{32,35,26,30},{34,30,33,31}};
```

2×4 的陣列　　　一維陣列，　　　一維陣列，
　　　　　　　　有 4 個元素　　　有 4 個元素

另外，如果想取得二維陣列的列數和每一列元素的個數，可以利用下面的語法：

| 取得二維陣列的列數與特定元素個數之語法 |
| --- |
| 陣列名稱.length　　　　　　　　// 取得陣列的列數 |
| 陣列名稱[列索引].length　　　　// 取得特定列元素的個數 |

也就是說，如果要取得二維陣列的列數，只要在陣列名稱後面加上「.length」即可；
若要取得陣列中特定列之元素的個數，則須在陣列名稱後面加上該列的索引，再加
上「.length」，如下面的程式片段：

```
sales.length      // 取得陣列 sales 的列數，其值為 2
sales[0].length   // 取得陣列 sales 第 0 列元素的個數，其值為 4（也就是行數）
sales[1].length   // 取得陣列 sales 第 1 列元素的個數，其值為 4（也就是行數）
```

注意因為 sales 為 2×4 的陣列，因此每一列的元素都是 4 個。事實上 Java 允許二維
陣列中，每列的元素個數不一樣，因此我們可以利用上面的語法來提取特定列元素
的個數。

## 6.2.2 二維陣列元素的走訪

利用二維陣列行和列的索引，我們就可以走訪陣列裡的每一個元素。下面我們以前
一節介紹的二維陣列 sales 為例來說明如何對二維陣列進行存取。這個範例可列印出
業務員的銷售業績，並計算出全年的總銷售量：

```
01   // Ch6_4, 二維陣列的存取範例
02   public class Ch6_4{
03     public static void main(String[] args){
04       int sum=0;
05       int[][] sales={{32,35,26,30},{34,30,33,31}}; // 宣告陣列並設定初值
06
07       for(int r=0;r<sales.length;r++){
08         for(int c=0;c<sales[r].length;c++){
09           System.out.print(sales[r][c]+" ");    // 印出銷售量
10             sum+=sales[r][c];          // 加總銷售量
11         }
12         System.out.println();       // 換行
13       }
14       System.out.printf("總銷售量為 %d 部車",sum);
15     }
16   }
```
• 執行結果：
```
32  35  26  30
34  30  33  31
總銷售量為 251 部車
```

於本例中，第 5 行宣告整數陣列 sales，並設定陣列的初值。第 7~13 行為外層迴圈，它用來走訪每一列（注意 sales.length 可以取出 sales 的列數）。第 8~11 行為內層迴圈，用來走訪每一列的元素，其中第 8 行的 sales[r].length 可以取出第 r 列之元素的個數，第 9 行可印出走訪到的元素值，第 10 行則是將元素值加總。最後，於第 14 行印出 sum 的值，即為總銷售量。

還記得陣列的走訪可以用 for-each 敘述嗎？二維陣列一樣可以用 for-each 來走訪。下面是把本範例的 7~13 行改以 for-each 來撰寫：

```
07           for(int[] row:sales){ // 輸出銷量並計算總銷售量
08             for(int n:row){
09               System.out.printf("%3d",n);
10               sum+=n;
11             }
12             System.out.println();     // 列印換行
13           }
```

注意在上面改寫的程式中，外層迴圈要走訪的是每一個橫列，我們以陣列變數 row 來代表走訪到的橫列。由於 row 是一個一維陣列，所以我們在第 7 行利用 int[] 來宣告它。內層迴圈走訪的是 row 裡的每一個元素，所以第 8 行我們以變數 n 來代表在一維陣列 row 裡走訪到的元素。提取到元素 n 之後，第 9 行即可將 n 列印出來，第 10 行並利用它來進行累加，最終即可得到加總之後的結果。

❖

## 6.2.3 每列元素個數不同的二維陣列

當陣列裡每一列元素個數都相同時，這種類型的陣列稱為「矩形陣列」（Rectangular Array），如前一節介紹的 sales 陣列有 2 列，每列裡又各有 4 個元素，即矩形陣列。

Java 容許二維陣列中，每列的元素其個數均不相同，這點與一般的程式語言頗有差異，此類型的陣列稱為「非矩形陣列」（Non-Rectangular Array）。例如，下面的敘述宣告整數陣列 arr 並設定初值，而初值的設定指明 arr 具有三列元素，其中，第 0 列有 4 個元素，第 1 列有 3 個元素，第 2 列則有 5 個元素：

```
int[][] arr={{31,12,14,11},      // 每列元素個數均不同的二維陣列
             {33,34,30},
             {12,81,32,14,17}};
```

如果想先宣告每列元素不相等之二維陣列，但不設定初值，其作法很簡單，只要先宣告一個二維陣列，並指定列數，再各別設定每一列的大小即可，如下面的寫法：

```
int[][] arr=new int[3][];    // 宣告二維陣列，並指定它有 3 列
arr[0]=new int[4];           // 指定第 0 列有 4 個元素
arr[1]=new int[3];           // 指定第 1 列有 3 個元素
arr[2]=new int[5];           // 指定第 2 列有 5 個元素
```

宣告好後，我們即可對陣列各別的元素進行設定，例如：

```
arr[0][1]=12;        // 設定第 0 列，第 1 個元素值為 12
arr[1][0]=33;        // 設定第 1 列，第 0 個元素值為 33
arr[2][4]=17;        // 設定第 2 列，第 4 個元素值為 17
```

## 6.3 多維陣列

經過前面一、二維陣列的練習後不難發現，想要宣告一個三維陣列，只要在宣告的時候將中括號與索引再加一組即可。所以如果要宣告一個第一維度為 2，第二維度為 4，第三維度為 3 的整數陣列 arr（即 2×4×3 陣列），可以利用下面的語法來宣告：

```
int[][][] arr;            // 宣告三維陣列 arr
arr=new int[2][4][3];     // 2×4×3 整數陣列 arr
```

或是把它們寫成一行：

```
int[][][] arr=new int[2][4][3];   // 宣告三維陣列 arr，並配置記憶體空間
```

我們可以把三維陣列想像成是由數個二維陣列所組成，因此 2×4×3 的三維陣列可以解釋成此陣列是由 2 個 4×3 的二維陣列所組成。也就是說，如果把 4×3 的二維陣列想像成是由 4 個橫列與 3 個直行的積木所疊成，則 2×4×3 的三維陣列就是兩組 4 個橫列，以及 3 個直行的積木併在一起所組成的一個立方體，每一個積木即代表三維陣列裡的一個元素。我們把這個概念畫成下圖，從圖中可以更瞭解三維陣列是如何拆解的：

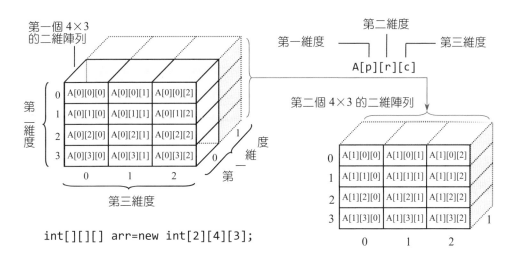

```
int[][][] arr=new int[2][4][3];
```

使用多維陣列時，存取陣列元素的方式和一、二維相同，但是每多一維，巢狀迴圈的層數就必須多一層，所以維數愈高的陣列其複雜度也就愈高。下面的程式碼以 $2\times4\times3$ 的三維陣列為例，說明如何在三維陣列裡，找出所有元素的最大值：

```
01   // Ch6_5, 在三維陣列裡找出最大值
02   public class Ch6_5{
03     public static void main(String args[]){
04       int arr[][][]={{{21,32,65},
05                       {78,94,76},
06                       {79,44,65},
07                       {89,54,73}},
08                      {{32,56,89},
09                       {43,23,32},
10                       {32,56,78},
11                       {94,78,45}}};
12       int p,r,c,max=arr[0][0][0];// 設定 max 為陣列 arr 的第一個元素
13       for(p=0;p<arr.length;p++)              // 外層迴圈
14         for(r=0;r<arr[p].length;r++)         // 中層迴圈
15           for(c=0;c<arr[p][r].length;c++)    // 內層迴圈
16             if(max<arr[p][r][c])
17               max=arr[p][r][c];
18       System.out.println("max="+max);        // 印出陣列的最大值
19     }
20   }
```

設定 $2\times4\times3$ 陣列的初值

利用三個 for 迴圈找出陣列的最大值

• 執行結果：
```
max=94
```

於本例中，4~11 行宣告一個 $2\times4\times3$ 的三維陣列，並設定初值。三維陣列初值的設定看似複雜，但如果把 $2\times4\times3$ 的三維陣列看成是 2 個 $4\times3$ 的二維陣列所組成，就會變得簡單些。下圖是繪出本範例中三維陣列 arr 的示意圖：

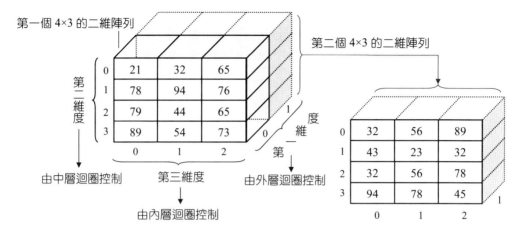

第一個 4×3 的二維陣列　　　　第二個 4×3 的二維陣列

第二維度　　由中層迴圈控制　　第三維度　　由內層迴圈控制　　第一維度　　由外層迴圈控制

由於 2×4×3 的三維陣列可看成是 2 個 4×3 的二維陣列，所以三維陣列 arr 所得到的第一個 4×3 的二維陣列為

```
{{21,32,65},
 {78,94,76},
 {79,44,65},
 {89,54,73}}
```

第二個 4×3 的二維陣列為

```
{{32,56,89},
 {43,23,32},
 {32,56,78},
 {94,78,45}}
```

而 2×4×3 的三維陣列 arr 可看成是這兩個陣列的組合，也就是說，2×4×3 的三維陣列可以寫成

2×4×3 的三維陣列 = { 4×3 的二維陣列，4×3 的二維陣列 }；

因此陣列 arr 初值的設定便可用下圖來表示：

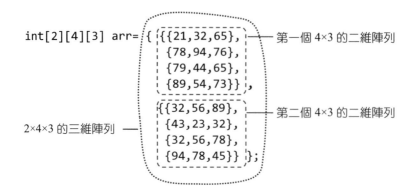

在找尋陣列 arr 的最大值時，由於陣列 arr 是三維陣列，所以巢狀迴圈有三層，而索引也有三個，最外層的迴圈控制第一個維度，中層迴圈控制第二個維度，最內層的迴圈控制第三個維度。利用這三個迴圈，便能把三維陣列 arr 裡的每一個元素都走訪一次，然後藉由第 16~17 行的敘述找出陣列裡的最大值。

❖

從 Ch6_5 我們可以學習到三維陣列 p×r×c 可以看成是由 p 個 r×c 的二維陣列所組成。相同的，四維陣列 k×p×r×c 可以看成是由 k 個 p×r×c 的三維陣列組成。更高維的陣列可以以此類推。

## 6.4 陣列變數的設值與比較

陣列是屬於非原始資料型別，它是以一個存放位址的陣列變數指向陣列的實體。如果我們以等號運算子「==」來比較兩個陣列 a 和 b 時，「==」比較的是 a 和 b 是否指向同一個陣列，而不是比較其內容是否完全相同。事實上，陣列名稱就是一個變數，它存放的內容是陣列的實體位址。我們利用下圖來做一個說明：

```
01   int[] a={2,7,6,3,8};
02   int[] b={2,7,6,3,8};
03   int[] c=a;
```

陣列變數存放的是陣列
實體的位址

陣列 a 實體位址

陣列 b 實體位址

在上面的範例中，第 1 和 2 行分別宣告陣列 a 和 b 並設定初值。假設配置給 a 和 b 的陣列實體位址分別為 0x67ac 和 0x68cf，陣列名稱 a 和 b 存放的就是它們所指向的陣列實體位址。藉由這些位址，我們就可以存取到陣列裡的內容。第 3 行宣告了一個陣列變數 c，並設值為 a，這個動作就相當於把 c 和 a 指向同一個陣列實體，此時更改陣列 c 的內容同時也會更改到陣列 a 的內容。我們用下面的範例來做說明：

```
01   // Ch6_6, 陣列變數的使用
02   public class Ch6_6{
03       public static void main(String[] args){
04           int[] a={2,7,6,3,8,4};      // 宣告陣列 a
05           int[] b={2,7,6,3,8,4};      // 宣告陣列 b
06           int[] c=a;                  // 設定陣列變數 c 的位址指向 a
07
08           c[0]=10;    // 將 c[0]修改為 10
09           System.out.printf("a[0]=%d\n",a[0]);
10           System.out.printf("a==b: %b\n",a==b); // 判斷 a 與 b 是否相同
11           System.out.printf("a==c: %b\n",a==c); // 判斷 a 與 c 是否相同
12       }
13   }
```
• 執行結果：
```
a[0]=10
a==b: false
a==c: true
```

於本例中，我們在第 6 行宣告一個陣列變數 c，並將它設值為 a，因此 c 和 a 指向同一個陣列實體。第 8 行將陣列元素 c[0] 修改為 10，由於 a 和 c 是指向同一個陣列實

體，因此修改了 c[0] 也就相當於修改了 a[0]，所以第 9 行印出 a[0] 的值時，我們可以發現 a[0] 也被修改為 10。第 10 行判別 a 是否等於 b。由於 a 存放的位址與 b 存放的位址不同，所以回應 false（即使它們指向的陣列內容完全相同）。最後第 11 行由於 a 和 c 存放的位址相同，因此回應 true。 ❖

從 Ch6_6 中可知，非原始資料型別的變數存放的是該儲存該資料的實體位址。因此若有不同的變數指向相同的實體位址，則其中一個變數只是另一個變數的別名，修改了其中一個變數所指向的內容同時也會修改另一個變數所指向的內容。這個觀念在函數引數的傳遞時非常重要，在下一章介紹函數時我們會再度用到這個觀念。

# 第六章 習題

## 6.1 一維陣列

1. 下列矩陣初值的設定方式是正確的嗎？如果不是，試指出其錯誤的地方：

   (a) `int arr={6,7,8,9,1,2};`

   (b) `int[5] arr={5,6,2,7,8,·9};`

   (c) `int[] arr={4.2,8.1,3.3};`

   (d) `double[] arr={8,6,5,1,4.6};`

2. 設 a 與 b 兩個陣列為：

   ```
   int[] a={18,-51, 23,35};
   int[] b={28, 32,-35,40};
   ```

   試宣告一個可儲存 4 個整數的陣列 c，並設置元素 $c_i$ 的值為 $a_i$ 和 $b_i$ 兩者之間較大的元素（提示：陣列 c 的元素值應依序為 28、32、23、40）。

3. 設陣列 arr 的內容為 `{53,27,69,12,3,96}`，試完成下列各題：

   (a) 印出陣列 arr 所有元素的值。

   (b) 計算陣列 arr 中的奇數與偶數各有多少個。

   (c) 尋找陣列 arr 中，元素值為奇數且為該陣列中奇數的最大值，最大值預設為 1。

   (d) 尋找陣列 arr 中，元素值為偶數且為該陣列中偶數的最大值，最大值預設為 0。

4. 設陣列 arr 宣告為 `int arr[]={3, 5, 0, 3, 2, 4, 1, 6, 8, 5, 4, 3, 2};`

   (a) 試撰寫一程式，印出陣列 arr 元素的個數。

   (b) 接續 (a)，試計算陣列 arr 中，介於 3~6 之間（包含 3 和 6）的元素共有幾個。

5. 設整數陣列 arr 的內容為 `{32,16,34,71}`，試計算 arr 的平均值（列印到小數點以下兩位）。

6. 設整數陣列 arr 的內容為 `{78,43,92,11,7}`，試撰寫一程式，找出陣列 arr 最大值與最小值的索引。您得到最大值的索引應為 2，最小值的索引應為 4。

7. 設整數陣列 arr 的內容為 `{12,15,8,43}`，試將陣列 arr 裡的元素反向排列。反向排列後的 arr 應為 `{43,8,15,12}`。

8. 設陣列 arr 的內容為 `{12,43,56,77}`，陣列 ind 的內容為 `{2,0,1,3}`。試將 arr 中的元素依 ind 記載的索引來排序。例如 ind 中的第 0 個元素為 2，arr 的第二個元素為 56，因此排序後的 arr 第 0 個元素為 56。本題排序後的 arr 應為 `{56,12,43,77}`。

9. 試找出從 2 開始的前 10 個質數，並將它寫入陣列 primes 裡。primes[0] 的值應為 2，primes[1] 的值為 3，以此類推。

10. 試設計一程式，將字元陣列 chr 中的所有小寫字母轉換成大寫字母。字元陣列 chr 的宣告與配置如下：

    ```
    char chr[]={'H','e','l','l','o'};
    ```

## 6.2 二維陣列

11. 下表為某地星期一至星期四的時段一、時段二與時段三的氣溫：

| | 星期一 | 星期二 | 星期三 | 星期四 |
|---|---|---|---|---|
| 時段一 | 18.2 | 17.3 | 15.0 | 13.4 |
| 時段二 | 23.8 | 25.1 | 20.6 | 17.8 |
| 時段三 | 20.6 | 21.5 | 18.4 | 15.7 |

請將上表的內容設定給陣列 temp 存放，並依序完成下列各題：

   (a) 印出陣列 temp 的內容。

   (b) 每日的平均溫度。

   (c) 時段一、時段二與時段三的平均氣溫。

(d) 溫度最高的日子與時段。

(e) 溫度最低的日子與時段。

12. 假設某一公司有五種產品 A、B、C、D 與 E，其單價分別為 12、16、10、14 與 15 元；而該公司共有三位銷售員，他們在某個月份的銷售量如下所示：

| 銷售員 | 產品 A | 產品 B | 產品 C | 產品 D | 產品 E |
|--------|--------|--------|--------|--------|--------|
| 1 | 33 | 32 | 56 | 45 | 33 |
| 2 | 77 | 33 | 68 | 45 | 23 |
| 3 | 43 | 55 | 43 | 67 | 65 |

試寫一程式印出上表的內容，並計算：

(a) 每一個銷售員的銷售總金額（各項產品的數量*產品單價之總和）。

(b) 每一項產品的銷售總金額（產品的數量*產品單價之總和）。

(c) 有最好業績（銷售總金額為最多者）的銷售員。

(d) 銷售總金額為最多的產品。

13. 設二維陣列 arr 的內容為 {{18,21,30},{40,34,61},{41,15,18}}。試撰寫一程式，找出 arr 中最小值的列索引和行索引。

14. 設二維陣列 arr 的內容為 {{1,2,3},{4,5,6}}。試撰寫一程式，將 arr 中的每一個元素平方後，印出陣列內容。

15. 設二維非矩形陣列 arr 的內容為 {{4,2},{3,4,6},{7,4,8,5}}。試以 for-each 迴圈列印陣列 arr 的內容，並找出其最大值。

16. 試建立一個 6×6 的二維陣列，其第 r 列第 c 行的值為 6×r＋c。設定完成後，將陣列印出，應該可以得到如下的結果：

陣列 arr 的內容：
```
    0    1    2    3    4    5
    6    7    8    9   10   11
   12   13   14   15   16   17
   18   19   20   21   22   23
   24   25   26   27   28   29
   30   31   32   33   34   35;
```

## 6.3 多維陣列

17. 試利用 for 迴圈在三維陣列 arr 裡找出所有元素的最小值。陣列的宣告與配置如下：

```
int[][][] arr={{{15,85,36},{30,14,37},
                {47,23,96},{19,39,51}},
               {{22,16,51},{97,30,12},
                {68,77,26},{57,32,76}}};
```

18. 利用 for-each 迴圈來完成上題。

19. 試撰寫一程式，將陣列 arr 中所有的偶數設為 0，然後列印出此陣列。陣列 arr 的宣告與配置如下：

```
int[][][] arr={{{82,13,21},{49,12,6}},{{4,18,30},{50,24,62}},
               {{7,9,14},{20,43,19}},{{20,68,33},{15,17,38}}};
```

20. 設陣列 arr 的宣告與配置如下，試撰寫一程式完成下列各小題：

```
int[][][] arr={{{15,50,65},{38,94,25},
                {79,44,19},{89,54,73}},
               {{14,90,46},{43,23,67},
                {32,56,78},{94,78,40}}};
```

　　(a)　印出陣列內容。

　　(b)　在陣列 arr 裡找出所有大於等於 50 的元素，將該元素重新設值為 99。

　　(c)　印出完成 (b) 之後的陣列內容。

## 6.4 陣列變數的設值與比較

21. 設 a 與 b 兩個陣列的宣告與配置如下。試撰寫一程式，將陣列 a 和 b 的內容對調，並將對調後，陣列 a 和 b 的內容列印出來：

```
int[] a={1,2,3,4};
int[] b={9,8,7,6};
```

22. 設陣列 a 的內容為 {14,36,31,61,65}。試將 a 的內容拷貝一份給陣列 b 存放，然後將 a[0] 的值設為 100，再印出陣列 a 和 b 的內容。注意陣列 a 和 b 應位於不同的記憶空間，因此修改其中一個陣列的內容不會影響到另一個陣列。

❖

第六章　習題

# 07

Chapter

# 函數

函數可以簡化程式的結構，也可以節省撰寫相同程式碼的時間，達到程式模組化的目的。Java 的函數不僅具備 C/C++ 裡函數的基本功能，同時也可「多載」（Overload）函數，使得函數可以具有相同的名稱，但是可以處理不同的事情。本章將介紹函數的基本功能，在稍後的章節中，隨處都可以看到函數的影子喔！

🍀 本章學習目標

- 🔲 認識 Java 的函數
- 🔲 學習函數引數傳遞的方式
- 🔲 學習遞迴函數的撰寫
- 🔲 認識函數的多載

# 7.1 函數的基本概念

我們可以將經常使用的程式片段獨立出來打包成一個函數，以方便日後使用。例如 "格式化列印某個變數" 這功能實在是太常用了，因此Java把它打包成printf() 函數，當我們需要時就可以直接呼叫它。Java把函數稱為 method，一般會將它譯為「方法」或「函數」。本書採用一般程式語言通用的稱呼，把 method 稱為函數。

其實您對函數應該不陌生，在每一個類別裡出現的 main() 即是函數。使用函數來撰寫程式碼有許多的好處，它可以將特定功能的程式碼獨立出來，使得程式設計師得以專注在程式的開發，減少程式維護的成本。如果要定義自己的函數，可用下面的語法：

定義函數的語法

| 語法 | 說明 |
|---|---|
| public static 傳回值型別 函數名稱(型別 引數,…){ | 定義函數 |

```
public static 傳回值型別 函數名稱(型別 引數,…){
    程式敘述 ;          ⎫
                       ⎬ 函數的主體
    return 傳回值;      ⎭
}
```

在函數定義的語法中，如果不需要傳遞引數（Argument）到函數，則只要將左右括號寫出，不必填入任何內容。另外，如果函數沒有傳回值，則 return 敘述可以省略。注意引數和參數（Parameter）一詞常會混用，本書統一以引數來稱呼。

在一個專案或是 Java 程式裡，函數要放在 class 裡，無法單獨存在於 class 之外。我們已使用多次的 main()，就是存在於 public class 之內，我們自訂的函數也同樣要放在 class 內。

```
    public class Ch7_1{     // 定義 public 類別 Ch7_1
        public static void main(String[] args){
          // main()本體
        }
        public static void star(){
          // star()本體
        }
    }
```

函數存在於 class 之內

整個 public class Ch7_1 的範圍

在本章裡，函數之前的關鍵字 public static 是固定的用法，可以將該函數視為全域函數（global function），用來定義類別中的函數可被其他程式碼存取。public 是用來指定它可以在其他的類別中被呼叫，static 的目的則是讓函數可以在不建立物件的情況下被呼叫。由於這些觀念都牽涉到類別的知識，在下個章節中我們會陸續提及，此時您只需知道要這麼使用它即可。

## 7.1.1 簡單的範例

Ch7_1 是一個簡單範例，它可於螢幕上印出 18 個星號 *，換行之後印出 "Wonderful tonight"字串，然後再印出 20 個星號。因為 "列印 18 個星號" 的程式碼會出現兩次，因此我們把它獨立出來，以函數來撰寫這個動作。

```
01  // Ch7_1, 簡單的範例
02  public class Ch7_1{
03    public static void main(String[] args){
04      star();   // 呼叫 star() 函數
05      System.out.println("Wonderful tonight");
06      star();   // 呼叫 star() 函數
07    }
08
09    public static void star(){     // star() 函數
10      for(int i=0;i<18;i++)
11        System.out.print("*");  // 印出 18 個星號
12      System.out.print("\n");     // 換行
13    }
14  }
```

main() 函數

star() 函數

• 執行結果：

```
* * * * * * * * * * * * * * * * * *
Wonderful tonight
* * * * * * * * * * * * * * * * * *
```

Ch7_1 中定義兩個函數，分別為 main() 與 star()。第 4 行呼叫 star() 函數，此時程式執行的流程會進到 9~13 行的 star() 裡執行。執行完畢後返回 main() 函數，再繼續執行第 5 行，印出 Wonderful tonight 字串。

接著第 6 行又呼叫 star()，於是程式再度進入到第 9~13 行的 star() 裡執行。執行完後，返回 main() 裡的第 7 行，由於已到程式末端，因此結束程式 Ch7_1。從本例可以很清楚的看出當函數被呼叫時，程式會跳到函數裡執行，結束後會返回原呼叫處的後面繼續執行。star() 函數被呼叫與執行的流程如下所示：

```
// Ch7_1, 簡單的範例
public class Ch7_1{
  public static void main(String[] args){
    star();   // 呼叫 star() 函數          ①
    System.out.println("Wonderful tonight");  ③
    star();   // 呼叫 star() 函數          ②
  }                                         ④
                                          public static void star(){
                main() 函數                  for(int i=0;i<18;i++)
                                              System.out.print("*");
                                            System.out.print("\n");
                                          }
                                                  star() 函數
```

注意於本例中，star() 函數並沒有任何傳回值，所以 star() 前面加上一個 void 關鍵字。此外，由於 star() 沒有傳遞任何的引數，因此在 star() 函數定義的部分，可以直接在括號內保留空白，不需填入任何的文字：

```
public static void star(){
  ...              │           └─ 括號內不需填入任何文字
}             沒有傳回值
```

至於在 star() 函數之前要加上 static 關鍵字，因為 main() 本身也宣告成 static，在 static 函數內只能呼叫 static 函數，所以要把 star() 宣告成 static。此時如果您還不瞭解 static 真正的用意也沒有關係，我們將在第 9 章裡對 static 關鍵字做詳細的介紹。

## 7.1.2 函數的引數與傳回值

如果函數有傳回值,在定義函數時就必須指定傳回的資料型別。相同的,如果有引數要傳遞到函數內,函數的括號內必須填上所有的引數及其型別。Ch7_2 是函數使用的另一個範例,它可以接收一個整數引數 end,然後計算 1 + 2 + … + end 的平均:

```
01  // Ch7_2, 計算 1+2+..+end 的平均
02  public class Ch7_2{
03      public static void main(String[] args){
04          double avg=average(4);                // 呼叫 average()函數
05          System.out.printf("avg=%6.2f",avg);
06      }
07
08      public static double average(int end){  // 定義 average()函數
09          int sum=0;
10          double avg;
11          for(int i=1;i<=end;i++)
12              sum+=i;
13          avg=(double)sum/end;
14          return avg;                 // 傳回平均,其型別為 double
15      }
16  }
```
• 執行結果:
```
avg=  2.50
```

於 Ch7_2 中,我們定義了一個 average() 函數,用來計算 1 + 2 + … + end 的平均值。average() 可以接收一個整數 end,所以 average() 的括號內要註明引數名稱為 end,資料型別為 int。另外,因為 average() 要傳回一個 double 型別的平均數,所以第 8 行要在 average() 之前加上 double 關鍵字:

```
                傳回值的型別為 double
                      |
public static double average(int end){
    …
                              └── 傳入的引數為整數,引數名稱為 end
    return avg;
}            |
       avg 的型別為 double
```

另外，在 main() 與 average() 函數裡均宣告有相同名稱的變數 avg。我們無須擔心它們會彼此衝突，因為它們各自在不同的函數，其有效範圍僅止於它們所在的函數之內。

有趣的是在 main() 內，您可以發現 VSCode 在 average() 的括號裡面自動幫我們標上 "end:" 這個提示，告訴我們此處的引數名稱是 "end"：

```
                              ┌─── VSCode 提示我們此處的引數名稱為 end
public static void main(String[] args){
    double avg=average(end: 4);    // 呼叫average() 函數
    System.out.printf(format: "avg=%6.2f",avg);
}                          │
                提示此處的引數名稱為 format
```

相同的，printf() 函數裡面也會提示我們第 1 個引數的名稱是 format，也就是格式字串的意思。這種設計方便我們在撰寫程式時，可以知道此處是要填上什麼引數。如果引數的個數較多，彼此之間有先後次序，那麼這種引數名稱提示就顯得非常好用。average() 的引數裡會標上 "end:" 提示，是因為第 8 行在定義 average() 時給的引數名稱是 end。因此賦予引數一個好記的名稱是很重要的，例如 end 比 n 更容易讓人聯想到它是加總的結束。

如果您不喜歡這種內嵌提示的功能，可以參考第一章的介紹將它關閉。如果您有將內嵌提示功能關閉，又想將它開啟，也請參考第一章將這個功能再次打開。

如果要傳遞一個以上的引數，只要在函數的括號內填上所有傳入的引數名稱與型別即可。範例 Ch7_3 是用來計算長方形對角線長度，其中 area() 函數可以用來接收長方形的寬與高，計算後並傳回長方形的面積。

```
01  // Ch7_3, 計算長方形的面積
02  public class Ch7_3{
03      public static void main(String[] args){
04          int rec_area;
05          rec_area=area(8,4);  // 傳入 8 與 4 兩個引數到 area()裡
```

```
06            System.out.println("area= "+rec_area);
07        }
08
09        public static int area(int width, int height){
10            return width*height;   // 傳回長方形面積
11        }
12    }
```
• 執行結果：
```
area= 32
```

Ch7_3 的第 5 行呼叫 area(8,4)，把整數 8 和 4 傳入 area() 函數中，它們分別被 width 和 height 兩個變數接受。第 10 行計算長方形面積後傳回給呼叫它的函數，傳入 area() 的值是 int 型別，其傳回值也是 int 型別。傳回值於第 5 行賦值給 rec_area，並於第 6 行印出 rec_area 的值。                                                                    ❖

## 7.1.3　傳遞給函數的引數

到目前為止，我們還沒有介紹引數傳遞的機制。雖然這並不影響您對函數的學習，但是瞭解它可以避免掉不少錯誤的發生。在 Java 裡，所有基本資料型別的變數，其傳遞到函數的方式均是以「傳值」（Pass by value）的方式來進行。

我們以一個簡單的範例來做說明。在下面的範例中，我們定義了一個 add10() 函數，可將傳入的引數加 10。我們刻意在 main() 和 add10() 函數裡都宣告相同名稱的 num 變數，並藉由在 add10() 裡更改 num 的值來探討「傳值」的機制：

```
01   // Ch7_4, 函數傳值的範例
02   public class Ch7_4{
03       public static void main(String[] args){
04           int num=8;
05           add10(num);         // 呼叫 add10(),並傳遞 num
06           System.out.printf("in main(), num = %d\n",num);
07       }
08
09       public static void add10(int num){
```

```
10          num=num+10;           // 將 num 的值加 10 之後，設回給 num
11          System.out.printf("in add10(), num= %d\n",num);
12      }
13  }
```

• 執行結果：

```
in add10(), num = 18
in main(), num = 8
```

於本例中，第 4 行設定 num 的初值為 8，第 5 行以 num 為引數傳遞給 add10()，然後
執行的流程進到第 9 行的 add10() 函數裡面。我們注意到第 9 行 add10() 的引數為
int num，我們可以把它理解為進到 add10() 之後，add10() 會宣告一個新的變數 num，
用來接收從第 5 行傳過來的值（接收的值為 8）。注意雖然 add10() 和 main() 裡都
有 num 這個變數，不過它們是位於不同的函數內，是兩個存放於不同記憶體空間的
變數，只是恰好它們的名稱相同。

進到 add10() 函數後，num 的值為 8，因此第 10 行執行完後，num 的值變成 18。在
第 11 行印出 num 的值之後，執行的程序回到第 6 行，印出 main() 裡 num 的值。讀
者從輸出中可以看出，main() 裡 num 的值還是原來的 8，並沒有被修改成 18，這是
因為 main() 和 add10() 內的 num 是兩個不同的變數所致。

在 main() 函數裡將變數 num 傳給 add10()，並由第 9 行 add10() 裡的變數 num 接收
的過程，我們可以用下圖來表示：

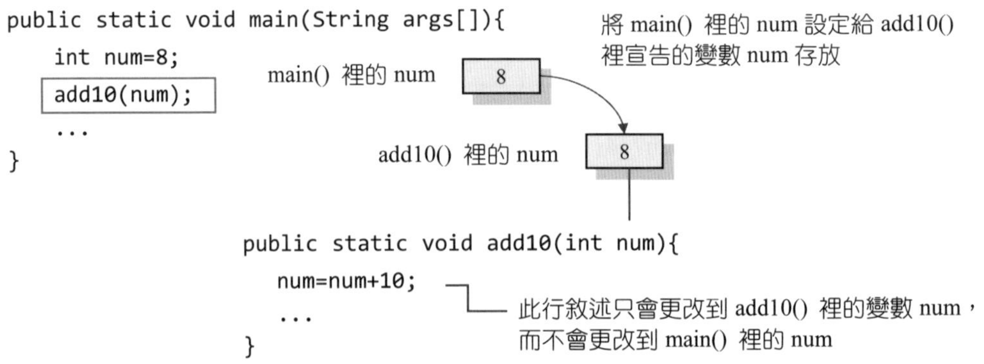

```
public static void main(String args[]){          將 main() 裡的 num 設定給 add10()
    int num=8;                                    裡宣告的變數 num 存放
    add10(num);           main() 裡的 num    [ 8 ]
    ...
}                           add10() 裡的 num     [ 8 ]


              public static void add10(int num){
                  num=num+10;                     此行敘述只會更改到 add10() 裡的變數 num，
                  ...                             而不會更改到 main() 裡的 num
              }
```

上圖表達了函數的「傳值」機制。「傳值」機制只限於傳遞基本資料型別。如果是傳遞陣列，或者是傳遞由類別所建立的物件時，則是以「傳遞陣列參考值」（pass by reference value）的方式進行。關於這個部份，下一節會有詳細的介紹。

## 7.2 陣列的傳遞

函數不只可以用來傳遞一般的變數，也可用來傳遞陣列。有別於基本資料型別，函數在接收或傳回一個陣列時，傳送的都是陣列的位址，而不是陣列實體。因此在定義陣列的語法中，必須指明要傳遞的型別與陣列的維度。我們以函數 fun() 為例來說明在接收或傳回陣列時，函數要如何定義：

```
public static void fun(int[] a){敘述}        // 可接收一維的 int 陣列
public static void fun(double[][] a){敘述}   // 可接收二維的 double 陣列
public static int[] fun(int[] a){敘述};      // 接收與傳回的都是一維 int 陣列
public static double[][] fun(){敘述}         // 可傳回二維的 double 陣列
public static void fun(int[][][] a){敘述}    // 可接收三維的 int 陣列
```

在呼叫並傳入陣列到函數時，我們只要在函數引數的位置填上要傳入的陣列名稱即可。相同的，我們也是用一個陣列變數來接收從函數傳出來的陣列。接下來的幾個小節我們將以一些簡單的範例來說明如何傳遞陣列到函數，以及陣列的傳遞機制等。

### 7.2.1 傳遞一維陣列

要傳遞一維陣列到函數裡，只要在定義函數時，指明傳入的引數是一個內含特定型別的陣列即可。Ch7_5 是傳遞一維陣列到 largest() 函數的範例，當 largest() 接收到此陣列時，會先利用迴圈找出陣列的最大值，然後把它列印出來。

```
01  // Ch7_5, 簡單的範例
02  public class Ch7_5{
03    public static void main(String[] args){
04      int[] score={9,14,6,18,2,10};  // 宣告一維陣列 score
05      largest(score);     // 將一維陣列 score 傳入 largest() 函數
06    }
```

```
07
08      public static void largest(int[] arr){   // 利用 arr 接收傳進來的陣列
09         int max=arr[0];
10         for(int i=0;i<arr.length;i++)      // 找尋最大值
11           if(max<arr[i])
12              max=arr[i];
13         System.out.println("largest num = "+max);
14      }
15  }
```
• 執行結果：
```
largest num = 18
```

Ch7_5 的第 8~14 行定義 largest() 函數，並設定其接收的引數為 int[] arr，代表它可接收一個一維的陣列。第 9~13 行找出陣列的最大值，並將它列印出來。在 main() 函數中，第 4 行宣告並配置了 score 陣列，然後於第 5 行將它傳入 largest() 函數中。注意傳遞陣列到函數時，只要在函數括號內填上陣列的名稱即可（如第 5 行）。我們可以觀察到陣列 score 的最大值是 18， largest() 函數也給我們相同的答案。

## 7.2.2 傳遞二維陣列

二維陣列的傳遞與一維陣列相當類似，只要在函數裡宣告傳入的引數是一個二維陣列及其型別即可。Ch7_6 是傳遞二維陣列的練習，我們把二維陣列 arr 傳遞到 print_mat() 函數裡，並在 print_mat() 裡把陣列的內容印出。

```
01  // Ch7_6, 傳遞二維陣列
02  public class Ch7_6{
03      public static void main(String[] args){
04         int[][] mat={{18,32,65,27,30},{17,56,12,66}};      // 定義二維
05  陣列
06         print_mat(mat);      // 將二維陣列 mat 傳到 print_mat()
07      }
08
09      public static void print_mat(int[][] arr){
10        for(int[] row:arr){      // 走訪陣列的內容
11           for(int e: row)
```

```
12              System.out.printf("%3d",e);        // 印出陣列值
13           System.out.print("\n");
14        }
15     }
16  }
```

• 執行結果：
```
18 32 65 27 30
17 56 12 66
```

Ch7_6 的第 4 行宣告並配置二維陣列 mat，並在第 5 行將 mat 傳到 print_mat() 裡。第 8 行的 print_mat() 函數利用二維陣列變數 arr 接收傳進來的二維陣列 mat，並採用 for-each 於外層迴圈讀取 arr 的每一列，讀取的列存放在變數 row 裡，再於內層迴圈讀取 row 裡的每一個元素，最後於第 11 行將每一個元素列印出來。從這個範例可以觀察到傳遞二維和一維陣列的語法是一樣的，差別只在第 8 行接收陣列的變數 arr 需要指明它是二維。                                          ❖

## 7.2.3 傳回陣列的函數

如果函數要傳回一個陣列，我們在宣告函數時就必須指明傳回陣列的型別和維數，如下面的範例：

```
public static int[] fun(){敘述}        // 可傳回一維 int 型別的陣列
public static double[][] fun(){敘述}   // 可傳回二維 double 型別的陣列
public static short[][][] fun(){敘述}  // 可傳回三維 short 型別的陣列
```

Ch7_7 是傳回 維陣列的範例。我們將一個一維陣列傳入 add10() 函數中，並在 add10() 內將陣列裡每一個元素加 10 後傳回，最後於 main() 裡印出加 10 後的陣列。

```
01  // Ch7_7, 傳回一維陣列的函數
02  public class Ch7_7{
03     public static void main(String[] args){
04        int[] a1={18,32,65,27,30}; // 宣告一維陣列 a1 並設定初值
05        int[] a2;                   // 宣告一維陣列 a2
06        a2=add10(a1);        // 呼叫 add10(),並把傳回的值設給陣列 a2
07        for(int e:a2)        // 印出陣列的內容
08              System.out.printf("%3d",e);
```

```
09              System.out.println();
10      }                 傳回一維的整數陣列
11                         |
12      public static  int[]  add10(int[] b1){
13          int[] b2=new int[b1.length];     // 宣告並配置一維陣列 b2
14          for(int i=0;i<b1.length;i++)
15              b2[i]=b1[i]+10;              // 將陣列 b2 的元素加 10
16          return b2;                       // 傳回陣列 b2
17      }
18  }
```

• 執行結果：
```
 28 42 75 37 40
```

Ch7_7 第 4 行宣告一個一維陣列 a1 並設定初值。第 5 行宣告陣列變數 a2，但不配置空間。第 6 行將陣列 a1 傳到函數 add10() 裡，並由第 12 行的陣列變數 b1 接收它。在 add10() 裡，於第 13 行宣告並配置和 b1 一樣大小的記憶體空間給陣列變數 b2。由於我們要把 b1 裡的每個元素都加 10，然後設定給 b2 存放，因此 14~15 行利用 for 迴圈來完成這個動作。離開 for 迴圈後，第 16 行傳回陣列 b2。因為我們傳回的是一維陣列，因此在 12 行函數的傳回型別中，我們要填上 int[]。

離開 add10() 函數後，傳回的陣列由第 6 行的 a2 接收，然後於 7~9 行的 for-each 迴圈內印出加 10 後的結果。從輸出中可以看出，陣列的每個元素值都被加 10 了。也許您已經注意到第 5 行我們只宣告變數 a2，並沒有用 new 配置記憶體空間給它。這麼做是因為 add10() 會傳遞 b2 陣列的位址，這個位址就由 a2 來接收，也就是讓 a2 指向 b2 陣列的實體就可以了。在程式執行時，陣列 a1、a2、b1 和 b2 之間的關係如下圖所示：

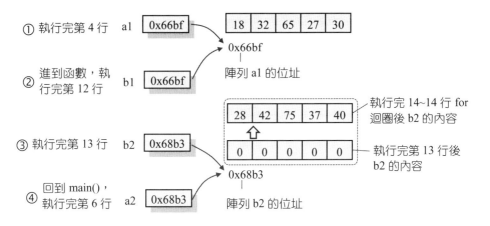

① 執行完第 4 行　　a1　0x66bf　　18　32　65　27　30

0x66bf
陣列 a1 的位址

② 進到函數，執行完第 12 行　　b1　0x66bf

執行完 14~14 行 for 迴圈後 b2 的內容
28　42　75　37　40

③ 執行完第 13 行　　b2　0x68b3

0　0　0　0　0　執行完第 13 行後 b2 的內容

0x68b3
陣列 b2 的位址

④ 回到 main()，執行完第 6 行　　a2　0x68b3

從上圖中我們可以觀察到，那麼 a1 和 b1 指向同一個陣列，而 a2 和 b2 也指向同一個陣列。在 add10() 中傳回的是 b2 的位址，於 main() 函數內由 a2 接收，因此 a2 指向的陣列和 b2 指向的陣列相同。

❖

## 7.2.4 陣列的傳遞機制

稍早我們曾提及，在傳遞基本資料型別的變數到函數時，Java 會用一個新的變數來接收它，這種方式是直接傳遞變數的值，因此是「傳值」機制。然而本節的範例可知，如果是傳遞陣列，則是以「傳遞參考值」（pass by reference value）的方式進行。

「傳參考值」和「傳值」的機制有所不同；變數以「傳值」的方式傳遞到函數時，在函數裡更改變數的內容並不會影響到原先的變數。然而若是以「傳參考值」的方式來傳遞陣列時，因為傳遞的和接收的位址都是指向同一個陣列，所以若是在函數裡更動陣列的內容，函數外面陣列的內容也會隨之更改。

在前一個範例 Ch7_7 中，我們在 add10() 函數內宣告並配置了一個陣列 b1，用來儲存將陣列 a1 的元素加 10 之後的結果，整個過程 a1 的內容並沒有被改變。下面的範例是直接將 a1 指向的陣列裡面的元素加 10，這樣無需傳回陣列，我們也可以得到陣列加 10 後的結果。您可以比較一下 Ch7_8 和 Ch7_7 寫法的不同：

```
01   // Ch7_8,直接修改陣列裡的元素
02   public class Ch7_8{
03      public static void main(String[] args){
04         int[] a1={18,32,65,27,30}; // 宣告一維陣列 a1
05         add10(a1);          // 呼叫 add10()
06         for(int e:a1)       // 印出陣列的內容
07               System.out.printf("%3d",e);
08      }
09
10      public static void add10(int[] b1){
11         for(int i=0;i<b1.length;i++)
12               b1[i]=b1[i]+10;          // 將陣列元素加 10
13      }
14   }
```
• 執行結果：
```
28  42  75  37  40
```

於本例中，第 5 行將陣列 a1 傳給 add10() 函數。由於陣列並不是基本的資料型別，因此傳遞的是陣列 a1 的實體位址，並在第 10 行由陣列變數 b1 來接收它，因此變數 a1 與 b1 均指向同一個陣列，當程式於 11~12 行的 for 迴圈內將 b1 所指向陣列的元素加 10 時，a1 所指向陣列的元素也隨之被加 10。由本例的輸出可以看到，呼叫完 add10() 函數後，陣列 a1 的每一個元素都會被加上 10 了。注意 add10() 函數並不需要把陣列 b1 傳回去，因此在 11 行 add10() 函數前面加上 void 關鍵字，第 6 行也不需要有陣列變數來接收 add10() 的傳回值。Ch7_8 裡 add10() 函數在呼叫與執行的過程可用下圖來表示：

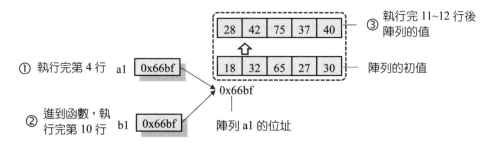

Java 會採用「傳參考值」的方式來傳遞陣列（或是其它非基本資料型別），主要的考量是效率的問題。因為函數在傳遞引數時，會將引數設定給接收它的變數存放。

試想如果有上千萬個元素的陣列採「傳值」的方式來傳遞，在運算時就必須逐一將它們設值，因而造成效率不彰。如果是改以「傳參考值」的方式，則需要設定的只有指向陣列的位址，因此可以大幅的降低運算的複雜度。

## 7.3 遞迴

所謂的遞迴（recursive）就是函數本身呼叫自己。例如階乘函數（factorial function，$n!$）便可以利用遞迴的方式來完成：

$$\text{fac}(n) = \begin{cases} 1 \times 2 \times \cdots \times n; & n \geq 1 \\ 1; & n = 0 \end{cases} \qquad （非遞迴的運算方式）$$

$$\text{fac}(n) = \begin{cases} n \times \text{fac}(n-1); & n \geq 1 \\ 1; & n = 0 \end{cases} \qquad （遞迴的運算方式）$$

使用遞迴函數可以讓程式碼變得簡潔，許多時候也可提升執行的效率。使用遞迴時必須注意到遞迴函數一定要有可以結束執行的終止條件（例如在階乘函數 $n = 0$ 時會傳回 1），使得函數得以返回上層呼叫的地方，否則會造成無窮遞迴，最後因系統預留的堆疊（stack）空間不足而當掉。瞭解遞迴的概念後，我們以階乘函數來說明如何撰寫遞迴函數。

```
01  // Ch7_9, 簡單的遞迴函數
02  public class Ch7_9{
03    public static void main(String[] args){
04      System.out.printf("1*2*...*4= %d\n",fac(4));
05    }
06
07    public static int fac(int n){        // fac() 函數
08      if(n>=1)                // 當 n>=0 時
09        return n*fac(n-1);
10      else                    // 當 n=0 時
11        return 1;
12    }
13  }
```

- 執行結果：
```
1*2*...*4=24
```

於本範例中，程式第 7~12 行定義了遞迴函數 fac()，其接收的引數為 int 型別的變數 n。當 n ≥ 1 時傳回 n × fac(n − 1)，否則傳回 1。本例於第 4 行呼叫 fac(4)，此時進到遞迴函數 fac() 裡。因為 4 ≥ 1，所以會計算 4 × fac(3)。在計算 fac(3) 時，因為 3 ≥ 1，所以會計算 3 × fac(2)，依此類推，直到計算 1 × fac(0) 為止。fac(0) = 1，因此 fac(1) = 1 × fac(0) = 1，fac(2) = 2 × fac(1) = 2，fac(3) = 3 × fac(2) = 6，最後可得 fac(4) = 4 × fac(3) = 24。本範例遞迴計算的過程如下圖所示：

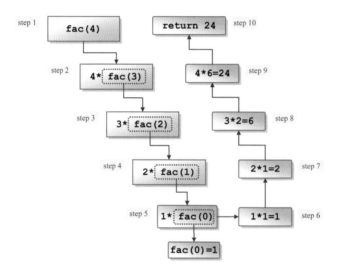

當呼叫一般的函數時，函數裡的區域變數（Local variable）會因為函數執行完畢而結束生命週期，但是在呼叫遞迴函數時，由於函數本身並未結束且又再次呼叫自己，所以各個未執行完畢的函數部分及區域變數會利用堆疊（Stack）來存放，等到返回時再由堆疊中取出未完成的部分繼續執行，此時被佔用的堆疊才會一一被釋放。當呼叫遞迴函數的層數很大時，就必須要有較大的堆疊空間，這個動作容易會有記憶體不足的情形，這也是使用遞迴函數要注意的地方。

# 7.4 函數的多載

多載（Overloading）對您而言也許是個新的名詞，但在日常生活中您可能早已習慣它！一支手機便兼具電話、上網、音樂播放器、照相、導航等功能，這恰好符合「多載」的概念。所謂的「多載」，是指相同名稱的函數，如果引數個數不同，或者是引數個數相同但型別不同的話，函數便具有不同的功能。就像一支手機（函數名稱相同）一樣，只要執行不同的 app，或是按下不同按鍵的組合（引數個數不同，或引數型別不同），便能使用照相、通話和聽音樂等不同的功能（函數有不同的功能）。

舉例來說，如果想設計一個函數可用來列印單一變數，或者是一整個陣列的內容。在以往的函數撰寫風格裡，我們必須寫成兩個不同名稱的函數，一個用來列印單一變數，另一個用來列印整個陣列。如此一來，不僅造成程式設計者的麻煩，也不容易管理這些函數。Java 提供「多載」的功能，它將功能相似的函數，以相同的名稱來命名，而編譯器會根據引數的個數與型別，自動執行相對應的函數。

接下來以一個簡單的例子說明函數多載的使用。下面的程式定義兩個名稱皆為 show 的函數，但它們能根據引數型別的不同來呼叫正確的函數。程式的撰寫如下：

```
01  // Ch7_10, 函數的多載-引數型別不同
02  public class Ch7_10{
03     public static void main(String[] args){
04        int a=5, b[]={1,2,3,4};
05        show(a);                      // 將整數 a 傳遞到 show()裡
06        show(b);                      // 將整數陣列 b 傳遞到 show()
07     }
08
09     public static void show(int i) {    // 定義 show(),可接收整數變數
10        System.out.println("value= "+i);
11     }
12     public static void show(int arr[]){ // 定義 show(),可接收整數陣列
13        System.out.print("array=");
14        for(int i=0;i<arr.length;i++)
15           System.out.printf("%2d",arr[i]);
16     }
17  }
```

• 執行結果：
```
value= 5
array= 1 2 3 4
```

於本例中，9~11 行定義可接收整數的 show() 函數，第 12~16 行定義可接收整數陣列的 show() 函數。這兩個 show() 雖然名稱相同，但是它們可根據引數型別的不同（一個為整數，另一個為陣列）自動呼叫正確的函數。例如程式碼第 5 行呼叫第 9~11 行的 show() 函數，因此列印出 value=5；而第 6 行呼叫第 12~16 行的 show() 函數，因此會列印出陣列的內容。

在定義函數的多載時，必須注意到避免定義出模稜兩可的情況。多載只會根據函數引數的型別或個數來判別哪一個函數會被呼叫，而不是根據函數的傳回值。舉例來說，某個函數的定義如下：

```
int func(int a, int b){        // 傳回值型別為 int 的函數
   ....
}
```

這個函數會與下面函數的定義相衝突而產生錯誤：

```
long func(int a, int b){        // 傳回值型別為 long 的函數
   ....
}
```

這兩個函數的傳回值型別不同，而引數的個數與型別皆相同。這種只有傳回值的型別不同的函數會讓編譯器產生混淆，Java 會根據傳遞到函數的引數數量、型別和順序來決定要使用哪個函數，而不是根據函數傳回值的型別。因此在使用函數的多載時，要注意每一個多載的函數，它們的引數內容都必須是獨一無二的。

前一個範例是函數引數型別不同的多載。接下來我們再來看一個利用引數個數不同來多載函數的範例。於 Ch7_11 中，若是呼叫 star() 函數時沒有傳入任何引數，即印

出 5 個星號（＊）；若是引數為整數 n 時，則印出 n 個星號；當引數為一個字元 c 與
一個整數 n 時，則印出 n 個字元 c。

```
01   // Ch7_11，利用引數個數的不同來多載函數的範例
02   public class Ch7_11{
03       public static void main(String[] args){
04           star();              // 呼叫 9~11 行的 star()函數
05           star(7);             // 呼叫 13~15 行的 star()函數
06           star('@',9);         // 呼叫 17~21 行的 star()函數
07       }
08
09       public static void star(){   // 沒有引數的 star()函數
10         star(5);              // 呼叫 13~15 行的 star()，並傳入整數 5
11       }
12
13       public static void star(int n){        // 有一個引數的 star()函數
14           star('*',n);     // 呼叫 17~21 行的 star()，並傳入'*'和 n
15       }
16
17       public static void star(char ch,int n){// 有兩個引數的 star()函數
18           for(int i=0;i<n;i++)
19               System.out.print(ch);
20           System.out.println();
21       }
22   }
```
• 執行結果：
```
* * * * *
* * * * * * *
@@@@@@@@@
```

從本例的輸出可以看到 star() 函數會根據所給予的引數來呼叫想對應的函數，這正
是「多載」機制所致。例如第 4 行呼叫的 star() 沒有引數，因此 9~11 行的 star() 函
數會被執行。相同的，第 5 行呼叫的 star() 有一個引數，因此 13~15 行需要一個引
數的 star() 函數會被執行。注意在 Java 裡，函數與函數之間是可以互相呼叫的，因
此我們可以在 9~11 行的 star() 中，利用第 10 行呼叫另一個引數的 star()，也就是定
義在第 13~15 行的 star()。而 13~15 行的 star()，則是會呼叫 17~21 行的 star()。

❖

由範例 Ch7_11 可以看到多載函數常見的設計方式，可以減少重複的程式碼，讓程式簡潔，還可以拿來設計功能相近，但有不同引數、或是微調引數型別不同的函數。

第七章 習題

## 7.1 函數的基本概念

1. 試撰寫 void greeting(int k) 函數，當呼叫 greeting(k) 時，螢幕上會列印出 k 行的 "Hello Java!" 字串。

2. 試撰寫 char to_upper(char ch) 函數，可傳回小寫英文字母 ch 的大寫。如果輸入的字元不是小寫的英文字母，則傳回字元 @。例如 to_upper('a') 會傳回字元 A，而 to_upper('#') 會傳回字元 @。

3. 試撰寫 int cubic(int x) 函數，可傳回引數 x 的 3 次方。例如 cubic(5) 可傳回 125。

4. 試撰寫 int sum(int $n$) 函數，可傳回 $1 + 2 + \cdots + n$ 之值。例如 sum(10) 可傳回 55。

5. 試撰寫 double fahrenheit(double c) 函數，可接收攝氏溫度 c，然後傳回它的華氏溫度（華式溫度 = (9/5) × 攝氏溫度 + 32）。例如 fahrenheit(50.0) 可傳回 122.0。

6. 試撰寫 boolean is_even(int n) 函數，用來判別整數 n 是否為偶數。若是，則傳回 true，否則傳回 false。例如 is_even(5) 會傳回 false，根據傳回值印出 n "是偶數"或 "不是偶數"。

7. 試利用習題 6 的結果找出 1~100 間可以被 9 整除的所有偶數。

8. 試撰寫 void factors(int n) 函數，可用來印出整數 n 的所有因數（即可以整除 n 的數）。例如 factors(20) 可印出 1, 2, 4, 5, 10 和 20。

9. 試撰寫 boolean is_prime(int n) 函數，用來判別整數 n 是否為質數。若是，則傳回 true，否則傳回 false。例如 is_prime(17) 會傳回 true，根據傳回值印出 n "是質數" 或 "不是質數"。

10. 試撰寫 void primes(int n) 函數，可以印出所有小於等於整數 n 的質數。例如 primes(20) 可印出 2, 3, 5, 7, 11, 13, 15, 17 和 19。

11. 試撰寫 int gcd(int m, int n) 函數，用來計算整數 m 和 n 的最大公因數（即 m 和 n 所有共同的因數中的最大者）。例如 gcd (12, 16) 會傳回 4。

12. 試撰寫 int lcm(int m, int n) 函數，可用來計算整數 m 和 n 的最小公倍數（即 m 和 n 共同的倍數中的最小者）。例如 lcm(12, 16) 會傳回 48。

13. 試撰寫 double area(double r) 函數，可傳回半徑為 r 的圓面積。例如 area(2.0) 可傳回 12.56。

14. 試撰寫 int abs(int x) 函數，可傳回引數 x 的絕對值。例如 abs(−5) 可傳回 5，abs(3) 可傳回 3。

15. 試撰寫 int min(int a, int b) 函數，可接收兩個整數，並傳回較小的那個整數。例如 min(5,8) 可傳回 5。

## 7.2 陣列的傳遞

16. 試撰寫一函數 int odd(int[] arr)，可傳回一維陣列 arr 中，元素為奇數的個數。例如，若 arr 的內容為 {8, 6, 9, 12, 47, 55, 10}，則 odd(arr) 可傳回 3。

17. 試撰寫一函數 int min(int[] arr)，可傳回一維陣列 arr 中，最小的元素值。例如，若 arr 的內容為 {75, 29, 38, 45, 16}，則 min(arr) 傳回 16。

18. 試撰寫一函數 int argmin(int[] arr)，可傳回一維陣列 arr 中，最小元素值的索引。例如，若 arr 的內容為 {75, 29, 38, 45, 16}，則 argmin(arr) 傳回 4（因為最小值 16 的索引為 4）。

19. 設計一函數 int max(int[][] arr)，可傳回一個二維陣列 arr 中，所有元素的最大值。例如若 arr={{75, 89, 10}, {38, 45, 16}}，則 max(arr) 傳回 89。

20. 試撰寫一函數 int[] argmax(int[][] arr)，可傳回一個一維陣列，內含兩個元素，它們分別為二維陣列 arr 中，最大元素值的列索引和行索引。例如，若 arr={{12, 19, 14}, {18, 45, 46}}，則 argmax() 傳回的陣列中，第 0 個元素為 1，第 1 個元素為 2（因為最小值 46 的列索引和行索引分別為 1 和 2）。

21. 試寫一函數 int product(int[] arr)，可傳回一維陣列 arr 中最大值與最小值的乘積。例如若 arr={7, 3, 2, 4, 5}，則 product(arr) 傳回 14。

22. 試撰寫一函數 double mean(int[][] arr)，可用來接收二維陣列 arr，傳回值為此二維陣列所有元素值的平均值。例如若 arr={{2, 4, 6},{1, 3, 5},{8, 9}}，則 mean(arr) 傳回的平均值為 4.75。

23. 試撰寫一函數 void square(int[][] arr)，可接收二維陣列 arr，然後將裡面的每個元素平方。例如若 arr 為{{1, 3, 5},{8, 9,2}}，則呼叫 square(arr) 後，arr 的值變為{{1, 9, 25},{64, 81,4}}。

24. 試撰寫一函數 int[][] square(int[][] arr)，它可接收二維陣列 arr，傳回值則為 arr 中每個元素的平方。例如若 arr 為{{1, 3, 5},{8, 9,2}}，則 square(arr) 可傳回陣列 {{1, 9, 25},{64, 81,4}}。注意呼叫 square(arr) 後，arr 的內容不能被改變。

## 7.3 遞迴

25. 費氏數列（Fibonacci sequence）的定義為

$$fib(n) = \begin{cases} 1 & n = 1 \\ 1 & n = 2 \\ fib(n-1) + fib(n-2) & n \geq 3 \end{cases}$$

其中 n 為整數，也就是說，費氏數列任一項的值等於前兩項的和，且 fib(1) = fib(2) = 1。

(a) 試撰寫一函數 long fib_for(int n)，利用 for 迴圈計算並傳回第 n 個費氏數列的值。例如 fib(6) 應傳回 8。

(b) 試撰寫一 long fib_rec(int n) 函數，利用遞迴的概念計算並傳回第 n 個費氏數列的值。

(c) 試分別以 (a) 和 (b) 定義的函數找出前 50 個費氏數列的值，並比較以迴圈和遞迴的方式來計算費氏數列時，在執行的時間上是否會有明顯差異？並試著了解其差異的原因。

26. 試以遞迴的方式撰寫函數 double power(double b, int n)，用來計算並傳回 b 的 n 次方。例如 power(5.0, 3) 應傳回 125.0。

27. 試撰寫一函數 int sum(int n)，利用遞迴公式

$$sum(n) = \begin{cases} n + sum(n-1) & n > 1 \\ 1 & n = 1 \end{cases}$$

來計算並傳回 $1 + 2 + 3 + \cdots + n$ 的值。例如 sum(100) 應傳回 5050。

28. 試以遞迴的方式撰寫函數 int rsum(int n)，用來計算並傳回 $1 \times 2 + 2 \times 3 + 3 \times 4 + \cdots + (n-1) \times n$ 之和。例如當 $n = 5$ 時，rsum(5) 可傳回 40。

## 7.4 函數的多載

29. 試撰寫一組可以計算三角形面積的多載函數 triangle(base, height)，其中 base 與 height 分別代表三角形的底和高，其型別可同時為 int 或 float，傳回值的型別為 float（註：三角形面積 ＝ (base * height)/2）。請利用多載的函數 triangle() 計算三角形的底為 6，高為 3，以及底為 4.2，高為 3.3 時，三角形的面積各是多少？

30. 試撰寫 max() 函數的多載，其中 max() 可以有兩個或三個 int 型別的引數，其傳回值為這些引數的最大值，傳回值的型別也是 int。請在主程式呼叫 max(8,2) 及 max(1,5,9)，並印出傳回值。

31. 試撰寫 smallest() 函數的多載，其中 smallest() 的引數可以是兩個 int 型別的變數，或是一個 int 型別的一維陣列。若引數為兩個 int 型別的變數，則 smallest() 可傳回這兩個整數中較小的那一個。若是引數為一維 int 陣列，則傳回值為這個陣列的最小值。例如 smallest(8,9) 可傳回 8；若陣列 arr 的內容為 {12, 7, 32, 67}，則 smallest(arr) 可傳回 7。

32. 試撰寫 area(r) 函數的多載，可用來計算並傳回半徑為 r 的圓面積（$3.14 \times r^2$），其中 r 的型別可為 int 或 double。若 r 的型別為 int，則傳回圓面積的整數部分。若 r 的型別為 double，則傳回 double 型別的圓面積。例如 area(2) 可傳回 12，而 area(2.3) 可傳回 16.61。

❖

第七章 習題

# 08
Chapter

# 類別

到目前為止,我們已經學習完 Java 的基本語法,它們包含了資料型別、程式控制流程、陣列與函數等。隨著外界對於資料處理的要求日趨複雜,物件導向(object oriented)的概念也隨之而起,而類別(class)為物件導向程式設計範疇裡重要的觀念之一,它可將資料和處理資料的函數打包在一起,如此可以更有效率地對資料進行存取與運算。本節將介紹類別的基本架構,進而引導您踏入物件導向程式設計的殿堂。

## 🌀 本章學習目標

- 🖵 類別的基本架構
- 🖵 在類別裡使用資料成員與函數成員
- 🖵 學習 this 關鍵字的用法
- 🖵 在類別裡設計函數的多載
- 🖵 學習使用類別裡的公有與私有成員

# 8.1 認識類別

也許您對類別（Class）的概念還相當陌生，其實您早已用它來撰寫 Java 的程式。本書每的每個範例程式碼都會定義有 public class Ch*xx*{…} 這樣的一個類別，其中 *xx* 代表章和範例的流水編號。由此可知每一個 Java 程式至少都會有一個類別存在。

## 8.1.1 類別的基本概念

類別可以將資料和處理資料的函數打包在一起，以方便我們對資料進行處理。舉例來說，矩形（rectangle）是常見的幾何圖形，它具有寬（width）與高（height）兩個基本屬性。根據這兩個屬性，便可以求出它的面積（area）與周長（perimeter），如下圖所示：

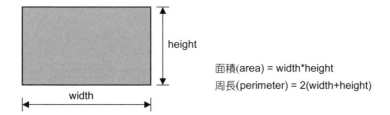

面積(area) = width*height
周長(perimeter) = 2(width+height)

那麼如何利用 Java「類別」的概念來描述矩形，使得它可以儲存矩形的資訊（寬與高），並且能利用此資訊計算出面積與周長呢？其作法是，定義一個矩形類別。類別是由「資料成員」與「函數成員」封裝而成的，它們的基本概念分述如下：

### 資料成員

每一個矩形均具有寬與高這兩個屬性，它們也就是矩形類別的資料（data）。因此就矩形而言，寬與高可說是矩形類別的「資料成員」（data member），Java 把類別內的資料成員統稱為 field（範疇）。當然，矩形還可能有其它的資料，如顏色等，在此為了方便讀者學習物件導向的觀念，我們就假設矩形只有寬與高這兩個屬性。

### 函數成員

在矩形類別裡，我們可以把計算面積與周長的函數納入類別的「函數成員」（function member）。在傳統的程式語言裡，計算面積或周長等相關功能，通常是交由獨立的函數來處理，但在物件導向程式設計裡，這些函數是封裝在類別之內。

依據上述的概念可知，所謂的「類別」是把資料與處理資料的函數「封裝」（encapsulate）在一起，用以表達真實事物的一種結構。Encapsulate 的原意是「將...裝入膠囊內」，類別可以看成是個膠囊，而資料成員與函數成員便是被封入的東西，如下圖所示：

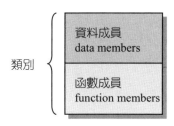

透過封裝，外界可以透過特定的方式取得類別裡不能直接被存取的資料，藉以維護物件的安全性。以矩形類別為例，資料成員為 width 與 height，而函數成員為 area() 與 perimeter()，因此矩形類別可以用下圖來表示：

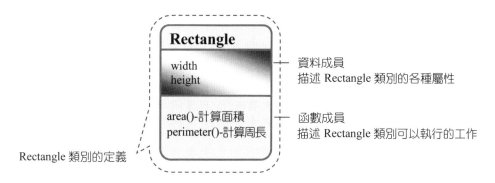

前文已經提及，Java 把資料成員稱為 field，把函數成員稱為 method。有些作者會把 field 譯為「範疇」，並把 method 譯為「方法」，讀者必須知道 field 泛指資料成員，method 則是類別裡可以用來處理程序的函數。

## 8.1.2 類別的定義語法

要使用類別之前必須先進行定義，然後才可利用所定義的類別來宣告並建立該類別的物件。類別定義的語法如下：

定義類別的語法

```
class 類別名稱{
    資料型別 field 名稱;          ⎫
    ...                        ⎬ 宣告 field
                               ⎭
    傳回值的資料型別   函數名稱(引數 1,引數 2,...){    ⎫
        程式敘述 ;              ⎫                    ⎪
        return 運算式;         ⎬ 函數的本體          ⎬ 定義函數
    }                          ⎭                    ⎪
    ...                                             ⎭
}
```

以稍早所介紹的矩形為例,我們可定義如下的矩形類別。注意本書習慣上 Java 的類別名稱都是大寫開頭,以方便和其它識別字做區隔。此外,類別名稱有大小寫之分,也不能和關鍵字與保留字相同。

```
01  // 定義矩形類別
02  class Rectangle{              // 定義矩形類別 Rectangle
03      int width;                // 宣告資料成員 width
04      int height;               // 宣告資料成員 height
05
06      int area(){               // 定義函數成員 area(), 用來計算面積
07          return width*height;  // 傳回矩形的面積
08      }
09      int perimeter(){          // 定義函數成員 perimeter(),用來計算周長
10          return 2*(width+height);   // 傳回矩形的周長
11      }
12  }
```

我們可以把 Rectangle 類別畫成下圖。您可以注意到 Rectangle 前面小圓圈裡有一個 c,它代表 Rectangle 是一個類別(class)。相同的,width 和 height 的前面有一個 f,這個 f 代表它們是屬性(field)。現在您應該可以猜想的到 area() 和 perimeter() 前面的 m 代表它們是函數(method):

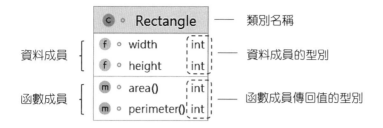

我們再舉一個圓形（circle）的例子來說明類別的定義。若要建立一個圓形類別，就以圓形而言，半徑（radius）是最重要的數據，因此我們可以選擇它來作為圓形類別的資料成員。相同的，如果經常要計算到圓面積，則可以把圓面積的計算納入圓形類別的函數成員，因而可撰寫出如下的類別定義：

```
01  class Circle{              // 定義 Circle 類別
02     double radius;              // 宣告資料成員 radius
03
04     double area(){             // 定義函數成員 area()，用來傳回圓面積
05        return 3.14*radius*radius;   // 傳回圓面積
06     }
07  }
```

相同的，我們可以用下圖來表達 Circle 類別。您可以注意到 Circle 類別裡只有一個資料成員和函數成員：

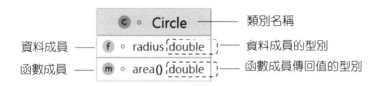

## 8.1.3 建立新的物件

現在我們已學會如何定義一個類別但如果要讓程式動起來，單單有類別還不夠。類別只是一個模版，因此我們必須利用它來建立屬於該類別的物件（object）。新建立好的物件，即具有該類別的特徵，也就是每個物件均擁有一份其所屬類別定義的資料成員與函數成員，如此程式才能順利運作。

以矩形類別來說，從定義類別到建立新物件的過程，可以把它想像成「先設計一個矩形的模版（定義類別），再以此模版製造矩形（建立物件）」。於 OOP 的術語裡，由類別所建立的物件稱為 instance。有些書會把 instance 譯為「實例」，但本書習慣上還是用「由類別所建立的物件」，或是直接用「物件」來稱呼它。下面是由矩形類別 Rectangle 建立出矩形物件 r1、r2 和 r3 的示意圖：

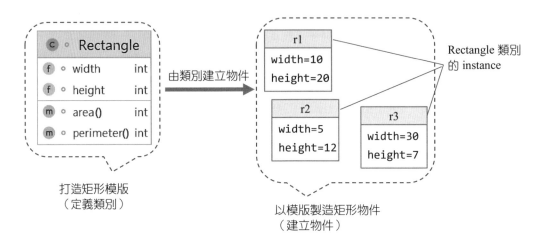

### 宣告與建立物件

有了上述的概念之後，我們便可開始著手撰寫程式。欲建立屬於某類別的物件，可藉由下面兩個步驟來達成：

(1) 以類別名稱宣告變數。

(2) 利用 new 建立新的物件，並指派給先前所建立的變數。

舉例來說，如果要建立矩形類別的物件，可用下列的語法來建立：

```
Rectangle r1;          // 以類別名稱 Rectangle 宣告物件變數 r1
r1=new Rectangle();    // 利用 new 建立 Rectangle 物件，並讓 r1 指向它
```

經過這兩個步驟，便可透過變數 r1 存取到建立的物件。如果覺得上面兩個步驟太麻煩，您也可以把它縮減成一行：

```
Rectangle r1= new Rectangle();  // 建立新的物件，並讓 r1 指向它
```

因為 r1 所指向的物件是由 Rectangle 類別所建立，所以 r1 也就具有 width 與 height 這兩個資料成員，也可呼叫 area() 與 perimeter() 這兩個用來計算面積與周長的函數。有趣的是，您可以發現宣告並建立物件的語法和宣告並配置空間給陣列的語法非常像。事實上，物件和陣列一樣，都是屬於非基本資料型別，因此我們可以理解物件變數 r1 存放的是指向儲存物件實體的記憶體位址。

第八章　類別

### 指向物件的變數

我們知道物件變數 r1 並不是基本型別的變數，因此可以把它看成是 Rectangle 型別的變數。如前所述，r1 存放的並非物件的實體，而是指向物件實體的位址。建立新的物件，並讓物件 r1 變數指向它的過程可由下圖來表示：

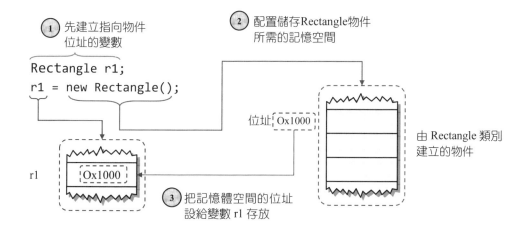

由於 r1 是指向由 Rectangle 類別所建立的物件，所以它可視為「物件的名稱」。本書稍後所稱的「物件 r1」是指「由 r1 所指向的物件」。事實上，r1 只是存放物件實體位址的變數，而非物件本身。如果要存取物件裡的某個資料成員（field），可以透過「物件名稱.資料成員名稱」的語法來達成。舉例來說，下面的語法可以將物件 r1 的寬和高分別設值為 12 和 30：

```
r1.width=12;          // 矩形物件 r1 的寬
r1.height=30;         // 矩形物件 r1 的高
```

## 8.1.4 使用類別來設計完整的程式

簡單的認識類別之後，接下來我們利用前幾節所學過的基本概念，實際撰寫一個完整的類別程式。為了簡化與易於理解程式，下面的程式碼只考慮資料成員，而關於函數的部份，稍後於 8.2 節再做介紹。

```
01   // Ch8_1, 建立物件與資料成員的設定
02   class Rectangle{                    // 定義 Rectangle 類別
03      int width;                       // 宣告資料成員 width
04      int height;                      // 宣告資料成員 height
05   }
06
07   public class Ch8_1{
08      public static void main(String[] args){
09         Rectangle r1;
10        r1=new Rectangle();     // 建立新的物件
11
12        r1.width=20;        // 設定矩形 r1 的寬
13        r1.height=15;       // 設定矩形 r1 的高
14        System.out.println("width="+r1.width);    // 印出 r1.width
15        System.out.println("height="+r1.height);  // 印出 r1.height
16      }
17   }
```
• 執行結果：
```
width=20
height=15
```

於 Ch8_1 中，2~5 行定義 Rectangle 類別，此類別僅包含兩個資料成員。由於 Java 的執行均是從 main() 開始，因此程式執行到第 9 與 10 行時，便會根據 Rectangle 類別所提供的資訊來建立 r1 物件。第 12~13 行將 r1 物件裡的資料成員 width 與 height 分別設值，第 14~15 行則是把設值之後的結果印出。

於本例中，我們是把類別 Rectangle 撰寫在類別 Ch8_1 的前面，事實上，類別的定義不必在意其先後的順序，若是將這兩個類別的順序相反過來，編譯器依然可以接受。

## 8.1.5 同時建立多個物件

程式 Ch8_1 只建立一個物件,若是需要同時建立數個物件,只要依相同的方式再增加多個物件即可。

```
01  // Ch8_2, 同時建立兩個物件
02  class Rectangle{
03     int width;          // 定義資料成員 width
04     int height;         // 定義資料成員 height
05  }
06
07  public class Ch8_2{
08     public static void main(String[] args){
09        Rectangle r1,r2;             // 宣告指變數 r1,r2
10        r1=new Rectangle();          // 建立物件 r1
11        r2=new Rectangle();          // 建立物件 r2
12
13        r1.width=20;                 // 設定矩形 r1 的寬
14        r1.height=15;                // 設定矩形 r1 的高
15        r2.width=25;                 // 設定矩形 r2 的寬
16        r2.height=r1.height+3;       // 設定矩形 r2 的高
17
18        System.out.println("r1.width="+r1.width);
19        System.out.println("r1.height="+r1.height);
20        System.out.println("r2.width="+r2.width);
21        System.out.println("r2.height="+r2.height);
22     }
23  }
```

• 執行結果:
```
r1.width=20
r1.height=15
r2.width=25
r2.height=18
```

程式 Ch8_2 中,第 9 行宣告物件變數 r1 與 r2,接著於 10~11 行中利用 new 建立兩個屬於 Rectangle 類別的物件,並將變數 r1 與 r2 指派給它們。13~16 行分別設值給這兩個物件的資料成員存放,再於 18~21 行印出 r1 與 r2 物件 width 與 height 的值。

❖

## 8.2 函數成員的使用

我們知道類別裡有資料成員與函數成員，不過 Ch8_1 與 Ch8_2 中的 Rectangle 類別只定義了資料成員。本節將在 Rectangle 類別中加入計算面積的函數，用來說明如何定義與使用類別裡的函數成員。

### 8.2.1 定義與使用函數成員

前一章已經介紹過函數定義的語法。函數和資料一樣，都可以封裝在類別內，從而成為類別的成員（member）。於類別裡，定義函數成員的語法如下：

---

定義函數成員的語法

```
傳回值型別 函數名稱(型別 引數 1，型別 引數 2,...){
    程式敘述 ;                          函數的主體
    return 運算式;
}
```

---

函數成員可以藉由物件來呼叫，被呼叫的函數可以直接取用資料成員的值，並進行相關運算。利用下面的語法即可透過物件來呼叫其函數成員：

---

呼叫函數成員

```
物件名稱.函數名稱(型別 引數 1，型別 引數 2,...)
```

---

程式 Ch8_3 是 Ch8_1 的延伸。我們於 Ch8_3 的 Rectangle 類別內加入了 area() 與 perimeter() 兩個函數，使得 Rectangle 類別不但具有資料成員 width 與 height，同時也擁有函數成員 area() 與 perimeter()：

---

```
01   // Ch8_3, 函數的建立
02   class Rectangle{
03      int width;
04      int height;
05
06      int area(){                        // 定義函數成員 area(), 用來計算面積
```

```
07        return width*height;        // 傳回矩形的面積
08      }
09    int perimeter(){              // 定義函數成員 perimeter()，用來計算周長
10        return 2*(width+height);    // 傳回矩形的周長
11      }
12  }
13
14  public class Ch8_3{
15    public static void main(String[] args){
16        Rectangle r1;
17        r1=new Rectangle();          // 建立新的物件
18
19        r1.width=20;                 // 設定矩形 r1 的寬
20        r1.height=15;                // 設定矩形 r1 的高
21        System.out.println("area="+r1.area());
22        System.out.println("perimeter="+r1.perimeter());
23      }
24  }
```
• 執行結果：
```
area=300
perimeter=70
```

於這個範例中，程式第 6~8 行定義 area() 函數，用來計算矩形的面積，第 9~11 行定義 perimeter() 函數，用來計算矩形的周長。第 21 與 22 行分別透過物件 r1 呼叫這兩個函數，並把結果列印在螢幕上。注意 r1 在呼叫 area() 時，程式進到第 7 行執行函數的本體。因為 r1 物件的 width 和 height 已分別在第 19 和 20 行設值為 20 和 15，因此 r1.area() 計算並傳回 20 × 15 ＝ 300。相同的，呼叫 perimeter() 函數會傳回 70。

注意本範例定義的兩個函數均傳回整數，因此在第 6 與第 9 行均指明函數的傳回型別為 int。此外，這兩個函數都不需傳入引數，因此在函數的定義中，括號內直接保留空白。

## 8.2.2 另一個簡單的範例

本節再來看一個簡單的例子，往後的範例也將以這個簡單的程式來延伸。程式 Ch8_4 定義一個圓形類別 Circle，它有半徑（radius）與圓周率 pi 兩個資料成員，和一個用來顯示圓面積的 show_area() 函數成員：

```
01   // Ch8_4, 圓形類別 Circle
02   class Circle{              // 定義類別 Circle
03      double pi=3.14;         // 將資料成員 pi 設定初值
04      double radius;
05
06      void show_area(){       // show_area() 函數, 顯示出圓面積
07         System.out.printf("area=%6.2f",pi*radius*radius);
08      }
09   }
10   public class Ch8_4{
11      public static void main(String[] args){
12         Circle c1=new Circle();      // 建立 cirl 物件
13         c1.radius=2.0;               // 設定 radius 的值
14         c1.show_area();              // 呼叫 show_area() 函數
15      }
16   }
```
• 執行結果：
```
area= 12.56
```

程式 Ch8_4 中，第 2~9 行定義了 Circle 類別。第 3 行把資料成員 pi 設值為 3.14，此時於 show_area() 函數中，第 7 行的變數 pi 便會根據此值來進行運算。在 main() 函數中，第 12 行先宣告並建立 Circle 類別的物件 c1，第 13 行將 c1 的資料成員 radius 設值為 2.0，再於第 14 行呼叫 show_area()，並印出圓面積。注意在 c1 物件建立之後，我們還是可以修改 c1 物件 pi 的值。不過若有新的物件建立，新建物件的 pi 還是 3.14，並不會受到 c1 物件 pi 值改變的影響。　　　　　　　　　　　　　　❖

有趣的是，在 Ch8_4 中如果用 new 運算子建立 c1 與 c2 兩個物件，則這兩個物件的資料成員會被配置於不同的記憶體區塊內，即使不小心更改其中一個物件的 pi 值，另外一個物件還是能正確的計算出圓面積。我們用下面的範例來做驗證：

```
01   // Ch8_5, 資料成員於記憶體內的配置關係
02   class Circle{              // 定義類別 Circle
03      double pi=3.14;         // 設定資料成員的初值
04      double radius;
05
06      void show_area(){              // show_area() 函數，顯示出圓面積
07         System.out.printf("pi=%5.2f,
08   area=%6.2f\n",pi,pi*radius*radius);
09      }
10   }
11   public class Ch8_5{
12      public static void main(String[] args){
13         Circle c1=new Circle();          // 建立 c1 物件
14         Circle c2=new Circle();          // 建立 c2 物件
15
16         c1.radius=c2.radius=2.0;         // 設定資料成員的值
17         c2.pi=3.0;                       // 更改 c2 的 pi 值
18         c1.show_area();
19         c2.show_area();
20      }
21   }
```

• 執行結果：
```
pi= 3.14, area= 12.56
pi= 3.00, area= 12.00
```

在上面的程式裡，第 15 行將物件 c1 與 c2 的 radius 均設值為 2.0，第 16 行將 c2 的 pi 值重新設值為 3.0。由於每一個物件的資料成員在記憶體中均有各自的存放空間，因此更改 c2 的 pi 值並不會影響到 c1 原來的 pi 值，如下圖所示。

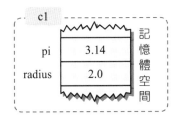
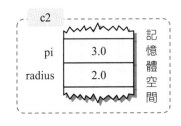

物件的資料成員在記憶體中有
各自的存放空間

## 8.2.3 資料成員的存取方式

稍早我們曾提及在 main() 函數內,若是需要存取物件的資料成員時(如 radius、pi),可透過「物件名稱.資料成員名稱」的語法來進行。例如,利用下面的方式即可對 radius 與 pi 設值:

```
01    class Test{
02      public static void main(String[] args){
03        ....
04        c1.radius=2.0;
05        c1.pi=3.0;
06      }
07    }
```

radius 與 pi 均為 c1 的資料成員

然而,如果是在類別宣告的內部使用這些資料成員,則可直接取用資料成員的名稱,而不需加上呼叫它的物件名稱(事實上,在撰寫類別的定義時,我們根本不知道哪一個物件要呼叫它),如下面的程式碼所示:

```
01    class Circle{
02      double pi=3.14;
03      double radius;
04                                      可直接取用資料成員的名稱
05      void show_area(){
06        System.out.println("area="+pi*radius*radius);
07      }
08    }
```

在類別定義的外部(例如,在 main() 函數中)需要用到資料成員時,必須指明是哪一個物件要取用它,也就是用「物件名稱.資料成員名稱」的語法來存取。相反的,若是在類別定義的內部使用這些資料成員時,則不必指出資料成員之前的物件名稱。

### this 關鍵字

我們也可以在資料成員前面加上關鍵字 this,即「this.資料成員名稱」,此時的 this 即代表取用此資料成員的物件。例如,若在 main() 函數裡有這麼一行敘述:

```
c1.show_area();
```

則在函數裡的關鍵字 this 即代表 c1。下面的程式碼片段是把 show_area() 函數內的資料成員之前均冠上 this，請試著執行它，您可得到相同的結果：

```
01  class Circle{
02      double pi=3.14;
03      double radius;
04
05      void show_area(){
06          System.out.println("area="+this.pi*this.radius*this.radius);
07      }
08  }
```

在資料成員前面加上 this，此時的 this 即代表取用此一資料成員的物件

## 8.2.4 函數成員的相互呼叫

定義在類別內部的函數成員，彼此之間可以相互呼叫。於下面的範例中，我們嘗試在 show_all() 函數內呼叫另一個函數 show_area()：

```
01  // Ch8_6，在類別內部呼叫函數
02  class Circle{
03      double pi=3.14;
04      double radius;
05
06      void show_area(){          // show_area() 函數，顯示出圓面積
07          System.out.printf("area=%6.2f\n",pi*radius*radius);
08      }
09      void show_all(){           // show_all() 函數，同時顯示出半徑與圓面積
10          System.out.printf("radius=%5.2f\n",radius);
11          show_area();           // 於類別內呼叫 show_area() 函數
12      }
13  }
14  public class Ch8_6{
15      public static void main(String[] args){
16          Circle c1=new Circle();
17          c1.radius=2.0;
18          c1.show_all();         // 用 c1 物件呼叫 show_all()
19      }
20  }
```

• 執行結果：
```
radius= 2.00
area= 12.56
```

於本例中，6~8 行定義了 show_area() 函數，可以列印出物件的圓面積。另外 9~12 行也定義了 show_all() 函數，可同時顯示半徑和圓面積，其中圓面積是利用第 11 行呼叫 show_area() 函數而得。從本例可知，在同一個類別的定義中，一個函數仍可直接呼叫另一個函數，且不需要透過物件。

如同前一節所提到的資料成員一樣，我們也可以在被呼叫函數的前面加上 this 這個關鍵字，即「this.函數名稱()」，此時的 this 即代表呼叫此一函數的物件。讀者可自行將 Ch8_6 的 show_all() 函數改成如下的敘述，執行之後可得相同的結果：

```
void show_all(){
    System.out.println("radius=%5.2f\n",radius);
    this.show_area();     // 於類別內呼叫 show_area() 函數
}
```
在類別內呼叫其它函數時，可在該函數之前加上 this，此時的 this 即代表呼叫此一函數的物件

經過上面的更改之後，假設在 main() 函數裡有這麼一行敘述：

```
c1.show_all();           // 用 c1 物件呼叫 show_all()
```

則 this 關鍵字即代表 c1。

值得注意的是，到目前為止 this 關鍵字看似可有可無，但在某些場合卻非得用它不可，例如比較兩個物件是否相同時，便必須藉由 this 的幫忙。關於這個部份我們留到第 9 章再做討論。

## 8.3 引數的傳遞與傳回值

到目前為止，我們針對 Circle 類別所撰寫的函數都沒有引數，例如 Ch8_6 的 show_area() 與 show_all() 函數均是。當函數不需傳遞引數時，函數的括號內保留空白即可：

```
                    ┌── 沒有傳遞任何引數，因此不需填上任何文字
void show_all(){
    System.out.println("radius="+radius);
    show_area();
}
```

從第 7 章的介紹我們知道，函數可以加入各種型別的引數，也可以根據不同的情況設計適當的傳回值。本節將討論如何使用引數來傳遞資料，以及如何設計函數的傳回值。

### 8.3.1 呼叫函數並傳遞引數

呼叫函數並傳遞引數時，引數是置於函數的括號內來進行傳遞。於下面的範例中，我們把 Circle 類別加上一個 setRadius() 函數，用來設定圓形物件的半徑：

```
01  // Ch8_7, 呼叫函數並傳遞引數
02  class Circle{              //   類別 Circle
03     double pi=3.14;         // 將資料成員設定初值
04     double radius;
05
06     void show_area(){       // show_area() 函數, 顯示出半徑及圓面積
07        System.out.printf("radius=%5.2f, ",radius);
08        System.out.printf("area=%6.2f\n",pi*radius*radius);
09     }
10     void setRadius(double r){      // setRadius() 函數, 可用來設定半徑
11        radius=r;                   // 設定 radius 成員的值為 r
12     }
13  }
14  public class Ch8_7{
15     public static void main(String[] args){
16        Circle c1=new Circle();     // 宣告並建立新的物件
```

```
17        c1.setRadius(4.0);         // 設定 c1 的半徑為 4.0
18        c1.show_area();
19    }
20 }
```
• 執行結果：
```
radius= 4.00, area= 50.24
```

在 Ch8_7 中，第 10~12 行加入 setRadius() 函數，用來設定資料成員 radius 的值。當執行到第 17 行呼叫 c1.setRadius(4.0) 時，第 10 行的 setRadius() 便會接收傳進來的引數 4.0（型別為 double），然後於第 11 行設定 radius 的值為 4.0。離開 setRadius()之後，執行第 18 行，即可顯示 c1 物件的半徑及面積。

注意第 11 行中的變數 r 是區域變數（local variable），也就是說，它的有效範圍僅止於 setRadius() 函數的內部，也就是第 10~12 行，一旦離開此範圍，變數 r 即會失去效用，如下面的程式片段所標示的範圍：

```
01    // Ch8_7, 呼叫函數並傳遞引數
02    class Circle{    // 定義類別 Circle
        .....
10        void setRadius(double r){        r 是區域變數，一旦離開此範圍，
11            radius=r;                      變數 r 即屬無效
12        }
13    }
```

## 8.3.2 傳遞多個引數

如果要傳遞 2 個以上的引數，只要將所有的引數置於函數的括號內即可。舉例來說，於 Circle 類別中，可以利用傳遞多個引數的方式，同時設定數個資料成員，即 pi 和 radius。我們來看看下面的範例：

```
01    // Ch8_8, 圓形類別 Circle
02    class Circle{
03        double pi;
04        double radius;
05
```

```
06     void show_area(){           // show_area() 函數, 顯示出圓面積
07        System.out.printf("area=%6.2f",pi*radius*radius);
08     }
09     void setCircle(double p,double r){      // 擁有兩個引數的函數
10        pi=p;
11        radius=r;
12     }
13  }
14  public class Ch8_8{
15     public static void main(String[] args){
16        Circle c1=new Circle();     // 宣告並建立新的物件
17        c1.setCircle(3.1416,2.0);  // 呼叫並傳遞引數到 setCircle()
18        c1.show_area();
19     }
20  }
```

• 執行結果：

```
area= 12.57
```

本範例 9~12 行的 setCircle() 函數可接收兩個引數，型別均為 double。當程式執行到第 17 行時，由 c1 物件呼叫 setCircle() 函數，並傳遞引數到函數內，由第 9 行的引數 p 與 r 接收，並於第 10 行設給成員 pi，第 11 行設給 radius，如此即完成資料成員設定的工作。第 18 行呼叫了 show_area() 函數，此時 c1 物件的 pi 和 radius 已經有值，因此 show_area() 可以正確的算出圓面積為 12.57。　　　　　　　　　　❖

## 8.3.3 沒有傳回值的函數

有些函數不必傳遞任何資料給呼叫端程式，因此沒有傳回值，如 Ch8_8 的 show_area() 與 setCircle() 均是。若函數本身沒有傳回值，則必須在函數定義的前面加上關鍵字 void，如下面的程式碼：

```
      若函數本身沒有傳回值，
   ┌─ 則必須在前面加上 void
 void show_area(){           // show_area() 函數, 顯示出圓面積
    System.out.printf("area=%6.2f",pi*radius*radius);
 }
```

如果函數沒有傳回值，則函數結束前的 return 敘述可以省略。然而我們也可以在函數最後加上 return 敘述，但不連接任何的運算式（因為不傳回任何值），如下面的程式碼：

```
void show_area(){          // show_area() 函數，顯示出圓面積
   System.out.printf("area=%6.2f",pi*radius*radius);
   return;
}
```
因為沒有傳回值，所以可在函數結束前加上 return 敘述，但不連接任何的運算式，其執行結果與前例相同

## 8.3.4 有傳回值的函數

從第 7 章中我們已經知道要從函數傳回某個變數的值，可以利用 return 關鍵字。下面的範例在 Circle 類別裡加上一個新的 getRadius() 函數，用來傳回物件的半徑。

```
01  // Ch8_9, 圓形類別 Circle
02  class Circle{                // 定義類別 Circle
03     double pi;                // 將資料成員設定初值
04     double radius;
05
06     double getRadius(){       // getRadius(), 用來傳回物件的半徑
07        return radius;
08     }
09     void setCircle( double p, double r){
10        pi=p;
11        radius=r;
12     }
13  }
14  public class Ch8_9{
15     public static void main(String[] args){
16        Circle c1=new Circle();    // 宣告並建立新的物件
17        c1.setCircle(3.1416,2.0);
18        System.out.printf("radius=%5.2f",c1.getRadius());
19     }
20  }
```

• 執行結果：
```
radius= 2.00
```

為了使程式單純化，於 Ch8_9 裡拿掉 Circle 類別裡的 show_area() 函數，但加上 getRadius()，用來傳回物件的半徑。程式第 6~8 行是定義 getRadius() 的程式碼，此函數的本體很簡單，僅有一行的敘述：

```
return radius;          // 傳回圓形物件的半徑
```

經由上面的敘述，即可傳回物件的半徑 radius。此外，由於 radius 的資料型別為 double，因此 getRadius() 所傳回的資料型別也要是 double，而在定義 getRadius() 函數時，最前面要加上關鍵字 double。                                               ❖


# 8.4 函數成員的多載

在 Java 中，類別裡的函數成員也可以多載。本節將以 Circle 類別為例，在 Circle 類別內添加幾個函數，用以說明多載的好處。

## 8.4.1 多載

本節的範例延伸自前一節的 Circle 類別。為了方便解說，我們在 Circle 類別內加入一個字串型別的資料成員 color，用以代表圓形物件的顏色。

```
01   // Ch8_10, 函數的多載(一)
02   class Circle{
03      String color;              // 資料成員 color
04      double pi=3.14;
05      double radius;
06
07      void setColor(String str){    // 定義設定 color 的函數
08         color=str;
09      }
10      void setRadius(double r){     // 定義設定 radius 的函數
11         radius=r;
12      }
```

```
13      void setAll(String str, double r){   // 同時設定 color 與 radius
14         color=str;
15         radius=r;
16      }
17      void show(){                         // 列印半徑、顏色與圓面積
18         System.out.printf("color=%s, Radius=%5.2f\n",color,radius);
19         System.out.printf("area=%6.2f\n",pi*radius*radius);
20      }
21   }
22   public class Ch8_10{
23      public static void main(String[] args){
24         Circle c1=new Circle();
25         c1.setColor("Red");            // 設定 c1 的 color
26         c1.setRadius(2.0);             // 設定 c1 的 radius
27         c1.show();
28
29         c1.setAll("Blue",4.0);         // 同時設定 c1 的 color 和 radius
30         c1.show();
31      }
32   }
```
• 執行結果：
```
color=Red, Radius= 2.00
area= 12.56
color=Blue, Radius= 4.00
area= 50.24
```

Ch8_10 將 Circle 類別稍做修改，在類別裡加入資料成員 color，同時也加入幾個函數，其中 setColor() 可設定圓的顏色，setAll() 可同時設定顏色與半徑，而 show() 則是列印顏色、半徑與圓面積等資訊。在程式執行時，main() 函數的第 25 行設定物件 c1 的顏色為 Red，第 26 行設定 c1 的 radius 成員為 2.0，接著第 27 行印出 c1 所有的相關資訊。第 29 行以 setAll() 函數重新設定 c1 的顏色與半徑，最後第 30 行再次印出 c1 的資訊。

從本例可看出，setColor()、setRadius() 與 setAll() 等都是設定物件的資料成員之函數，不但佔空間，在維護上也較為麻煩。

❖

利用 Java 的多載，我們就不需要有這麼多的函數來做相同的工作。所謂多載是指相同的函數名稱，可根據其引數的不同（可能是引數個數不同，或引數型別不同）來設計不同的功能，以因應程式所需。

下面的例子把 Ch8_10 的 setColor()、setRadius() 與 setAll() 三個函數用多載的技術，以單獨一個函數名稱 setCircle() 取代三個名稱不同的函數。

```
01  // Ch8_11, 函數的多載(二)
02  class Circle{
03     String color;
04     double pi=3.14;
05     double radius;
06
07     void setCircle(String str){        // 設定 color 成員
08        color=str;
09     }
10     void setCircle(double r){          // 設定 radius 成員
11        radius=r;
12     }
13     void setCircle(String str, double r){  // 同時設定 color 與 radius
14        color=str;
15        radius=r;
16     }
17     void show(){                       // 列印半徑、顏色與圓面積
18        System.out.printf("color=%s, Radius=%5.2f\n",color,radius);
19        System.out.printf("area=%6.2f\n",pi*radius*radius);
20     }
21  }
22  public class Ch8_11{
23     public static void main(String[] args){
24        Circle c1=new Circle();
25        c1.setCircle("Red");         // 呼叫第 7 行的 setCircle()
26        c1.setCircle(2.0);           // 呼叫第 10 行的 setCircle()
27        c1.show();
28
29        c1.setCircle("Blue",4.0);  // 呼叫第 13 行的 setCircle()
30        c1.show();
```

```
31      }
32    }
```

• 執行結果：

```
color=Red, Radius= 2.00
area= 12.56
color=Blue, Radius= 4.00
area= 50.24
```

Ch8_11 總共定義 3 個 setCircle() 函數的多載。第 7~9 行的 setCircle() 用來設定 color 成員，只要 setCircle() 裡的引數是 String 型別的變數，則這個函數就會被呼叫。第 10~12 行的 setCircle() 是用來設定 radius 成員，相同的，如果 setCircle() 的引數型別為 double，則 10~12 行的函數便會被呼叫。最後一個 setCircle() 定義在第 13~16 行，它可用來同時設定 color 與 radius 成員的值。

於程式執行時，第 25、26 與 29 行的 setCircle() 會根據引數的個數與型別來判別要呼叫的函數。因此第 25 與 26 行的 setCircle() 實際上是分別呼叫第 7 與第 10 行的函數，而第 29 行的 setCircle() 會呼叫第 13 行的函數：

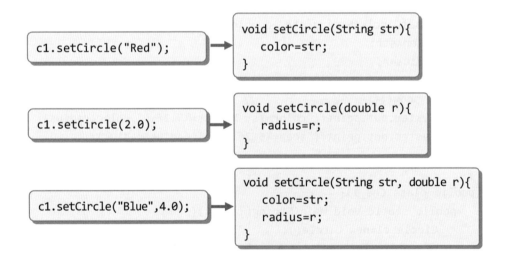

從本例可看出，透過函數的多載，我們只需要有一個函數名稱，便可擁有不同的功用，使用起來相當的方便。

## 8.4.2 使用多載常犯的錯誤

使用多載時，編譯器會根據引數的個數與型別，來呼叫相對應的函數，因此每一個多載函數的引數個數或引數型別必須不同。注意我們不能設計出引數個數和型別完全相同，而只有傳回值型別不同的多載。例如下面的程式碼不能做為函數的多載：

```
void setCircle(double radius){ ... };        這兩個函數的引數個數和型別
int setCircle(double radius){ ... };         完全相同，但傳回型別不同
```

其原因是，一旦呼叫 setCircle() 函數，程式會無法根據傳回值型態來判斷是哪一個函數被呼叫。事實上，嘗試編譯這種引數個數或引數型別完全相同的函數時，編譯器也會出現錯誤訊息。

在 Ch8_11 中，三個 setCircle() 多載的傳回型別均相同（均為 void，亦即沒有傳回值），然而多載也允許函數的引數個數和型別不同，且傳回型別也不相同。例如下列多載的程式碼在 Java 裡是合法的：

```
void setCircle(String color, double radius);    函數的引數個數和型別不同，
int setCircle(double radius);                    且傳回型別也不相同
```

多載在 Java 裡有相當廣泛的應用，下一章將介紹的建構子（constructor）也少不了它。本書稍後所介紹的 Java 視窗程式設計裡更是隨處可見它的芳蹤，屆時您將會對函數的多載有更深一層的認識。

# 8.5 公有成員與私有成員

於 8.3 節所介紹的 Circle 類別中，您可發現它的兩個資料成員 pi 和 radius 可以在 Circle 類別外部任意更改。雖然對程式設計者來說相當的方便，但是在某個層面來說，卻是隱藏著潛在的危險，我們舉個簡單的例子來做說明。下面的程式碼和 Ch8_4 幾乎完全相同，除了第 13 行將 c1 物件的 radius 成員設成 -2.0：

```
01   // Ch8_12, 圓形類別 Circle
02   class Circle{                    // 定義類別 Circle
03      double pi=3.14;        // 將資料成員設定初值
04      double radius;
05
06      void show_area(){
07         System.out.printf("area=%6.2f\n",pi*radius*radius);
08      }
09   }
10   public class Ch8_12{
11      public static void main(String[] args){
12         Circle c1=new Circle();
13         c1.radius=-2.0;      ── 在 Circle 類別外部可以直
14         c1.show_area();           接更改成員資料
15      }
16   }
```

Circle 類別內部

Circle 類別外部

• 執行結果：
```
area= 12.56
```

於本例中，雖然 c1 的 radius 設定為 –2.0，但面積還是誤打誤撞計算正確，這是因為
圓面積是 π 乘上 radius 的平方之故。但在程式設計中，我們寧可希望回應的面積是
錯的，如此一來才可以讓程式設計者較容易找出錯誤之處，以避免發生更大的問題。
由本例可知，從類別外部存取內部資料時，如果沒有一個安全機制可以控制存取資
料的話，則很可能導致安全上的漏洞，而讓臭蟲（bug）進駐程式碼中。

## 8.5.1 建立私有資料成員

進行存取資料成員時，若是沒有預先設想一個機制來限定類別中資料成員的取用權
限，則很可能會造成錯誤的輸入（如前例中，把半徑設為–2.0）。為了防止這種情況
發生，Java 提供私有成員（private member）的設定，其設定的方式如下：

```
01   class Circle{
02      private double pi=3.14;
03      private double radius;
04      ...
05   }
```
設定 pi 和 radius 為私有成員

如果在資料成員宣告的前面加上 private，則無法從類別（Circle）以外的地方設定或讀取到它，因此可達到資料保護的目的，我們以下面的程式碼來做說明。Ch8_12 與 Ch8_13 除了在資料成員之前加上 private 關鍵字之外，其餘的程式碼完全相同。

```
01  // Ch8_13，私有成員無法從類別外部來存取的範例
02  class Circle{                    // 設定 field 為私有成員
03     private double pi=3.14;        // 將資料成員設定初值
04     private double radius;
05
06     void show_area(){
07        System.out.printf("area=%6.2f\n",pi*radius*radius);
08     }
09  }
10  public class Ch8_13{
11     public static void main(String args[]){
12        Circle c1=new Circle();
13        c1.radius=-2.0;
14        c1.show_area();
15     }
16  }
```

在 Circle 類別內部，所以可以存取私有成員

07 行：`pi*radius*radius` — 在 Circle 類別內部，所以可以存取私有成員

13 行：`c1.radius=-2.0;` — 在 Circle 類別外部，無法直接更改私有成員

在您鍵入完 Ch13_3.java 之後，您可以發現不用等到執行程式，VSCode 就已經幫我們檢查出錯誤了（第 13 行的 radius 會畫上波浪線）：

```
10     public cl   double radius
       Run | De
11     public    The field Circle.radius is not visible  Java(33554503)
12        Cir    檢視問題   快速修復... (Ctrl+.)
13        c1.radius=-2.0;
14        c1.show_area();
15     }
16  }
```

類別外部無法看見 private 成員

如果我們還是去執行 Ch8_13，將會得到下列的錯誤訊息：

```
Exception in thread "main" java.lang.Error: Unresolved compilation
problem:
        The field Circle.radius is not visible.
        at Ch8_13.main(Ch8_13.java:13)
```

正如預期，這個錯誤訊息告訴我們第 13 行編譯器無法 "看見" Circle.radius，（Circle.radius is not visible），這是因為 radius 是私有成員，無法從 Circle 類別以外的地方來存取：

類別外部無法存取到類別內部的 private 成員

相同的情況也發生在函數成員身上。也就是說，如果把函數宣告成 private，則函數便無法從類別的外部來呼叫。讀者可試著將 Ch8_13 的 show_area() 改成 private，經過編譯之後，看看會得到什麼樣的錯誤訊息。

❖

## 8.5.2 建立公有函數成員

既然類別外部無法存取到類別內部的私有成員，那麼 Java 就必須提供另外的機制，使得私有成員得以透過這個機制供外界存取。解決此問題的方法便是建立公有函數成員（public member），因為在類別的外部可對類別內的公有成員做存取的動作，於是我們可以透過公有成員的函數來對私有成員做處理。

下面的範例是在 Circle 類別內加上一個公有成員 setRadius()，並利用它來設定私有成員 radius 的值。同時也加入一個私有的函數成員 area()，它只能夠由類別裡的公有成員 show_area() 來呼叫：

```
01  // Ch8_14, 公有成員(函數)的建立
02  class Circle{                         // 定義類別 Circle
03      private double pi=3.14;           // 將資料成員設定為 private
04      private double radius;
05
```

```
06      private double area(){        // 私有的函數成員 area()
07          return pi*radius*radius;
08      }
09      public void show_area(){       // 公有的函數成員 show_area()
10          System.out.printf("area=%6.2f", area());// 呼叫私有成員 area()
11      }
12      public void setRadius(double r){ // 定義公有的函數成員 setRadius()
13          if(r>0) {
14              radius=r;               // 將私有成員 radius 設為 r
15              System.out.printf("radius=%5.2f",radius);
16          }
17          else
18              System.out.println("input error");
19      }
20  }
21  public class Ch8_14{
22      public static void main(String args[]){
23          Circle c1=new Circle();
24          c1.setRadius(-2.0);     // 呼叫公有的 setRadius() 函數
25          c1.show_area();         // 呼叫公有的 show_area() 函數
26      }
27  }
28
```

• 執行結果：
```
input error
area=  0.00
```

於 Ch8_14 中，第 6~8 行定義私有的 area() 函數，因為 area() 的屬性為私有，所以它不能在 Circle 類別的外部呼叫，於是我們在第 9~11 行設計公有的 show_area()，利用它來呼叫私有的 area() 函數。第 12 行把 setRadius() 函數宣告成 public，並可接收 double 型別的變數 r。第 13~18 行判定 r 的屬性，若 r 大於 0，就將私有成員 radius 設為 r，否則印出 "input error" 的錯誤訊息。

在 main() 函數中，第 24 行刻意把 c1 的半徑設為 −2.0，結果回應 "input error" 的訊息。第 25 行印出圓面積，由於傳入第 12 行的 r 值為 −2.0，所以私有成員 radius 並沒有被設值，其預設值為零，故輸出的圓面積為 0.0。從本例可看出唯有透過公有

成員 show_area()，才能使私有成員 area() 被呼叫。此外，也只有透過公有成員
setRadius()，私有成員 radius 的值才得以修改：

```
class Circle   // 定義類別 Circle{
    ....
    public void setRadius(double r)
    {
        ....
    }
}
```

```
class Ch8_14{
    public static void main(String[] args){
        Circle c1=new Circle();
        c1.setRadius(-2.0);
        c1.show_area();
    }
}
```

c1 物件可以存取到類別
內部的 public 成員

因此我們可以把一些沒有必要讓外界呼叫的函數宣告成私有，只讓特定的公有函數
來呼叫它，或者是在公有成員內加上判斷的程式碼，以杜絕錯誤值的輸入。因此適
時的把函數或 field 宣告成 private，對於封裝在類別內部的成員而言，具有相當的保
護作用。                                                                    ❖

於 Ch8_14 中，我們在 setRadius() 裡加入檢查的程式碼，用來判定輸入的引數是否
為負數，這個貼心的設計能使得我們在使用 Circle 這個類別時，有更多安全上的防
護，即使不小心把半徑設為負值，程式也會自動發出警告訊息，避免發生不預期的
中斷。因此，程式設計人員若是能事先規劃好類別內部的公有與私有成員，則更能
專心在後段的程式設計，而不用顧慮太多的細節。

在 OOP 的術語裡，所謂的「封裝」(encapsulation)，就像 Ch8_14 一樣，把 field 和函
數依功能劃分為「私有成員」與「公有成員」，並且包裝在一個類別內來保護私有成
員，使得它不會直接受到外界的存取。

## 8.5.3 省略 public 與 private 關鍵字

public 與 private 是用來設定公有與私有成員的「修飾子」（modifier）。修飾子是可
以省略不寫的，事實上，8.1~8.4 節所介紹的程式碼也都沒有用到這兩個修飾子。如

果類別的成員之前省略 public 與 private 修飾子的話，表示這個成員只能在同一個 package 裡被存取。如果冠上 public 的話，成員可以被任何一個 package 所存取。

讀者不妨暫且把 package 想像成一個類別庫（即存放類別的地方），而每一個類別都會有它所歸屬的類別庫。因此如果沒有寫上 public 的話，則該成員只能在同一個類別庫裡被存取，若寫上 public，則成員便可被其它類別庫的物件所存取，如下圖所示。有關 package 的介紹，於第 12 章的內容裡還有更詳盡的討論。

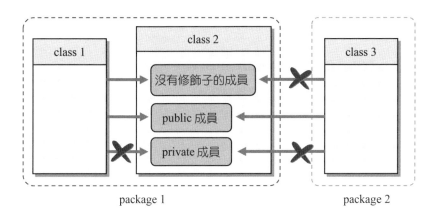

注意如果同一個檔案包含有多個類別，這些類別將被視為在同一個 package 內。也就是因為這個原因，前幾節的類別在沒有加上 public 或 private 的情況裡，從某一個類別中仍可存取到其它類別之成員的資料。

# 第八章 習題

## 8.1 認識類別

1.  設類別 Caaa 的定義為：

    ```
    01  class Caaa{
    02      int a;
    03      int b;
    04      int c;
    05  }
    ```

    試在程式碼裡完成下列各敘述：

    (a) 試在 main() 函數裡建立一個 Caaa 類別型別的物件 obj;

    (b) 將 obj 資料成員 a 的值設為 5，b 的值設為 3。

    (c) 計算 a*b 之後設給成員 c。

    (d) 印出 a、b 與 c 的值。

2.  設類別 Cbbb 的定義為：

    ```
    01  class Cbbb{
    02      double x;
    03      double y;
    04  }
    ```

    試在程式碼裡完成下列各敘述：

    (a) 試在 main() 函數裡建立 Cbbb 類別型別的物件 obj1、obj2 與 avg。

    (b) 將 obj1 資料成員 x 的值設為 5.2，y 的值設為 3.9。

    (c) 將 obj2 資料成員 x 的值設為 6.5，y 的值設為 4.6。

    (d) 將 obj1 與 obj2 的 x 值平均後，指定給 avg 的 x 存放，並將 obj1 與 obj2 的 y 值平均後，指定給 avg 的 y 存放，然後印出 obj1、obj2 與 avg 物件中成員 x 與 y 的值。

3.  設類別 Cddd 的定義為：

    ```
    01  class Cddd{
    02      String name;
    03      double height;
    04      double weight;
    05  }
    ```

試在程式碼裡完成下列各敘述：

(a) 試在 main() 函數裡建立 Cddd 類別型別的物件 student。

(b) 將 student 的資料成員 name 設值為 "Sandy"，height 設為 1.655（單位為公尺），weight 的值設為 58.2（單位為公斤）。

(c) 已知計算身體質量指數 BMI 值的公式為 $weight/height^2$，試印出 student 的 name 與 height 的值，並利用此公式計算並印出此學生的 BMI。

4. 請在下面的程式中填上適當的程式碼，使得物件 box 的 length 成員可被設為 15，width 成員可被設為 10，height=25。

```
01   class CBox{
02       int length;
03       int width;
04       int height;
05   }
06   public class Ex8_4{
07       public static void main(String[] arge){
08           CBox box;
09           box=new CBox();
10           │  // 請於此處填上程式碼  │
11           System.out.println("length= "+box.length);
12           System.out.println("width="+box.width);
13           System.out.println("height="+box.height);
14       }
15   }
```

## 8.2 函數成員的使用

5. 假設我們要設計一個 CBox 類別，用來表示立體的箱子（box）。此類別內含長（length）、寬（width）與高（height）三個資料成員，其類別程式碼的撰寫如下：

```
01   class CBox{
02       int length;
03       int width;
04       int height;
05   }
```

試完成下列各題，並測試您設計的函數是否正確：

(a) 試在 main() 函數裡，以 CBox 類別建立一個 box 物件，並將其 length、width、height 三個資料成員的值均設為 1。

(b) 試在 CBox 類別裡，定義 volume() 函數，用來傳回 box 物件的體積。

(c) 試在 CBox 類別裡，定義 surfaceArea() 函數，用來傳回 box 物件的表面積。

(d) 試在 CBox 類別裡，加入 showData() 函數，用來顯示 box 物件 length、width、height 三個資料成員的值。

(e) 試在 CBox 類別裡，加入 showAll() 函數，用來顯示 box 物件 length、width、height 三個資料成員的值，以及其表面積與體積。

(f) 試在 main() 函數裡呼叫 showAll() 函數，將 box 物件的所有資料印出。

6. 假設我們要設計一個圓形類別 Circle。此類別內含圓周率（pi）與半徑（radius）二個資料成員，以及 show_periphery() 函數成員，用來列印圓是周長，其類別程式碼的撰寫如下：

```
01  class Circle{        // 定義類別 Circle
02      double pi=3.14;
03      double radius;
04
05      void show_periphery(){   // show_periphery(), 顯示出圓周長
06          System.out.println("periphery="+2*pi*radius);
07      }
08  }
```

試在 main() 函數裡建立一個 Circle 類別型別的物件 c1，並在將 c1 資料成員 radius 的值設為 3.0，然後呼叫 show_periphery() 函數列印出 c1 物件的周長。

## 8.3 引數的傳遞與傳回值

7. 試設計一類別 CTest，內含一 test() 函數，可以用來判別傳入的值為奇數還是偶數，如果為奇數則印出 "此數為奇數"，反之若為偶數則印出 "此數為偶數"；若輸入的數為 0，則印出 "此數為 0"。請利用 test()，判斷 3、8 與 0 各為奇數或偶數。

8. 試設計一個 CCalculator 類別，內含 a 與 b 兩個資料成員，型別為 int。請完成下列的各函數的程式設計：

(a) 定義 set_value() 函數，用來設定資料成員 a 與 b 的值。

(b) 定義 show() 函數，可用來列印所有資料成員的值。

(c) 定義 add() 函數，可用來傳回 a 與 b 之和。

(d) 定義 sub() 函數，可用來傳回 a 與 b 之差。

(e) 定義 mul() 函數，可用來傳回 a 與 b 的乘積。

(f) 定義 avg() 函數，可用來傳回 a 與 b 之平均值，傳回值的型別為 double。

(g) 試建立一個 CCalculator 類別的物件 obj，並利用 set_value() 函數將 a 和 b 的值分別設為 5 和 12，然後驗證每個函數是否正確。

## 8.4　函數成員的多載

9. 在定義 setCircle() 函數的多載時，下列兩行 setCircle() 的多載是否正確？為什麼？

```
void setCircle(double radius){...}
int setCircle(double radius){...}
```

10. 試問在下列哪一個可以呼叫 void set(int r) 這個函數？

   (a) set("hello");
   (b) set(50);
   (c) set(10,25);
   (d) set(3.14);

11. 假設我們要設計一個 CWin 類別，用來表示一個視窗（window）的基本外觀。此類別內含寬（width）、高（height）與名稱（name）三個資料成員，部份程式碼撰寫如下：

```
01   class CWin{
02      int width;
03      int height;
04      String name;
05
06      void setW(int w){   // 設定寬度的函數
07          // 請在此處填上程式碼
08      }
09      void setH(int h){   // 設定高度的函數
10          // 請在此處填上程式碼
11      }
12      void setName(String s){   // 設定視窗名稱的函數
13          name=s;
```

```
14        }
15        public void show(){
16            System.out.println("Name="+name);
17            System.out.println("W="+width+", H="+height);
18        }
19    }
20    public class EX8_11{
21        public static void main(String[] args){
22            CWin cw=new CWin();
23            cw.setName("My Windows");
24            cw.setW(5);
25            cw.setH(3);
26            cw.show();
27        }
28    }
```

(a) 於上面的程式碼中，setW() 與 setH() 兩個函數並沒有填上程式碼。試將它們完成，使得它們可以分別用來設定 CWin 物件的 width 與 height 成員的值。

(b) 試加入 setWindows(int w, int h) 函數，使得它可以同時設定 CWin 物件的 width 與 height。

(c) 接續上題，請多載 setWindows() 函數，使得它可以同時設定 CWin 物件的 width、height 與 name 三個資料成員。

12. 設有一 CCircle 類別，可用來表示一個圓形。此類別內含三個多載的函數成員，可接收不同型別的引數（半徑），然後計算其圓面積。試在程式碼裡完成下列各敘述：

(a) 試加入計算圓面積的 area(double r) 函數，其傳回值的型別為 double。

(b) 請多載 area(float r) 函數，其傳回值的型別為 float。

(c) 請多載 area(int r) 函數，其傳回值的 型別為 double。

(d) 請於 main() 中分別呼叫 area(2)、area(2.2f) 與 area(2.2)，並印出傳回值。

## 8.5 公有成員與私有成員

13. 於 Ch8_6 中，如果把 pi 與 radius 資料成員的屬性設為 private，則編譯時是否會得到錯誤訊息？如果會，試指出其錯誤之所在。

14. 在 Ch8_14 中，在 main() 函數裡是否可以利用 c1 物件來呼叫 area() 函數？為什麼？

15. 設有一 CSphere 類別，可用來表示一個圓球。此類別內含 x, y, z 三個資料成員，用來代表圓心的位置，此外有一 radius 資料成員，代表圓球的半徑。其部份程式碼的撰寫如下：

```
01   class CSphere{
02      private int x;        // 圓心的 x 座標
03      private int y;        // 圓心的 y 座標
04      private int z;        // 圓心的 z 座標
05      private int r;        // 圓球的半徑 r
06   }
```

(a) 試在 CSphere 類別裡加入 setLocation() 函數，用來設定圓球之圓心的位置。

(b) 在 CSphere 類別裡加入 setRadius() 函數，用來設定圓球之半徑。

(c) 在 CSphere 類別裡加入 surfaceArea() 函數，用來傳回 CSphere 物件的表面積。

(d) 在 CSphere 類別裡加入 volume() 函數，用來傳回 CSphere 物件的體積。

(e) 在 CSphere 類別裡加入 showCenter() 函數，用來顯示 CSphere 物件之圓心座標。

(f) 試建立一個 CSphere 的物件 obj，請將 obj 圓心的位置設定為 (3,4,5)，半徑為 1。並測試您撰寫的每一個函數是否正確。

16. 設有一 CData 類別，可以用來記錄好友的姓名、電子郵件信箱及生日，其定義如下：

```
01   class CData{
02      private String name;    // 姓名
03      private String email;   // 電子郵件信箱
04      private int mm;         // 生日的月
05      private int dd;         // 生日的日
06      private int yy;         // 生日的年
07   }
```

(a) 試在 CData 類別裡加入 setName() 函數，可用來設定好友的姓名(為一字串)。

(b) 試在 CData 類別裡加入 setEmail() 函數，可用來設定電子郵件信箱（為一字串）。

(c) 試在 CData 類別裡加入 setBirthday(int m, int d, int y) 函數，用來設定生日的年份、月份與日期。

(d) 試在 CData 類別裡加入 private boolean checkDate(int m, int d, int y) 函數，用來判定生日的年、月、日是否在合法的範圍，其中 y 的值要在西元 1900~2099 之間。為簡化程式，在此僅考慮 2 月有 28 天，不考慮閏年的問題。

(e) 試在 CData 類別裡加入 setAll() 函數，使得在 main() 裡可以設定所有的資料成員。

(f) 試在 CData 類別裡加入 showData() 函數，用來印出好友的所有資料。生日的輸出格式為 mm/dd/yyyy，例如 2006 年 6 月 18 出生，則印出 06/18/2006。

(g) 試在 setBirthday() 函數中加入 checkDate() 函數，使得若是日期格式設定錯誤時，showData() 函數不會將生日印出，而是印出 "日期格式設定錯誤!"，執行結果如下：

```
Name: Tom
Email: abc@gmail.com
日期格式設定錯誤!
```

(h) 請建立 CData 類別的物件 tom，利用 (a)~(c) 定義的函數為 tom 的資料成員設值，再利用 showData() 印出它們。執行結果如下：

```
Name: Tom
Email: abc@gmail.com
Birthday: 06/18/2006
```

(i) 請建立 CData 類別的物件 mary，利用 (e) 定義的函數為 mary 的資料成員設值，再利用 showData() 印出它們。

# 09
Chapter

# 類別的進階認識

我們已經簡單瞭解了類別的基本功能，以及類別裡公有與私有成員的用法，現在撰寫簡單的程式應該不成問題。但如果要瞭解 Java 的 OOP 精神，則必須進一步認識「建構子」、「類別變數」與「類別函數」等相關的主題。本書稍後的章節將介紹的例外處理、檔案存取、多執行緒與視窗程式設計等，很多地方都會用到這些 OOP 的基本觀念哦。

 **本章學習目標**

- 認識建構子與建構子的多載
- 認識「類別變數」與「類別函數」
- 認識類別型別的變數
- 學習利用陣列來儲存物件
- 認識內部類別

# 9.1 建構子

到目前為止，由 Circle 類別所建立的物件，其資料成員的值皆是在物件建立後才設定。有趣的是，Java 也可以在建立物件的同時，一併設定它的資料成員，其方法是利用本節所介紹的「建構子」（constructor）。

## 9.1.1 建構子的基本認識

在 Java 裡，建構子所扮演的主要角色是幫助新建立的物件設定初值。建構子可視為一種特殊的函數，它的定義方式與函數類似，其語法如下：

---

定義建構子的語法

```
可以是 public          建構子的名稱必須和
或 private             類別名稱相同
    |           ┌─────
    |           |
  修飾子   類別名稱(型別 1 引數 1, 型別 2 引數 2,...){
       程式敘述 ;
       └‥‥‥┘ ──── 建構子沒有傳回值
  }
```

---

請注意，建構子的名稱必須與其所屬類別的名稱相同。例如，若要撰寫一個屬於 Circle 類別的建構子，則建構子的名稱也必須是 Circle。此外，建構子不能有傳回值，這點也與一般的函數不同。以 Circle 類別為例，如果想利用建構子來設定資料成員 radius 的值，可把 Circle 類別的建構子撰寫成如下的程式碼：

```
01    public Circle(double r) {        // 定義建構子 Circle()
02        radius=r;                    // 設定資料成員 radius 的值
03    }
```

建構子除了沒有傳回值，且名稱必須與類別的名稱相同之外，它的呼叫時機也與一般的函數不同。一般的函數是在需要用到時才呼叫，而建構子則是在建立物件時便會自動呼叫，並執行建構子的內容。因此建構子不需從程式直接呼叫，而是在物件產生時自動呼叫。

基於建構子的特性，我們可以利用它對物件的資料成員初始化（initialization）。所謂的初始化就是設定物件的初值。下面以一個簡單的例子來說明建構子的使用：

```
01  // Ch9_1, 建構子的使用
02  class Circle{                    // 定義類別 Circle
03     private double pi=3.14;
04     private double radius;
05
06     public Circle(double r){      // 定義建構子 Circle()
07        radius=r;
08     }
09     public void show(){
10      System.out.printf("radius=%5.2f, area=%6.2f",
                  radius,pi*radius*radius);
11     }
12  }
13  public class Ch9_1{
14     public static void main(String[] args){
15        Circle c1=new Circle(4.0);       // 建立物件並呼叫 Circle()建構子
16        c1.show();
17     }
18  }
```
• 執行結果：
```
radius= 4.00, area= 50.24
```

程式第 6~8 行定義建構子 Circle()，其主要的功用是把 radius 成員設值為 r （即建構子所接收的引數）。注意建構子的名稱與類別名稱皆為 Circle。此外，建構子 Circle() 並沒有傳回值，雖然如此，在建構子名稱的前面還是不能加上 void 這個關鍵字，否則在編譯時將出現錯誤。程式第 15 行以 Circle 類別建立物件 c1，此時自動呼叫 Circle() 建構子並將 4.0 傳入，由第 6 行的 r 接收。在執行第 7 行之後，c1 物件的 radius 成員被設為 4.0，因此第 16 行的 show() 函數即可印出相對應的圓面積。

由本例可知，建構子的好處在於建立物件的同時，便可設定物件的初值，而不用借助其它函數的幫忙。這個特點在視窗程式設計裡應用非常的廣泛，例如我們要建立

一個按鈕（button）物件時，便可利用按鈕的建構子來一併設定按鈕的大小、標題與顏色等屬性，使用起來相當的方便。

❖                                                                                          ❖

## 9.1.2 建構子的多載

於 Java 裡，建構子與函數相同，可以進行多載。稍早已經提過，只要函數的引數個數不同，或者是引數型別不同，便可定義出多個名稱相同的函數。利用相同的觀念，可以輕易地定義出建構子的多載。再以 Circle 類別為例，下面的程式是修改自 Ch8_11，其差異性是把 setCircle() 函數的多載改為建構子的多載。

```
01  // Ch9_2,建構子的多載
02  class Circle{                    // 定義類別 Circle
03      private String color;
04      private double pi=3.14;
05      private double radius;
06
07      public Circle(){                         // 沒有引數的建構子
08        System.out.println("Constructor Circle() called");
09        color="Green";
10        radius=1.0;
11      }
12      public Circle(String str, double r){   // 有兩個引數的建構子
13        System.out.println("Constructor Circle(String,double) called");
14        color=str;
15        radius=r;
16      }
17      public void show(){
18        System.out.printf("color=%s, Radius=%5.2f\n",color,radius);
19        System.out.printf("area=%6.2f\n",pi*radius*radius);
20      }
21  }
22  public class Ch9_2{
23      public static void main(String[] args){
24        Circle c1=new Circle();                  // 呼叫沒有引數的建構子
25        c1.show();
26
27        Circle c2=new Circle("Blue",4.0);     // 呼叫有引數的建構子
```

```
28          c2.show();
29       }
30    }
```
• 執行結果：
```
Constructor Circle() called
color=Green, Radius= 1.00
area=  3.14
Constructor Circle(String,double) called
color=Blue, Radius= 4.00
area= 50.24
```

Ch9_2 定義了兩個引數個數不同的建構子 Circle()。第一個建構子 Circle() 定義在第
7~11 行，它沒有任何引數，其作用是把 color 成員設為 "Green"，把 radius 成員設為
1.0。第二個建構子 Circle(String, double) 則定義在第 12~16 行，它可分別接收 String
和 double 兩個型別的引數，再將資料成員設為相對應的值。

於 main() 裡，第 24 行呼叫沒有引數的建構子，因此 color 會被設為 "Green"，而
radius 被設為 1.0。第 27 行呼叫具有兩個引數的建構子，所以 c2 的 color 會被設為
"Blue"，而 radius 會被設為 4.0。                                        ❖

## 9.1.3 兩個建構子之間的呼叫

為了某些特定的運算，Java 允許從某一建構子內呼叫另一個建構子，利用這種方式
可以減少程式碼的重複。在一個建構子內呼叫另一個建構子必須透過 this() 來呼叫。
下面的例子是改寫自 Ch9_2，其中在沒有引數的 Circle() 建構子內，利用 this() 呼叫
有引數的建構子：

```
01    // Ch9_3, 從某一建構子呼叫另一建構子
02    class Circle{                        // 定義類別 Circle
03       private String color;
04       private double pi=3.14;
05       private double radius;
06
07       public Circle(){                  // 沒有引數的建構子
08          this("Green",1.0);             // 此行會呼叫第 11 行的建構子
09          System.out.println("Constructor Circle() called");
```

```
10        }
11        public Circle(String str, double r){      // 有引數的建構子
12            System.out.println("Constructor Circle(String,double) called");
13            color=str;
14            radius=r;
15        }
16        public void show(){
17            System.out.printf("color=%s, Radius=%5.2f\n",color,radius);
18            System.out.printf("area=%6.2f\n",pi*radius*radius);
19        }
20    }
21    public class Ch9_3{
22        public static void main(String[] args){
23            Circle c1=new Circle();
24            c1.show();
25        }
26    }
```

• 執行結果：

```
Constructor Circle(String,double) called
Constructor Circle() called
color=Green, Radius= 1.00
area=  3.14
```

於 Ch9_3 中，沒有引數的建構子 Circle() 定義在 7~10 行，其中第 8 行利用 this() 呼叫有引數的建構子 Circle(String, double)，並把 color 設為 "Green"，radius 設為 1.0。注意於某一建構子呼叫另一建構子時，必須以 this() 來呼叫，不能以建構子直接呼叫，否則編譯時將出現錯誤。例如，若把第 8 行改寫為：

```
Circle("Green",1.0);          // 錯誤的建構子呼叫
```

則會出現 "The method Circle(String, double) is undefined for the type Circle" 的錯誤訊息，告訴我們 Circle(String, double) 沒有被定義。注意 this() 必須寫在建構子內第一行的位置，放錯了地方也無法編譯。此外，Ch9_3 的第 8 行是透過 this() 呼叫有兩個引數的建構子。如果要呼叫沒有引數的建構子時，在 this() 的括號裡不要填上任何引數。

❖

## 9.1.4 建構子的公有與私有

函數成員依實際需要，可設為 public 或 private。相同的，建構子也有 public 與 private 之分。到目前為止，我們所使用的建構子均屬於 public，它可以在程式的任何地方被呼叫，因此新建立的物件均可自動呼叫它。如果建構子被設成 private，則無法在該建構子所在的類別以外的地方被呼叫。我們來看看下面的範例：

```
01  // Ch9_4, 公有與私有建構子的比較
02  class Circle{                        // 定義類別 Circle
03      private String color;
04      private double pi=3.14;
05      private double radius;
06
07      private Circle(){                        // 私有建構子
08        System.out.println("Private constructor called");
09      }
10      public Circle(String str, double r){    // 公有建構子
11        this();
12        color=str;
13        radius=r;
14      }
15      public void show(){
16        System.out.printf("color=%s, Radius=%5.2f\n",color,radius);
17        System.out.printf("area=%6.2f\n",pi*radius*radius);
18      }
19  }
20  public class Ch9_4{
21      public static void main(String[] args){
22          Circle c1=new Circle("Blue",1.0);
23          c1.show();
24      }
25  }
```

• 執行結果：
```
Private constructor called
color=Blue, Radius= 1.00
area=  3.14
```

在 Ch9_4 中,沒有引數的建構子 Circle() 被設為 private(第 7~9 行),有引數的建構子 Circle(String, double) 被設為 public(第 10~14 行)。於程式執行時,第 22 行建立新的物件 c1,並呼叫有引數的建構子。由於有引數的建構子設為 public,因此可以在 main() 裡呼叫。程式進到有引數的建構子內,第 11 行利用 this() 呼叫沒有引數的建構子 Circle(),印出 "Private constructor called" 的字串。接下來執行第 12、13 行設定 color 與 radius,最後回到 main() 裡,呼叫 show() 函數把相關資料印出。

注意第 7~9 行定義的 private 建構子 Circle() 可直接被第 11 行的 this() 呼叫,因為它們是在同一類別內。但是如果把第 22 行的敘述改為:

```
Circle c1=new Circle();      // 呼叫 private 的建構子 Circle()
```

亦即呼叫 private 的建構子,將會得到 "The constructor Circle() is not visible" 這個錯誤訊息,告訴我們 Circle() 建構子無法被看見。這是因為 private 的建構子無法在類別外部被呼叫。由本例可知,若程式需要,可以利用 private 關鍵字來加以保護建構子,如此一來可對建構子的存取設限,避免外界直接取用特定的建構子。

## 9.1.5 建構子的省略

讀者可發現,前一章所撰寫的程式碼裡均沒有定義建構子,但依然可以建立新的物件,並正確的執行程式,這是因為當程式中沒有撰寫建構子時,Java 會自動呼叫預設的建構子(default constructor)。預設的建構子格式如下:

| 預設的建構子格式 |
| --- |
| ```<br>public Circle(){     // 預設的建構子<br>}<br>``` |

預設的建構子並沒有任何的引數,也不做任何事情。事實上,因為有預設建構子的這種設計,才使得前面各章節的程式得以建立物件,即使於程式碼裡沒有撰寫任何的建構子。然而預設的建構子是沒有任何引數的建構子,如果您自行設計一個沒有引數的建構子,在建立物件時會呼叫此建構子,而不會呼叫預設的建構子。

綜合上述的說明，預設建構子有三個很重要的特點：

(1) 建構子的名稱和類別名稱相同

(2) 建構子裡沒有引數

(3) 不做任何事情，也就是建構子內沒有任何的敘述

另外，很重要的一點要提醒您，如果程式中已經有自行撰寫的建構子（無論是否有引數），則 Java 會假設您已備妥好所有的建構子，就不會再提供預設的建構子。以 Ch9_1 為例，由於 6~8 行已經提供一個有引數的建構子，於是 Java 不會再提供預設的建構子。因此，如果把 Ch9_1 的第 15 行改寫成

```
15    Circle c1=new Circle();        // 呼叫沒有引數的 Circle()建構子
```

則過不了編譯器這關，這是因為編譯器找不到 "沒有引數的建構子"（因為 Java 已經不會再提供預設的建構子）。這個觀念在類別的繼承時最為重要，於下一章的內容裡會有更深入的探討。

# 9.2 類別變數與類別函數

我們已經知道類別裡有存放資料的變數，以及用來處理特定工作的函數。類別裡的變數還可細分為「實例變數」（instance variable）與「類別變數」（class variable）；相同的，類別裡的函數也可以細分為「實例函數」（instance method）與「類別函數」（class method）。在介紹這些新名詞之前，我們先來複習一下前幾節的內容，進而引導出這些名詞所代表的涵義。

## 9.2.1 實例變數與實例函數

我們知道由類別建立的物件稱為類別的實例（instance）。可由實例（事實上就是物件啦）存取的變數就稱為實例變數；相同的，可由實例呼叫的函數稱為實例函數。從第八章到目前為止，我們接觸到的變數與函數都是實例變數與實例函數。Ch9_5 是一個很簡單的程式，其中的 Circle 類別的資料成員包含 pi 與 radius，另有建構子 Circle(double r) 與 show() 函數封裝在類別中。

```
01   // Ch9_5, 簡單的範例：實例變數與實例函數
02   class Circle{
03      private double pi=3.14;
04      private double radius;
05
06      public Circle(double r){    // Circle()建構子
07         radius=r;
08      }
09      public void show(){
10         System.out.printf("area=%6.2f\n",pi*radius*radius);
11      }
12   }
13   public class Ch9_5{
14      public static void main(String[] args){
15         Circle c1=new Circle(1.0);
16         c1.show();                // show()必須透過物件來呼叫
17         Circle c2=new Circle(2.0);
18         c2.show();                // show()必須透過物件來呼叫
19      }
20   }
```
• 執行結果：
```
area=  3.14
area= 12.56
```

於 Ch9_5 中，第 15 行利用 Circle() 建構子將 c1 的 radius 成員設為 1.0，第 16 行印出其面積。第 17 行新建立一個物件 c2，並將 radius 成員設為 2.0，最後第 18 行呼叫 show() 函數來顯示出 c2 的面積。在本例中，c1 與 c2 各自擁有儲存資料的空間，如下圖所示：

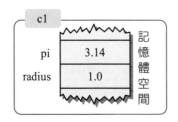 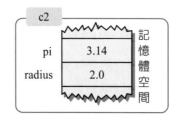

由於 c1 與 c2 物件的資料成員儲存於不同的記憶體空間，所以如果更改 c1 某個資料成員的值，c2 的資料成員並不受影響，因為這些變數各自獨立，且存於不同的記憶體之故。具有此特性的變數，Java 稱之為「實例變數」（instance variable）。

另外，於 Ch9_5 中，Circle 類別裡的 show() 函數必須透過物件來呼叫，如下面的程式碼：

```
Circle c1=new Circle(1.0);    // 建立物件 c1
c1.show();                    // 由物件 c1 呼叫 show() 函數
Circle c2=new Circle(2.0);    // 建立物件 c2
c2.show();                    // 由物件 c2 呼叫 show() 函數
```

也就是說，您必須先建立物件，再利用物件來呼叫它，因為我們無法不透過物件就直接呼叫 show() 函數。具有此特性的函數稱之為實例函數（instance method）。到目前為止，我們撰寫的函數都是實例函數。

❖

## 9.2.2 類別變數

實例變數屬於各別物件所有，彼此之間不能共享。除了實例變數之外，Java 還提供了由所有物件共享的「類別變數」（class variable），屬於類別本身的。也就是說，即使沒有產生任何物件，仍可以直接使用類別變數。每一個物件的類別變數均存放於相同的記憶體空間，若更改某個物件的類別變數，則其它物件的類別變數也會跟著改變。

類別變數和實例變數一樣，都必須在類別中宣告。不同的是，如果要把變數宣告為類別變數，必須在變數之前加上「static」修飾子（modifier）。static 一般譯為靜態，因此類別變數也可以譯為靜態變數。舉例來說，假設 Circle 類別裡的變數 pi，想要把它改為「類別變數」，可將它宣告成：

```
private static double pi=3.14;              // 將 pi 宣告為「類別變數」
```

將 pi 宣告成類別變數是因為 Circle 類別所建立的物件，其 pi 值均相同。因此把這個變數分享給每一個物件即可，並不需要讓每一個物件都保有自己的 pi 值，因為這樣做只會浪費記憶體空間而已。下圖是把 pi 宣告成 static 之後，變數與記憶體之間的配置關係：

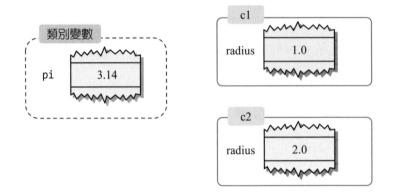

由於類別變數是由所有物件共享，因此在大量建立物件的時候，使用類別變數可以節省記憶體空間。類別變數使用的另一個時機是基於程式的需要；例如，若想知道在程式裡一共產生多少個物件，可在類別內加上一個類別變數，每當新建一個物件時，該類別變數的值便會加 1。由於類別變數是由每一個物件所共享，因此計數會隨著物件的建立而累加。下面的程式碼就是基於這個觀念而設計的：

```
01   // Ch9_6,「類別變數」的使用
02   class Circle{
03      private static int count=0;        // 宣告 count 為類別變數
04      private static double pi=3.14;     // 宣告 pi 為類別變數
05      private double radius;
06
07      public Circle(){            // 沒有引數的 Circle()建構子
08         this(1.0);               // 呼叫第 10 行的建構子，並傳入 1.0
09      }
10      public Circle(double r){        // 有一個引數的 Circle()建構子
11         radius=r;
12         count ++;                // 當此建構子被呼叫時，count 便加 1
13      }
14      public void show(){
15         System.out.printf("area=%6.2f",pi*radius*radius);
16      }
17      public void show_count(){  // show_count(),顯示目前物件建立的個數
```

```
18        System.out.println(count+" object(s) created");
19    }
20  }
21  public class Ch9_6{
22    public static void main(String[] args){
23      Circle c1=new Circle();          // 呼叫第 7 行的建構子
24      c1.show_count();      // 用 c1 物件呼叫 show_count() 函數
25      Circle c2=new Circle(2.0); // 呼叫第 10 行的建構子
26      Circle c3=new Circle(4.3); // 呼叫第 10 行的建構子
27      c1.show_count();      // 用 c1 物件呼叫 show_count() 函數
28      c2.show_count();      // 改用 c2 物件呼叫 show_count() 函數
29      c3.show_count();      // 改用 c3 物件呼叫 show_count() 函數
30    }
31  }
```

• 執行結果：

```
1 object(s) created
3 object(s) created
3 object(s) created
3 object(s) created
```

於 Ch9_6 中，第 3 行宣告類別變數 count，並設初值為 0。第 7~9 行定義一個沒有引數的建構子 Circle()，它在第 8 行可透過 this() 呼叫定義在第 10~13 行有引數的建構子，並傳入 1.0。此外，第 12 行的敘述

```
count++;                    // 當此建構子被呼叫時，count 便加 1
```

可用來計算物件的數目。由於物件建立時會呼叫其建構子，所以每建立一個物件，count 的值便會加 1，於是可藉此來計算物件的總數。17~19 行定義 show_count()，用來顯示 count 的值。由於 count 宣告為 static，因此所有物件的 count 其實都是同一個變數，均指向記憶體中的同一個位址，也就是說，count 這個變數是由所有的物件所共用。

當程式執行時，第 23 行會建立一個新的物件 c1，並呼叫 7~9 行的建構子，此時第 8 行會透過 this() 呼叫定義在 10~12 行的建構子，因此 count 的值會加 1，於是第 24 行的 c1.show_count() 會告訴我們一個物件已被建立。

當第 25 行再建立一個物件 c2 時，count 的值會再加 1 變成 2。相同的，第 26 行建立一個物件 c3 時，count 的值會再加 1 並得到 3。因此不論是透過第 27 行的 c1、第 28 行的 c2，或是由第 29 行的 c3 呼叫 show_count()，所得的結果均顯示 3 個物件已被建立。

### 9.2.3 類別函數

於 Ch9_6 中，所有的 show_count() 函數均是透過物件來呼叫，也就是說；您必須用下列的程式碼來呼叫這個函數：

```
c1.show_count();       // 用 c1 物件呼叫 show_count()
c2.show_count();       // 用 c2 物件呼叫 show_count()
c3.show_count();       // 用 c3 物件呼叫 show_count()
```

透過物件來呼叫函數，有其不便之處。如上例，透過 c1 物件呼叫 show_count() 函數來顯示建立物件的個數，雖然也可以執行無誤，但卻做了它不該做的事，因為 "顯示建立物件的總數" 畢竟和物件本身沒有太大的關係，反而和類別較有關聯。另外，如果沒有建立物件時，我們預期 show_count() 應該會顯示 "0 object(s) created"，但是沒有物件被建立，要怎麼呼叫 show_count() 呢？

解決的方法很簡單，把 show_count() 定義成類別函數（class method）即可。若函數定義成類別函數，則它可以直接由類別來呼叫，而不需透過物件（當然，您也可以用物件來呼叫它）。要把 show_count() 函數定義成類別函數，只要加上 static 修飾子即可：

```
public static void show_count(){    // 將 show_conut()定義成類別函數
   System.out.println(count+" object(s) created");
}
```

定義成類別函數之後，我們就可以直接用類別來呼叫它：

```
Circle.show_count();    // 直接用 Circle 類別呼叫「類別函數」
```

下面的範例是依據這個觀念，把 Ch9_6 的 show_count() 函數從原本的實例函數改寫成類別函數：

```
01  // Ch9_7,「類別函數」的使用
02  class Circle{
03     private static int count=0;       // 宣告 count 為類別變數
04     private static double pi=3.14;     // 宣告 pi 為類別變數
05     private double radius;
06
07     public Circle(){                   // 沒有引數的 Circle()建構子
08        this(1.0);                      // 呼叫第 10 行的建構子，並傳入 1.0
09     }
10     public Circle(double r){           // 有一個引數的 Circle()建構子
11        radius=r;
12        count++;                        // 當此建構子被呼叫時，count 便加 1
13     }
14     public void show(){
15        System.out.printf("area=%6.2f\n",pi*radius*radius);
16     }
17     public static void show_count(){  // 顯示目前物件建立的個數
18        System.out.println(count+" object(s) created");
19     }
20  }
21  public class Ch9_7{
22     public static void main(String[] args){
23        Circle.show_count();          // 用 Circle 類別呼叫 show_count()
24        Circle c1=new Circle();        // 呼叫第 7 行的建構子
25        Circle.show_count();          // 用 Circle 類別呼叫 show_count()
26        Circle c2=new Circle(2.0);    // 呼叫第 10 行的建構子
27        Circle c3=new Circle(4.3);    // 呼叫第 10 行的建構子
28        c3.show_count();              // 用 c3 物件呼叫 show_count()
29     }
30  }
```

• 執行結果：

```
0 object(s) created
1 object(s) created
3 object(s) created
```

於 Ch9_7 中，除了程式第 17~19 行定義 show_count() 為類別函數之外，其餘與 Ch9_6 大同小異。讀者可注意到，第 23 與 25 行均是以 Circle 類別直接呼叫 show_count()，而非透過物件。當然，您也可以透過物件來呼叫「類別函數」，如程式碼的第 28 行所示。但透過物件來呼叫「類別函數」，必須先建立物件才能進行呼叫。

有趣的是，第 23 行蘊藏一個事實，也就是類別函數可以在不產生物件的情況下直接以類別來呼叫。讀者可以看到在第 23 行以類別呼叫 show_conut() 之前，尚未建立任何物件。

另外，您可以在 VSCode 的「問題」窗格裡發現有 3 個警告訊息：

∨  J Ch9_7.java  ③
    ⚠ The value of the local variable c1 is not used Java(536870973) [第 24 行，第 14 欄]
    ⚠ The value of the local variable c2 is not used Java(536870973) [第 26 行，第 14 欄]
    ⚠ The static method show_count() from the type Circle should be accessed in a static way Java(603979893) [第 28 行，第 7 欄]

前兩個警告訊息是因為我們宣告了 c1 和 c2 變數，但後續的程式碼並沒有使用到它。最後一個警告訊息建議我們 show_count() 應以靜態的方式（static way）來呼叫，也就是以 Circle 來呼叫它，雖然此處我們也可以用物件 c3 來呼叫。

## 9.2.4 main() 函數之前的 static 修飾子

現在應該是一個很好的時間點來解釋為什麼每個 main() 函數之前，都要有一個 static 修飾子。我們來看看 Ch9_7 中，第 22 行的 main() 函數敘述：

```
21   public class Ch9_7{
22      public static void main(String[] args){
           ...
29      }
30   }
```

讀者可注意到，main() 之前也加上 static 修飾子，使得 main() 變成是一個「類別函數」，而您現在也不難看出 static 在這兒的用意。main() 是類別 Ch9_7 的一個函數，當編譯器把類別 Ch9_7 編譯好時，Java 便直接使用類別 Ch9_7 來呼叫 main()。很顯然的，呼叫 main() 的是類別 Ch9_7，而非由類別 Ch9_7 所建立的物件。因此在 main() 之前加上 static 似乎是理所當然的事。另外，Java 是在類別 Ch9_7 的外部呼叫 main() 的，因此 main() 之前也必須冠上 public 這個修飾子。

相同的情況也發生在第 7 章所定義的函數中。回想第 7 章我們在介紹函數的時候，每個函數之前都會冠上 public static 這兩個修飾子。相同的，第 7 章定義的函數都是由其所屬的類別與類別的外部直接呼叫，因此必須冠上 public static。

## 9.2.5 類別函數使用的限制

類別函數的特性雖可解決一些問題，但這些特性本身也帶來一些限制。以下分為兩個小段落來討論：

**類別函數無法取用「實例變數」與「實例函數」**

想想看，Ch9_7 的 show_count() 為類別函數，它與任何特定的物件都沒有關係，因此在沒有物件產生的情況下，類別函數依然可以被呼叫。基於這個緣故，類別函數內部無法存取實例變數與實例函數，這是因為它們都緊繫於物件。如果在 Ch9_7 中撰寫如下的程式碼：

```java
public static void show_count(){
    System.out.println(count+" object(s) created");
    System.out.println("radius="+radius);      // 錯誤，不可存取實例變數
    show();                                     // 錯誤，不能呼叫實例函數
}
```

則 Java 會回應我們 "Cannot make a static reference to the non-static field radius" 和 "Cannot make a static reference to the non-static method show() from the type Circle" 這兩個錯誤訊息。第一個錯誤訊息指出 radius 不是類別變數，它無法由類別函數來存取。第二個錯誤訊息也說明 show() 為實例函數，因此不能直接在類別函數裡呼叫。

**類別函數內部不能使用 this 關鍵字**

除了在類別函數內部不能存取實例變數與實例函數的限制之外，在類別函數內部也不能使用 this 關鍵字。因為 this 是代表呼叫該函數的物件，如今類別函數既已不需要物件來呼叫，this 也自然不能夠存在於類別函數的內部。因此，下面的程式碼是錯誤的：

```
public static void show_count(){
  System.out.println(this.count+" object(s) created");//錯誤，不可使用 this
}
```

如果編譯上面的程式碼，將會得到 "Cannot use this in a static context" 的錯誤訊，您可以發現 Java 直接告訴我們，在類別函數裡不能使用 this 關鍵字。

# 9.3 物件變數的使用

我們已經知道變數可分為「基本型別」與「非基本型別」兩種。所謂「基本型別的變數」是指由 int、double 等關鍵字所宣告而得的變數；「非基本型別的變數」則包含了陣列、字串，或是由類別宣告而得的變數（事實上，字串也是由字串類別 String 宣告而得）。舉例來說，下面的敘述中，radius 為基本型別的變數：

```
private double radius;    // 宣告 radius 為基本型別(double)的變數
```

而下面的程式碼則宣告 c1 為 Circle 型別的變數：

```
Circle c1;          // 宣告 c1 為 Circle 型別的變數
c1=new Circle();    // 配置記憶體空間，並將變數 c1 指向它
```

由於 c1 是指向 "由 Circle 類別建立的物件"，因此我們稱 c1 為「物件變數」，這個稱呼是以 c1 變數的功能而言。如果就變數的型別而言，c1 是「Circle 型別的變數」。

## 9.3.1 設值給物件變數

有趣的是，我們可以將一個物件變數 a 指向同一個類別建立的物件 b，此時 a 和 b 均指向相同的記憶體空間，因此更改 a 指向的物件也就同時更改了 b 指向的物件。這種概念相信您應該已經不陌生，第 7 章提到的陣列變數也是這種情況。我們來看下面的例子：

```
01  // Ch9_8, 設值給物件變數
02  class Circle{              // 定義類別 Circle
03     private static double pi=3.14;
04     private double radius;
05
06     public Circle(double r){
07        radius=r;
08     }
09     public void show(){
10        System.out.printf("area=%6.2f\n",pi*radius*radius);
11     }
12  }
13  public class Ch9_8{
14     public static void main(String[] args){
15        Circle c1,c2;          // 宣告 c1,c2 為物件變數
16        c1=new Circle(1.0);    // 建立新的物件，並將 c1 指向它
17        c1.show();
18
19        c2=c1;     // 將 c1 設給 c2，此時這兩個變數所指向的內容均相等
20        c2.show();
21
22        Circle c3=new Circle(2.0); // 建立新的物件，並將 c3 指向它
23        c3.show();
24     }
25  }
```
• 執行結果：
```
area=  3.14
area=  3.14
area= 12.56
```

程式第 15 行宣告 c1、c2 為 Circle 型別的變數，第 16 行以 Circle() 建構子建立新的物件，並將物件變數 c1 指向它。第 19 行將 c1 設給 c2，如此一來 c1 與 c2 指向同一個物件。另外，第 22 行新建立一個物件 c3，並利用建構子將 radius 成員設為 2.0。從程式的輸出中，讀者可發現 c1 與 c2 的面積值相同，但 c3 的面積則與它們不同。

在本例中，c1 與 c2 是指向同一個物件，c3 則是指向另一個物件。透過第 19 行的設定，即可將二個不同名稱的變數指向同一個物件，如下圖所示：

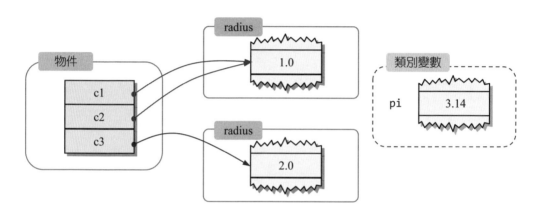

由上圖可知，由於 c1 與 c2 指向同一個物件，因此只要透過其中一個變數對物件做更動，另一變數所指向之物件內容也會隨著更改。我們用下面的例子來做一個驗證：

```
01  // Ch9_9, 物件變數使用的注意事項
02  class Circle{
03     private static double pi=3.14;
04     private double radius;
05
06     public Circle(double r){       // Circle 建構子
07        radius=r;
08     }
09     public void setRadius(double r){
10        radius=r;                    // 設定 radius 成員的值
11     }
12     public void show(){
13        System.out.printf("area=%6.2f\n",pi*radius*radius);
14     }
```

```
15   }
16   public class Ch9_9{
17      public static void main(String[] args){
18         Circle c1,c2;
19         c1=new Circle(1.0);
20         c1.show();
21         c2=c1;                 // 將 c1 設給 c2，此時這兩個變數指向相同的物件
22         c2.setRadius(2.0); // 將 c2 物件的半徑設為 2.0
23         c1.show();
24      }
25   }
```
• 執行結果：
```
area=  3.14
area= 12.56
```

於本例中，我們在 9~11 行多添加一個 setRadius() 函數，用來設定物件的半徑。第 19 行將物件 c1 的半徑設為 1.0，第 21 行將 c1 設給 c2 存放，因此 c1 與 c2 會指向同一個物件。第 22 行透過 c2 呼叫 setRadius()，把 c2 指向的物件之半徑更改為 2.0。第 23 行透過 c1 呼叫 show()。程式的輸出結果正如預期，由於 c1 與 c2 指向同一個物件，所以透過 c2 修改半徑，更改到的內容事實上也就是 c1 所指向之物件的半徑。

❖

## 9.3.2 傳遞物件變數到函數
如果想要傳遞物件變數到函數裡，只要在定義函數時把類別名稱加到引數之前即可。例如，想傳遞 Circle 型別的物件到 compare() 函數，可以利用如下的語法來定義：

傳遞物件變數到函數的語法

```
傳回值型別 compare( Circle obj){
   ...                 引數型別為 Circle
}
```

下面的範例說明如何設計與使用 compare() 函數，並利用它來比較物件 c1 與 c2 的 radius 成員是否相等：

```
01   // Ch9_10, 傳遞物件變數
02   class Circle{
03      private static double pi=3.14;
04      private double radius;
05
06      public Circle(double r){          // Circle()建構子
07         radius=r;
08      }
09      public void compare(Circle cir){   // compare() 函數
10         if(this.radius==cir.radius)    // 判別物件的 radius 成員是否相等
11            System.out.println("Radius are equal");
12         else
13            System.out.println("Radius are not equal");
14      }
15   }
16   public class Ch9_10{
17      public static void main(String[] args){
18         Circle c1=new Circle(1.0);
19         Circle c2=new Circle(2.0);
20         c1.compare(c2);              // 比較 c1 與 c2 的 radius 是否相等
21      }
22   }
```

• 執行結果：

```
Radius are not equal
```

為了讓本章在介紹上有一貫的完整性，特地保留第 3 行的資料成員 pi，由於本例中並未使用到 pi，因此在 VSCode 中編譯執行時會出現警告訊息，這並不影響程式的執行，若是覺得不想看到有問題出現在下方窗格中，可以用 "//" 將第 3 行以註解的方式保留，本章後面其他範例也請以相同方式處理。在 Ch9_10 中，第 9~14 行定義了 compare() 函數，其主要的判斷敘述在第 10 行：

```
if(this.radius==cir.radius)          // 判別物件的 radius 成員是否相等
```

其中 this 關鍵字於前文已提及，它代表呼叫 compare() 的物件。由程式的第 20 行可看出此函數是由 c1 所呼叫，傳入的引數為 c2，因此第 10 行的 this 便代表 c1，而 cir

是傳入的引數 c2。由於 c1 與 c2 的 radius 成員之值不同,所以判斷不成立,故回應 "radius are not equal" 字串。

值得一提的是,我們不能把第 10 行寫成如下的敘述:

```
if(this==cir)                        // 判別 this 與 cir 是否指向同一個物件
```

因為這種寫法是用來比較 this 與 cir 是否指向同一個物件。若是不同的物件,即使所有成員的內容都相同,比較的結果仍會是不相同。

## 9.3.3 從函數傳回物件變數

若是要從函數傳回物件變數,只要在函數定義的前面加上該類別的名稱即可。例如,以 Ch9_10 的 compare() 為例,若是要傳回 Circle 型別的變數,則可利用下面的語法來撰寫:

**從函數傳回物件變數的語法**

傳回 Circle 型別的變數

```
Circle compare(Circle obj) {
   ...
}
```

下面的範例是利用 compare() 函數來比較二個物件 radius 成員的大小,並傳回半徑較大的物件。為了簡化程式碼,我們假設物件的 radius 成員不相等:

```
01  // Ch9_11, 由函數傳回物件變數
02  class Circle{
03     private static double pi=3.14;
04     private double radius;
05
06     public Circle(double r) {     // Circle 建構子
07        radius=r;
08     }
09     public Circle compare(Circle cir) { // Compare() 函數
```

```
10          if(this.radius>cir.radius)
11              return this;              // 傳回呼叫 compare() 函數的物件
12          else
13              return cir;               // 傳回傳入 compare() 函數的物件
14      }
15  }
16  public class Ch9_11{
17      public static void main(String[] args){
18          Circle c1=new Circle(1.0);
19          Circle c2=new Circle(2.0);
20          Circle obj;
21
22          obj=c1.compare(c2);        // 呼叫 compare() 函數
23          if(c1==obj)
24              System.out.println("radius of c1 is larger");
25          else
26              System.out.println("radius of c2 is larger");
27      }
28  }
```
• 執行結果：
```
radius of c2 is larger
```

Ch9_11 與 Ch9_10 只差在 compare() 函數的傳回值是 radius 較大的物件。由於現在 compare()要傳回 Circle 型別的物件，因此第 9 行要宣告 compare() 傳回值的型別為 Circle。程式 18 和 19 行分別設定 c1 和 c2 物件的半徑為 1.0 和 2.0，於第 22 行利用 compare() 函數比較 c1 和 c2 半徑的大小，並用 obj 變數接收半徑較大的物件。最後 透過第 23 行的判斷印出適合的敘述。注意第 23 行的運算式 c1==obj 是比較 c1 和 obj 是否指向同一個記憶體空間，而不是比較其資料成員的值是否相等。

# 9.4 利用陣列來儲存物件

陣列也可以存放物件，其作法是先建立物件陣列，再配置空間。例如，如果想建立 內含三個 Circle 物件的陣列，我們可以利用下面的語法來完成：

```
Circle[] cir;              // 宣告 Circle 型別的陣列 cir
cir=new Circle[3];         // 配置記憶體空間給 cir
```

或者也可以把上面兩行合併成一行：

```
Circle[] cir=new Circle[3];    //宣告陣列數 cir 並配置記憶體空間
```

建立好陣列 cir 之後，我們便可將每一個陣列元素指向由 Circle 類別所建立的物件：

```
cir[0]=new Circle();
cir[1]=new Circle();
cir[2]=new Circle();
```

> 將每一個陣列元素 cir 指向由 Circle 類別
> 所建立的物件

此時，Cir[0]、Cir[1] 與 Cir[2] 是屬於 Circle 型別的變數，它們分別指向新建立物件的記憶體位址。當陣列元素個數很多時，可以利用 for 迴圈來完成指向物件的動作：

```
for(int i=0; i<cir.length; i++){
    cir[i]=new Circle();
}
```

由上面的範例可知，如果要使用物件陣列，必須用兩次 new 運算子來配置記憶體空間，一次是配置記憶體空間給用來存放位址的陣列，另一次是配置記憶體空間給物件。下圖為存放位址與物件實體之陣列的記憶體空間配置情形：

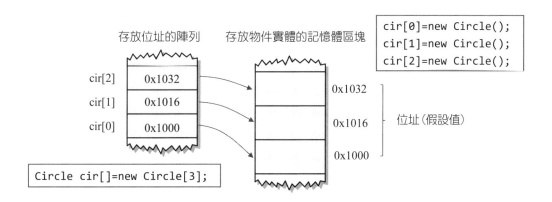

## 9.4.1 建立物件陣列的範例

下面的程式碼是物件陣列的使用範例。這個範例中，我們於 main() 函數裡建立 Circle 型別的陣列，它有三個元素，並以個別的元素呼叫 show() 函數。

```
01  // Ch9_12, 建立物件陣列
02  class Circle{
03      private static double pi=3.14;
04      private double radius;
05
06      public Circle(double r){        // Circle 建構子
07          radius=r;
08      }
09      public void show(){
10          System.out.printf("area=%6.2f\n",pi*radius*radius);
11      }
12  }
13  public class Ch9_12{
14      public static void main(String[] args){
15          Circle[] cir;
16          cir=new Circle[3];          宣告 Circle 型別的陣列，並用 new 配置記憶體空間
17          cir[0]=new Circle(1.0);
18          cir[1]=new Circle(4.0);     用 new 產生新的物件，並配置給陣列元素
19          cir[2]=new Circle(2.0);
20
21          cir[0].show();   // 利用物件 cir[0]呼叫 show() 函數
22          cir[1].show();   // 利用物件 cir[1]呼叫 show() 函數
23          cir[2].show();   // 利用物件 cir[2]呼叫 show() 函數
24      }
25  }
```

• 執行結果：
```
area=  3.14
area= 50.24
area= 12.56
```

於 Ch9_12 中，第 15~16 行宣告 Circle 型別的陣列，並用 new 配置三個記憶體空間，用來存放指向物件實體的位址。第 17~19 行以 new 建立新的物件，並呼叫 Circle() 建構子。第 21~23 行分別利用 cir[0]、cir[1] 與 cir[2] 呼叫 show() 函數。讀者可看

出，cir[0] 指向半徑為 1.0 的物件，故面積計算得 3.14；cir[1] 指向半徑為 4.0 的物件，面積計算得 50.24；而 cir[2] 指向半徑為 2.0 的物件，因此面積為 12.56。

## 9.4.2 傳遞物件陣列到函數裡

相同的，物件陣列也可以傳遞到函數裡。Ch9_13 是傳遞物件陣列的範例，它可以將 Circle 建立的物件陣列傳遞給 compare() 函數，然後傳回這些物件陣列中，radius 成員的最大值：

```
01  // Ch9_13, 傳遞物件陣列到函數
02  class Circle{
03     private static double pi=3.14;
04     private double radius;
05
06     public Circle(double r){
07        radius=r;
08     }
09     public static double compare(Circle[] c){  // compare() 函數
10        double max=0.0;
11        for(int i=0;i<c.length;i++)
12           if(c[i].radius>max)
13              max=c[i].radius;
14        return max;
15     }
16  }
17  public class Ch9_13{
18     public static void main(String[] args){
19        Circle[] cir;
20        cir=new Circle[3];
21
22        cir[0]=new Circle(1.0);
23        cir[1]=new Circle(4.0);
24        cir[2]=new Circle(2.0);
25        System.out.println("Largest radius = "+Circle.compare(cir));
26     }
27  }
```

- 執行結果：

```
Largest radius = 4.0
```

注意於第 9~15 行 compare() 函數的定義中，由於引數是 Circle 型別的陣列，且傳回值是 radius 成員，其型別為 double，故語法撰寫如下：

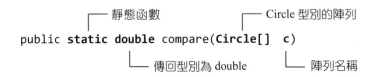

此外，第 9 行將 compare() 宣告成 static，如果便可直接由 Circle 類別來呼叫，而不須透過物件。第 11~13 行是判斷 radius 成員最大值的敘述，於 for 迴圈內逐一判斷每一個物件的 radius 成員是否大於 max，如果成立則取代之，否則跳至下一個物件再進行判斷。判斷結束之後，由第 14 行的 return 敘述傳回最大值。注意第 11 行的 c.length 會取出陣列的長度，此處為 3。

在 main() 裡，在第 25 行由 Circle 類別呼叫 compare()，並傳遞物件陣列 cir 到函數裡。注意在傳遞陣列時，compare() 函數的括號內所填上的是陣列的名稱，如下圖所示：

```
Circle.compare(cir)
```
         └─ 傳遞陣列時，括號內填上陣
            列名稱即可

由於物件陣列 cir 中，最大的半徑是 4.0，因此 compare() 函數回應 4.0。

# 9.5 內部類別

我們已經知道類別內部可定義各種成員。有趣的是，在類別的內部也可以定義另一個類別。如果在類別 A 的內部再定義一個類別 B，這種結構稱為巢狀類別（nested classes），此時的類別 A 稱為外部類別（outer class），而類別 B 則稱為內部類別（inner class）。

## 9.5.1 內部類別的撰寫

內部類別也可宣告成 public 或 private。當內部類別宣告成 public 或 private 時，其存取的限制與資料成員或函數成員相同。下面列出內部類別的定義格式：

---

定義內部類別的語法

修飾子 **class** 外部類別的名稱{
　　// 外部類別的成員
　　修飾子 **class** 內部類別的名稱{
　　　　// 內部類別的成員　　⎫ 內部類別
　　}　　　　　　　　　　　　　　　　　　　　⎬ 外部類別
}

---

在正式撰寫內部類別之前，我們先來複習一下類別的基本格式。Ch9_14 是一個簡單的範例，稍後將以此範例做延伸來介紹內部類別的撰寫方式：

```
01  // Ch9_14, 類別的複習
02  class Circle{
03      private double radius;
04      void set_radius(double r){
05          radius=r;
06          System.out.printf("radius=%5.2f",radius);
07      }
08  }
09  public class Ch9_14{
10      public static void main(String[] args){
11          Circle c1=new Circle();
12          c1.set_radius(5.2);
```

```
13        }
14   }
```

• 執行結果：

```
radius= 5.20
```

在 Ch9_14 中，2~8 行定義了 Circle 類別，內含兩個資料成員 pi 與 radius，與一個 set_radius() 函數，用來設定 radius 成員的值。在執行時，main() 函數裡的第 11 行先建立一個 Circle 的物件 c1，第 12 行再利用 c1 呼叫 set_radius() 將資料成員 radius 設值為 5.2。從輸出中，我們可以確定 radius 成員已經被正確設值了。

您可以注意到 Ch9_14 一共有兩個類別，一個是 Circle，另一個是 Ch9_14。它們是兩個獨立的類別，彼此不相互包含。下面的範例修改了 Ch9_14.java，我們把類別 Circle 併到類別 Ch9_15 裡，使得 Circle 成為 Ch9_15 的內部類別，也就是把 Circle 變成是 Ch9_15 的一個成員。其程式碼的撰寫如下：

```
01   // Ch9_15, 內部類別的使用
02   public class Ch9_15{
03      public static void main(String[] args){
04         Circle c1=new Circle();                          ── 外部類別
05         c1.set_radius(5.2);
06      }
07      static class Circle{
08         private double radius;
09         void set_radius(double r){                        ── 內部類別
10            radius=r;
11            System.out.printf("radius=%5.2f",radius);
12         }
13      }
14   }
```

• 執行結果：

```
radius= 5.20
```

在程式 Ch9_15 中，我們把類別 Circle 放在類別 Ch9_15 內，使得 Circle 變成類別 Ch9_15 的成員之一，此時 Circle 稱為內部類別，而 Ch9_15 則稱為外部類別。

在外部類別的 main() 函數內，第 4 行建立一個內部類別 Circle 的物件 c1，第 5 行利用物件 c1 呼叫內部類別 Circle 的 set_radius() 函數並傳入 5.2。set_radius() 將 radius 設值為 5.2 之後，並將它印出。請注意，我們是在 static 函數內（main() 為靜態函數）建立內部類別 Circle 的物件（第 4 行），由於 static 函數只能存取 static 成員，因此別無選擇，在第 7 行的內部類別 Circle 必須宣告為 static。

## 9.5.2 取用內部類別的成員

巢狀類別裡的成員包含了資料成員、函數成員，以及類別成員（也就是內部類別）。在取用內部類別的成員時，我們只要在外部類別建立內部類別的物件，再利用此物件來取用內部類別的成員即可。

舉例來說，假設 Circle 類別內有資料成員 radius 與 clr、函數成員 show()，以及類別成員 Color，其中 clr 是 Color 類別建立的物件。Color 內含一個資料成員 color，可用來記錄顏色（為一字串）。因此對 Color 來說，Circle 是外部類別，而 Color 是 Circle 的內部類別。下面的程式示範如何在外部類別取用內部類別的成員：

```
01   // Ch9_16, 於外部類別內取用內部類別的成員
02   class Circle{    // 外部類別
03      private double radius;
04      private Color clr;
05
06      public Circle(double r, String c){
07         radius=r;
08         clr=new Color(c);
09         System.out.println("Circle() 建構子被呼叫了");
10      }
11      public void show(){
12        System.out.printf("radius=%5.2f, color= %s\n",radius,clr.color);
13      }
```

```
14      private class Color{      // Circle 的內部類別
15         private String color;
16         Color(String c){
17            color=c;
18            System.out.println("Color() 建構子被呼叫了");
19         }
20      }
21   }
22   public class Ch9_16{
23      public static void main(String[] args){
24         Circle c1=new Circle(2.0,"Blue");
25         c1.show();
26      }
27   }
```

• 執行結果：
```
Color() 建構子被呼叫了
Circle() 建構子被呼叫了
radius= 2.00, color= Blue
```

於 Ch9_16 中，第 2~21 的 Circle 為外部類別，而定義在 14~20 行的 Color 為內部類別。外部類別 Circle 的資料成員有 radius，以及一個 Color 類別的變數 clr。在 Circle 的建構子中，第 7 行設定 radius 成員的值，第 8 行利用 new 建立內部類別 Color 的物件，並指定給 clr 存放，然後顯示 "Circle() 建構子被呼叫了" 字串。11~13 行則定義 Circle 的函數成員 show()，可用來顯示 radius 和 clr 物件之 color 成員的值。第 14~20 的內部類別 Color 宣告資料成員 color，並定義一個有引數的建構子 Color()，可用來設定 color 的值。

程式執行時，第 24 行呼叫 Circle() 建構子，並傳入 2.0 與 "Blue" 兩個引數，此時執行的流程進入 6~10 行。第 7 行將 radius 設為 2.0，第 8 行建立一個 clr 物件並呼叫 Color() 建構子，於第 17 行將 clr 的 color 成員設值為 "Blue"，並執行第 18 印出 "Color() 建構子被呼叫了"，然後回到 Circle() 建構子內，執行第 9 行並印出 "Circle() 建構子被呼叫了" 字串。接下來執行流程回到 main() 函數中，第 25 行利用 c1 物件呼叫 show() 函數，列印出 radius 和 clr 之 color 成員的值。

❖

值得注意的是，巢狀類別裡的內部類別為外部類別的成員之一，因此外部類別的成員可以存取、呼叫內部類別裡的成員；內部類別的成員同樣也可以存取、呼叫外部類別裡的成員，不受 private 的限制。例如第 15 行雖然宣告 color 為 private，不過在 Color 類別外面的第 12 行，我們依然可以利用 clr.color 取得 color 成員的值。

# 9.6 回收記憶體

傳統的程式語言（如 C 語言）並沒有提供資源回收的機制，然而若某個物件不再被使用時，原來分配給它的記憶體空間會一直存在，直到程式中斷執行或是結束，該空間才會被釋放，造成系統資源無形中的浪費及執行效率變低。

Java 有一套蒐集殘餘記憶體的機制，稱為資源回收或是垃圾回收（garbage collection），用來處理記憶體回收的事宜。Java 提供的資源回收機制，是屬於系統層級的執行緒（system-level thread），一般我們不太需要去關心 Java 什麼時候會進行回收。Java 在運行程式時，會找到適當的時機來處理回收的事宜。如果明確知道某個物件不再使用時，我們只要把指向該物件的變數設值設為 null 即可，如下面的程式碼片段：

```
class Test{
    public static void main(String[] args){
        Circle c1=new Circle();      // 建立物件，並配置記憶體給它
        ...
        c1=null;                     // 將 c1 指向 null,代表 c1 已不再指向任何物件
        ...
    }
}
```

一經設定為 null，該變數便不指向任何物件，Java 便會在適當的時機回收原先被該物件所佔據的記憶體空間。如果兩個類別型別的變數指向同一個物件，接著將其中一個變數設為 null，由於另一個變數還是指向它，因此 Java 的蒐集殘餘記憶體機制並不會回收它，但指向 null 的變數不能再被使用。如下面的範例：

```
class Test{
    public static void main(String[] args){
    Circle c1=new Circle();
    Circle c2;
    c2=c1;          // 設定 c2 與 c1 均指向同一個物件
    ....
    c1=null;        // 將 c1 指向 null, 但 c2 仍指向該物件，因此不會被回收
    }
}
```

Java 在記憶體的回收方面做了相當大的改進，使用垃圾回收機制來自動回收不再被使用的物件所佔用的記憶體空間。當物件不再被程式使用時，Java 會將該物件的參考設為 null，讓該物件成為垃圾物件，等待被垃圾回收器回收。程式不需要手動釋放物件所佔用的記憶體，Java 的垃圾回收機制會在程式執行結束時，自動回收所有被配置的記憶體空間，以釋放系統資源。

# 第九章 習題

## 9.1 建構子

1.　假設 Rectangle 類別的定義如下：

```
01  class Rectangle{
02      int width;
03      int height;
04  }
```

(a) 試設計一個建構子 Rectangle(int w, int h)，當此建構子呼叫時，便會自動設定 width=w，height=h。

(b) 請接續 (a) 的部份，請再設計一個沒有引數的建構子 Rectangle()，使得當此建構子呼叫時，便會設定 width=1，height=1（請不要使用 this() 來設定）。

(c) 試設計 show() 函數，可以印出 width 和 height 成員的值，並測試 (a) 和 (b) 的建構子，看看它們是否可以正確的執行。

2. 試修改習題 1 的 (b) 小題，利用 this() 呼叫有引數的建構子 Rectangle(int w, int h) 來設定 width=1，height=1，並利用 show() 函數測試您的結果。

3. 試閱讀下列的程式碼，並回答接續的問題：

```
01  class Caaa{    // 定義類別 Caaa
02      private int value;
03      public Caaa(){
04         // 試填寫此處的程式碼，使得呼叫此建構子時，value 的值會被設為 1
05      }
06      public Caaa(int i){
07         value=i;
08      }
09  }
10  public class Ex9_3{
11      public static void main(String[] args){
12          Caaa obj1=new Caaa();
13          Caaa obj2=new Caaa(12);
14      }
15  }
```

(a) 試填寫第 4 行的程式碼，使得當沒有引數的建構子 Caaa() 被呼叫時，value 的值會被設為 1。

(b) 試在 Caaa 類別內加入一個 void set_value(int n) 函數，它可以設定 value 的值為 n，以及 int get_value() 函數，用來讀取 value 的值。添加完這兩個函數後，請測試它們是否可以正確執行。

4. 設 MinMax 類別有一個資料成員 arr，可指向一個一維的整數陣列。MinMax 的定義如下：

```
01 class MinMax{
02    private int[] arr;
03 }
```

(a) 試在 MinMax 類別內添加建構子 MinMax(int[] a)，它可接收一個一維整數陣列，並將資料成員 arr 指向這個陣列。

(b) 試在 MinMax 類別內添加 void find_min_max() 函數，用來尋找並列印陣列 arr 的最小值與最大值。

於本題中，若於 main() 中撰寫如下左邊的程式碼，應該可以得到右邊的結果：

```
int[] a={12,54,23,17,90};          min= 12, max= 90
MinMax obj=new MinMax(a);
obj.find_min_max();
```

5.　設 Average 類別有一個資料成員 arr，可指向一個二維的整數陣列，以及一個 double 型別的資料成員，用來存放二維陣列 arr 的平均值。Average 的定義如下：

```
01  class Average{
02      private int[][] arr;
03      private double avg;
04  }
```

(a) 試在 Average 類別內添加建構子 Average(int[][] a)，它可接收一個二維整數陣列，並將 arr 指向這個陣列，同時可計算陣列 arr 的平均值，並將它設定給 avg 存放。

(b) 試在 Average 類別內添加 void print_avg() 函數，用來印出 avg 成員的值。

(c) 試在 Average 類別內添加 void print_arr() 函數，可用來列印出二維陣列 arr。

於本題中，若於 main() 中撰寫如下左邊的程式碼，應該可以得到右邊的結果：

```
int[][]                          average= 24.50
a={{12,54,23},{21,12,25}};        12 54 23
Average obj=new Average(a);        21 12 25
obj.print_avg();
obj.print_arr();
```

## 9.2 類別變數與類別函數

6.　試依題意完成下列各題：

(a) 試設計類別 Count，內含整數的資料成員 cnt（初值設為 0），只要每建立一個物件，cnt 的值便加 1。也就是說，cnt 可用來計算 Count 物件建立的個數。

(b) 試在類別 Count 裡設計 void setZero() 函數，當此函數被呼叫時，cnt 的值會被歸零。

(c) 試在類別 Count 裡設計 void setValue(int n)，當此函數呼叫時，cnt 的值會被設為 n。

(d) 試在類別 Count 裡設計 void show() 函數，可以用來顯示 cnt 的值。

(e) 試在 main() 函數中宣告二個 Count 類別的物件，再利用 show() 函數顯示 cnt 的值。

(f) 試在 main() 函數中分別呼叫 setZero() 與 setValue(10) 函數後，利用 show() 函數顯示 cnt 的值。

7. 試設計類別 Summation，內含一個類別函數 void add(int n)，可用來計算並印出 1 + 2 + … + n。於本題中，若於 main() 中撰寫如下左邊的程式碼，應該可以得到右邊的結果：

```
Summation.add(5);          1+2+...+5=15
Summation.add(10);         1+2+...+10=55
```

8. 試設計類別 Math，內含一個資料成員 pow 與一個實例函數 mypower(int x, int n) 函數，可用來將 pow 設值為 x 的 n 次方，且會印出計算的結果。例如若於 main() 中撰寫如下左邊的程式碼，應該可以得到右邊的結果：

```
MyMath p1=new MyMath();    2 的 5 次方 = 32
MyMath p2=new MyMath();    3 的 4 次方 = 81
p1.mypower(2,5);
p2.mypower(3,4);
```

9. 試設計一個類別 MyClip，內含兩個整數靜態資料成員 low 與 high。請依下列題為 MyClip 類別添加下面的函數：

(a) 請設計一個 void set_range(int lo, int hi) 函數，可用來設定靜態資料成員 low 與 high 的值分別為 lo 與 hi。

(b) 請設計一個 void clip(int[] arr) 函數，可以用來接收一個一維陣列 arr，並將此陣列中，大於 high 的元素都設為 high，小於 low 的元素都設為 low。

(c) 請設計一個 print_arr(int[] arr) 函數，可用來列印陣列 arr 的值。

於本題中，若於 main() 中撰寫如下左邊的程式碼，應該可以得到右邊的結果：

```
int[] a={-4,190,300,12,-7,8};   After clipped:  0 190 255  12   0   8
int[] b={0,2,4,3,6,7};            After clipped:  3   3   4   3   5   5
MyClip obj=new MyClip(0,255);
obj.clip(a);
obj.print_arr(a);
obj.set_range(3,5);
obj.clip(b);
obj.print_arr(b);
```

## 9.3 物件變數的使用

10. Ch9_11 的 compare() 函數是撰寫在 Circle 類別內。試修改 compare() 函數，使得它是類別 Ch9_11 裡的函數成員，而不是 Circle 類別的函數成員。

11. 假設我們想設計一類別 Fraction，可用來處理分數的一些相關運算。Fraction 類別初步的撰寫如下：

```
01  class Fraction{    // 分數類別
02     private int num,den;
03     public void setN(int n) {     // 設定分子
04        num=n;
05     }
06     public void setD(int d){      // 設定分母
07        den=d;
08     }
09     public void show(){
10        System.out.println(n+"/"+d);    // 顯示分數
11     }
12  }
```

上面的程式碼初步定義了 Fraction 類別，它具有兩個資料成員，分別為分子 num（numerator）與分母 den（denominator），以及一個 show() 函數，用來顯示分數。試依序完成下列各題：

(a) 試設計 Fraction 類別的建構子 Fraction (int n, int d)，可用來將分子 num 設為 n，將分母 den 設為 d。

(b) 試在 Fraction 類別裡添加 void setN(int n) 和 void setD(int d) 函數，可分別用來設定 Fraction 物件的分子與分母。

(c) 試撰寫函數 public void setND(int num, int den)，可用來同時設定分數的分子與分母。

於本題中，若於 main() 中撰寫如下左邊的程式碼，應該可以得到右邊的結果：

```
Fraction f=new Fraction(5,3);    5/3
f.show();                        7/12
f.setN(7);                       100/120
f.setD(12);
f.show();
f.setND(100,120);
f.show();
```

12. 接續習題 11 中，假設本題中的 main() 函數位於類別 Ex9_12 內。試將 Fraction 裡的 show() 函數改寫成類別 Ex9_12 裡的函數成員，而非 Fraction 裡的函數成員。注意在本題中，因為 num 和 den 都是 private，所以必須另外定義 getN() 和 getD() 函數，分別用來傳回 num 和 den。另外，我們也必須把 Fraction 物件傳遞到 Ex9_12 裡的 show() 函數裡。於本題中，若於 main() 裡撰寫如下左邊的程式碼，應該可以得到右邊的結果：

```
Fraction f=new Fraction(5,3);    5/3
show(f);
```

13. 試接續習題 11，請在 Fraction 類別裡加入分數相加的函數 Fraction add(Fraction f)，可傳回呼叫 add() 函數的物件和傳入的物件相加之後的結果。例如，如果呼叫 add() 函數的物件為 Fraction(3,5)，傳入 add() 的物件為 Fraction(1,4)，相加之後的結果為

$$\frac{3}{5}+\frac{1}{4}=\frac{3\times 4+5\times 1}{5\times 4}=\frac{17}{20}$$

因此 add() 會傳回 Fraction(17,20) 這個物件。於本題中，若於 main() 中撰寫如下左邊的程式碼，應該可以得到右邊的結果：

```
Fraction f1=new Fraction(3,5);    17/20
Fraction f2=new Fraction(1,4);
Fraction result= f1.add(f2);
result.show();
```

14. 接續習題 11，試於 Fraction 類別中撰寫 Fraction compare(Fraction f1, Fraction f2) 函數，可用來比較分數 f1 與 f2 的大小，並傳回較大者。compare() 請用類別函數來撰寫。於本題中，若於 main() 中撰寫如下左邊的程式碼，應該可以得到右邊的結果：

```
Fraction f1=new Fraction(2,3);      2/3
Fraction f2=new Fraction(1,2);
Fraction f3;
f3=Fraction.compare(f1,f2);
f3.show();
```

15. 接續習題 11，試於 Fraction 類別中撰寫 void larger(Fraction f2) 函數，用來判別呼叫 larger() 的 Fraction 物件 f1 的分數值是否大於 f2；若是，則印出 "f1 is larger"，否則印出 "f2 is larger"。

## 9.4 利用陣列來儲存物件

16. 試修改 Ch9_13.java，加入 double average(Circle[] c) 函數，用來傳回 Circle 物件陣列裡所有 radius 成員的平均值。例如若 3 個物件的 radius 分別 2.0、3.0 和 4.0，則 average() 會傳回 3.0。

17. 試將 Ch9_12.java 改為利用 for 迴圈來建立 cir 物件陣列，並利用它們呼叫 show() 函數。（提示：因為 cir[0]~cir[2] 的 radius 成員都不相同，我們可以建一個陣列來存儲這些 radius 成員，然後在 for 迴圈裡取用它們來設定 radius 成員的值）

## 9.5 內部類別

18. 假設 NameCard 類別的部份定義如下：

```
01  class NameCard{
02    private String name;     // name,存放姓名
03    private String address;  // address, 存放地址
04    private Phone data;      // Phone 類別，裡面有 tel 和 mobile 成員
05  }
```

其中 Phone 為 NameCard 的一個內部類別，它有 tel 和 mobile 兩個資料成員，皆為 String 型別，其中 tel 用來存放電話號碼，mobile 則是用來存放手機號碼。試依序做答下列各題，使得 NameCard 成為一個完整的類別：

(a) 試將 Phone 類別加入 NameCard 類別，成為巢狀類別。

(b) 請設計一個 NameCard 類別的建構子 NameCard(String na, String ad)，用來設定 name 為 na、address 為 ad。

(c) 請設計一個 Phone 類別的函數成員 void setPhone(String te, String mob)，用來設定 tel 為 te、mobile 為 mob。

(d) 試撰寫一個 show() 函數，用來列印 NameCard 類別的成員 name 和 address，以及 Phone 類別裡的成員 tel 與 mobile。

於本題中，若於 main() 裡執行如下左邊的程式碼，應該可以得到右邊的結果：

```
NameCard tom=new NameCard("Tom","123 City");   Name: Tom
tom.setPhone("345-7612","0971-666000");        Address: 123 City
tom.show();                                     Tel: 345-7612
                                                Mobile: 0971-666000
```

19. 假設 Data 類別的部份定義如下：

```
01  class Data{
02      private String name;
03      private Test score;
04  }
```

其中 name 可用來存放學生的姓名，而 Test 為一個類別，它有 english、math 兩個資料成員，用來存放學生的英文和數學成績，型別皆為 int。

(a) 試將 Test 類別加入 Data 類別，使其成為 Data 的內部類別。

(b) 請設計一個 Test 的建構子 Test(int eng, int ma)，用來設定 english 的值為 eng，math 的值為 ma。

(c) 試在 Test 類別裡撰寫一個 double avg() 函數，用來計算並傳回 english 與 math 的平均成績。

(d) 請設計一個 Data 類別的建構子 Data(String na, int eng, int ma)，用來設定 Data 的 name 成員為 na，並以 eng 和 ma 為引數呼叫 Test 的建構元來建立一個 score 物件。

(e) 試撰寫 show() 函數，用來列印 Data 和 Test 類別裡所有成員的資料，以及平均成績。

於本題中，若於 main() 裡執行如下左邊的程式碼，應該可以得到右邊的結果：

```
Data stu=new Data("Annie",85,92);    Name: Annie
stu.show();                          English :85
                                     Math: 92
                                     Average: 88.5
```

20. 試將習題 19 的 avg() 函數從內部類別 Test 中移出，變成外部類別 Data 裡的函數成員。本題的執行結果應與上題完全相同。

## 9.6 回收記憶體

21. 試舉一個例子，說明什麼時候 Java 的物件變數指向的記憶體空間無法再被使用。

22. 記憶體回收的機制中，Java 如何處理不再使用的物件？

# 10

Chapter

# 類別的繼承

對 OOP 的程式而言，類別的菁華在於類別的繼承。繼承可以使我們以既有的類別為基礎，進而衍生出新的類別。透過這種方式，我們可以呼叫既有類別的函數或是存取相關的資料，因此可以在原有的類別基礎中，快速地開發出新的類別，這也就是程式碼再利用（re-use）的概念。本章將介紹 Java 繼承的觀念，以及它們實際的應用等。

### 本章學習目標

- 學習繼承的基本概念
- 瞭解子類別與父類別之間的關係
- 認識函數的改寫
- 區分 super() 與 this() 的用法
- 認識 Object 類別

# 10.1 繼承的基本概念

「繼承」（inheritance）是物件導向程式設計中相當重要的一環。我們可藉由繼承來保有原先的功能並加以擴展，不需要再撰寫相同的部份。Java 可根據既有類別衍生出另一類別，這種概念稱為類別的繼承，此時既有的類別稱為父類別（super class），而衍生出的類別稱為子類別（sub class）。

於 Java 裡，一個父類別可以衍生一個以上的子類別，但每一個子類別只能有一個父類別，這是所謂的單一繼承（single inheritance）。經過繼承之後，子類別便可擁有父類別的成員，包括所有的資料成員與函數成員，但這並不意味著在子類別裡，便可完全沒有限制的存取這些成員，例如父類別裡的 private 成員便不能直接在子類別裡做存取。類別成員的繼承關係可用下圖來表示：

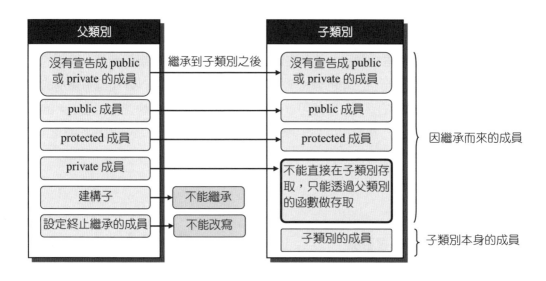

由上圖可知，父類別裡宣告成 public 的成員，或者是沒有做 public / private 宣告的成員，繼承到子類別之後其存取的屬性並不會改變。然而在父類別裡的 private 成員經繼承後，子類別只能透過由父類別繼承而來的函數來存取它。此外，建構子和設定終止繼承的成員都不能繼承給子類別。在上圖裡還有一個 protected 成員，繼承到子類別之後，其存取的屬性還是 protected。protected 成員的用法，將於 10.2 節做介紹。

在 Java 中的繼承機制裡，除了父類別的 private 成員、建構子、已被設定終止繼承的成員之外，子類別可以使用父類別的成員，不過父類別無法存取子類別的成員。由於子類別包含了父類別部分的成員，因此它們之間的關係可以用下圖來表示：

在 Java 裡，類別的繼承是以 extends 關鍵字，將父類別繼承給子類別。extends 的原意是延伸的意思，A extends B 就是 A 延伸 B 的功能，也就是以子類別 A 繼承父類別 B。Java 繼承的語法如下：

---

類別繼承的語法

```
class 父類別名稱{        ⎫
    //  父類別裡的成員   ⎬ 父類別
}                        ⎭
class 子類別名稱 extends 父類別名稱{   ⎫
    //  子類別裡的成員               ⎬ 子類別
}                                    ⎭
```

---

## 10.1.1 簡單的繼承範例

本節將再以 Circle 類別為基礎，進而導入繼承的觀念。試想，如果要設計一個硬幣類別 Coin，可用來建立各種不同半徑與幣值（value）的硬幣。假設 Circle 類別裡已包含資料成員 pi、radius 與函數成員 setRadius()、show()，因為硬幣類別 Coin 需要用到這些成員，所以選定 Circle 為父類別，Coin 為子類別。我們可以在建立硬幣類別

Coin 時，透過繼承的方式來取用父類別的成員，再針對 Coin 類別要新增的成員撰寫程式碼。

下面的範例簡單地說明繼承的使用方法。Ch10_1 是前兩章範例的延伸，它包含原有的 Circle 類別，以及從 Circle 繼承而來的 Coin 類別。於此範例中，我們將說明類別繼承的基本概念、運作模式以及使用方法等。

```
01  // Ch10_1, 簡單的繼承範例
02  class Circle{              // 父類別 Circle
03      private static double pi=3.14;
04      private double radius;
05
06      public Circle(){       // Circle()建構子
07          System.out.println("Circle() constructor called ");
08      }
09      public void setRadius(double r){
10          radius=r;
11          System.out.println("radius="+radius);
12      }
13      public void show(){
14          System.out.printf("area=%6.2f\n",pi*radius*radius);
15      }
16  }
17  class Coin extends Circle{        // 子類別 Coin，繼承自 Circle 類別
18      private int value;            // 子類別的資料成員
19
20      public Coin(){                // 子類別的建構子
21          System.out.println("Coin() constructor called ");
22      }
23      public void setValue(int t){  // 子類別的 setValue() 函數
24          value=t;
25          System.out.println("value="+value);
26      }
27  }
28  public class Ch10_1{
29      public static void main(String[] args){
30          Coin coin=new Coin(); // 建立 coin 物件
```

```
31          coin.setRadius(2.0);    // 呼叫由父類別繼承而來的 setRadius()
32          coin.show();            // 呼叫由父類別繼承而來的 show()
33          coin.setValue(5);       // 呼叫子類別的 setValue()
34      }
35  }
```
• 執行結果：
```
Circle() constructor called ⎫ 先呼叫父類別的建構子，再呼叫子類別的建構子
Coin() constructor called   ⎭
radius=2.0  ⎫ 呼叫由父類別繼承而來的函數所得的結果
area= 12.56 ⎭
value=5     —— 呼叫子類別的函數所得的結果
```

於 Ch10_1 中，Circle 類別為父類別。程式 17~27 行定義 Coin 類別，並利用 extends 關鍵字設定它繼承自父類別 Circle。Circle 類別內共有 pi 與 radius 兩個資料成員，以及 setRadius() 與 show() 兩個函數。Coin 類別則包含一個資料成員 value 與一個函數成員 setValue()。

從繼承的規則可知，父類別的 public 成員可在子類別裡直接存取，但 private 成員則不行，它必須透過由父類別繼承而來的函數，才能在子類別裡存取到它。我們可以把本例的繼承關係圖繪製如下：

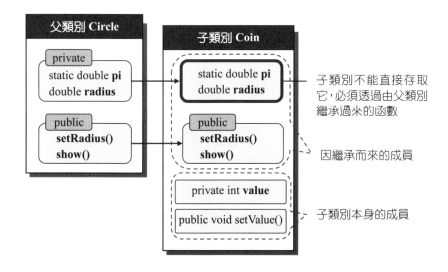

在 main() 裡，第 30 行建立子類別的 coin 物件。從上圖可知，由於 Coin 類別繼承 Circle 類別，於是 coin 物件的資料成員便擁有因繼承而來的 pi 與 radius 成員，以及子類別本身的 value，函數成員則有繼承而來的 setRadius() 與 show()，以及子類別本身的 setValue()函數。第 31 與 32 行分別利用 coin 物件呼叫從父類別繼承而來的 setRadius() 與 show() 函數，因而輸出 radius=2.0 與 area=12.56 這兩行文字。最後，第 33 行呼叫子類別的 setValue()，把 value 的值設為 5，並印出 value=5 這行文字。

有趣的是，第 30 行建立子類別的 coin 物件時，應該是呼叫 Coin() 建構子，理應只印出 "Coin() constructor called" 字串，為何 "Circle() constructor called" 字串也被印出來呢？這看起來似乎是 Circle() 建構子也有被呼叫，而且是先呼叫父類別的建構子之後，才接著呼叫子類別的建構子。

事實上在 Java 繼承的的機制中，執行子類別的建構子之前，我們可以撰寫程式碼來呼叫父類別的建構子，其目的是為了要幫助繼承自父類別的成員做初始化的動作。當父類別的建構子執行完畢後，才會執行子類別的建構子。如果子類別沒有撰寫程式碼來呼叫父類別的建構子，則 Java 會自動幫我們呼叫父類別預設的建構子，也就是沒有引數的建構子。由於 Circle 類別已提供一個沒有引數的建構子來取代 Java 預設的建構子，所以 Java 會呼叫它，因此在本例中會看到：

```
Circle() constructor called
Coin() constructor called
```

這兩行依序被列印出來，而且是 Circle() 會先被呼叫，就是這個原因。從本例中我們可以學到下列兩點重要的觀念：一是透過 extends 關鍵字，可將父類別的成員（包含資料成員與函數成員）繼承給子類別；二是 Java 在執行子類別的建構子之前，會先呼叫父類別的建構子，其目的是為了要幫助繼承自父類別的資料成員做初始化的動作。

❖

## 10.1.2 建構子的呼叫

我們已經知道在執行子類別的建構子之前，會先呼叫父類別的建構子，以便進行初始化的動作。問題是，如果父類別有數個建構子，要如何才能呼叫父類別中特定的建構子呢？其作法是，在子類別的建構子中透過 super() 來呼叫，如下面的範例：

```
01  // Ch10_2, 呼叫父類別中特定的建構子
02  class Circle{                          // 定義父類別 Circle
03      private static double pi=3.14;
04      private double radius;
05
06      public Circle(){                   // 父類別裡沒有引數的建構子
07          System.out.println("Circle() constructor called");
08      }
09      public Circle(double r){ // 父類別裡有一個引數的建構子
10          System.out.println("Circle(double r) constructor called");
11          radius=r;
12      }
13      public void show(){
14          System.out.printf("area=%6.2f\n",pi*radius*radius);
15      }
16  }
17  class Coin extends Circle{   // 定義子類別 Coin，繼承自 Circle 類別
18      private int value;
19      public Coin(){                      // 子類別裡沒有引數的建構子
20          System.out.println("Coin() constructor called");
21      }
22      public Coin(double r, int v){       // 子類別裡有兩個引數的建構子
23          super(r);   // 呼叫父類別裡有引數的建構子，即第 9 行所定義的建構子
24          value=v;
25          System.out.println("Coin(double r, int v) constructor called");
26      }
27  }
28  public class Ch10_2{
29      public static void main(String[] args){
30          Coin coin1=new Coin();          // 建立物件，並呼叫第 19 行的建構子
31          Coin coin2=new Coin(2.5,10);    // 建立物件，並呼叫第 22 行的建構子
32          coin1.show();
```

```
33        coin2.show();
34    }
35 }
```

• 執行結果：

```
Circle() constructor called
Coin() constructor called                    } 執行第 30 行所得的
Circle(double r) constructor called
Coin(double r, int v) constructor called     } 執行第 31 行所得的
area= 0.0
area=19.63
```

範例 Ch10_2 與 Ch10_1 類似，但 Circle 類別增加一個有引數的建構子，定義在第 9~12 行。Coin 類別也增加一個有引數的建構子 Coin(double r, int v)，定義於第 22~26 行。在此建構子裡，第 23 行利用 super(r) 傳遞引數 r 到父類別的建構子內。由於 super() 的括號裡有一個型別為 double 的引數，所以父類別裡，只有一個引數且型別為 double 的建構子才會被呼叫，而定義在 9~12 行的建構子恰好符合這個條件，於是它會被執行。因此只要 Coin(double r, int v) 被呼叫，父類別的建構子 Circle(double r) 也會被呼叫，於是可透過此方式來呼叫父類別裡特定的建構子。

程式執行時，第 30 行呼叫沒有引數的建構子 Coin()，如上一節所述，此建構子會自動先呼叫父類別中沒有引數的建構子 Circle()（您也可以用沒有引數的 super() 來呼叫，讀者可自行試試），再執行自己的建構子 Coin()，因此螢幕上會出現 "Circle() constructor called" 和 "Coin() constructor called" 這兩行字串。

第 31 行呼叫位於 22~26 行有兩個引數的建構子 Coin(double r, int v)。透過第 23 行的 super(r) 敘述，第 9 行所定義的 Circle(double r) 建構子會被呼叫，coin2 的 radius 成員即被設為 2.5，且印出字串 "Circle(double r) constructor called"。第 24 行是將 coin2 自己本身的 value 成員設定為 10，第 25 行再於螢幕上印出字串 "Coin(double r, int v) constructor called"。

最後，第 32 行用 coin1 物件呼叫 show()，由於 coin1 的 radius 成員並沒有被設值，其預設值為 0.0，因此得到 area=0.0。第 33 行以 coin2 呼叫 show()，可以看到 coin2 的 radius 成員已經被父類別建構子設值為 2.5，故顯示 area=19.63。

這裡有幾點要提醒您：

1. 如果省略第 23 行的 super(r) 敘述，則父類別中沒有引數的建構子還是會被呼叫，讀者可自行試試。

2. 呼叫父類別建構子的 super() 必須寫在子類別建構子裡的第一個敘述，不能置於它處，否則編譯時將出現錯誤訊息。

3. super()會根據引數的數量及型別，執行相對應之父類別的建構子。

## 10.1.3 使用建構子常見的錯誤

看完前面兩個小節，現在您應該對建構子於繼承時的呼叫方式有所瞭解。下圖是建構子呼叫的流程圖，您可以將它和上一節的範例做比對：

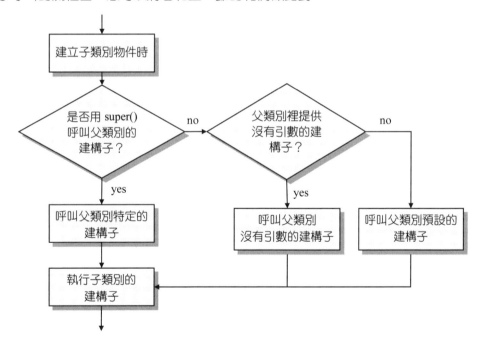

Java 在執行子類別的建構子之前，如果沒有用 super() 來呼叫特定父類別的建構子，則會先呼叫父類別中 "沒有引數的建構子"。因此，如果父類別中只定義了有引數的建構子（此時 Java 不再提供父類別預設的建構子），而在子類別的建構子裡又沒有

用 super() 來呼叫父類別中特定的建構子的話，則編譯時將發生錯誤，因為 Java 在父類別中找不到 "沒有引數的建構子" 可供執行。我們來看看下面的範例：

```
01   // Ch10_3，建構子錯誤的範例
02   class Circle{                        // 定義類別 Circle
03      private static double pi=3.14;
04      private double radius;
05
06      public Circle(double r){         // 有引數的建構子
07         radius=r;
08      }
09      public void setRadius(double r){
10         radius=r;
11         System.out.println("radius="+radius);
12      }
13   }
14   class Coin extends Circle{           // 定義 Coin 類別，繼承自 Circle 類別
15      private int value;
16
17      public Coin(double r, int v) {    // Coin()有兩個引數的建構子
18         setRadius(r);       // 透過 setRadius() 函數來設定 radius 成員
19         value=v;            // 設定 value 成員
20      }
21   }
22   public class Ch10_3{
23      public static void main(String[] args){
24         Coin coin1=new Coin(2.5,10);//建立物件，並呼叫有兩個引數的建構子
25      }
26   }
```

在 Ch10_3 第 17~20 行的 Coin() 建構子中，我們嘗試透過第 18 行的 setRadius() 函數來設定 radius 成員，並由第 19 行設定 value 成員。這個程式的邏輯似乎並沒有錯，不過您在「問題」窗格內可以看到如下的錯誤訊息：

```
Implicit super constructor Circle() is undefined. Must explicitly
invoke another constructor
```

這個錯誤訊息告訴我們父類別的建構子 Circle() 沒有被定義，並建議我們明確的呼叫另一個建構子。這個錯誤是因為呼叫 Coin() 建構子之前，Java 會先呼叫父類別中 "沒有引數的建構子"，但 Ch10_3 中只提供有引數的建構子，在找不到 "沒有引數的建構子" 的情況下，Java 的編譯程式會顯示出錯誤訊息。

要如何更正 Ch10_3 的錯誤呢？最簡單的方法就是在 Circle 類別裡，加上一個 "不做事"，且沒有任何引數的 Circle() 建構子。也就是說，您可以把 Ch10_3 的 Circle 類別修改成如下的程式碼，其它的類別不變，如此即可避免此一錯誤產生：

```
01   // Ch10_4，修正 Ch10_3 的錯誤
02   class Circle{                    // 定義類別 Circle
03       private double pi=3.14;
04       private double radius;
05
06       public Circle(){             // 沒有引數的建構子
07       }
08       public Circle(double r) {    // 有一個引數的建構子
09           radius=r;
10       }
11       public void setRadius(double r){
12           radius=r;
13           System.out.println("radius="+radius);
14       }
15   }
16   // 將 Ch10_3 中，類別 Coin 的定義置於此處
17   // 將 Ch10_3 中，類別 Ch10_3 的定義置於此處
```
• 執行結果：
```
radius=2.5
```

於 Ch10_4 中，第 6-7 行加入一個沒有引數的建構子 Circle()，它不做任何事情，因此 Circle() 建構子的內部也沒填上任何程式碼。有了這個沒有引數的建構子之後，執行 Coin() 建構子之前，此建構子便先被呼叫。雖然它不做事，但可避免錯誤發生。

### this() 與 super() 的比較

回想第 9 章中曾提及，建構子內可用 this() 來呼叫同一類別內的其它建構子。本節亦說明 super() 也有類似的功能，但基本上二者的使用時機並不相同，this() 是在同一類別內呼叫其它的建構子，而 super() 是從子類別的建構子呼叫父類別的建構子。

雖然使用的時機不同，但 this() 與 super() 還是有其相似之處：

1. 當建構子有多載時，this() 與 super() 均會根據所給予的引數型別與個數，正確的執行相對應的建構子。

2. this() 與 super() 都必須撰寫在建構子內的第一行，也就是因為這個原因，this() 與 super() 無法同時存在同一個建構子內。

## 10.2 保護成員

於 Ch10_2 中，父類別的 radius 成員被宣告成 private，因此只能在 Circle 類別內存取，或是透過建構子與公有的函數（如 setRadius()）來達成存取的目的。如果在子類別內直接存取 private 的資料成員，則在編譯時將會出現錯誤。例如，若把 Ch10_2 中的第 28~33 行改寫成如下的敘述：

```
22      public Coin(double r, int v){      // 子類別裡有兩個引數的建構子
23          radius=r;  // 錯誤，radius 為 private 成員，無法在 Circle 類別外部存取
24          value=v;
25          System.out.println("Coin(double r, int v) constructor called");
26      }
```

則編譯時將出現錯誤訊息 "The field Circle.radius is not visible"，這是因為 radius 在 Circle 類別內宣告為 private，所以無法在 Circle 類別外部存取。相同的情況也會發生在資料成員 pi 身上。

問題是，Coin 既然是繼承 Circle 類別而來，是否能開放權限，使得子類別也能存取到父類別的資料成員？答案是肯定的，其做法是把資料成員宣告成 protected（保護成員），而非 private。也就是說，若在 Circle 類別裡把 radius 與 pi 宣告成

```
     protected static double pi=3.14;    // 將 pi 宣告成保護成員(protected)
     protected double radius;             // 將 radius 宣告成保護成員(protected)
```

則 radius 與 pi 不僅可以在 Circle 類別裡直接取用，同時也可以在繼承 Circle 而來的
Coin 類別裡存取。下面的範例是 Ch10_2 的精簡版，其中捨棄部份的建構子，並更
改 radius 與 pi 這兩個成員為 protected，使得它們可以在子類別裡使用：

```
01   // Ch10_5, protected 成員的使用
02   class Circle{
03       protected static double pi=3.14;   // 將 pi 宣告成 protected
04       protected double radius;           // 將 radius 宣告成 protected
05
06       public void show(){
07          System.out.printf("area=%6.2f",pi*radius*radius);
08       }
09   }
10   class Coin extends Circle{    // 定義 Coin 類別，繼承自 Circle 類別
11       private int value;
12
13       public Coin(double r, int v){
14          radius=r;     // 在子類別裡可直接取用父類別裡的 protected 成員
15          value=v;
16          System.out.println("radius="+radius+", value="+value);
17       }
18   }
19   public class Ch10_5{
20       public static void main(String[] args){
21          Coin coin=new Coin(2.5,10);
22          coin.show();
23       }
24   }
• 執行結果：
radius=2.5, value=10
area= 19.63
```

於本例中，第 3 與第 4 行分別把 pi 與 radius 成員宣告成 protected，因此當 Coin 類
別繼承 Circle 類別時，這兩個成員也可在子類別 Coin 內使用。如程式的第 14 行即
是在子類別裡直接取用父類別的 radius 成員。                                    ❖

把成員宣告成 protected 最大的好處是，它可同時兼顧到成員的安全與使用的便利，因為它只能在父類別與子類別的內部存取，外界無法更改或讀取。附帶一提，父類別裡的 protected 成員繼承到子類別之後，其存取的屬性還是 protected，參考 10.1 節的說明便可瞭解。

# 10.3 改寫

「改寫」（overriding）的觀念與「多載」相似，它們均是 Java「多型」（polymorphism）的技術之一。polymorphism 的原意是「多樣性」，而多型的特性即是函數在不同的情況下可扮演不同的角色。稍早我們已介紹過「多載」的概念，本節將就「改寫」與其相關的應用做一個初步的說明。

## 10.3.1 改寫父類別的函數

在撰寫程式時，於父類別與子類別裡定義名稱、引數個數與資料型別完全相同的函數是很有可能的事，尤其是程式分別交由不同的團隊撰寫時更容易發生。問題是，當父類別與子類別同時擁有名稱、引數個數與資料型別均相同的函數時，哪一個函數會被子類別所產生的物件呼叫呢？我們來看看下面的範例：

```
01  // Ch10_6，函數的「改寫」範例
02  class Circle{              // 父類別 Circle
03     protected static double pi=3.14;
04     protected double radius;
05
06     public Circle(double r){
07        radius=r;
08     }
09     public void show(){       // 父類別裡的 show() 函數
10        System.out.println("radius="+radius);
11     }
12  }
13  class Coin extends Circle{    // 子類別 Coin
14     private int value;
15
```

```
16      public Coin(double r,int v){
17         super(r);
18         value=v;
19      }
20      public void show(){        // 子類別裡的 show() 函數
21         System.out.println("radius="+radius+", value="+value);
22      }
23   }
24   public class Ch10_6{
25      public static void main(String[] args){
26         Coin coin=new Coin(2.0,5);
27         coin.show();               // 呼叫 show() 函數
28      }
29   }
```
• 執行結果：
```
radius=2.0, value=5
```

於 Ch10_6 中，父類別 Circle 裡定義一個沒有引數的 show() 函數。相同的，在子類別 Coin 裡也定義一個沒有引數的 show()。我們知道父類別的函數可透過繼承給子類別，問題是在本例中，父類別和子類別均有相同名稱，且都不需引數的函數，那麼第 27 行利用 coin 物件呼叫 show() 時，是父類別的 show() 會被呼叫，還是子類別的 show() 呢？從本範例的輸出可看出是子類別的 show() 被呼叫。

在本例中，子類別裡所定義的 show() 取代父類別的 show() 的功能，這種情形於 OOP 的技術裡稱為「改寫」（overriding）。也就是說，利用「改寫」的技術，於子類別中可定義和父類別裡之名稱、引數個數與資料型別均完全相同的函數，用以取代父類別中原有的函數。有了這個遊戲規則，父類別與子類別裡相同名稱的函數在執行時便不會混淆，且更利於發展大型程式。注意如果父類別和子類別裡的函數名稱相同，但引數個數或型別不同，則由子類別所產生的物件，會根據函數引數的個數或型別，呼叫正確的函數。 ❖

現在是時候來比較一下「改寫」和「多載」這兩個技術了。「改寫」與「多載」均是 Java「多型」的技術之一。這兩個技術對初學者而言很容易混淆，請注意其中的差異：

- 多載：英文名稱為 overloading，它是在相同類別內，定義名稱相同，但引數個數或型別不同的函數，如此 Java 便可依據引數的個數或型別，呼叫相對應的函數。

- 改寫：英文名稱為 overriding，它是在子類別當中，定義名稱、引數個數與傳回值的型別均與父類別相同的函數，用以改寫父類別裡函數的功用。

現在您對「多載」與「改寫」應可正確的區分。這兩種技術常用於 OOP 的領域裡，在稍後所介紹的視窗程式設計裡，也處處看的到這兩者的蹤跡喔！

## 10.3.2 以父類別的變數存取子類別物件的成員

Ch10_6 的第 26 行宣告子類別變數 coin，第 27 行利用子類別變數 coin 呼叫 show() 函數：

```
26    Coin coin=new Coin(2.0,5);   // 宣告子類別變數 coin，並將它指向新建的物件
27    coin.show();                 // 利用子類別變數 coin 呼叫 show()函數
```

事實上，透過父類別的變數，也可存取子類別物件的成員，也就是說，我們可以將上面兩行程式碼改寫成如下的敘述：

```
26    Circle cir=new Coin(2.0,5);  // 宣告父類別變數 cir，並將它指向新建的物件
27    cir.show();                  // 利用父類別變數 cir 呼叫 show()函數
```

從上面的程式碼可看出，父類別的變數 cir 已指向子類別的物件，問題是，現在 cir.show()是透過父類別的變數 cir 來呼叫 show()，那麼是定義於父類別裡的 show() 會被呼叫，還是子類別裡的 show() 呢？我們來看看下面的程式碼：

```
01   // Ch10_7，透過父類別變數 cir 呼叫 show() 函數
02   class Circle{                // 父類別 Circle
03      protected static double pi=3.14;
04      protected double radius;
05
06      public Circle(double r){
07         radius=r;
```

```
08        }
09        public void show(){        // 父類別裡的 show() 函數
10            System.out.println("radius="+radius);
11        }
12    }
13    class Coin extends Circle{   // 子類別 Circle
14        private int value;
15
16        public Coin(double r,int v){
17            super(r);
18            value=v;
19        }
20        public void show(){        // 子類別裡的 show() 函數
21            System.out.println("radius="+radius+", value="+value);
22        }
23        public void showValue(){   // showValue() 函數，此函數只存在於子類別
24            System.out.println("value="+value);
25        }
26    }
27    public class Ch10_7{
28        public static void main(String args[]){
29            Circle cir=new Coin(2.0,5); // 宣告父類別變數 cir，並將它指向物件
30            cir.show();                  // 利用父類別變數 cir 呼叫 show()
31            // cir.showValue();
32        }
33    }
```

• 執行結果：
```
radius=2.0, value=5
```

Ch10_7 和 Ch10_6 類似，但在 Coin 類別裡增加一個 showValue() 函數，用來顯示子類別 value 成員的值。第 29 行宣告父類別的變數 cir，並令它指向子類別的物件。第 30 行以父類別的變數 cir 呼叫 show()。從程式的輸出中，很顯然的可看出是子類別的 show() 被呼叫。由本例可知，雖然我們以父類別的變數 cir 指向子類別的物件，並用 cir 來呼叫 show()，但此時「改寫」仍然會發生。也就是說，雖然是透過父類別的變數，但依然可以存取到子類別物件的成員。

值得一提的是，子類別的變數不能把它指向父類別的物件，也就是說，以 Ch10_7 為例，您不能撰寫如下的程式碼：

```
Coin coin=new Circle();          // 錯誤，子類別的變數不能指向父類別的物件
```

當我們宣告 Circle cir=new Coin()，就像是把硬幣當成圓形來使用，因為硬幣一定是圓的；但是宣告 Coin coin=new Circle() 則是把圓形當成硬幣在用，這就出現問題了，因為圓的東西不一定是硬幣。

此外，透過父類別的變數存取子類別物件的成員，只限於「改寫」的情況發生時。也就是說，父類別與子類別的函數名稱、引數個數與型別必須完全相同，才可透過父類別的變數呼叫子類別的函數。如果某一函數僅存在於子類別，如 Ch10_7 中的 showValue()，以父類別變數呼叫它時，編譯時會產生錯誤訊息。例如，如果把第 31 行的註解拿掉，編譯時將出現 "The method showValue() is undefined for the type Circle" 的錯誤訊息，告訴我們父類別 Circle 並沒有定義 showValue() 函數，讀者可自行試試。

也許您會問及，透過父類別的變數存取子類別物件的成員，到底有什麼好處呢？因為 Ch10_7 只建立一個子類別的物件，然後用父類別的變數來存取它，所以它的好處還看不出來。但如果是好幾個子類別同時繼承自一個父類別，且共同改寫父類別的某個函數時，其好處就顯而易見。

例如，如果 Circle、Square 與 Triangle 類別繼承了父類別 Shape，也同時改寫父類別裡的 area() 函數，用來傳回物件的面積，如下圖所示。試想，如果我們建立好幾個不同子類別的物件，而想利用 largest() 找出這幾個物件最大的面積時，此時若先宣告 Shape 的陣列變數，再將陣列變數指向這些物件，然後將整個陣列傳入 largest() 函數找出面積的最大值，如此用起來是不是方便許多呢？

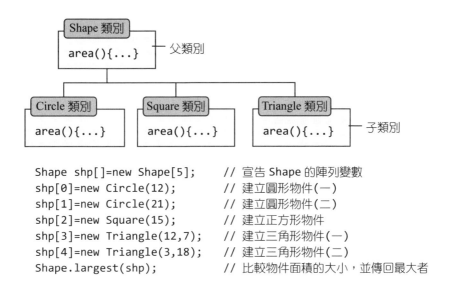

```
Shape shp[]=new Shape[5];        // 宣告 Shape 的陣列變數
shp[0]=new Circle(12);           // 建立圓形物件(一)
shp[1]=new Circle(21);           // 建立圓形物件(二)
shp[2]=new Square(15);           // 建立正方形物件
shp[3]=new Triangle(12,7);       // 建立三角形物件(一)
shp[4]=new Triangle(3,18);       // 建立三角形物件(二)
Shape.largest(shp);              // 比較物件面積的大小，並傳回最大者
```

您可以試著將這個概念撰寫成相關的程式加以練習，如此將會深刻體驗到利用父類別變數指向子類別物件的好處。

## 10.4 再談 super 與 this

我們已經知道透過 super() 可用來呼叫父類別的建構子。事實上，super 後面也可加上資料成員或函數的名稱，如此便可利用：

| 使用 super 存取父類別的資料成員與函數 |
| --- |
| super.資料成員        // 存取父類別的資料成員 |
| super.函數名稱()      // 呼叫父類別的函數 |

的語法來存取父類別的資料成員與函數。下面的範例說明 super 關鍵字的用法：

```
01  // Ch10_8, 透過 super 關鍵字來存取父類別的變數
02  class Caaa{
03    protected int num;                    // 父類別的資料成員 num
04
05    public void show(){
06      System.out.println("Caaa_num="+num);
```

```
07      }
08   }
09   class Cbbb extends Caaa{
10      int num=10;                           // 子類別的資料成員 num
11
12      public void show(){
13         super.num=20;                      // 設定父類別的資料成員 num 為 20
14         System.out.println("Cbbb_num="+num);
15         super.show();                      // 呼叫父類別的 show() 函數
16      }
17   }
18   public class Ch10_8{
19      public static void main(String[] args){
20         Cbbb b=new Cbbb();
21         b.show();
22      }
23   }
```

• 執行結果：

```
Cbbb_num=10
Caaa_num=20
```

於 Ch10_8 中，第 13 行利用 super 關鍵字設定父類別資料成員 num 的值為 20，第 14 行把 Cbbb 類別中的資料成員 num 印出，第 15 行利用 super 呼叫父類別的 show() 函數。注意在第 3 行中，我們不能把 Caaa 類別裡的資料成員 num 宣告成 private，否則第 13 行無法由子類別透過 super.num 的語法來存取它。

從本例可以看出，即使子類別裡已有一個與父類別名稱相同的成員 num，但父類別裡的 num 成員一樣會繼承到子類別中，成為子類別的成員之一。在這種情況下，父類別的 num 成員會被「隱藏」起來，需要用它時，利用 super.num 的語法即可存取到它。 ❖

this 關鍵字用法與 super 類似。this 除了可用來呼叫同一類別內的其它建構子之外，如果同一類別內「實例變數」與「區域變數」的名稱相同時，也可利用它來呼叫同一類別內的「實例變數」。我們來看看下面的範例：

```
01   // Ch10_9, 用 this 來呼叫實例變數
02   class Caaa{
03      public int num=10;     // num 是實例變數
04
05      public void show(){
06         int num=5;          // num 是區域變數，其有效範圍僅限於在 show()內
07         System.out.println("this.num="+this.num);    // 印出實例變數
08         System.out.println("num="+num);              // 印出區域變數
09      }
10   }
11   public class Ch10_9{
12      public static void main(String[] args){
13         Caaa a=new Caaa();
14         a.show();
15      }
16   }
```

• 執行結果：

```
this.num=10
num=5
```

於 Ch10_9 中，程式第 3 行宣告 num 為實例變數，第 6 行宣告 num 為 show() 函數裡的區域變數。如果在 show() 內要存取實例變數 num，可利用第 7 行的語法 this.num 來進行。如果沒有加上 this 關鍵字，則所使用的變數是區域變數，如程式的第 8 行所示。　　　　　　　　　　　　　　　　　　　　　　　　　　　　　　❖

總結前面對 this 與 super 的認識及使用，我們可以整理出 this 與 super 的特性：

- this： 可以存取自己本身類別的資料成員、函數成員及建構子。
- super：可以存取父類別的資料成員、函數成員及建構子。由此可知 super 必須要在有繼承關係的情況下才能使用。

我們通常會利用 this 與 super 的特性，讓建構子或是函數成員的參數與資料成員的名稱相同，並以 this 或是 super 來區分屬於物件的成員還是傳入的參數，這樣撰寫程式的好處就是可以除去幫參數想不同名稱的困擾，也是 Java 程式中相當常見的寫法。

# 10.5 物件導向裡的 is-a 與 has-a

"is-a" 和 "has-a" 是 Java 裡兩個常用的名詞。"is-a" 是「繼承」的概念,如果 A 類別繼承了 B 類別(A 是 B 的子類別),則我們說 A "is-a" B。"has-a" 是「擁有」的概念,如果 C 類別裡宣告 D 類別的物件(D 是 C 的成員),則我們說 C "has-a" D。

舉例來說,假設 Circle 類別裡包含一個由 String 類別所建立的物件 name,另外,Coin 類別繼承 Circle 類別。下面的程式碼簡單地說明這三個類別之間的關係:

```
01  class Circle{       // 父類別 Circle
02      String name;
03  }
04
05  class Coin extends Circle{    // 子類別 Coin
06      ...
07  }
```

Circle "has-a" String

Coin "is-a" Circle
Coin "has-a" String

因為 Circle 類別擁有 String 類別的物件可供使用,所以 Circle 和 String 是 "has-a" 的關係,也就是說,Circle "has-a" String。另外,Coin 類別繼承自 Circle 類別,所以 Coin 類別與 Circle 類別的關係為 "is-a",也就是說,Coin "is-a" Circle。有趣的是,由於繼承的關係,Coin 類別也會擁有因繼承而來的 name 成員,所以 Coin 和 String 的關係是 "has-a",也就是 Coin "has-a" String。

簡單的說,類別與其內部成員的關係是以 "has-a" 表示。例如,我們可以說圓形類別(Circle)裡「有一個(has-a)」String。此外,如果有繼承關係的類別則以 "is-a" 表達,例如,我們可以說硬幣(Coin)「是一個(is-a)」圓形(Circle)。

# 10.6 設定終止繼承

「改寫」的技術固然有其便利性,但在設計類別時如果基於某些因素,父類別的函數不希望被子類別的函數來改寫時,便可在父類別的函數之前加上「final」關鍵字,如此該函數便不能被改寫。下面的範例中,show() 函數於 Caaa 類別中已被宣告成 final,因此不能在其子類別中改寫 show():

```
01  // Ch10_10, 設定終止繼承
02  class Caaa{
03      public final void show(){      // 父類別的 show() 已被設為終止繼承
04          System.out.println("show() 函數 in class Caaa called");
05      }
06  }
07  class Cbbb extends Caaa{
08      public void show(){             // 錯誤，改寫父類別的 show() 函數
09          System.out.println("show() 函數 in class Cbbb called");
10      }
11  }
12  public class Ch10_10{
13      public static void main(String[] args){
14          Cbbb b=new Cbbb();
15          b.show();
16      }
17  }
```

於 Ch10_10 中，8~10 行嘗試「改寫」父類別的 show() 函數，但父類別的 show() 已被宣告成 final，因此在程式編譯時將產生 "Cannot override the final method from Caaa" 的錯誤訊息，告訴我們 Caaa 類別裡的 show() 已宣告成 final，無法再讓子類別改寫。

final 的另一個功用是把它加在資料成員前面，該成員就變成一個（constant），如此便無法在程式碼的任何地方再做修改。例如，我們可以把 Ch10_5 的 Circle 類別中，第 3 行的資料成員 pi 宣告成：

```
protected static final double PI=3.14;    // 設定 PI 值不能再被修改
```

如此一來，在程式的任何地方便無法修改 PI 的值。一般來說，我們會將不能被更改其值的常數名稱以大寫英文字母表示。

若是不希望某個類別被其它的類別繼承時，可以在宣告時加上 final 修飾子，如：

```
final class Circle{              // 設定 Circle 類別不能被其它類別繼承
   ...
}
```

如此一來，類別 Circle 即不能被任何類別繼承。綜上所述，修飾子 final 有三個重要的觀念，我們把它整理如下：

- 變數或是類別裡的資料成員經過 final 宣告之後，就像常數般無法再被更改其值，它的值只能在 final 宣告時設定一次。

- 函數經過 final 宣告之後，不能被改寫。

- 類別經過 final 宣告後，不能被繼承。


# 10.7 類別之源的 Object 類別

於前幾節的範例中，我們已學到類別的基本繼承方法。例如，Coin 類別繼承自 Circle 類別，因此 Coin 稱為子類別，而 Circle 稱為父類別。有趣的是，Circle 也有其父類別，雖然我們沒有很明確的指定它。

在 Java 裡，如果一個類別沒有指定其父類別的話，則 Java 會自動設定該類別繼承自 Object 這個類別，成為它的子類別（Object 是置於 java.lang 類別庫裡的一個類別，或稱為 java.lang.Object 類別）：

```
class Circle{ ──── 若是沒有指定父類別時，Circle 會以 Object 類別
   ...              做為它的父類別，而自己變成它的子類別
}
```

於上面的程式碼片段中，我們沒有指定 Circle 的父類別，但 Circle 會自動繼承 Object 類別。因此 Object 類別可說是類別之源，所有的類別均直接或間接繼承它：

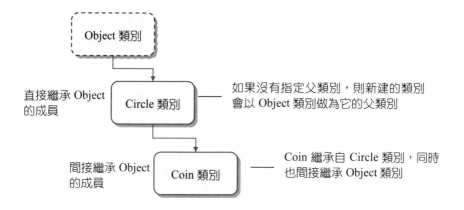

Object 類別裡提供了幾個常用的函數供我們使用。下表列出三個較常用的函數，稍後會一一介紹它們的用法：

· Object 類別裡常用的函數

| 函數名稱 | 說明 |
| --- | --- |
| Class getClass() | 取得呼叫 getClass() 的物件所屬之類別 |
| Boolean equals(Object obj) | 兩個類別變數所指向的是否為同一個物件 |
| String toString() | 將呼叫 toString() 的物件轉成字串 |

## ❖ getClass() 函數的使用

如果想知道某個物件 obj 是屬於哪個類別時，可用下面的語法來查詢：

```
obj.getClass()            // 取得變數 obj 所指向之物件所屬的類別
```

getClass() 的傳回值為 Class 類別的物件，記錄了特定類別相關的資訊，Class 類別改寫了 toString() 函數，所以會以 class xxxx 的格式印出。由於 getClass() 是 Object 類別裡所定義的函數，而 Object 類別是所有類別的父類別，所以在任何類別裡均可呼叫這個因繼承而來的函數。下面是 getClass() 的使用範例：

```
01  // Ch10_11, 利用 getClass()取得呼叫物件所屬的類別
02  class Caaa{            // 定義 Caaa 類別
03  }
04  public class Ch10_11{
```

```
05      public static void main(String[] args){
06         Caaa a=new Caaa();
07         System.out.println(a.getClass());   // 印出物件 a 所屬的類別
08      }
09   }
```

• 執行結果：

```
class Caaa
```

Ch10_11 的程式碼相當簡單，它只有 Caaa 與 Ch10_11 兩個類別。這兩個類別均沒有指定父類別，因而會以 Object 類別當成它的父類別。注意我們只會用類別 Caaa 建立物件並進行簡單的測試，因此類別 Caaa 裡沒有定義任何成員。第 6 行宣告類別 Caaa 的變數 a，並將它指向新的物件。第 7 行以變數 a 呼叫 getClass()，getClass() 函數改寫了 toString()，並以 class xxxx 的格式印出結果。注意 getClass() 是繼承自 Object 類別，雖然在 Caaa 類別裡沒有定義它，但還是可以讓 Caaa 類別建立的物件使用。從第 7 行的輸出中可以看到物件變數 a 是屬於 Caaa 類別。                    ❖

## ♣ equals() 函數的使用

equals() 函數可用來比較兩個類別變數是否指向同一個物件。如果是，則傳回 true，否則傳回 false，Ch10_12 是 equals() 使用的範例：

```
01   // Ch10_12, 利用 equals()判別兩個類別變數是否指向同一個物件
02   class Caaa{          // 定義 Caaa 類別
03   }
04   public class Ch10_12{
05      public static void main(String[] args){
06         Caaa a=new Caaa();
07         Caaa b=new Caaa();
08         Caaa c=a;          // 宣告類別變數 c，並讓它指向變數 a 所指向的物件
09         System.out.println("a.equals(b)="+a.equals(b));
10         System.out.println("a.equals(c)="+a.equals(c));
11      }
12   }
```

• 執行結果：

```
a.equals(b)=false
a.equals(c)=true
```

Ch10_12 利用 equals() 來測試兩個變數是否指向同一個物件。第 6 與 7 行從 Caaa 類別產生新的物件，並分別設給變數 a 與 b。第 8 行讓 a 與 c 指向同一個物件。第 9~10 行分別測試 a 與 b 和 a 與 c 是否指向同一物件。由輸出結果可知，因為 a 與 b 指向不同物件（即使它們的資料成員相同），故回應 false；而 a 與 c 指向同一物件，所以回應 true。                                                                ❖

### ❖ toString() 函數的使用

toString() 的功用是將物件的內容轉換成字串，並傳回轉換後的結果。例如，我們會使用 println() 函數印出某個物件的內容，此時 Java 會自動呼叫該物件的 toString() 函數將其轉換為字串，再輸出到螢幕上。預設的 toString() 會傳回物件的代碼，但少有人看得懂它，因此多半會改寫 toString()，使得它傳回的字串更能表達物件的內容。

舉例來說，如變數 a 是指向由類別 Caaa 所建立的物件時，則下面的敘述會呼叫 toString() 函數，並傳回代表此物件的字串：

```
    a.toString();          // 傳回代表此物件 a 的字串
```

將物件的內容轉換成字串後，印出的結果會是什麼呢？我們來看看下面的範例：

```
01   // Ch10_13, Object 類別裡的 toString() 函數
02   class Caaa{
03   }
04    public class Ch10_13{
05       public static void main(String[] args){
06          Caaa a=new Caaa();
07          System.out.println(a.toString());     // 印出物件 a 的內容
08       }
09   }
```
• 執行結果：
```
Caaa@757aef
```

由本例可看出，a.toString() 的傳回值是字串 "Caaa@757aef"（此值為物件 a 的識別號碼，會因操作環境的不同而異），但這個字串並不能夠表達物件 a 的真實內容，因它看起來像是亂數，不適合閱讀。                                        ❖

由 Ch10_13 可知，預設的 toString() 函數所傳回的字串並不太具有意義，因很少會有人看得懂它。所以我們多半會改寫 toString()，使得它的傳回字串更能描述物件的內容，改寫的方法如下面的範例：

```
01  // Ch10_14, 改寫 Object 類別裡的 toString() 函數
02  class Caaa{
03     private int num;
04
05     public Caaa(int n){
06        num=n;
07     }
08     public String toString(){      // 改寫 toString() 函數
09        String str="toString() called, num="+num;
10        return str;
11     }
12  }
13  public class Ch10_14{
14     public static void main(String[] args){
15        Caaa a=new Caaa(2);
16        System.out.println(a.toString());    // 印出物件 a 的內容
17     }
18  }
```
• 執行結果：
```
toString() called, num=2
```

toString() 函數原先是定義在 java.lang.Object 類別裡，因此第 8~11 行會改寫 Object 類別裡的 toString()。改寫過後，toString() 可印出資料成員 num 的值。從輸出結果可看出，改寫過後的 toString() 更容易被接受。

❖

改寫 toString() 的另一個好處是在於使用上的方便。在 Ch10_14 中，第 16 行是 Java 會先用變數 a 來呼叫 toString()，再把結果當成 println() 的引數印出。事實上，您也可以直接把變數 a 當成 println() 的引數印出，如下面的敘述：

```
System.out.println(a);                // 印出物件 a 的內容
```

此時 Java 會先呼叫 toString()，然後再把結果當成 println() 的引數印出，如此一來，在使用上更加的方便，讀者可以自行試試。

要特別注意的是，在各類別中常見的轉換函數 toString()，例如 Integer 類別的 toString(int i)，是用來將整數 i 轉換成字串的函數；Long 類別的 toString(Long i)，將長整數 i 轉換成字串的函數等，皆是繼承自 Object 類別，而這些轉換函數也都是改寫 Object 類別裡的 toString()。於本書的第 12 章中將會介紹這些類別裡常用的函數。

學習過 C++的讀者應該都知道，C++允許多重繼承（multiple inheritance），Java 並沒有這個設計，它僅允許單一繼承（single inheritance）。雖然如此，下一章中將會介紹 Java 的介面（interface），還是可以實現多重繼承的概念。

# 第十章 習題

## 10.1 繼承的基本概念

1.  設類別 Caaa 如下所示。請設計一子類別 Cbbb 繼承自 Caaa，並加入 set_num() 函數，可用來設定從父類別繼承而來的成員 n1 與 n2，以及一個 show() 函數，可用來顯示 n1 與 n2 的值，並試試看您的程式：

```
01   class Caaa{
02       public int n1;
03       public int n2;
04   }
```

於本題中，若於 main() 裡撰寫如下左邊的程式碼，應該可以得到右邊的結果：

```
Cbbb bb=new Cbbb();          n1=5
bb.set_num(5,10);            n2=10
bb.show();
```

2.  接續習題 1，並逐步完成下面的程式設計：

    (a) 試在 Caaa 類別裡加入一個沒有引數的建構子 Caaa()，可將 n1 和 n2 的初值設為 1。

(b) 試在 Caaa 類別裡加入另一個有引數的建構子 Caaa(int a, int b)，它可用來把 n1 設值為 a，把 n2 設值為 b。

(c) 試在 Cbbb 類別內加入一個建構子 Cbbb(int a, int b)，可用來呼叫父類別的建構子 Caaa(int a, int b)。另外，也請加入一個沒有引數的建構子 Cbbb()，他應會自動呼叫父類別沒有引數的建構子 Caaa()。

於本題中，若於 main() 裡撰寫如下左邊的程式碼，應該可以得到右邊的結果：

```
Cbbb b1=new Cbbb();              n1=1, n2=1
Cbbb b2=new Cbbb(3,9);          n1=3, n2=9
b1.show();
b2.show();
```

3. 假設有一 Rectangle 類別，用來表示長方形，其資料成員及函數成員如下：

```
01  class Rectangle{
02     private int length;
03     private int width;
04
05     private void show(){
06         System.out.print("length="+length);
07         System.out.print(", width="+width);
08     }
09  }
```

(a) 試在 Rectangle 類別裡加入一個沒有引數的建構子 Rectangle()，它可用來把 length 和 width 設定初值為 2，以及另一個有引數的建構子 Rectangle(int len, int wid)，它可用來將 length 設值為 len，把 width 設值為 wid。

(b) 建立一個 Data 類別，使得 Data 繼承自 Rectangle 類別。在 Data 類別內裡加入建構子 Data(int len, int wid)，可用來呼叫父類別的建構子 Rectangle(int len, int wid)。

(c) 加入 void area() 函數，使得它可以計算、印出長方形面積，同時印出 length 及 width 的內容。

於本題中，若於 main() 裡撰寫如下左邊的程式碼，應該可以得到右邊的結果：

```
Data obj1=new Data(3,8);        length=3, width=8, area=24
Data obj2=new Data();           length=2, width=2, area=4
obj1.area();
obj2.area();
```

4. 下面的程式碼在執行時會有錯誤。請說明錯誤之處並修改它，使得第 18 行可以正確執行，且第 19 行的輸出為 num=2。

```
01  class Caaa{
02      private int num;
03
04      public Caaa(int n){
05          num=n;
06      }
07      public int get(){
08          return num;
09      }
10  }
11  class Cbbb extends Caaa{
12      public void show(){
13          System.out.println("num="+get());
14      }
15  }
16  public class Ex10_4{
17      public static void main(String[] args){
18          Cbbb bb=new Cbbb(2);
19          bb.show();
20      }
21  }
```

## 10.2 保護成員

5. 假設有一個用來描述三角形的類別 Triangle，其資料成員及函數成員如下：

```
01  class Triangle{
02      protected int base;
03      protected int height;
04
05      protected void show(){
06          System.out.println("base="+base+", height="+height);
07      }
08  }
```

(a) 試建立 Data 類別，繼承自 Triangle 類別，並設計 Data 的建構子，可將從父類別繼承過來的 base 與 height 兩個成員設值。

(b) 在 Data 類別裡設計 void area() 函數，它可呼叫父類別的 show() 印出三角形的 base 及 height 成員，再印出三角形的面積。

於本題中，若於 main() 裡撰寫如下左邊的程式碼，應該可以得到右邊的結果：

```
Data obj=new Data(3,8);        base=3, height=8
obj.area();                    area= 12.00
```

6. 試將 Ch10_5 中，Circle 類別裡的成員 pi 改為 private，然後在子類別 Coin 中加入一個函數 void print_pi()，用來顯示 pi 的值（提示：您可能需要在 Circle 類別裡設計一個公有函數 double get_pi() 來傳回 pi 的值）。於本題中，若於 main() 裡撰寫如下左邊的程式碼，應該可以得到右邊的結果：

```
Coin coin=new Coin(2.5,10);    radius=2.5, value=10
coin.show();                   area= 19.63
coin.print_pi();               pi= 3.14
```

## 10.3 改寫

7. 試依序完成下面的程式設計：

(a) 試定義類別 Caaa，內含 display() 函數，可顯示 "printed from Caaa class" 字串。

(b) 試定義子類別 Cbbb，它繼承自父類別 Caaa。Cbbb 裡也有一個 display() 函數，可用來顯示出 "printed from Cbbb class" 字串。

(c) 接續 (a) 與 (b)，如果在 main() 函數中以下面的敘述建立物件 bb

```
Caaa bb=new Cbbb();
```

則利用物件 bb 呼叫 display() 函數時，是父類別的 display() 會被呼叫，還是子類別的 display() 會被呼叫？

8. 請逐行瞭解下面的程式碼，並編譯之。編譯之後，你會得到哪些錯誤？請試著由錯誤訊息中指出錯誤之所在：

```
01  class Caaa{}
02  class Cbbb extends Caaa{}
03  class Cccc extends Cbbb{}
04  public class Ex10_8{
```

```
05        public static void main(String[] args){
06           Cbbb b1=new Cbbb();
07           Cbbb b2=new Cccc();
08           Cccc c1=new Caaa();
09           Cccc c2=new Cbbb();
10        }
11    }
```

9.   下面的程式碼定義了 Shape 父類別，請先閱讀它，然後回答接續的問題：

```
01   class Shape    // 父類別 Shape{
02      public double area(){
03          return 0.0;
04      }
05   }
```

(a) 試定義一個圓形類別 Circle，它繼承自 Shape 類別，並改寫父類別的 area() 函數，可用來傳回圓形物件的面積。

(b) 試定義一個正方形類別 Square，它也繼承自 Shape 類別，同時改寫父類別的 area() 函數，可用來傳回正方形物件的面積。

(c) 試定義一個三角形類別 Triangle，它也繼承自 Shape 類別，同時改寫父類別的 area() 函數，可用來傳回三角形物件的面積。

(d) 試利用 (a)~(c) 所定義的類別，建立圓形、正方形與三角形物件各兩個，其中所有的引數（如半徑、邊長或三角形的底和高等）請自行設定。

(e) 試撰寫一個 largest() 函數，可用來找出 (d) 中的所有物件裡，面積的最大值。

10.  試修改習題 9 裡的 (d) 與 (e) 小題，使得於 (d) 中，所有的子類別物件均是由父類別的陣列變數指向它。與習題 9 相比，您覺得以父類別的變數存取子類別物件的成員，可帶來哪些好處？

## 10.4 再談 super 與 this

11.  設父類別 Caaa 的定義如下：

```
01   class Caaa{
02      public int n1,n2;
03      public Caaa(){    // 沒有引數的建構子
04        n1=n2=1;
05      }
```

```
06     public Caaa(int a,int b){   // 有兩個引數的建構子
07        n1=a; n2=b;
08     }
09  }
```

(a) 請在 Caaa 裡設計一個 show() 函數，可以用來顯示 n1 與 n2 的值。

(b) 試撰寫繼承自 Caaa 的子類別 Cbbb，並在 Cbbb 的建構子裡呼叫 Caaa 裡沒有引數的建構子 Caaa()，用來設定 n1 與 n2 的初值。

(c) 接續 (b)，請添加另一個 Cbbb 的建構子，用來呼叫 Caaa 裡有兩個引數的建構子 Caaa(int a, int b)，用來設定 n1 與 n2 的初值。

(d) 請在 main() 函數裡建立 Cbbb 的物件來測試您的程式碼。

12. 接續習題 3，請試著在子類別 Data 裡添加一個沒有引數的建構子 Data()，用來呼叫父類別裡沒有引數的建構子 Rectangle()，並測試之。

## 10.5 物件導向裡的 is-a 與 has-a

13. 於 Ch10_1 中，試指出下面兩者是「has-a」還是「is-a」的關係：

(a) Coin 和 Circle。

(b) coin 和 radius。

(c) coin 和 show()。

## 10.6 設定終止繼承

14. 假設有一 Car 類別，用來表示車子的資訊，其資料成員及函數成員如下：

```
01  class Car{
02     String owner="Tom";
03     final String color="Red";
04     final void show(){
05        System.out.println("Color:"+color+" Owner:"+owner);
06     }
07  }
```

(a) 若有一個繼承自 Car 的子類別 Truck，則由 Truck 建立的物件是否擁有 owner 成員？

(b) 接續 (a)，color 成員是否會繼承給子類別 Truck？

(c) 由 Truck 建立的物件是否可以使用 show() 函數？

(d) 試撰寫一程式，用來驗證 (a)~(c) 的判斷。

15. 於習題 1 中，如果父類別裡的 n1 與 n2 成員皆宣告為 final，那麼您於習題 1 中撰寫的程式碼是否還能正確的編譯？為什麼？

## 10.7 類別之源的 Object 類別

16. 假設有一 Rectangle 類別，用來表示長方形，其資料成員如下：

```
01  class Rectangle{
02     protected int width;
03     protected int height;
04  }
```

(a) 試在 Rectangle 類別裡加入一個有引數的建構子 Rectangle(int w, int h)，它可用來把把 width 設值為 w，把 height 的值設為 h。

(b) 試在 main() 函數裡建立一個 Rectangle 類別的物件 rect，width 和 height 成員分別設值為 20 和 60。

(c) 試設計 toString() 函數，使得 println(rect) 可印出 "width=ww, height=hh, area=aa" 字串，其中 ww 與 hh 分別代表 rect 之 width 與 height 的值，aa 為 rect 的面積。

17. 假設 Truck 類別的定義如下：

```
01  class Truck{
02     protected String name="Toyota";
03  }
```

試建立一個 Truck 類別的物件 t1，並利用 t1 呼叫 getClass() 來取得 t1 所屬的類別，然後把它列印出來。

❖

第十章 習題

# 11
## Chapter

# 抽象類別與介面

本章要介紹的是「抽象類別」與「介面」，它們為類別概念的延伸。透過繼承的技術加上「改寫」的應用，「抽象類別」可以一次建立並控制多個子類別；「介面」則是 Java 裡實現多重繼承的重要方法。善用本章所介紹的「抽象類別」與「介面」這兩個主題，將可撰寫出更精巧的 Java 程式。

## 本章學習目標

- 認識抽象類別
- 學習介面的使用
- 認識多重繼承與介面的延伸
- 使用 instanceof 運算子

# 11.1 抽象類別

透過繼承，我們可以從原有的類別衍生出新的類別。原有的類別稱為父類別，而衍生出的類別稱子類別。透過這種機制，子類別不僅可以保有父類別的功能，同時也可以加入新的功能，以符合所需。

除了上述的機制之外，Java 也可以建立專門的類別用來當作父類別，這種類別稱為「抽象類別」（abstract class）。抽象類別可以視為一個範本或藍圖，它為子類別提供了結構化的框架。抽象類別規定了一組必須實作的函數，子類別必須透過實作才能建立物件並執行它們。

值得注意的是，抽象類別無法直接建立物件，只能透過衍生類別（即子類別）來建立物件。子類別必須實作所有的抽象函數才能建立物件，因此抽象類別提供了一個定義規範，讓子類別在此基礎上進行拓展。這樣可以確保子類別具有一致的結構和函數，同時保證了程式碼的可維護性與可擴展性。

## 11.1.1 定義抽象類別

抽象類別是以 abstract 關鍵字為開頭的類別。定義抽象類別的語法如下：

---
**定義抽象類別的語法**

```
abstract class 類別名稱 {   // 定義抽象類別
    宣告資料成員；

    傳回值的資料型態 函數名稱(引數...){      ⎫
        ...                              ⎬ 定義一般函數
    }                                    ⎭
    修飾子 abstract 傳回值資料型態 函數名稱(引數...);  ── 定義抽象函數。注意於抽象函數
}                                                        裡，沒有定義處理的方式
```
---

值得注意的是，於抽象類別定義的語法中，函數的定義可分為兩種：一種是一般的函數，它和先前我們介紹過的函數沒有什麼兩樣；另一種是「抽象函數」（abstract method），它是以 abstract 關鍵字為開頭的函數，此函數只定義傳回值的資料型態、函數名稱與所需的引數，但沒有定義處理的方式。

此外，抽象類別內的 abstract 函數，只能宣告為 public、protected，或者是不做宣告，但不能宣告為 private，以便子類別能取用到它。

## 11.1.2 抽象類別的實作

如前所述，抽象類別的目的，是要您依據它的格式來修改並建立新的類別，因此抽象類別裡的「抽象函數」並沒有定義處理的方式，而是要保留給從抽象類別衍生出的新類別來定義。看到這兒也許會感到些許模糊，我們舉一個實例來做說明。

假設想設計一個形狀（shape）的父類別 Shape，依據此類別可用來衍生出圓形（circle）、長方形（rectangle）與三角形（triangle）等幾何形狀的類別。我們可以把父類別與子類別之間的關係繪製成下圖：

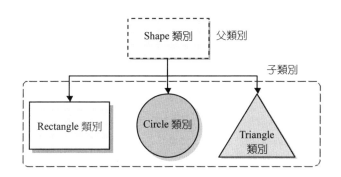

假設這些幾何形狀均具有「顏色」（color）這個屬性，因此可以把 color 這個資料成員，以及設定 color 的函數均設計在父類別裡，讓它繼承給各個形狀的子類別似乎較為方便，如此就不用在每一個幾何形狀的子類別裡，設計相同的程式碼來處理「顏色」這個屬性的問題。

另外，如果想為每一個幾何形狀的類別設計一個 show()，用來顯示幾何形狀的顏色與面積，由於每種幾何形狀的面積計算方式並不相同，因此把 show() 的處理方式設計在父類別裡並不恰當，但每一個由 Shape 父類別所衍生出的子類別又都需要用到這一個函數，所以可以在父類別裡只定義 show()，把 show() 處理的方法留在子類別裡強制定義，也就是說，將 show() 定義成抽象函數即可解決這個問題。根據上述的概念，可撰寫出如下的父類別程式碼：

```
01   // 定義抽象類別 Shape
02   abstract class Shape{        // 定義抽象類別 Shape
03      protected String color;   // 資料成員
04      public void setColor(String str){ // 一般函數，用來設定何形狀的顏色
05         color=str;
06      }
07      public abstract void show();      // 抽象函數，在此沒有定義處理方式
08   }
```

在抽象類別 Shape 的定義中，第 2 行用 abstract 關鍵字指明 Shape 是抽象類別。第 4~6 行定義資料成員 color 與設定 color 的 setColor() 函數。第 7 行定義用來顯示顏色與計算面積的抽象函數 show()。注意 show() 並沒有定義處理的方式，這是因為在抽象類別裡，對於抽象函數只做定義的動作，真正的處理方式，留給繼承抽象類別的子類別來定義。

那麼要如何定義由抽象類別 Shape 衍生出的子類別 Circle、Rectangle 與 Triangle 呢？其做法與一般的類別定義方式相同，唯一不同的是，子類別必須根據父類別中的抽象函數加以明確的定義，也就是做「改寫」（overriding）的動作。下面的程式碼是以子類別 Circle 為例來撰寫的：

```
01   // 定義由抽象類別 Shape 而衍生出的子類別 Circle
02   class Circle extends Shape{       // 定義子類別 Circle
03      protected double radius;       // 資料成員
04      public Circle(double r){       // 建構子
05         radius=r;
06      }
07      public void show(){
08         System.out.print("color="+color+",  ");        ⎫  在此處明確定義
09         System.out.println("area="+3.14*radius*radius); ⎬  show() 的處理方式
10      }                                                  ⎭
11   }
```

在子類別 Circle 的定義中，第 2 行用 extends Shape 敘述來說明 Circle 是延伸自 Shape 類別的子類別。第 4~6 行宣告資料成員並定義建構子。第 7~10 行明確的定義 show() 的處理方式，也就是印出 color 屬性與圓面積。

有了上述的概念之後，即可開始撰寫完整的程式碼。Ch11_1 是抽象類別實作的完整範例，其中 Shape 是抽象類別，Circle 與 Rectangle 則是延伸自 Shape 抽象類別的子類別。

```
01   // Ch11_1, 抽象類別的實例
02   abstract class Shape{                    // 定義抽象類別 Shape
03      protected String color;               // 資料成員
04      public void setColor(String str){     // 一般的函數
05         color=str;
06      }
07      public abstract void show();// 抽象函數，只有定義名稱，沒有定義處理方式
08   }
09   class Rectangle extends Shape{     // 定義子類別 Rectangle
10      protected int width,height;
11      public Rectangle(int w,int h){
12         width=w;
13         height=h;
14      }
15      public void show(){        // 明確定義繼承自抽象類別的 show()
16         System.out.print("color="+color+",  ");
17         System.out.println("area="+width*height);
18      }
19   }
20   class Circle extends Shape{        // 定義子類別 Circle
21      protected double radius;
22      public Circle(double r){
23         radius=r;
24      }
25      public void show(){     // 明確定義繼承自抽象類別的 show()
26         System.out.print("color="+color+",  ");
27         System.out.println("area="+3.14*radius*radius);
28      }
29   }
30   public class Ch11_1{
31      public static void main(String args[]){
32         Rectangle r1=new Rectangle(5,10);
33         r1.setColor("Yellow");// 呼叫父類別裡的 setColor()
34         r1.show();                // 呼叫 Rectangle 類別裡的 show()
```

```
35
36        Circle c1=new Circle(2.0);
37        c1.setColor("Green");       // 呼叫父類別裡的 setColor()
38        c1.show();                  // 呼叫 Circle 類別裡的 show()
39    }
40 }
```
• 執行結果：
```
color=Yellow,  area=50
color=Green,  area=12.56
```

於 Ch11_1 中，Circle 與 Rectangle 是延伸自 Shape 抽象類別的子類別，它們除了可以擁有自己的資料成員與函數之外，同時也明確的定義 Shape 抽象類別中的抽象函數 show()。Shape、Circle 與 Rectangle 的 show() 函數之間的關係，可以由下圖表示：

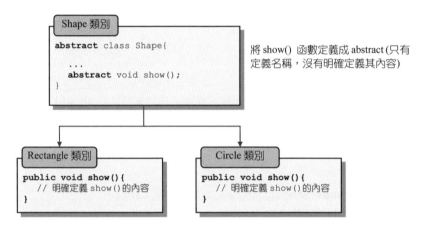

程式第 32 行建立一個 Rectangle 類別的物件 r1，第 33 行利用 r1 呼叫父類別裡的 sctColor()，把 color 成員設為 Yellow。第 34 行呼叫改寫過後的 show()，印出 color 成員的值與長方形物件 r1 的面積。第 36~38 行的功用與第 32~34 行類似，讀者應能很容易瞭解其中的意義。

從本例中可以學習到，抽象類別最大的好處在於類別內可定義一般函數與抽象函數，以方便其子類別取用因繼承而來的函數，也可以針對子類別的特性，明確的定義父類別裡的抽象函數，以符合程式所需。由於子類別必須實作抽象函數，因此如果繼承了抽象類別卻沒有實作其中的抽象函數，程式編譯時期會產生錯誤，同時也無法建立物件。                                                    ❖

## 11.1.3 用抽象類別型態的變數來建立物件

第 10 章曾提及，利用父類別的變數可以用來存取子類別物件的成員，抽象類別亦是其衍生類別的父類別，因此這種情況同樣適用在抽象類別與其子類別身上。也就是說，利用抽象類別型態的變數也可用來建立或存取子類別的物件。

**利用父類別的變數來存取子類別物件的成員**

Ch11_2 是以抽象類別型態的變數建立物件的範例，它改寫自 Ch11_1，其中 Shape、Circle 與 Rectangle 等類別的定義均與 Ch11_1 相同，因此把它略去以節省篇幅：

```
01   // Ch11_2，用抽象類別型態的變數來建立物件
02   // 將 Ch11_1 的 Shape 類別的定義放在這兒
03   // 將 Ch11_1 的 Rectangle 類別的定義放在這兒
04   // 將 Ch11_1 的 Circle 類別的定義放在這兒
05   public class Ch11_2{
06      public static void main(String[] args){
07         Shape s1=new Rectangle(5,10);          以類別 Shape 建立物件 s1，
08         s1.setColor("Yellow");                 並以它來存取子類別
09         s1.show();                             Rectangle 的成員
10
11         Shape s2=new Circle(2.0);              以類別 Shape 建立物件 s2，
12         s2.setColor("Green");                  並以它來存取子類別 Circle
13         s2.show();                             的成員
14      }
15   }
```

• 執行結果：
```
color=Yellow,  area=50
color=Green,  area=12.56
```

讀者可看出 Ch11_2 與 Ch11_1 的輸出完全相同。

❖

**利用父類別的陣列變數來存取子類別物件的成員**

Ch11_2 是分別建立 s1 與 s2 物件，再用它們來存取子類別的成員。當所建立的物件變多時，這個方法並不恰當。較好的做法是：

(1) 先建立父類別的陣列變數

(2) 利用陣列元素建立子類別的物件，並以它來存取子類別的內容

Ch11_3 是利用這個觀念改寫 Ch11_2，其中抽象類別 Shape、子類別 Circle 與 Rectangle 的定義與 Ch11_1 相同，因此也把它們省略：

```
01  // Ch11_3，利用父類別的陣列變數來存取子類別的內容
02  // 將 Ch11_1 的 Shape 類別的定義放在這兒
03  // 將 Ch11_1 的 Rectangle 類別的定義放在這兒
04  // 將 Ch11_1 的 Circle 類別的定義放在這兒
05  public class Ch11_3{
06     public static void main(String[] args){
07        Shape s[];          // 宣告 Shape 型態的陣列變數
08        s=new Shape[2];     // 產生兩個 Shape 抽象類別型態的變數
09
10        s[0]=new Circle(2.0);          利用陣列變數 s[0]建立物件，
11        s[0].setColor("Yellow");       並存取子類別的成員
12        s[0].show();
13
14        s[1]=new Circle(2.0);          利用陣列變數 s[1]建立物件，
15        s[1].setColor("Green");        並存取子類別的成員
16        s[1].show();
17     }
18  }
```
• 執行結果：
```
color=Yellow,  area=50
color=Green,   area=12.56
```

讀者可看出 Ch11_3 與 Ch11_1 的輸出相同。學習到此，應該可以看出利用抽象類別陣列變數來存取子類別內容的好處。試想，如果要比較 10 個 Rectangle 和 20 個 Circle 物件的面積大小時，利用一個抽象類別變數的陣列便能指向這 30 個物件，用起來是不是方便許多呢？ ❖

## 11.1.4 使用抽象類別的注意事項

使用抽象類別時，有很重要的一點要提醒您 — "抽象類別不能用來直接產生物件"，其原因在於它的抽象函數只有定義名稱，而沒有明確的定義內容，因此如果用它來

建立物件，物件根本不知要如何使用這個抽象函數。也就是說，假設 Shape 為抽象類別，就不能撰寫出如下的程式碼：

```
public static void main(String args[]){
    ....
    Shape s;
    s=new Shape();        // 錯誤，不能用抽象類別直接產生物件
}
```

雖然不能用抽象類別直接產生物件，但在抽象類別內尚定義有資料成員，因此我們還是可以在抽象類別內定義建構子，以供子類別的建構子呼叫。

另外，定義在抽象類別裡的抽象函數，在子類別裡一定要「改寫」它，使其抽象函數有所定義，如此才能利用子類別來建立物件。如果在抽象類別的子類別裡沒有「改寫」抽象函數，則這個子類別也一定要定義成 abstract，否則編譯器時會產生錯誤。

# 11.2 介面的使用

介面（interface）是 Java 所提供的另一項重要功能，它的結構和抽象類別非常相似。介面本身也具有資料成員與抽象函數，但它與抽象類別有下列兩點不同：

(1) 介面的資料成員必須初始化（即設定初值）。
(2) 介面裡的函數必須全部都定義成 abstract，也就是說，介面不能像抽象類別一樣保有一般的函數，而必須全部是「抽象函數」。

介面定義的語法如下：

---

**定義介面的語法**

```
interface 介面名稱{              // 定義介面
    final 資料型態 成員名稱=常數;    // 資料成員必須設定初值

    修飾子 abstract 傳回值資料型態 函數名稱(引數...);  ── 定義抽象函數。注意於抽象函數
}                                                      裡，沒有定義處理的方式
```

---

介面與一般類別一樣，本身也具有資料成員與函數成員，但資料成員一定要有初值的設定，且此值將不能再更改，而函數必須是「抽象函數」。就是因為函數必須是抽象函數，而沒有一般的函數，所以抽象函數定義的關鍵字 abstract 是可以省略的。

相同的情況也發生在資料成員身上，由於資料成員必須設值，且此值不能再被更改，所以定義資料成員的關鍵字 final 也可省略。事實上只要記得 (1)介面裡的「抽象函數」只要做定義名稱，不用定義其處理的方式，(2)資料成員必須設定初值，這兩點即可。

此外，介面裡的抽象函數成員只能宣告為 public，或者是不做宣告，但不能宣告為 protected 或 private，以便讓實作介面的類別都能取用到它。

我們舉一實例來說明介面定義的方式。假設要定義一個介面 iShape2D，可利用它來完成二維的幾何形狀類別 Circle 與 Rectangle 的實作。對二維的幾何形狀而言，面積是很重要的計算，因此可以把計算面積的 area() 函數定義在介面裡，而計算圓面積的 PI 值是常數，所以可把它定義在介面的資料成員裡。依據這兩個概念可以撰寫出如下的 iShape2D 介面：

```
01   // 定義 iShape2D 介面
02   interface iShape2D{
03      final double PI=3.14;          // 資料成員一定要初始化
04      abstract void area();          // 抽象函數，不需要定義處理方式
05   }
```

如前所述，Java 也允許省略 final 與 abstract 關鍵字，因此程式碼也可改寫如下：

```
01   // 定義 iShape2D 介面，省略 final 與 abstract 關鍵字
02   interface iShape2D{
03      double PI=3.14;                // 省略 final 關鍵字
04      void area();                   // 省略 abstract 關鍵字
05   }
```

如此一來，每一個實作 iShape2D 介面的類別必須在類別內部定義函數的用法，且可自由的使用 PI 值。

既然介面裡只有抽象函數，它只要定義名稱而不用定義處理方式，於是我們自然可以聯想到介面也沒有辦法像一般類別一樣，用 new 運算子直接產生物件。相反的，我們必須利用介面的特性來打造一個新的類別，再用它來建立物件。利用介面 A 打造新的類別 B 的過程，我們稱之為以類別 B 實作介面 A，或簡稱介面的實作（implementation）。介面實作的語法：

---

類別實作介面的語法

```
class 類別名稱 implements 介面名稱{    // 介面的實作
  ... ...
}
```

---

下面是以 Circle 類別實作 iShape2D 介面的範例：

以類別 Circle 來實作介面 iShape2D

```
01  // 介面的實作
02  class Circle implements iShape2D{  // 以 Circle 類別實作 iShape2D 介面
03      double radius;
04      public Circle(double r){        // 建構子
05          radius=r;
06      }
07      public void area(){             // 定義 area()的處理方式
08          System.out.println("area="+PI*radius*radius);
09      }
10  }
```

有了上面的認識之後，我們就可以開始著手撰寫程式碼。Ch11_4 是實作 iShape2D 介面的 Circle 與 Rectangle 兩個類別範例：

```
01  // Ch11_4, 介面的實作範例
02  interface iShape2D{                 // 定義介面
03      final double PI=3.14;
04      abstract void area();
05  }
06
07  class Rectangle implements iShape2D{ //以 Rectangle 類別實作 iShape2D 介面
```

```
08      int width,height;
09      public Rectangle(int w,int h){
10          width=w;
11          height=h;
12      }
13      public void area(){        // 定義 area()的處理方式
14          System.out.println("area="+width*height);
15      }
16  }
17
18  class Circle implements iShape2D{    // 以 Circle 類別實作 iShape2D 介面
19      double radius;
20      public Circle(double r){
21          radius=r;
22      }
23      public void area(){        // 定義 area()的處理方式
24          System.out.println("area="+PI*radius*radius);
25      }
26  }
27
28  public class Ch11_4{
29      public static void main(String[] args){
30          Rectangle r1=new Rectangle(5,10);
31          r1.area();           // 呼叫 Rectangle 類別裡的 area()
32
33          Circle c1=new Circle(2.0);
34          c1.area();           // 呼叫 Circle 類別裡的 area()
35      }
36  }
37
```

• 執行結果：
```
area=50
area=12.56
```

於 Ch11_4 中，第 2~5 行是 iShape2D 介面的定義，第 7~16 行是以 Rectangle 類別實作 iShape2D 介面，第 18~26 行是以 Circle 類別實作 iShape2D 介面。第 31 行利用 r1 變數呼叫 Rectangle 類別裡的 area()，得到 area=50，第 34 行利用 c1 變數呼叫 Circle 類別裡的 area() 函數，得到 area=12.56。                                                ❖

比較 Ch11_4 與 Ch11_1，可發現介面的運作方式和抽象類別非常類似，所不同的是，介面裡的資料成員必須設為常數，且所有的函數必須宣告成 abstract。抽象類別的限制較少，它的資料成員不必設初值，且允許一般的函數與「抽象函數」共存。

前文已經提及，我們不能直接由介面來建立物件，必須透過由實作介面的類別來建立。雖然如此，我們還是可以宣告介面型態的變數（或陣列），並用它來存取物件。Ch11_5 是利用這個觀念寫成的，其中 iShape2D 介面、Rectangle 與 Circle 類別的定義均與 Ch11_4 相同，故於 Ch11_5 中將它們略去。

```
01   // Ch11_5,透過介面型態的變數來存取物件
02   // 將 Ch11_4 的 iShape 介面的定義放在這兒
03   // 將 Ch11_4 的 Rectangle 類別的定義放在這兒
04   // 將 Ch11_4 的 Circle 類別的定義放在這兒
05   public class Ch11_5{
06      public static void main(String[] args){
07         iShape2D v1,v2;           // 宣告介面型態的變數
08         v1=new Rectangle(5,10);   // 將介面型態的變數 v1 指向新建的物件
09         v1.area();                // 透過介面 v1 呼叫 show() 函數
10
11         v2=new Circle(2.0);       // 將介面型態的變數 v2 指向新建的物件
12         v2.area();                // 透過介面 v2 呼叫 show() 函數
13      }
14   }
```
• 執行結果：
```
area=50
area=12.56
```

於本例中，v1 與 v2 均為介面 iShape2D 型態的變數，由於 Rectangle 與 Circle 類別實作 iShape2D 介面，因此程式碼第 9 與 12 行可以分別透過 v1 與 v2 變數呼叫 show() 函數，並正確的印出物件的面積值。

❖

# 11.3 實現多重繼承──多重實作

有時候，我們會希望子類別能同時繼承自兩個以上的父類別，以便使用每一個父類別的功能，但 Java 並不允許多個父類別的繼承。其中的理由很簡單，因 Java 的設計是以簡潔為導向，而利用類別的多重繼承將使得問題複雜化，與 Java 設計的原意相違背：

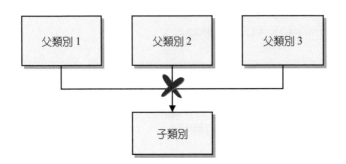

話雖如此，但藉由介面的機制，多重繼承的處理還是可以實現，其作法是，用類別來實作兩個以上的介面。如此一來，類別裡的函數只要明確定義每一個介面裡的函數，便可達到多重繼承的目的。將類別和兩個以上的介面實作在一起的語法如下：

| 實作二個以上的介面 |
| --- |
| **Class** 類別名稱 implements 介面 1, 介面 2, ...{      // 定義介面 |
|     ... ... |
| } |

Ch11_6 是實作 iShape2D 和 iColor 兩個介面的 Circle 類別範例。其中 iShape2D 具有資料成員 PI 與 area() 函數，用來計算面積，而 iColor 則具有 setColor()，可用來設定顏色。

```
01  // Ch11_6, 用 Circle 類別實作兩個以上的介面
02  interface iShape2D{            // 定義 iShape2D 介面
03      final double PI=3.14;
04      abstract void area();
05  }
06
```

```
07  interface iColor{              // 定義 iColor 介面
08     abstract void setColor(String str);
09  }
10
11  class Circle implements iShape2D,iColor{ // 實作 iShape2D 與 iColor 介面
12     double radius;
13     String color;
14     public Circle(double r){
15        radius=r;
16     }
17     public void setColor(String str){   // 定義 iColor 介面裡的 setColor()
18        color=str;
19        System.out.println("color="+color);
20     }
21     public void area(){            // 定義 iShape2D 介面裡的 area() 函數
22        System.out.println("area="+PI*radius*radius);
23     }
24  }
25  public class Ch11_6{
26     public static void main(String args[]){
27        Circle c1;
28        c1=new Circle(2.0);
29        c1.setColor("Blue");        // 呼叫 setColor()
30        c1.area();                  // 呼叫 show()
31     }
32  }
```
• 執行結果：
```
color=Blue
area=12.56
```

於本例中，第 2~9 行分別定義 iShape2D 和 iColor 介面，第 11~24 行用 Circle 類別實作 iShape2D 和 iColor 兩個介面。由於介面裡的函數為 abstract，所以在 Circle 類別內的第 17~23 行針對每一個介面裡的 abstract 函數做處理。第 27~28 行建立 c1 物件，第 29~30 行則是透過 c1 物件來呼叫 setColor() 與 area() 函數。

於本例可看出，透過 Circle 類別與 iShape2D 和 iColor 介面的實作，Circle 類別得以同時擁有這兩個介面的成員，也因此達到多重繼承的目的，如下圖所示：

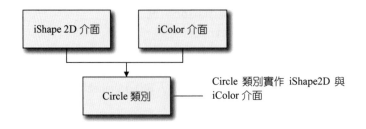

Circle 類別實作 iShape2D 與
iColor 介面

在 Java 的視窗程式設計中，介面扮演著不可或缺的角色。許多視窗的事件（event，
如視窗的建立、拉大、縮小等動作皆屬於視窗事件）均是利用介面的技術來處理。
稍後介紹到視窗程式設計時，將會對介面的應用有更深一層的認識。    ❖

# 11.4 介面的繼承

介面與一般類別一樣，可透過繼承的技術來衍生出新的介面。原來的介面稱為基底
介面（base interface）或父介面（super interface），衍生出的介面稱為衍生介面（derived
interface）或子介面（sub interface）。透過這種機制，衍生介面不僅可以保有父介面
的成員，同時也可以加入新的成員以因應實際問題所需。

例如，下圖中的 iShape 是父介面，透過關鍵字 extends 衍生出 iShape2D 與 iShape3D
子介面，其中 iShape2D 介面是由 Circle 與 Rectangle 類別來實作，而 iShape3D 介面
則是由 Box 與 Sphere 類別來實作。注意當類別要實作介面時，還是要透過 implements
關鍵字，如下圖所示：

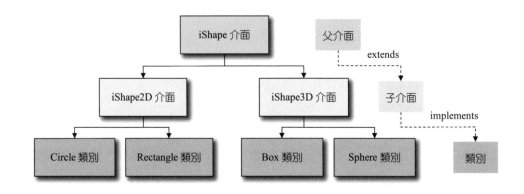

同樣的，介面的繼承也是透過關鍵字 extends。有趣的是，一個介面可以繼承自多個介面，這點與類別的繼承有所不同。介面延伸的語法：

---

介面延伸的語法

```
interface 子介面名稱 extends 父介面名稱 1, 父介面名稱 2,...{
   ... ...
}
```

---

現在我們舉一個實例來做說明。假設 iShape 介面的成員包括資料成員 PI 與用來設定顏色的 setColor()。現在要設計一子介面 iShape2D，並讓它延伸自父介面 iShape，以便在此介面裡也可以取用到父介面的成員，最後由 Circle 類別來實作子介面。根據這個關係，可撰寫出如下的程式碼：

```
01  // Ch11_7, 介面的延伸
02  interface iShape{                      // 定義 iShape 介面
03     final double PI=3.14;
04     abstract void setColor(String str);
05  }
06
07  interface iShape2D extends iShape{    // 定義 iShape2D 介面, 繼承自 iShape
08     abstract void area();
09  }
10
11  class Circle implements iShape2D{      // 實作 iShape2D 介面
12     double radius;
13     String color;
14
15     public Circle(double r){
16        radius=r;
17     }
18     public void setColor(String str) {   // 定義 iShape 介面的 setColor()
19        color=str;
20        System.out.println("color="+color);
21     }
22     public void area(){                   // 定義 iShape2D 介面裡的 area()
23        System.out.println("area="+PI*radius*radius);
```

```
24      }
25  }
26  public class Ch11_7{
27      public static void main(String args[]){
28          Circle c1;
29          c1=new Circle(2.0);
30          c1.setColor("Blue");            // 呼叫 setColor()
31          c1.area();                      // 呼叫 area()
32      }
33  }
```

• 執行結果：

```
color=Blue
area=12.56
```

Ch11_7 的第 2~5 行定義父介面 iShape，第 7~9 行的子介面 iShape2D 則延伸自父介面。注意，不管是父介面或子介面，在介面裡的函數都只有定義名稱，而沒有實作。第 11~25 行則是以 Circle 類別實作 iShape2D 子介面，因而在此類別內必須明確定義 setColor() 與 area() 函數的處理方式。

要特別注意的是，第 31 行中，於 area() 函數裡可以取用 iShape 父介面的 PI 成員，這是因為 iShape2D 延伸自 iShape，使得 Circle 類別也得以享有 iShape 父介面的成員。讀者可觀察到，本範例的輸出與 Ch11_6 相同。

# 11.5 類別關係的判別—instanceof

instanceof 運算子是用來測試物件是否與某個類別（class）或是介面（interface）有繼承關係，傳回值為布林值。如下面的格式：

instanceof 的格式

```
object instanceof ClassName
```

傳回值為 true 表示物件 object 是 ClassName 的類別或其子類別之物件；傳回值為 false，則表示 object 與該類別及其子類別無關聯。舉例來說，假設 Coin 是 Circle 的子類別，若於程式中宣告 Coin 類別的物件 cn，可以撰寫出如下的判斷式：

```
if(cn instanceof Circle)        // 判別 cn 是否為 Circle 的子類別物件
```

此判斷式會傳回 true，cn 是 Coin 類別的物件，而 Coin 繼承 Circle 類別，因此 cn 是 Circle 子類別裡的物件。

還記得第 10 章中提到的，Object 類別為所有類別之源，由此可知，無論哪一種型別的物件要利用 instanceof 判斷該物件與 Object 類別的關係時，傳回值一定都是 true。

下面的程式裡，利用 instanceof 運算子判斷物件及各類別之間的關係，此範例的重點在探討 instanceof 的使用，為了便於觀看程式，在此將 Circle 及 Coin 類別裡的定義省略，並不會影響執行的結果。

```
01  // Ch11_8, instanceof 運算子的使用
02  class Circle { }
03  class Coin extends Circle { }          // Coin 繼承 Circle 類別
04  public class Ch11_8 extends Coin{      // Ch11_8 繼承 Coin 類別
05     public static void main(String args[]){
06        boolean status;
07        Coin cn=new Coin();
08        Circle c1=new Circle();
09        Ch11_8 myobj-new Ch11_8();
10        Coin carr[]=new Coin[5];
11
12        // 判別 c1 是否為 Coin 類別或其子類別物件
13        status=(c1 instanceof Coin);
14        System.out.println("c1 instanceof CCoin? " + status);
15
16        // 判別 myobj 是否為 Circle 類別或其子類別物件
17        status=(myobj instanceof Circle);
18        System.out.println("myobj instanceof Circle? " + status);
19
20        // 判別 cn 是否為 Ch11_8 類別或其子類別物件
```

```
21        status=(cn instanceof Ch11_8);
22        System.out.println("cn instanceof Ch11_8? "+ status);
23
24        // 判別 cn 是否為 Circle 類別或其子類別物件
25        status=(cn instanceof Circle);
26        System.out.println("cn instanceof Circle? " + status);
27
28        // 判別 cn 是否為 Coin 類別或其子類別物件
29        status=(cn instanceof Coin);
30        System.out.println("cn instanceof Coin? " + status);
31
32        // 判別陣列是否為 Object 類別或其子類別物件
33        status=(carr instanceof Object);
34        System.out.println("carr instanceof Object? " + status);
35
36        // 判別 c1 是否為 String 類別或其子類別物件
37        // status=(c1 instanceof String);
38        // System.out.println("c1 instanceof String? "+ status);
39    }
40 }
```

• 執行結果：

```
c1 instanceof CCoin? false
myobj instanceof Circle? true
cn instanceof Ch11_8? false
cn instanceof Circle? true
cn instanceof Coin? true
carr instanceof Object? true
```

程式第 2~4 行，先設定 Ch11_8、Circle 與 Coin 的繼承關係，Ch11_8 繼承 Coin 類別，Coin 繼承 Circle 類別。第 7~10 行宣告各相關類別的物件；第 12~34 行分別判斷各物件是否是該類別或其子類別的物件。由第 33~34 行可知，由於 Object 類別是 Java 所有類別的父類別，即使於程式中沒有明確指出 Circle 或是 Coin 類別是 Object 類別的子類別，它們皆自動繼承 Object 類別，因此透過 instanceof 運算子，可以得到 true 的結果，印出下列的執行結果：

```
carr instanceof Object? true
```

此外，在使用 instanceof 運算子時，物件與類別之間必須要有繼承的關係，包含兩種狀況：

(1) 物件是指定類別的子類別物件

(2) 指定的類別是物件所屬類別的子類別

否則編譯時會有「inconvertible types」的錯誤訊息，表示 instanceof 運算子前後的型態不合無法比較。讀者可以自行將第 37~38 行的註解拿掉並加以編譯，會出現下面的錯誤訊息：

```
"Incompatible conditional operand types Circle and String",
```

這是告訴我們 c1（Circle 型別）與 String 類別的型態不合，無法用 instanceof 做比較，在編譯時即會出現錯誤訊息。

❖

使用抽象類別及介面可以讓繼承更加發揚光大，若是能活用在程式裡，除了可以簡化程式重複撰寫的麻煩，還可以便於管理程式之間使用的資料成員及函數成員，也能提昇彼此之間資料傳遞的安全性。

# 第十一章 習題

## 11.1 抽象類別

1. 下面的程式碼是抽象類別裡建構子的撰寫練習，請先閱讀它，再回答接續的問題：

```
01  // Ex11_1，抽象類別裡建構子
02  abstract class Caaa{
03    protected int num;
04    // 請在此處撰寫類別 Caaa 的建構子
05    public abstract void show();
06  }
07  class Cbbb extends Caaa{
08    // 請在此處撰寫類別 Cbbb 的建構子
09    // 請在此處撰寫 show() method
10  }
```

```
11   public class Ex11_1{
12      public static void main(String args[]){
13         Cbbb bb=new Cbbb(2);        // 此行可設定 num 成員的值為 2
14         bb.show();                  // 此行可印出 "num=2" 字串
15      }
16   }
```

(a) 請撰寫抽象類別 Caaa 的建構子，它可接收一個整數 n，並把 num 成員設為 n。

(b) 試撰寫子類別 Cbbb 的建構子，可用來呼叫父類別的建構子，並設定 num 值。

(c) 試在 Cbbb 類別裡定義抽象類別中的 show() 函數，使得它可印出 num 的值。

2. 下面的程式碼是一個簡單數學四則運算的範例。我們在抽象類別 MyMath 裡已定義好一個 show()，以及 4 個 abstract 函數。請在 Compute 類別裡撰寫 add()、sub()、mul() 與 div()這 4 個函數的定義，使得我們可以利用 Compute 類別來做兩個整數的四則運算。例如，在第 17 行建立 Compute 類別的物件 cp 後，便可利用它來進行第 18~19 行的運算。

```
01   // Ex11_2, 抽象類別
02   abstract class MyMath{
03      protected int ans;
04      public void show(){
05         System.out.println("ans="+ans);
06      }
07      public abstract void add(int a, int b);   // 計算 a+b
08      public abstract void sub(int a, int b);   // 計算 a-b
09      public abstract void mul(int a, int b);   // 計算 a*b
10      public abstract void div(int a, int b);   // 計算 a/b
11   }
12   class Compute extends MyMath{
13      // 請完成這個部分的程式碼
14   }
15   public class Ex11_2{
16      public static void main(String args[]){
17         Compute cp=new Compute();
18         cp.mul(3,5); // 計算 3*5
19         cp.show();    // 此行會回應 "ans=15" 字串
20      }
21   }
```

3. 下面的程式中，在抽象類別 Shape 裡已定義好一個 show()，以及一個抽象函數。請在 Win 類別裡撰寫 area() 函數的定義，使得我們可以利用 Win 類別來顯示物件的 width、height 與面積。例如，在第 17 行建立 Win 類別的物件 w 後，便可利用它來執行第 18 行的呼叫。

```
01  // Ex11_3, 抽象類別
02  abstract class Shape{
03     protected int width;
04     protected int height;
05     public void show(){
06        System.out.println("width="+width);
07        System.out.println("height="+height);
08        System.out.println("area="+area());
09     }
10     public abstract int area();    // 計算面積
11  }
12  class Win extends Shape{
13     // 請完成這個部分的程式碼
14  }
15  public class Ex11_3{
16     public static void main(String args[]){
17        Win w=new Win(5,7);    // 建立 Win 類別的物件
18        w.show();
19     }
20  }
```

## 11.2 介面的使用

4. 請完成下面的程式。於 Compute 類別裡撰寫 add()、sub()、mul()、div() 與 show() 這五個函數的定義，使得我們可以利用 Compute 類別來做兩個整數的四則運算：

```
01  // Ex11_4, 介面實作的範例
02  interface MyMath{
03     public void show();
04     public void add(int a, int b);    // 計算 a+b
05     public void sub(int a, int b);    // 計算 a-b
06     public void mul(int a, int b);    // 計算 a*b
07     public void div(int a, int b);    // 計算 a/b
08  }
```

```
09  class Compute implements MyMath{
10      // 請完成這個部分的程式碼
11  }
12
13  public class Ex11_4{
14      public static void main(String args[]){
15          Compute cp=new Compute();
16          cp.mul(3,5); // 計算 3*5
17          cp.show();    // 此行會回應 "ans=15" 字串
18      }
19  }
```

5.  如果某個類別 C 繼承類別 B 又實作介面 A，則我們要以下面的語法來撰寫類別 A：

```
class C extends B implements A{
    // 類別 C 裡的程式碼
}
```

下面的程式碼定義介面 iAaa 與類別 Bbb，試撰寫類別 Ccc，使其繼承自類別 Bbb，同時也實作介面 iAaa，並於程式執行時，會於第 17 行印出 "num=5" 字串。

```
01  // Ex11_5
02  interface iAaa{
03      public void show();
04  }
05  class Bbb{
06      public int num=10;
07      public void set(int n){
08          num=n;
09      }
10  }
11  // 請於此處定義 Ccc 類別
12
13  public class Ex11_5{
14      public static void main(String[] args){
15          Ccc obj=new Ccc();
16          obj.set(5);
17          obj.show();    // 印出 num=5
18      }
19  }
```

6. 假設 iShape 介面的定義如下：

```
01  interface iShape{
02     public void show();
03     public int area();        // 計算面積
04  }
```

(a) 試設計一個類別 Color，並定義建構子 Color(String s)，當此建構子呼叫時會自動設定 color=s。

(b) 接續 (a) 的部份，請再設計一個 Win 類別，繼承 Color 類別，並實作 iShape 介面。Win 類別資料成員有 width 與 height。當建構子 Win( int w, int h, String s)呼叫時，便會設定 width=w，height=h，color=s。

(c) 接續 (b) 的部份，在 Win 類別裡設計 area() 與 show() 函數，使其可以印出 width、height、color 及 area 的值，於本題中，若於 main() 裡撰寫如下左邊的程式碼，應該可以得到右邊的結果：

```
Win w=new Win(5,7,"Red");        width=5
w.show();                        height=7
                                 color=Red
                                 area=35
```

## 11.3 實現多重繼承─多重實作

7. 下面的程式碼裡有一個 AdvancedMath 介面，定義了 3 個函數：

```
public void mod(int a, int b);  // 計算 a%b
public void fac(int a);         // 計算 a!
public void pow(int a, int b);  // 計算 aᵇ
```

請在 Compute 類別裡撰寫所有函數的定義，使得我們可以利用 Compute 類別來做加減乘除與 mod()、fac()、pow() 等運算：

```
01  // Ex11_7, 多重繼承的練習
02  interface MyMath{
03     void show();
04     public void add(int a, int b);
05     public void sub(int a, int b);
06     public void mul(int a, int b);
07     public void div(int a, int b);
08  }
```

```
09  interface AdvancedMath{
10    public void mod(int a, int b);    // 計算 a%b
11    public void fac(int a);           // 計算 a!
12    public void pow(int a, int b);    // 計算 a^b
13  }
14  class Compute implements MyMath, AdvancedMath{
15      // 請完成這個部分的程式碼
16  }
17
18  public class Ex11_7{
19    public static void main(String[] args){
20      Compute cp=new Compute();
21      cp.mul(3,5);
22      cp.show();        // 此行會回應 "ans=15" 字串
23      cp.mod(14,5);
24      cp.show();        // 此行會回應 "ans=4" 字串
25      cp.fac(5);
26      cp.show();        // 此行會回應 "ans=120" 字串
27    }
28  }
```

8.  假設有個 Stu 類別，其資料成員如下：

```
01  class Stu{
02    protected String id;       // 學號
03    protected String name;     // 姓名
04    protected int mid;         // 期中考成績
05    protected int finl;        // 期末考成績
06    protected int common;      // 平時成績
07  }
```

介面 Data 裡已定義一個 showData()，用來顯示學生的學號及姓名。介面 Test 裡已定義 showScore()，用來顯示學生的各項成績；calcu() 則是將學期成績以期中、期末考佔 30%，平時成績佔 40%的方式計算。試完成下面的程式，使得輸出的項目，除了該生的資料之外，還要顯示學期成績。

```
01  // Ex11_8, 多重繼承的練習
02  interface Data{
03    public void showData();
04  }
05  interface Test{
```

```
06    public void showScore();
07    public double calcu();
08  }
09
10  // 請完成這個部分的程式
11
12  public class Ex11_8{
13    public static void main(String args[]){
14      Stu stu=new Stu("940001","Fiona",90,92,85);
15      stu.show();
16    }
17  }
```

9.  下面的程式碼中包含了 iColor 介面，其中定義 showColor()函數，用來顯示顏色：

```
public void showColor();    // 顯示顏色
```

請在 Win 類別裡撰寫 showColor() 函數的定義，使得我們可以利用 Win 類別來顯示物件的顏色、width、height 與面積。

```
01  // Ex11_9, 多重繼承的練習
02  interface iShape{
03    public void show();
04    public int area();
05  }
06  interface iColor{
07    public void showColor();
08  }
09
10  class Win implements iShape,iColor{
11    // 請完成這個部分的程式碼
12  }
13
14  public class Ex11_9{
15    public static void main(String args[]){
16      Win w=new Win(5,7,"Green");
17      w.show();
18    }
19  }
```

## 11.4 介面的繼承

10. 下面的程式中，我們先宣告一個介面 Data，再宣告另一個介面 Test 繼承它。

```
01  // Ex11_10
02  interface Data{
03     public void best();              // 判斷那一科成績較高
04     public void failed();            // 判斷那一科成績低於 60 分
05  }
06  interface Test extends Data{
07     public void showData();          // 顯示學生的資料及平均成績
08     public double average();         // 計算數學和英文的平均成績
09  }
10  class Stu implements Test{
11     protected String name;           // 姓名
12     protected int math;              // 數學成績
13     protected int english;           // 英文成績
14
15     // 請完成這個部分的程式
16  }
17
18  public class Ex11_10{
19     public static void main(String[] args){
20        Stu s=new Stu("Judy",58,91);
21        s.show();
22     }
23  }
```

請在 Stu 類別裡撰寫所有函數的定義，再於 Stu 類別中加入一個 show()，用來呼叫 best()、failed()、showData()與 average()等函數。於本題中，若於 main() 裡撰寫如下左邊的程式碼，應該可以得到右邊的結果：

```
Stu s=new Stu("Judy",58,91);        姓名:Judy
s.show();                            數學成績:58
                                     英文成績:91
                                     平均成績:74.5
                                     Judy 的英文比數學好
                                     Judy 的數學當掉了
```

11. 下面的程式中先宣告一個 Show_ans 介面，再宣告另一個介面 MyMath 繼承它。請在 Compute 類別裡撰寫所有函數的定義，使得我們可以利用 Compute 類別的物件來呼叫 show()、add()、sub()、mul() 與 div() 等運算。

```
01  // Ex11_11,介面的延伸
02  interface Show_ans{
03     public void show();
04  }
05  interface MyMath extends Show_ans{
06     public void add(int a, int b);
07     public void sub(int a, int b);
08     public void mul(int a, int b);
09     public void div(int a, int b);
10  }
11
12  class Compute implements MyMath{
13     //  請完成這個部分的程式碼
14  }
15
16  public class Ex11_11{
17     public static void main(String[] args){
18        Compute cp=new Compute();
19        cp.mul(3,5);
20        cp.show();        // 此行會回應 "ans=15" 字串
21     }
22  }
```

12. 下面的程式中，我們先宣告一個介面 iVolume，再宣告一個抽象函數 Sphere 實作它。

```
01  // Ex11_12
02  interface iVolume{
03     public void showData();          // 顯示球體的資料
04     public double vol();             // 計算球體積
05  }
06  abstract class Sphere implements iVolume{
07     final double PI=3.14;
08     protected int x;
09     protected int y;
10  }
11  class Circle extends Sphere{
```

```
12       // 請完成這個部分的程式碼
13    }
14
15    public class Ex11_12{
16       public static void main(String[] args){
17          Circle c1=new Circle(8,6,2);
18          c1.showData();
19       }
20    }
```

(a) 球體積為 $\frac{4}{3}\pi r^3$。請在 Circle 類別裡撰寫適當的程式，使得於 main() 裡撰寫如下左邊的程式碼，應該可以得到右邊的結果：：

```
Circle c1=new Circle(8,6,2);    球心:(8,6)
c1.showData();                  半徑:2
                                球體積:33.49
```

(b) 抽象函數 Sphere 雖然實作介面 iVolume，可是在抽象函數 Sphere 裡卻沒有看到關於介面 iVolume 所宣告的 showData() 與 vol() 函數，為何可以編譯無誤？

13. 接續上題，試將 Circle 類別裡的 showData() 與 vol() 移到抽象函數 Sphere 裡，並請稍做修改，使得程式可以執行。

## 11.5 類別關係的判別—instanceof

14. 請依下面的步驟逐步完成程式的需求：

(a) 分別建立 Shape、Circle、Triangle、Coin 類別，類別裡的定義可以不寫。

(b) 設定 Circle、Triangle 為 Shape 的子類別，Coin 為 Circle 的子類別。

(c) 於主程式中分別宣告 Circle、Triangle、Coin 物件 c1、t1、n1。

(d) 請判斷 c1 是否為 Coin 的子類別物件、t1 是否為 Shape 的子類別物件、n1 是否為 Object 的子類別物件。

15. 請撰寫一程式，可以用來測試 null 是否繼承 Object 類別。

# 12
Chapter

# 大型程式的發展
# 與常用的類別庫

於 Java 裡，我們可以將大型程式內的類別獨立出來，分門別類儲存到不同的檔案裡，再將這些檔案一起編譯執行，如此的程式碼將更具親和性且易於維護。本章將介紹大型程式的發展、類別庫的概念，以及 Java 所提供、常用的類別庫。從概念到實作，均可在本章裡找到答案。

## ◉ 本章學習目標

- 🔲 學習如何分割檔案
- 🔲 認識類別庫，以及如何取用在不同類別庫裡的類別
- 🔲 建構 package 的階層關係
- 🔲 學習 Java 裡常用的類別庫

# 12.1 檔案的分割

在開發大型程式時，為了工作上的需要，程式碼的開發通常是由一些人，或者是幾個小組同時進行。每個參與的小組或成員分別負責某些類別，並將所撰寫的類別分開儲存在各別的檔案中，直到所有的類別均開發好，再進行整合、執行。這種概念是利用檔案分割的方式，將大型程式分開成獨立的類別，以利於程式的開發與維護。

本節再以 Circle 類別為例，來說明如何實作檔案分割並分別編譯這些檔案。請在 VSCode 中建立 Ch12_1.java( 本書的範例是放在 C:\MyJava\Ch12\Ch12_1 資料夾內 )，並將程式碼輸入到 VSCode 中。

📄　Ch12_1.java

```
01  // Ch12_1.java, 本檔案置於 C:\MyJava\Ch12\Ch12_1 資料夾內
02  public class Ch12_1{
03    public static void main(String[] args){
04      Circle c1=new Circle();
05      c1.show();
06    }
07  }
```

選取「檔案」功能表中的「新增檔案」。

於出現的對話方塊中點選「建立 Java 類別 Project Manager for Java」，接著輸入「Circle」後按下 Enter 鍵。

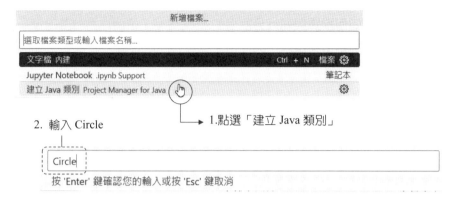

於 VSCode 中即會出現 Circle.java 窗格。

將 Circle 類別的內容輸入到 VSCode 中。

📄　Circle.java

```
01  // Circle.java, 本檔案置於 C:\MyJava\Ch12\Ch12_1 資料夾內
02  class Circle {
03      public void show(){
04          System.out.println("show() called");
05      }
06  }
```

回到 Ch12_1.java 視窗內即可編譯執行此一程式，並得到下面的結果：

```
/* Ch12_1 OUTPUT-----
show() called
---------------------*/
```

只要把 Circle.java 與 Ch12_1.java 放在同一資料夾內，直接編譯 Ch12_1.java，即可執行 Ch12_1。　　　　　　　　　　　　　　　　　　　　　　　　　　　　❖

現在您應該可以瞭解如何編譯與執行分割過的 Java 檔案。透過檔案分割的技巧,將大型的程式交由不同的單位來撰寫,因而可大幅提升開發效率,並減少開發時間。

# 12.2 使用 package

當一個大型程式交由數個不同的組別或人員開發時,用到相同的類別名稱是很有可能的事。當這種情況發生,為了確保程式可以正確執行,就必須透過 package 關鍵字來幫忙。

## 12.2.1 package 的基本概念

package 是在使用多個類別或介面時,避免名稱重覆而採用的一種措施。您不妨暫且先把 package 想像成類別庫,也就是專門用來收納類別的地方。怎麼使用呢?在類別或介面的最上面一行加上 package 的宣告即可:

---

package 的宣告

**package** package 名稱;

---

經過 package 宣告後,在同一檔案內的介面或類別都會被納入相同的 package 中。在 VSCode 中使用 package 時需要建立資料夾,資料夾的名稱就是 package 名稱。此外,不同的 package 內可以擁有名稱相同的類別,就好比不同的資料夾允許相同名稱的檔案一樣。Ch12_2 是使用 package 的簡單範例,請跟著下面的步驟建立檔案:

步驟 1:按下 VSCode 中的「檔案總管」-「開啟資料夾」,建立一個新的資料夾 Ch12_2 後,再選擇開啟 Ch12_2 資料夾,回到 VSCode 視窗。

步驟 2:於「檔案總管」中按下「新增資料夾」,空白處輸入「pack2」,做為 package 之用。

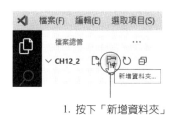

1. 按下「新增資料夾」

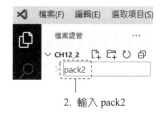

2. 輸入 pack2

步驟 3：於「pack2」資料夾下，按下「新增檔案」，空白處輸入「Ch12_2.java」。

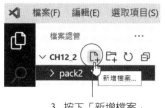

3. 按下「新增檔案」

4. 輸入 Ch12_2.java

步驟 4：輸入「Ch12_2.java」的程式內容。

```
01  // Ch12_2, package 的使用(一), 此檔案置於 pack2 資料夾內
02  package pack2;      // 宣告以下程式碼所定義的類別均納入 package pack2 中
03  class Circle{       // Circle 類別已納入 package pack2 中
04      public void show(){
05          System.out.println("show() called");
06      }
07  }
08  public class Ch12_2{    // Ch12_2 類別也納入 package pack2 中
09      public static void main(String args[]){
10          Circle c1=new Circle();
11          c1.show();
12      }
13  }
```

• 執行結果：

```
show() called
```

Ch12_2 中，除了第 2 行增加一行宣告 package pack2 的敘述之外，其餘的程式碼均與前例相同。由於第 2 行的宣告，所以 Java 把 Circle 和 Ch12_2 類別看成是同樣放在 pack2 package 裡。同置於一個 package 裡有什麼好處呢？稍後再來討論這點。

Ch12_2.java 是把兩個類別（Circle 和 Ch12_2）放在同一個 package 內，再一起編譯與執行。事實上，如果所有的類別同在一個檔案內，那麼它們是否在同一個 package 內就沒什麼差，反正所有的成員均可依照先前所學過的方法來呼叫。讀者可以發現，Ch12_2 與前幾章的範例幾乎無差別，只差在第 2 行增加一行 package 的敘述。

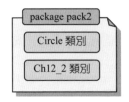

也許您會問，在前幾章所有程式碼裡並沒有指定類別是包含在哪一個 package，那麼它們到底是屬於哪一個 package 呢？事實上，在原始檔案中若沒有指明 package，則 Java 把它視為「沒有名稱的 package」。由於本章之前所有的類別均存在同一個原始檔內，因此它們都被納入「沒有名稱的 package」內。因為 Java 有這個機制，所以就算是不指明 package 名稱，依然可以正確的執行。

## 12.2.2 將不同檔案中的類別納入同一個 package 中

如果類別是存於不同的檔案，但隸屬於同一個 package 的話，要怎樣編譯與執行呢？舉例來說，下圖中的 Circle 類別與 Ch12_3 類別分別置於兩個檔案內，但它們同樣是被納入 package pack3 類別：

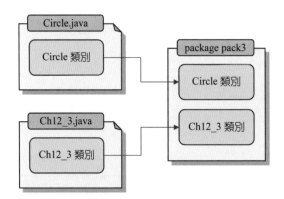

加上 package 的宣告之後，檔案存放的資料夾與編譯、執行的過程稍有改變。我們來看一個實際的例子，來說明如何將不同檔案中的類別納入同一個 package 中，Ch12_3 是 package 使用的範例，請跟著下面的步驟建立檔案。

按下 VSCode 中的「檔案總管」-「開啟資料夾」，建立一個新的資料夾 Ch12_3 後，再選擇開啟 Ch12_3 資料夾，回到 VSCode 視窗。於「檔案總管」中按下「新增資料夾」，空白處輸入「pack3」。

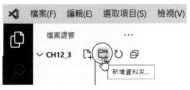
1. 按下「新增資料夾」

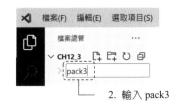
2. 輸入 pack3

接著按下「新增檔案」，空白處輸入「Ch12_3.java」。

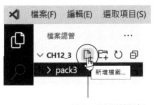
3. 按下「新增檔案」

4. 輸入 Ch12_3.java

於編輯區中輸入「Ch12_3.java」的程式內容。

📄　　Ch12_3.java

```
01  // Ch12_3, package 的使用(一),此檔案置於 pack3 資料夾內
02  package pack3;       // 宣告以下程式碼所定義的類別均納入 package pack3 中
03  public class Ch12_3{      // Ch12_3 類別納入 package pack3 中
04      public static void main(String[] args){
05          Circle c1=new Circle();
06          c1.show();
07      }
08  }
```

按下「新增檔案」，空白處輸入「Circle.java」。

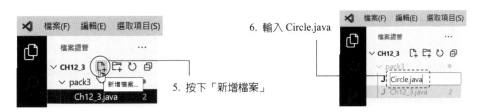
6. 輸入 Circle.java
5. 按下「新增檔案」

輸入「Circle.java」的程式內容。

📄 Circle.java

```
01  // Circle.java, 本檔案置於 c:\MyJava\Ch12\Ch12_3\pack3 資料夾內
02  package pack3;
03  class Circle{
04      public void show(){
05          System.out.println("show() called");
06      }
07  }
```

回到 Ch12_3.java 窗格中，按下「Run Java」按鈕 。即可編譯執行。此時應可看到如下的執行結果：

```
/* Ch12_3 OUTPUT----
show() called
--------------------*/
```

由本例中，讀者可看到不論有幾個類別、分成幾個檔案，只要在每個檔案前面加上 package 名稱，放置在同一個資料夾中，便可將它們歸屬於同一個 package，其它程式碼的撰寫和先前介紹過的方法完全相同。

❖

# 12.3 存取不同 package 裡的類別

到目前為止，我們所介紹的類別都是隸屬於同一個 package，因此在程式碼的撰寫上並不需要做修改。但如果數個類別分別屬於不同的 package 時，在某個類別要存取到其它類別的成員時，就需要做下列的修改：

(1) 若某個類別需要被其他 package 的類別存取時，必須把這個類別公開出來，也就是說，此類別必須宣告成 public。

(2) 若要存取不同 package 內某個 public 類別的成員時，在程式碼內必須明確的指明「被存取 package 的名稱.類別名稱」。

## 12.3.1 簡單的範例

下面的範例說明如何存取不同 package 裡的類別。於此範例中，Ch12_4 類別是隸屬於 package pack4a，而 Circle 類別則隸屬於 package pack4b，因此請先依上一節裡建立 package 檔案的方式，建立好 pack4a 與 pack4b 這兩個資料夾，再分別將 Ch12_4.java 與 Circle.java 這兩個檔案存到這兩個資料夾內。建立完成後，VSCode 的檔案總管如下圖所示：

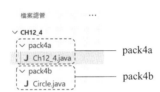

📄　　Ch12_4.java

```
01  // Ch12_4.java, package 的使用(三),此檔案存放在 pack4a 資料夾內
02  package pack4a;
03  public class Ch12_4{          // 將 Ch12_4 類別納入 package pack4a 當中
04    public static void main(String[] args){
05      pack4b.Circle c1=new pack4b.Circle();
06      c1.show();
07    }
08  }
```

📄　　Circle.java

```
01  // Circle.java, package 的使用(三),此檔案存放在 pack4b 資料夾內
02  package pack4b;
03  public class Circle{    // 將 Circle 類別納入 package pack4b 當中
04    public void show(){
05      System.out.println("show() called");
06    }
07  }
```

將程式碼鍵入完畢後，即可回到 Ch12_4 窗格進行編譯執行。此時應可看到如下的執行結果：

```
/* Ch12_4 OUTPUT----
show() called
----------------------*/
```

於本例中，由於 Ch12_4 類別裡需要呼叫到 Circle 類別，我們必須準備好兩個步驟：

(1) 把 Circle 類別公開出來，也就是說，Circle 類別必須宣告成 public，如 Circle.java
的第 3 行。

(2) 由於 Ch12_4 類別裡需要用到 Circle 類別，因此在 Ch12_4.java 的第 5 行，必須
以「被存取的 package 名稱.類別名稱」的格式來撰寫，才能存取到 package pack4b
內 Circle 類別的成員。

下面的簡圖說明於本例中，如何在 package pack4a 裡存取 package pack4b 裡的成員：

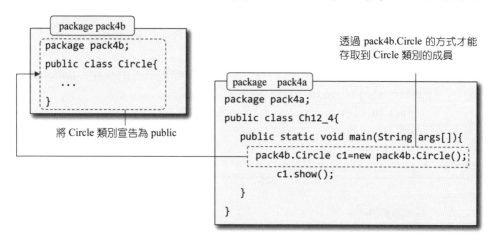

再次的提醒您，存取不同 package 裡的類別時，被存取的類別必須宣告成 public，否
則會無法存取到它。因此如果拿掉 Circle.java 第 3 行 public 這個關鍵字時，在編譯
Ch12_4.java 時會出現下面的錯誤訊息：

其原因即是沒有將 Circle 宣告成 public 的類別，Circle 變成不可見的，因此不能從不
同的 package 類別來存取。

附帶一提，在 Java 中，每個檔案可以包含多個類別，但只能有一個類別宣告為 public，且檔案名稱必須與這個 public 類別的名稱相同。為了讓其他 package 可以存取多個類別，可以將這些類別分別宣告為 public，並存成不同的檔案，符合 Java 的命名與存檔規則。如此其他 package 就可以透過 import 引用這些 public 類別，並使用其功能。需要注意的是，只有與檔案名稱相同的 public 類別可以被其他 package 引用，其他在同一檔案中的非 public 類別只能在同一檔案內部被引用，無法從外部直接存取。

## 12.3.2 public、private 與 protected 修飾子的角色

現在可以瞭解到，在類別之前加上 public 修飾子是為了讓其它 package 裡的類別也可以存取此一類別裡的成員。如果省略 public 修飾子，就只能讓同一個 package 裡的類別來存取。下面列出修飾子相對於類別成員的存取所扮演的角色，您必須熟悉它們，才能對 Java 的 package 與類別操控自如：

成員與建構子所使用的修飾子

| 修飾子 | 說　　明 |
| --- | --- |
| 沒有修飾子 | 成員或建構子只能被同一個 package 內的程式所存取 |
| public | 如果所屬的類別也宣告成 public，成員或建構子可被不同 package 內所有的類別所存取。若所屬類別不是宣告成 public，成員或建構子只能被同一個 package 內的程式所存取 |
| private | 成員或建構子只在同一個類別內存取 |
| protected | 成員或建構子只能被位於同一 package 內的類別，以及它的子類別來存取 |

類別與介面所使用的修飾子

| 修飾子 | 說　　明 |
| --- | --- |
| 沒有修飾子 | 只能讓同一個 package 裡的類別來存取 |
| public | 其它 package 裡的類別也可以存取此一類別裡的成員 |

### 12.3.3 匯入 packages

在 Ch12_4 中，我們透過「被存取的 package 名稱.類別名稱」的語法來存取儲存在不同 package 裡的類別，如 Ch12_4.java 的第 7 行即是：

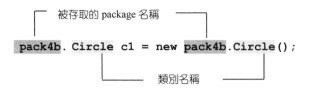

利用這種方法來存取位於不同 package 裡的類別似乎有些麻煩，因為每次都要指明被存取的 package 名稱。要避免這個問題，只要直接把被存取的 package 裡的特定類別名稱匯入程式碼中。如此就相當於位在同一個檔案內，因此「被存取的 package 名稱」的指定方式就可以省略。

---

匯入 package 裡的某個類別

`import package` 名稱.類別名稱;

---

透過 import 指令，即可將某個 package 內的特定類別匯入，因此後續的程式碼便不用再寫上被存取 package 的名稱。值得注意的是，import 的目的是讓編譯器知道要去哪裡找到相關的類別，並不會當下就把整個類別匯入進來，因此程式不會因此變大，進而拖累執行效率。

我們舉一個範例來說明 import 指令的用法。此範例與 Ch12_4 類似，只差在增加一行 import 的敘述而已。相同的，請先建好 Ch12_5.java 與 Circle.java 這兩個檔案，再分別將它們儲存到 pack5a 與 pack5b 資料夾內。建立完成後，VSCode 的檔案總管如下圖所示：

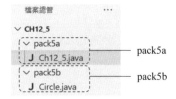

🗎 **Ch12_5.java**

```
01  // Ch12_5.java, package 的使用(四),此檔案置於 pack5a 資料夾內
02  package pack5a;
03  import pack5b.Circle;    // 載入 pack5b package 裡的 Circle 類別
04  public class Ch12_5{
05     public static void main(String[] args){
06        Circle c1=new Circle();    // 不用再寫 package 的名稱
07        c1.show();
08     }
09  }
```

🗎 **Circle.java**

```
01  // Circle.java, package 的使用(四),此檔案置於 pack5b 資料夾內
02  package pack5b;
03  public class Circle{    // 將 Circle 類別納入 package pack5b 當中
04     public void show(){
05        System.out.println("show() called");
06     }
07  }
```

將程式碼鍵好之後,切換到 Ch12_5 窗格進行編譯與執行它們:

```
/* Ch12_5 OUTPUT-----
show() called
--------------------*/
```

雖然於 Ch12_5 中,第 3 行利用 import 指令載入 pack5b package 裡的 Circle 類別,但此時 Circle 依然存放於 pack5b package 內,所以 Circle.java 裡的第 3 行,Circle 類別還是要宣告成 public,否則無法讓存放在 pack5a 的程式讀取。     ❖

# 12.4 建構 package 的階層關係

當 package 越建越多時,將 package 分門別類也就更加重要。package 依功能劃分,可再細分為幾個「子 package」(sub-package),這種分類,把 packages 劃分為上下階層的關係,使得程式碼的撰寫與維護更加容易。

舉例來說，我們可以在 package pack6 的下層再建立兩個 package，分別為 subpack1
與 subpack2，如此一來 package subpack1 與 subpack2 便稱為 package pack6 的 sub-
package。

那麼，在 Java 裡要如何建立 package 的階層關係呢？下面以一個實際的例子來說明。
假設 Ch12_6 類別隸屬於 package pack6，Circle 與 Rectangle 類別分別屬於 package
subpack1 與 subpack2，現在我們希望把 subpack1 與 subpack2 設成 pack6 的 sub-
package。

在這種情形下，可以先建立 pack6、subpack1 與 subpack2 三個資料夾，其中 subpack1
與 subpack2 為 pack6 的子資料夾。接著把 Ch12_6.java 存在 pack6 資料夾裡，再分別
把 Cricle.java 與 Rectangle.java 存到 subpack1 與 subpack2 資料夾內，即可完成 package
階層的設定。下圖為資料夾與所存放之 Java 原始檔的階層關係圖與 VSCode 的檔案
總管配置情形：

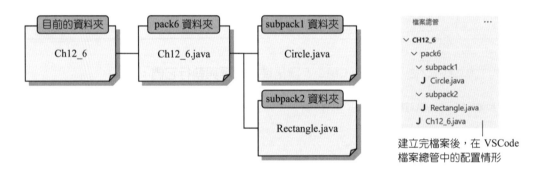

上圖的資料夾階層關係圖可化成 package 的階層關係圖：

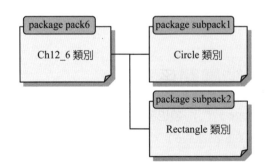

由上面的階層架構圖可看出，在 package pack6 底下建立兩個 sub-package，分別為 subpack1 與 subpack2。事實上，如果程式需要，可以再依功能劃分另外建立更深階層的 sub-sub-package。

要宣告某個類別是屬於某個 sub-package，可用下面的語法來宣告：

宣告 sub-package 的語法

```
package package 名稱.sub-package 名稱;
```

接下來是程式實作的部份。下列分別為 Circle.java、Rectangle.java 與 Ch12_6.java 的程式碼，請先建好它們，並把它們放置於正確的資料夾內。

📄 Circle.java

```
01  // Circle.java, 此檔案置於 pack6\subpack1 資料夾內
02  package pack6.subpack1;      // 將 Circle 類別納入 pack6.subpack1 中
03  public class Circle{
04     public void show(){
05        System.out.println("show() of class Circle called");
06     }
07  }
```

📄 Rectangle.java

```
01  // Rectangle.java, 此檔案置於 pack6\subpack2 資料夾內
02  package pack6.subpack2;      // 將 Rectangle 類別納入 pack6.subpack2 中
03  public class Rectangle{
04     public void show(){
05        System.out.println("show() of class Rectangle called");
06     }
07  }
```

📄 Ch12_6.java

```
01  // Ch12_6.java, 此檔案置於 pack6 資料夾內
02  package pack6;   // 將 Ch12_6 類別納入 package pack6 當中
03  import pack6.subpack1.Circle; // 載入 pack6.subpack1 裡的 Circle 類別
04  import pack6.subpack2.Rectangle; // 載入 pack6.subpack2 的 Rectangle 類別
05
06  public class Ch12_6{
```

```
07      public static void main(String[] args){
08          Circle c1=new Circle();
09          Rectangle r1=new Rectangle();
10          c1.show();
11          r1.show();
12      }
13  }
```

• 執行結果：

```
show() in class Circle called
show() in class Rectangle called
```

將程式碼建好之後，在 VSCode 中回到 Ch12_6 窗格，即可編譯、執行 Ch12_6。於 Ch12_6.java 中，第 3 與第 4 行利用句點（.）連接 package 和 sub-package，使得位於 subpack1 的 Circle 類別與 subpack2 的 Rectangle 類別得以匯入。            ❖

# 12.5 VSCode 的 Project 管理

當類別或是介面變多時，利用 package 可以將它們分門別類。VSCode 的 project，可以協助我們管理類別、介面及程式檔案，發展大型程式。VSCode 會把同一個資料夾內的檔案都視為一個專案，也就是 project。

## 12.5.1 VSCode 的 project

由於 VSCode 把同一資料夾內的檔案都視為一個專案。以 Ch12_6 為例，當您新增或是開啟 Ch12_6 資料夾時，即是將「Ch12_6 專案」開啟。Ch12_6 類別屬於 package pack6，Circle 與 Rectangle 類別分別屬於 package subpack1 與 subpack2，下圖是 package 的階層關係圖：

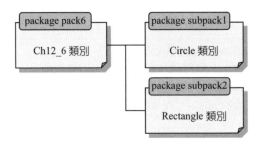

在 VSCode 檔案總管欄位下方，有一個「JAVA PROJECTS」，展開「JAVA PROJECTS」
後可以看到 Ch12_6 專案的內容，包括 pack6、pack6.subpack1 與 pack6.subpack2 三
個 package。下圖為 Ch12_6 的「JAVA PROJECTS」配置情形：

在 VSCode 檔案總管中
「JAVA PROJECTS」的 ——
配置情形

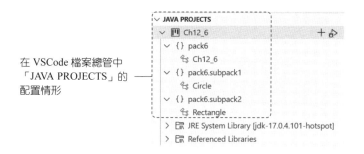

當我們關閉資料夾，就是直接將該專案關閉，若是要再次開啟專案時，可以點選「檔
案總管」-「開啟資料夾」，然後選擇開啟程式所在的資料夾。以 Ch12_6 為例，請
先點選「檔案」-「關閉資料夾」將之前的專案關閉。再開啟 C:\MyJava\Ch12_6 資料
夾，即可看到如下圖的畫面：

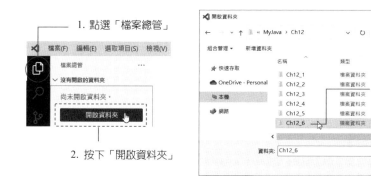

專案 Ch12_6 裡的所有檔案，包括 Ch12_6.java、Circle.java 與 Rectangle.java 都會直
接被載入至 VSCode 中供我們進行編修。

## 12.5.2 VSCode 的工作區

在 VSCode 的環境下一個資料夾就是一個專案，雖然我們都沒有特別設定工作區
（workspace），但在預設的狀態下，資料夾名稱就是工作區名稱。專案可視為資料
夾與檔案的集合，工作區就是數個專案（資料夾）的集合。一個工作區預設為一個
專案，如果專案只有一個，則可以將工作區視同為該專案。

工作區若是只有一個專案，這個專案資料夾的名稱預設就是工作區名稱，當工作區中存在兩個以上的專案時，則預設的工作區名稱為「未命名」，我們可以選取「檔案」功能表-「另存工作區為...」來命名工作區。

我們以 Ch12_7 與 Ch12_8 為範例說明工作區的建立與使用：先將工作區命名為「Ch12_7」，然後再將 Ch12_8 加入到「Ch12_7」工作區裡。請在「C:\MyJava\Ch12」資料夾中建立「Ch12_7」與「Ch12_8」資料夾，並先把 Ch12_7.java 的內容輸入到 VSCode 中。

📄　　Ch12_7.java

```
01   // Ch12_7.java, 工作區的使用
02   public class Ch12_7{
03      public static void main(String[] args){
04         int a=5, b=9;
05         System.out.println(a+"*"+b+"="+a*b);
06      }
07   }
```
• 執行結果：
5*9=45

接著選取「檔案」功能表-「另存工作區為...」，將工作區命名為「Ch12_7」：

1. 點選「檔案總管」

工作區名稱「Ch12_7」

2. 選取「另存工作區為...」

選取「檔案」功能表-「將資料夾新增至工作區...」，將資料夾「Ch12_8」加入：

將 Ch12_8 資料夾加入工作區後，輸入 Ch12_8.java 的內容到 VSCode 中。

📄　　Ch12_8.java

```
01  // Ch12_8.java, 工作區的使用
02  public class Ch12_8{
03     public static void main(String[] args){
04        int a=7, b=3;
05        System.out.println(a+"/"+b+"="+a/b);
06     }
07  }
```

• 執行結果：

7/3=2

在 VSCode 的檔案總管中可以看到 Ch12_7 與 Ch12_8 都在工作區 Ch12_7 中。此時即可任意切換要進行編修的專案。專案之間的變數與類別都是各自獨立存在,不會相互影響。

日後若是需要再次開啟工作區,可以選取「檔案」功能表-「從檔案開啟工作區」,選擇存放工作區的資料夾後,再點選工作區的檔案名稱將工作區開啟。以「Ch12_7」工作區為例,選擇「檔案」功能表-「從檔案開啟工作區」,選取「Ch12_7」資料夾,再將工作區檔案「Ch12_7.code-workspace」開啟,如下圖所示:

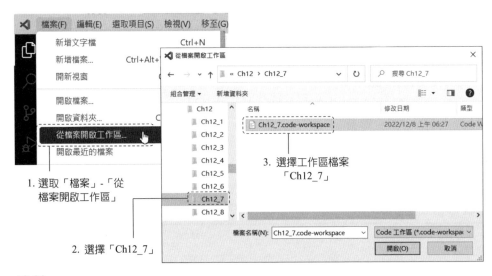

於 VSCode 中即可看到所有屬於「Ch12_7」工作區的檔案會被載入到編輯器中。

在設計工作區時，要做好程式規劃管理，建議有關聯性的專案才需要放置在同一個工作區中，否則維持單一工作區只存在單一專案是較簡單的規劃方式。因為一個專案就是一個資料夾，日後若是想要將專案移到別的目錄下存放，只要移動資料夾到新的目錄後，直接用 VSCode 開啟該資料夾即可。

## 12.6 Java 常用的類別庫

Java 的 package 是用來放置類別與介面的地方，因此我們把 package 譯為「類別庫」（雖然介面也放在類別庫裡）。Java 已經把功能相近的類別歸類到不同的類別庫中，例如常用的 String 類別是置於 java.lang 類別庫裡，第 3 章的範例 Ch3_13 所用的 Scanner 則置於 java.util.Scanner 類別庫內。若是想查看 Java 所提供的類別庫，請在瀏覽器中輸入下列網址：

https://docs.oracle.com/en/java/javase/17/docs/api/index.html

舉例：輸入 math，就會列出與 math
有關的 package、類別、介面等資訊

由此輸入要查
詢的類別名稱

直接點進模組查找

為了能瞭解類別庫、子類別庫、類別與介面之間的層級關係，我們繪製出下面的簡圖。其中實線是類別庫與子類別庫之間的連結，虛線則是連結類別庫或子類別庫裡所提供的類別或介面。事實上，完整類別庫之層級關係圖比起下圖要複雜許多。

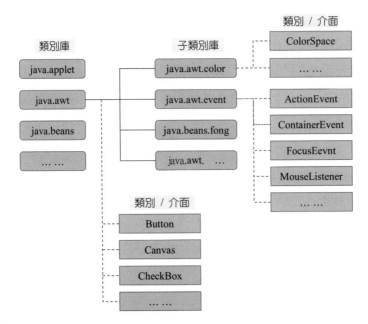

Java 提供的類別庫相當多，下表列出 Java 常用的類別庫，以及它們所包含類別的主要功能，這些類別庫在稍後的章節裡將會一一介紹。

Java 常用的類別庫

| 類別庫名稱 | 所包含類別之主要功能 |
|---|---|
| java.awt | 與 Java 早期視窗元件設計有關的類別 |
| java.awt.event | 與事件（event）觸發相關的類別 |
| java.lang | Java 最基本的類別，這些類別會自動載入 |
| java.io | 與輸入/輸出相關的類別 |
| java.net | 與網路元件及連線相關的類別 |
| java.util | Java utility 相關的類別，如 Scanner、Array、Vector 等 |

之前提到過，如果想使用某個類別庫裡的某個類別，可用「類別庫名稱.類別名稱」。例如，要匯入 java.awt 類別庫裡的 Button 類別，可用下列的語法：

```
import java.awt.Button;          // 匯入 java.awt 類別庫裡的 Button 類別
```

當我們要匯入多個類別，例如想要匯入 java.awt 類別庫裡的 Button 和 Canvas 類別，可用下面的語法：

```
import java.awt.Button;          // 匯入 java.awt 類別庫裡的 Button 類別
import java.awt.Canvas;          // 匯入 java.awt 類別庫裡的 Canvas 類別
```

如果要匯入某個類別庫裡的所有類別時，可以透過萬用字元「*」來匯入：

```
import java.awt.*;               // 匯入 java.awt 類別庫裡的所有類別
```

請注意，當我們用萬用字元匯入類別庫裡的所有類別時，該類別庫底下的子類別庫裡的類別並不會自動匯入。如果匯入 java.awt.*，java.awt 類別庫中的 Button、Canvas、CheckBox... 等類別會被匯入到該程式中，而 java.awt.color、java.awt.event、java.awt.font...等類別庫裡的類別並不會被匯入，因此如果要匯入 java.awt.event 下的所有類別，可用下列的語法：

```
import java.awt.event.*;     // 匯入 java.awt.event 子類別庫裡的所有類別
```

## 12.6.1 有關字串的類別庫

String 類別是放置在 java.lang 類別庫內。java.lang 類別庫裡所有的類別均會自動載入，因此當您使用到 String 類別時，不需利用 import 指令來載入它。

### 建立字串物件（String object）

我們可以利用 String 這個識別字來宣告屬於字串的變數，然後再設值給它，如下面的範例：

```
String s1;                          // 宣告字串 s1
s1="abc";                           // 將 s1 設值為 abc
```

或是將上面二行敘述合成一行，直接宣告設值：

```
String s1 = "abc";                  // 宣告 s1 變數，並設值為 abc
```

字串可視為由字元陣列組成，因此也可利用字元陣列來產生字串，如下面的敘述：

```
char data[] = {'a', 'b', 'c'};      // 設定 data 為字元 a,b,c 所組成的陣列
String s1 = new String(data);       // 利用 String()建構子來產生字串
```

另一種是直接利用 String 建構子來建立字串：

```
String s1 = new String("abc");         // 利用建構子來建立字串
```

這三種方法均可成功的建立字串，但採用第一種方法較為方便且常見。下表列出第二種與第三種所使用的建構子之格式：

String 類別建構子的格式

| 建構子格式 | 主要功能 |
| --- | --- |
| String() | 沒有引數的 String() 建構子 |
| String(byte[] bytes) | 以 byte 陣列建立字串 |
| String(byte[] bytes, int offset, int length) | 取出 byte 陣列裡，從陣列的第 offset 位置開始，長度為 length 來建立字串 |
| String(char[] value) | 利用字元陣列來產生字串物件 |
| String(char[] value, int offset, int count) | 取出字元陣列裡，從陣列的第 offset 位置開始，長度為 count 來建立字串 |
| String(String original) | 利用原始字串（original string）產生字串物件 |

由上表中，您可以選擇任一種建構子來建立字串物件。回想一下第 9 章所介紹的多載，建構子多載的應用在此表露無遺。

## 字串類別所提供的函數

String 類別也提供相當多的函數來做字串的處理，如字串的連結、轉換大小寫等等。下表列出一些常用的函數：

String 類別常用的函數

| 函數 | 主要功能 |
| --- | --- |
| byte[] getBytes() | 將字串轉換成 byte 型態的陣列 |
| char charAt(int index) | 取得 index 位置的字元 |
| boolean equals(String str) | 測試字串是否與 str 的內容相同 |
| int indexOf(char ch) | 在字串中找出第一個出現字元 ch 的位置 |
| int length() | 取得字串的長度 |
| String substring(int index) | 取出 index 之後的子字串 |
| String substring(int ind1, int ind2) | 取出位於 ind1 和 ind2 之間的字串 |
| boolean startsWith(String prefix) | 測試字串是否以 prefix 字串為開頭 |
| String toLowerCase() | 將字串轉換成小寫，並將結果以新字串傳回 |
| String toUpperCase() | 將字串轉換成大寫，並將結果以新字串傳回 |

上表所列的並非 String 類別提供的全部函數，如果您需要完整的資訊，請由 Java 的參考文件來找尋。下面的範例舉出幾個函數的用法：

```
01   // Ch12_9, String 類別使用的範例
02   public class Ch12_9{
03      public static void main(String[] args){
04         String s1="Easier said than done.";
05         System.out.println("length="+s1.length());
06         System.out.println("charAt(8)="+s1.charAt(8));
07         System.out.println("sub string="+s1.substring(7));
08         System.out.println("start with \"th\"="+s1.startsWith("th"));
09         System.out.println("upper case="+s1.toUpperCase());
10      }
11   }
```

- 執行結果：

```
length=22
charAt(8)=a
sub string=said than done.
start with "th"=false
upper case=EASIER SAID THAN DONE.
```

於 Ch12_9 中，第 5 行印出字串的長度，其值為 22。第 6 行是取出字串 s1 裡第 8 個位置的字元。由於 Java 字串的第 1 個字元是從 0 起算，因此第 8 個字元是小寫的 a。第 7 行印出第 7 個字元之後的子字串（包含第 7 個字元）。第 8 行測試 s1 字串是否以 th 開頭，其結果為 false。第 9 行把 s1 字串轉換成大寫。

## 12.6.2 StringBuffer 類別庫

由於 String 類別只提供一些查詢與測試的函數，無法將字串做連結或修改。舉例來說，toUpperCase() 函數用來將字串轉換為大寫，但實際上並不是修改原來的字串，而是另外再建立新的字串並傳回。因此若是要修改字串，必須使用 StringBuffer 類別來宣告字串，並用此類別所提供的函數來進行字串的修改。

StringBuffer 類別常用的函數

| 函數 | 主要功能 |
| --- | --- |
| StringBuffer append(char c) | 將字元 c 附加到到字串之後 |
| StringBuffer append(String str) | 將字串 str 附加到字串之後 |
| StringBuffer deleteCharAt(int index) | 刪除字串第 index 位置的字元 |
| StringBuffer insert(int k, char c) | 在字串的第 k 個位置插入字元 c |
| StringBuffer insert(int k, String str) | 在字串的第 k 個位置插入字串 str |
| int length() | 取得字串的長度 |
| StringBuffer replace(int m,int n,String str) | 將字串第 m 到 n 之間以字串 str 取代 |
| StringBuffer reverse() | 將字串反向排列 |
| String toString() | 將 StringBuffer 型態的字串轉換成 String 型態 |

與 String 類別一樣，StringBuffer 類別也是置於 java.lang 類別庫裡，這個類別庫裡的類別會自動載入，因此不用特別去載入它。Buffer 的原意是緩衝區，StringBuffer 類

別使用了一個內部的緩衝區（buffer）來儲存字串資料。在 Java 中，字串其實是無法被改變的，每次對字串進行修改時，會建立一個新的字串物件，這可能會導致效能不佳的情況。StringBuffer 類別的內部緩衝區是一個可以動態增長的字元陣列（char array），當需要增減字元時，會在內部的緩衝區中進行操作，而不會建立新的字串物件，這樣可以避免頻繁建立和銷毀字串物件，進而提高了字串的操作效能，尤其在頻繁進行字串讀取、寫入等操作的情況。下面的程式碼為 String 使用的典型範例：

```
01  // Ch12_10, StringBuffer 類別使用的範例
02  public class Ch12_10{
03      public static void main(String args[]){
04          StringBuffer s1=new StringBuffer("Black & White");
05
06          System.out.println(s1);
07          System.out.println("length="+s1.length());
08          System.out.println(s1.replace(0,5,"cats"));
09          System.out.println(s1.replace(7,12,"dogs"));
10          System.out.println(s1.reverse());
11          System.out.println(s1);
12      }
13  }
```
• 執行結果：
```
Black & White
length=13
cats & White
cats & dogs
sgod & stac
sgod & stac
```

Ch12_10 的第 4 行宣告 StringBuffer 類別的變數，並利用 StringBuffer() 建構子將 s1 變數指向緩衝區字串 "Black & White"。第 6 行印出字串的內容，第 7 行計算 "Black & White" 的長度，回應 13。第 8 行將 s1 的第 0~5 個字元置換成 "cats"，此時的 s1 已變成 "cats & White"；第 9 行將 s1 的第 7~12 個字元置換成 "dogs"，此時的 s1 變成 "cats & dogs"。第 10 行的 reverse() 函數將 "cats & dogs" 反轉成 "sgod & stac"，此時的 s1 已變成 "sgod & stac"，這點可由第 11 行的輸出來驗證。

❖

# 12.6.3 wrapper class

基於效率上的考量，原始資料型態（primitive）如 byte、char、short、int、long、float 與 double 等均不是物件的形式。但 Java 有提供一些特殊的類別，可以將原始資料型態包裝成物件。這些特殊的類別我們稱之為 wrapper class。下表列出原始資料型態與相對應的 wrapper class：

原始資料型態與其 wrapper class

| 原始資料型態 | wrapper class | 原始資料型態 | wrapper class |
|---|---|---|---|
| boolean | Boolean | int | Integer |
| byte | Byte | long | Long |
| char | Character | float | Float |
| short | Short | double | Double |

wrapper class 並不難記，較為特別的是，char 的 wrapper class 為 Character，以及 int 的 wrapper class 為 Integer，其餘的 wrapper class 除了第一個字母大寫之外，其它都與它們相對應之原始資料型態相同。

所謂的 wrap 就是把東西包裝起來之意。因此，wrapper class 便是把原始資料型態包裝起來，並且額外提供相關的功能。wrapper class 所提供的變數均屬於「類別變數」（class variable），且 wrapper class 所提供的函數均是「類別函數」（class method）。

例如，各種型態最大值與最小值的常數，屬於「類別變數」，並定義在相對應的 wrapper class 裡。此外，toString() 是一個特殊的實例函數，通常用於傳回物件的字串表示方式，並不屬於「類別函數」。

wrapper class 所提供的函數常被用在資料型態的轉換上，下表列出各種類別常用的轉換函數，其它相關的函數請由 Java 的參考文件來查詢：

各種類別常用的轉換函數

| 類別 | 函數 | 主要功能 |
|------|------|----------|
| Byte | static byte parseByte(String s) | 將字串 s 轉換成 byte 型態的值 |
| Byte | static String toString(byte b) | 將 byte 型態的數值 b 轉換成字串 |
| Character | static String toString(char c) | 將字元 c 轉換成字串 |
| Short | static short parseShort(String s) | 將字串 s 轉換成短整數 |
| Short | static String toString(short s) | 將短整數 s 轉換成字串 |
| Integer | static int parseInt(String s) | 將字串 s 轉換成整數 |
| Integer | static String toString(int i) | 將整數 i 轉換成字串 |
| Long | static long parseLong(String s) | 將字串 s 轉換成長整數 |
| Long | static String toString(Long i) | 將長整數 i 轉換成字串 |
| Float | static float parseFloat(String s) | 將字串 s 轉換成浮點數 |
| Float | static String toString(float f) | 將浮點數 f 轉換成字串 |
| Double | static double parseDouble(String s) | 將字串 s 轉換成倍精度浮點數 |
| Double | static String toString(double d) | 將倍精度浮點數 d 轉換成字串 |

下面的程式碼是 Integer 類別使用的範例：

```
01  // Ch12_11, Integer class 函數的應用
02  public class Ch12_11{
03     public static void main(String args[]){
04        String s1;
05        int inum;
06
07        inum=Integer.parseInt("654")+3;    // 將字串轉成整數後，再加 3
08        System.out.println(inum);
09        S1=Integer.toString(inum)+"3";     // 將 "3" 附加在字串後面
10        System.out.println(s1);
11     }
12  }
```
• 執行結果：
```
657
6573
```

Ch12_11 的第 7 行把字串 "654" 轉換成整數，加上 3 之後再設給整數變數 inum，因此第 8 行可印出數字 657。第 9 行把整數轉換成字串，再與字串 "3" 相連結，因而 10 行印出字串 "6573"。

## 12.6.4 使用 Math 類別

Math 是置於 java.lang 類別庫裡的一個類別，它所提供的函數可用來計算相關的數學函數。與 wrapper class 一樣，Math 類別所提供的變數也是屬於「類別變數」，所提供的函數則是屬於「類別函數」。也就是說，我們不需要產生物件，即可透過 Math 類別來呼叫它所提供的變數與函數。下表列出 Math 類別所提供的「類別變數」：

Math 類別所提供的類別變數

| 函數 | 主要功能 |
| --- | --- |
| public static final double E | 尤拉常數 (Euler's constant) |
| public static final double PI | 圓周率，$\pi$ |

Math 類別裡的「類別函數」多達 20 餘個，其中多半是處理數學計算的函數。常用的數學函數列表如下，更詳細的說明可查閱 Java 的參考文件：

Math 類別所提供的函數

| 函數 | 主要功能 |
| --- | --- |
| public static double sin(double a) | 正弦函數，計算 sin(a) |
| public static double cos(double a) | 餘弦函數，計算 cos(a) |
| public static double tan(double a) | 正切函數，計算 tan(a) |
| public static double asin(double a) | 反正弦函數，計算 $\sin^{-1}(a)$ |
| public static double acos(double a) | 反餘弦函數，計算 $\cos^{-1}(a)$ |
| public static double atan(double a) | 反正切函數，計算 $\tan^{-1}(a)$ |
| public static double exp(double a) | 自然指數函數，計算 exp(a) |
| public static double log(double a) | 自然對數函數，計算 log(a) |
| public static double sqrt(double a) | 開根號函數，計算 sqrt(a) |

| 函數 | 主要功能 |
| --- | --- |
| public static double ceil(double a) | 傳回大於 a 的最小整數 |
| public static double floor(double a) | 傳回小於 a 的最大整數 |
| public static double pow(double a, double b) | 計算 a 的 b 次方 |
| public static int round(float a) | 傳回 a 經過四捨五入後的整數 |
| public static double random() | 傳回 0.0~1.0 之間的亂數 |
| public static type abs(type a) | 計算 a 的絕對值，其中 type 可為 int、long、float 或是 double |
| public static int max(int a, int b) | 找出 a 與 b 中較大者 |
| public static int min(int a, int b) | 找出 a 與 b 中較小者 |

我們利用下面簡單的範例來說明數學函數的使用：

```
01  // Ch12_12, 數學函數的使用
02  public class Ch12_12{
03      public static void main(String[] args){
04          System.out.println("ceil(3.9)= "+Math.ceil(3.9));
05          System.out.println("sin(PI/2)= "+Math.sin(Math.PI/2));
06          System.out.println("max(8,2)= "+Math.max(8,2));
07      }
08  }
```
• 執行結果：
```
ceil(3.9)= 4.0
sin(PI/2)= 1.0
max(8,2)= 8
```

於 Ch12_12 中，第 4 行的 ceil() 函數找出比 3.9 大的最小整數，並以 double 的型態傳回，所以得到 4.0。第 5 行計算 $\sin(\pi/2)$ 的值，得到 1.0。第 6 行取出 8 和 2 的較大者，因此傳回 8。

本節僅介紹 Java 類別庫的一小部份，用來說明 Java 類別庫的結構以及應用。建議讀者平時應多熟悉 Java 參考文件（html 檔）的操作，每學習一種新的 class，便試著從參考文件裡查詢相關的訊息，如此才會對 Java 的 class 有更深刻的認識。

# 第十二章 習 題

## 12.1 檔案的分割

1. 參考範例 Ch8_1，試將 Rectangle 類別與 Ch8_1 類別分成兩個檔案 Rectangle.java 與 Ex12_1.java 存放，然後編譯並執行。

2. 試將下面的程式中 Max 類別與 Ex12_2 類別分開成兩個檔案存放，然後編譯並執行。

```
01 // Ex12_2, 數學函數的使用
02 class Max{
03     private int n1,n2;
04     public Max(int a,int b){
05         n1=a;
06         n2=b;
07     }
08     public int cmpare(){
09         if(n1>=n2)
10             return n1;
11         else
12             return n2;
13     }
14 }
15
16 public class Ex12_2{
17     public static void main(String[] args){
18         Max m=new Max(3,15); // 建立新的物件
19         System.out.println("Max(3,15)="+m.cmpare());
20     }
21 }
```

• 執行結果：

```
Max(3,15)=15
```

3. 下面的程式碼包含 MyWindow 與 Ex12_3 兩個類別。試將 MyWindow 與 Ex12_3 類別分別存成兩個檔案，且這兩個檔案均存放在同一個目錄內，然後編譯並執行它們。

```
01 // Ex12_3,檔案分割的練習
02 class MyWindow{
```

```
03    private int width;
04    private int height;
05    private String name;
06
07    public MyWindow(int w, int h, String s){
08       width=w;
09       height=h;
10       name=s;
11    }
12    public void show(){
13        System.out.println("Name="+name);
14        System.out.println("W="+width+", H="+height);
15    }
16 }
17 public class Ex12_3{
18    public static void main(String[] args){
19       MyWindow w1=new MyWindow (3,5,"Big windows");
20       w1.show();
21    }
22 }
```

● 執行結果：

```
Name=Big windows
W=3, H=5
```

## 12.2 使用 package

4.  下面的程式中，請將 Diag 與 Ex12_4 類別分開儲存於二個檔案內，並將它們納入 package pack12_4 中，然後編譯執行。

```
01 // Ex12_4
02 class Diag{
03    private int width;
04    private int height;
05    public Diag(int w,int h){
06       width=w;
07       height=h;
08    }
09    public void show(){
10       System.out.println("W="+width+", H="+height);
11       System.out.printf("length=%5.2f\n",dia());
```

```
12        }
13        public double dia(){
14            return Math.sqrt(width*width+height*height);
15        }
16  }
17  public class Ex12_4{
18        public static void main(String args[]){
19            Diag d1=new Diag(8,4);
20            d1.show();
21        }
22  }
```

• 執行結果：
```
W=8, H=4
length= 8.94
```

5.  下面的程式碼包含了 Box 與 Ex12_5 兩個類別。試將它們納入 package pack12_5
    中，然後編譯並執行。

```
01  // Ex12_5
02  class Box{
03      private int length;
04      private int width;
05      private int height;
06
07      public Box(int l,int w, int h){
08          length=l;
09          width=w;
10          height=h;
11      }
12      public void show(){
13          System.out.print("L="+length+", W="+width);
14          System.out.println(", H="+height);
15          System.out.println("Volume="+vol());
16      }
17      public int vol(){
18          return length*width*height;
19      }
20  }
21
```

```
22  public class Ex12_5{
23      public static void main(String args[]){
24          Box bx=new Box(3,5,7);
25          bx.show();
26      }
27  }
```
• 執行結果：
```
L=3, W=5, H=7
Volume=105
```

6. 接續習題 5（於本例中，習題 4 的 Ex12_5 類別請更名為 Ex12_6），請將 Box 與 Ex12_6 類別撰寫在不同的檔案 Box.java 與 Ex12_6.java，試將它們納入 package pack12_6 中，然後編譯並執行。

## 12.3 存取不同 package 裡的類別

7. 下面是 Average 類別的程式，試將 Average 類別存放於 bbb 資料夾，請利用 package 完成 Ex12_7，並存放於 aaa 資料夾：

```
01  // Average 類別
02  class Average{
03      private int sum=0;
04      private int end;
05      private double avg;
06      public Average(int e){
07          end=e;
08      }
09      public double averg(){
10          for(int i=1;i<=end;i++)
11              sum+=i;
12          avg=(double)sum/end;
13          return avg;
14      }
15  }
```

若於 main() 裡撰寫如下左邊的程式碼，應該可以得到右邊的結果：

```
Average a1=new Average(10);              avg=5.5
System.out.println("avg="+a1.averg());
```

8. 下面是 Factor 類別的程式，試將 Factor 類別存放於 ddd 資料夾，請完成 Ex12_8，並存放於 ccc 資料夾：

```
01  // Factor 類別
02  public class Factor{
03      public int fac(int n){
04          if(n>=1)
05              return n*fac(n-1);
06          else return 1;
07      }
08  }
```

若於 main() 裡撰寫如下左邊的程式碼，應該可以得到右邊的結果：

```
ddd.Factor f=new ddd.Factor();                    1*2*...*5=120
System.out.println("1*2*...*5="+f.fac(5));
```

## 12.4 建構 package 的階層關係

9. 下圖為 package pack9 的階層關係，請依題意作答：

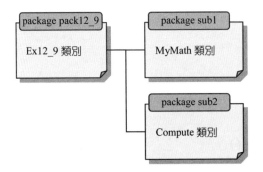

(a) 試依照上圖的關係建立 MyMath 抽象類別，並在 MyMath 類別裡加入 add(int a,int b)、sub(int a,int b)、mul(int a,int b)及 div(int a,int b) 抽象函數，分別用來計算 a+b、a-b、a*b 及 a/b。

(b) 試依照上圖的關係建立 Compute 類別，同時 Compute 類別繼承自 MyMath 類別，資料成員為 ans，用來記錄運算後的結果，以及一個能夠顯示計算結果的 show() 函數。

(c) 請在 Compute 類別裡完成所有繼承自 MyMath 類別的所有抽象函數的定義。

請完成 (a)~(c)，若於 main() 裡撰寫如下左邊的程式碼，可以得到右邊的結果：

```
Compute cmp=new Compute();                          ans=15
cmp.mul(3,5);   // 計算 3*5
cmp.show();     // 此行會回應"ans=15"字串
```

10. 下圖為 package pack10 的階層關係，請依題意作答：

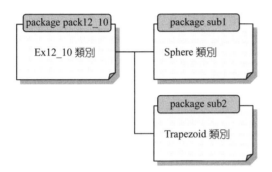

(a) 試依照上圖的關係建立 Sphere 類別，並在 Sphere 類別裡加入一個有引數的建構子 Sphere(double r)，可用來設定球體的資料成員 radius 之值為 r。

(b) 在 Sphere 類別裡加入 show() 函數，用來顯示 radius 及球體的體積 $\frac{4}{3}\pi r^3$。

(c) 試依照上圖的關係建立 Trapezoid 類別，並在 Trapezoid 類別裡加入一個有引數的建構子 Trapezoid(int u,int b,int h)，用來設定梯形的資料成員 upper 之值為 u，base 之值為 b，height 之值為 h。

(d) 在 Trapezoid 類別裡加入 show() 函數，用米顯示梯形的資料成員之值及梯形的面積(upper+base)*height/2。

請完成(a)~(d)，若於 main() 裡撰寫如下左邊的程式碼，可以得到右邊的結果：

```
Sphere sp=new Sphere(2);              radius=2.0, volume=33.49
Trapezoid tra=new Trapezoid(2,3,4);   upper=2, base=3, height=4, area=10.0
sp.show();
tra.show();
```

11. 試修改範例 Ch12_5，將類別 Ch12_5 與更改為 Ex12_11，工作區名稱儲存為 myprj。

12. 下面的程式分別為 Factor 類別與 Sum 類別，請依題意作答：

```
01   // Factor 類別
02   class Factor{
03      public int fac(int n){
04         if(n>=1)
05            return n*fac(n-1);
06         else return 1;
07      }
08   }
```

```
01   // Sum 類別
02   class Sum{
03      private int sum=0;
04      public int add(int n){
05         for(int i=1;i<=n;i++)
06            sum+=i;
07         return sum;
08      }
09   }
```

(a) 試撰寫 Ex12_12a.java，將 Factor 類別納入，若於 main() 裡撰寫如下左邊的程式碼，應該可以得到右邊的結果：

```
Factor f=new Factor();                          factor(5)=120
System.out.println("factor(5)="+f.fac(5));
```

(b) 試撰寫 Ex12_12b.java，將 Sum 類別納入，若於 main() 裡撰寫如下左邊的程式碼，應該可以得到右邊的結果：

```
Sum f=new Sum();                                Sum(5)=55
System.out.println("Sum(5)="+f.add(10));
```

(c) 試將 Ex12_12a 存成工作區，名稱為 Ex12_12a。完成後的「檔案總管」與「JAVA PROJECTS」應如下圖：

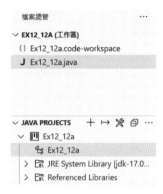

(d) 將 Ex12_12b 資料夾納入工作區 Ex12_12a 內。完成後的「檔案總管」與「JAVA PROJECTS」應如下圖：

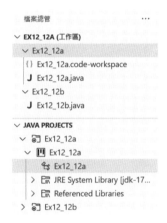

## 12.6 Java 常用的類別庫

13. 試撰寫一程式，利用 Math 類別提供的函數，傳回最接近 5.38 的整數。

14. 試利用 String 類別的 substring() 函數，從字串 "Habit is second nature." 取出 "nature" 子字串。

15. 試撰寫一程式，將浮點數 123.45 轉換成字串，並印出該字串的長度。

16. 試將字串 "262904713" 轉換成 int 型態，並計算 2 倍的 "262904713" 是多少。

17. 試撰寫一程式，利用 String 類別將字串 "MilK" 反向排列。

18. 試將字串 "45874356676541331" 轉換成 long 型態。

19. 試撰寫一函數計算 $f(n) = \sqrt{1} + \sqrt{2} + \sqrt{3} + \cdots + \sqrt{n}$ , $n \geq 1$。並測試 $f(5)$ 之值

20. 試撰寫一函數計算 $\tan^{-1}(1) + \cos^{-1}(0.5)$ 之值。

21. 試利用 String 類別的 toLowerCase() 函數把字串 " Every Dog Has His Day." 轉換成小寫。

22. 試撰寫一函數計算 $\sin(\pi/6) + \cos(\pi/3)$ 之值。

23. 試將倍精度浮點數 67.834 轉換成字串,並印出該字串的長度。

24. 試利用 String 類別的 substring() 函數,從字串 "Two heads are better than one." 取出 "better" 子字串。

25. 試用 String 類別的 toUpperCase() 函數把字串 "Rome was not built in a day." 轉換成大寫。

# 13

Chapter

# 例外處理

即使在編譯時沒有錯誤訊息產生,但在程式執行時,經常會發生一些執行時期的錯誤(run-time error),這種錯誤對 Java 而言是一種「例外」。例外發生時就得要有相對應的處理方式。本章將介紹例外的基本觀念,以及相關的處理方式,讓您在處理錯誤時更能得心應手。

## 本章學習目標

- 瞭解什麼是例外處理
- 認識例外類別的繼承架構
- 認識例外處理的機制
- 學習如何撰寫例外類別

# 13.1 例外的基本觀念

在撰寫程式時，經常無法考慮的面面俱到，因此各種不尋常的狀況也跟著發生。下面是幾種常見的情況：

(1) 要開啟的檔案並不存在。

(2) 在存取陣列時，陣列的索引值超過陣列容許的範圍。

(3) 原本預期輸入的型態和實際輸入的型態不同。例如原先希望使用者由鍵盤輸入的是整數，但使用者輸入的卻是英文字母。

(4) 發生整數除以 0 的情況。

上述的狀況均是在編譯時期無法發現，要等到程式真正執行時才會知道問題出在哪兒。關於這些狀況，事實上只要撰寫一些額外的程式碼即可繞過它們，讓程式繼續執行。Java 把這類不尋常的狀況稱為「例外」（exception）。

Java 的例外處理機制也秉持著 OOP 的基本精神。在 Java 中，所有的例外都是以類別的型態存在，除了內建的例外類別之外，Java 不但允許程式設計師自行定義例外類別，在例外處理的機制中還允許我們拋出例外。關於這些觀念，稍後將舉一些實例說明。

## 13.1.1 為何需要例外處理？

在沒有例外處理的語言中，我們必須使用 if-else 或 switch 等敘述，配合所想得到的錯誤狀況來「捕捉」（catch）程式裡所有可能發生的錯誤。但為了捕捉這些錯誤，所撰寫出來的程式碼經常是長串的 if-else 敘述，也許還不能捕捉得到所有的錯誤，因而導致執行效率的低落。

Java 的例外處理機制恰好改進這個缺點。它具有易於使用、可自行定義例外類別、允許我們拋出例外，且不會拖慢執行速度等優點。因此在設計 Java 程式時，可以充分的利用 Java 的例外處理機制，以增進程式的穩定性及效率。

## 13.1.2 簡單的例外範例

Java 本身已有相當好的機制來處理例外的發生。本節我們先來看看 Java 是如何處理例外。Ch13_1 是個錯誤的程式，它在存取陣列時，索引值已超過陣列所容許的最大值，因此會有例外產生：

```
01  // Ch13_1, 索引值超出範圍
02  public class Ch13_1{
03     public static void main(String[] args){
04        int arr[]=new int[5];              // 容許 5 個元素
05        arr[10]=7;                         // 索引值超出容許範圍
06        System.out.println("end of main()!!");
07     }
08  }
```

Ch13_1 在編譯時並不會產生錯誤，但在執行到第 5 行時，會產生下列的錯誤訊息：

```
Exception in thread "main" java.lang.ArrayIndexOutOfBoundsException: Index 10
out of bounds for length 5
      at Ch13_1.main(Ch13_1.java:5)
```

錯誤的原因在於陣列的索引值超出最大容許的範圍。Java 發現這個錯誤之後，便由系統拋出（throw）"ArrayIndexOutOfBoundsException" 這個例外，用來明示錯誤的原因，並停止執行程式。如果把這個長串的英文拆開來，變成 Array Index Out Of Bounds Exception，正是 "陣列索引值超出範圍的例外" 之意。

由本例可知，如果沒有撰寫處理例外的程式碼，則 Java 的預設例外處理機制會依下面的程序做處理： (1)拋出例外、(2)停止程式執行。　　　　　　　　　　❖

## 13.1.3 例外的處理

Ch13_1 的例外發生後，Java 便把這個例外拋出來，可是拋出來之後沒有程式碼去捕捉（catch）它，所以程式執行到第 5 行便結束，因此第 6 行根本不會被執行。如果能加上捕捉例外的程式碼，就可針對不同的例外做妥善的處理。這種處理的方式稱為例外處理（exception handling）。

例外處理是由 try、catch 與 finally 三個關鍵字所組成的程式區塊，其語法如下：

| 例外處理的語法 |
| --- |

```
try{
    //  要檢查的程式敘述;          } try 區塊
}
catch(例外類別 變數名稱){
    //  例外發生時的處理敘述;       } catch 區塊
}
finally{
    //  一定會執行的程式碼;         } finally 區塊
}
```

上述的語法是依據下列的順序來處理例外：

(1) try 程式區塊有例外發生時，程式的執行便中斷，並拋出 "由例外類別所產生的物件"。

(2) 拋出的物件如果屬於 catch() 括號內欲捕捉的例外，則 catch 會捕捉此例外，然後進到 catch 的區塊裡繼續執行。

(3) 無論 try 程式區塊是否有捕捉到例外，或者捕捉到的例外是否與 catch() 括號裡的例外相同，最後一定會執行 finally 區塊裡的程式碼。

(4) finally 的區塊執行結束後，程式再回到 try-catch-finally 區塊之後的地方繼續執行。

由上述的過程可知，例外捕捉的過程中會做兩個判別：第一個是 try 程式區塊是否有例外產生，第二個是產生的例外是否和 catch() 括號內欲捕捉的例外相同。

值得一提的是，在 try、catch 與 finally 區塊內，即使敘述只有一行，大括號還是不能省略。此外，finally 區塊是可以省略的。如果省略 finally 區塊不寫，在 catch() 區塊執行結束後，程式會跳到 try-catch 區塊之後的地方繼續執行。

根據這些基本觀念與執行的步驟，我們可以簡單地繪製出如下的流程圖：

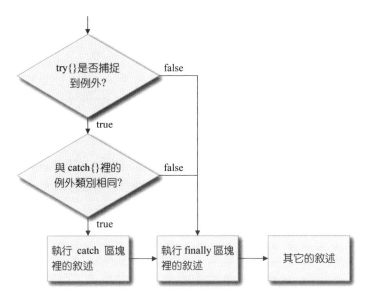

「例外類別」指的是由程式拋出之物件所屬的類別，例如 Ch13_1 中出現的 "ArrayIndexOutOfBoundsException" 就是屬於例外類別的一種。至於有哪些例外類別，以及它們之間的繼承關係，稍後將會做更進一步的探討。

下面的程式碼加入了 try、catch 與 finally 區塊，使得程式本身具有捕捉例外與處理例外的能力：

```
01  // Ch13_2, 例外的處理
02  public class Ch13_2{
03    public static void main(String[] args){
04      try{              // 檢查這個程式區塊的程式碼
05        int arr[]-new int[5];
06        arr[10]=7;
07      }
08      catch(ArrayIndexOutOfBoundsException e){     如果拋出例外，便執
09        System.out.println("index out of bound!!"); 行此區塊的程式碼
10      }
11      finally{          // 這個區塊的程式碼一定會執行
12        System.out.println("this line is always executed!!");
13      }
14      System.out.println("end of main()!!");
15    }
16  }
```

• 執行結果：
```
index out of bound!!
this line is always executed!!
end of main()!!
```

Ch13_2 的第 4~7 行，try 區塊是用來檢查它所包含的範圍內是否有例外發生。若有例外發生，且拋出的例外是屬於 ArrayIndexOutOfBoundsException 類別，第 8 行的 catch 會捕捉到它，於是執行第 9~10 行的區塊，因此第 9 行印出 "index out of bound!! " 字串。無論 catch 是否有捕捉到例外，最後都會執行第 12~13 行的 finally 區塊，印出 "this line is always executed!! " 字串。

由本例可看出，透過例外的機制，即使程式執行時發生問題，只要能捕捉到例外，程式便能順利的執行到最後，且還能適時地加入錯誤訊息的提示。

也許您會問，Ch13_2 第 8 行，在 catch 括號內的 ArrayIndexOutOfBoundsException 例外類別之後為什麼要有一個變數 e 呢（當然您也可以使用其它變數名稱）？事實上，當程式捕捉到例外時，Java 會利用例外類別建立一個物件 e，利用此物件便能進一步擷取有關例外的訊息。Ch13_3 說明類別變數 e 的應用：

```
01  // Ch13_3, 例外訊息的擷取
02  public class Ch13_3{
03    public static void main(String[] args){
04      try{
05        int arr[]=new int[5];
06        arr[10]=7;
07      }
08      catch(ArrayIndexOutOfBoundsException e){
09        System.out.println("index out of bound!!");
10        System.out.println("Exception="+e);   // 顯示例外訊息
11      }
12      System.out.println("end of main()!!");
13    }
14  }
```

- 執行結果：

```
index out of bound!!
Exception=java.lang.ArrayIndexOutOfBoundsException: Index 10 out
of bounds for length 5
end of main()!!
```

Ch13_3 省略 finally 區塊，程式依然可以運作。從第 8 行 catch() 括號內的引數可知變數 e 是屬於 ArrayIndexOutOfBoundsException 類別型態的變數。變數 e 接收到由例外類別所產生的物件之後，進入 catch() 區塊中，於第 13 行印出 "index out of bound!!" 字串，第 10 行印出例外所屬的類別。從執行結果的輸出中可以看得出來，java.lang 正是 ArrayIndexOutOfBoundsException 類別的類別庫。

## 13.1.4　例外處理機制的回顧

當例外發生時，通常有二種方法來處理，一種是交由 Java 預設的例外處理機制做處理。這種處理方式較無彈性，且 Java 通常只能印出例外訊息，接著便終止程式的執行，如 Ch13_1 的例外發生後，Java 預設的例外處理機制顯示出：

```
Exception in thread "main" java.lang.ArrayIndexOutOfBoundsException: Index 10
out of bounds for length 5
        at Ch13_1.main(Ch13_1.java:5)
```

接著結束 Ch13_1 的執行。

另一種處理方式是自行撰寫 try-catch-finally 區塊來捕捉例外，如 Ch13_2 與 Ch13_3。自行撰寫程式碼來捕捉例外的最大好處是：可以靈活操控程式的流程，且可做出最適當的處理。下圖繪出例外處理機制的選擇流程，您可以選擇是要自己撰寫例外處理，還是交由 Java 的預設例外處理機制來處理：

# 13.2 例外類別的繼承架構

例外類別可分為兩大類：java.lang.Exception 與 java.lang.Error 類別。這兩個類別均繼承自 java.lang.Throwable 類別。下圖為 Throwable 類別的繼承關係圖：

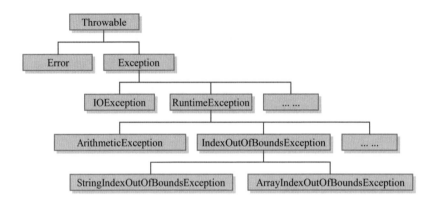

習慣上將 Error 與 Exception 類別統稱為例外類別，但這兩者本質上還是有所不同。Error 類別專門用來處理嚴重影響程式執行的錯誤（error），例如記憶體不足、硬體故障等，這些錯誤通常無法由程式碼進行修復，且會嚴重影響程式的執行。通常我們不會設計程式碼去捕捉這類的錯誤，因為即使捕捉它，也無法給予適當的處理。

相較於 Error 類別，Exception 類別包含有一般性的例外，例如檔案不存在、資料格式錯誤等，這些異常情況通常是可以預期，透過在程式碼中加入適當的例外檢查與例外處理機制，可以讓程式在捕捉到例外後進行妥善的處理，以確保程式繼續執行而不因異常情況而中斷。這樣的做法可以提升程式的穩定性和可靠性，並改善使用者體驗。如 Ch13_2 裡所捕捉到的 ArrayIndexOutOfBoundsException 就是屬於這種例外。

於例外類別的繼承架構圖中可以看出，Exception 類別延伸出數個子類別，其中 IOException 與 RuntimeException 是較常用的兩種。如果拋出的例外物件是屬於 RuntimeException 類別或其子類別，那麼即使不撰寫例外處理的程式碼，依然可以編譯成功（如 Ch13_1 中，陣列的索引值超出範圍）。

值得注意的是，RuntimeException 和 Error 合稱為「不受檢查（unchecked）的例外」。這表示在程式碼中並不強制要捕捉處理這些例外。不受檢查的例外通常是由程式錯誤或系統錯誤引起的，因此通常不建議在程式中捕捉並處理它們，而是迫使程式開發者回頭修正考慮不周詳的程式碼，避免程式錯誤或系統問題。

而其他繼承自 Exception 類別的例外，稱為「受檢查（checked）的例外」，這類型的例外在程式碼中必須明確地處理，像是透過 try-catch 區塊來捕捉並處理這些例外，或者使用 throws 拋出這些例外。例如 IOException 例外就屬於受檢查的例外，必須在程式碼中撰寫例外處理的程式碼才能編譯通過。IOException 例外通常在進行輸入或輸出等工作時，因錯誤而拋出的例外，例如檔案存取錯誤。

當例外發生時，catch() 程式區塊會接收由 Throwable 類別的子類別所產生的物件。例如於 Ch13_3 中，catch() 括號內的變數 e 所接收的物件，事實上就是由 Throwable 類別→所延伸出的 Exception 類別→所延伸出的 RuntimeException 類別→所延伸出的 IndexOutOfBoundsException 類別→所延伸出的 ArrayIndexOutOfBoundsException 類別→所建立的物件。

事實上在 catch() 括號內，只能接收由 Throwable 類別的子類別所產生的物件，除此之外，其它的類別均不接受：

```
                        ┌─ 只能接收由 Throwable 類別的子類別所產生的物件
catch( ArrayIndexOutOfBoundsException e )
{
   System.out.println("index out of bound!!");
   System.out.println("Exception="+e);        // 顯示例外訊息
}
```

### 使用 try 捕捉一種以上的例外

當然，我們可能會想在 try 區塊中捕捉一種以上的例外，此時就必須針對所有可能被拋出的例外撰寫 catch() 程式碼。舉例來說，如果想要同時捕捉 ArithmeticException 和 ArrayIndexOutOfBoundsException 這兩個例外，可以用下列的語法來撰寫：

```
01  try{
02      // try 區塊的程式碼
03  }
04  catch(ArrayIndexOutOfBoundsException e){
05      // 捕捉到 ArrayIndexOutOfBoundsException 例外所執行的程式碼
06  }
07  catch(ArithmeticException e){
08      // 捕捉到 ArithmeticException 例外所執行的程式碼
09  }
```

### 捕捉所有的例外

若是不論例外類別為何，都想捕捉它的話，可以在 catch() 的括號內填上 Exception 這個例外，如此一來，只要有例外類別被拋出，catch() 均可捕捉到它，如下面的程式碼：

```
01  catch(Exception e){
02      // 捕捉任何例外所執行的程式碼
03  }
```

當程式中利用 catch() 補捉好幾個例外時，範圍小的例外要排放在前面的 catch() 區塊，範圍大的例外要排放在後面的 catch() 區塊，如下面的程式敘述：

```
01  try{
02      // try 區塊的程式碼
03  }
04  catch(ArrayIndexOutOfBoundsException e){
05      // 捕捉到 ArrayIndexOutOfBoundsException 例外所執行的程式碼
06  }
07  catch(Exception e){
08      // 捕捉到 Exception 例外所執行的程式碼
09  }
```

範圍較小的例外要排在前面的 catch()區塊裡

範圍較大的例外要排在後面的 catch()區塊裡

Exception 例外所包含的例外種類較多，因此需要補捉多個例外時，catch() 區塊裡的例外類別要注意一下，把能包含較多例外的類別排放在後面的 catch()。以上面的程式來說，若是第 7 行與第 5 行互換，不管遇到何種例外都會直接被 catch(Exception e) 補捉，永遠無法被 ArrayIndexOutOfBoundsException 例外補捉到。

## 13.3　拋出例外

前兩節簡單地介紹 try-catch-finally 程式區塊的撰寫，本節將介紹如何拋出（throw）例外，以及如何由 catch() 來接收所拋出的例外。拋出例外有下列兩種方式：

(1) 於程式中主動拋出例外。

(2) 預期發生的例外經由指定函數拋出。

以下分兩個小節來介紹如何於程式中拋出例外，以及如何指定函數拋出例外。

### 13.3.1　主動拋出例外

於程式中主動拋出例外時，一定要用到 throw 這個關鍵字，其語法如下：

拋出例外處理的語法

**throw**　由例外類別所產生的物件；

也許您對怎樣拋出例外還是感到模糊，我們來看一個實例就會更清楚。Ch13_4 是嘗試計算 a/b 之值，並於程式中拋出例外的範例。

```
01   // Ch13_4, 於程式中拋出例外
02   public class Ch13_4{
03     public static void main(String[] args){
04       int a=4,b=0;
05
06       try{
07         if(b==0)
08           throw new ArithmeticException();    // 拋出例外
09         else
10           System.out.println(a+"/"+b+"="+a/b);// 若無拋出例外,則執行此行
```

```
11          }
12      catch(ArithmeticException e){
13          System.out.println(e+" throwed");
14      }
15   }
16 }
```

• 執行結果：

```
java.lang.ArithmeticException throwed
```

由於 b 是除數，不能為 0。若 b 為 0，系統會拋出 ArithmeticException 例外，代表除到 0 這個數。在 try 區塊裡利用第 7 行來判別除數 b 是否為 0。如果 b=0，執行第 8 行的 throw 敘述，拋出 ArithmeticException 例外。b 不為 0 即印出 a/b 的值。於此例中，刻意將 b 設為 0，因此 try 區塊的第 8 行會拋出例外，並由第 12 行的 catch() 捕捉例外。

值得一提的是，拋出例外時，throw 關鍵字所接的是「由例外類別所產生的物件」，因此第 8 行的 throw 敘述必須使用 new 關鍵字來產生物件。                    ❖

Ch13_4 像是自導自演的一齣戲，因為我們故意從 try 區塊裡拋出系統內建的例外（ArithmeticException）。事實上如果不撰寫程式碼拋出此例外，系統還是會自動拋出。Ch13_5 是一個小小的驗證：

```
01  // Ch13_5, 讓系統自動拋出例外
02  public class Ch13_5{
03    public static void main(String[] args){
04      int a=4,b=0;
05
06      try{
07          System.out.println(a+"/"+b+"="+a/b);
08      }
09      catch(ArithmeticException e){
10          System.out.println(e+" throwed ");
11      }
12    }
13  }
```

- 執行結果：

```
java.lang.ArithmeticException throwed: / by zero throwed
```

與 Ch13_4 相比，Ch13_5 裡省略拋出 ArithmeticException 的敘述，但程式依然得到與 Ch13_4 相同的結果，這是因為即使不拋出此例外，系統還是會自動拋出之故（因為第 7 行的除數是 0），所以在程式碼中拋出系統內建的例外並沒有太大的意義。通常從程式碼拋出的是自己撰寫的例外類別，因為系統並不會自動拋出它們。

❖

## 13.3.2 預期的例外由指定函數拋出

如果函數內的程式碼可能會發生例外，且函數內又沒有使用任何的 try-catch-finally 區塊來捕捉這些例外時，受檢查（checked）的例外就必須在定義函數時一併指明所有可能發生的例外，以便讓呼叫此一函數的程式得以做好準備來捕捉它。也就是說，如果函數會拋出例外，就可以將函數的呼叫寫在 try-catch-finally 區塊內，以使用來捕捉由函數拋出的例外。

當函數內預期出現可能發生但不會被處理的受檢查（checked）的例外，就需要在函數內進行捕捉例外或是由函數拋出例外，若是要從函數拋出例外必須以下面的語法來定義：

| 由函數拋出例外的語法 |
| --- |

```
函數名稱(引數...) throws 例外類別 1，例外類別 2,...{
    // 函數內的程式碼
}
```

讀者可以發現，於上面格式裡的關鍵字「throws」，不同於前面由程式拋出例外處理的關鍵字「throw」。這兩個關鍵字是有區別的，雖然只差一個小寫字母「s」。如果是在函數的內部拋出例外，是使用關鍵字「throw」，如果是指定要由函數拋出例外，就得使用關鍵字「throws」。

Ch13_6 是指定由函數來拋出例外的範例，注意我們把 main() 與 aaa() 函數撰寫在同一個 class 內。

```
01   // Ch13_6, 指定函數拋出例外
02   public class Ch13_6{
03      public static void aaa(int a,int b) throws ArithmeticException{
04         int c;
05         c=a/b;
06         System.out.println(a+"/"+b+"="+c);
07      }
08
09      public static void main(String args[]){
10         try{
11            aaa(4,0);
12         }
13         catch(ArithmeticException e){
14            System.out.println(e+" throwed");
15         }
16      }
17   }
```
• 執行結果：
```
java.lang.ArithmeticException: / by zero throwed
```

Ch13_6 中，第 3 行 aaa() 在定義時便指明可能拋出 ArithmeticException 例外，也就是說，當除數 b 為 0 時，第 5 行由系統拋出 ArithmeticException 例外。aaa()本身並不處理這個例外，只是純粹將例外拋出，因此必須要在呼叫它的函數，也就是 main()中捕捉此一例外。於 main()裡，第 10~15 行即是撰寫處理 ArithmeticException 例外的方式。

程式執行時，由於第 11 行呼叫 aaa(4,0)，所以第 5 行的除數 b 為 0，因此 aaa() 函數便拋出例外，在第 13 行所捕捉到，14 行即印出 "java.lang.ArithmeticException: / by zero throwed" 字串。

❖

Ch13_6 是從在同一類別裡定義兩個函數，其中一個會由函數拋出例外，另一個函數接收並處理此一例外。如果要從外部類別裡的函數裡拋出例外，程式碼要稍做修改，如範例 Ch13_7：

```
01  // Ch13_7, 從外部類別內的函數拋出例外
02  class Test{
03      public static void aaa(int a,int b) throws ArithmeticException{
04          int c=a/b;
05          System.out.println(a+"/"+b+"="+c);
06      }
07  }
08
09  public class Ch13_7{
10      public static void main(String args[]){
11          try{
12              test.aaa(4,0);
13          }
14          catch(ArithmeticException e){
15              System.out.println(e+" throwed");
16          }
17      }
18  }
```
• 執行結果：
```
java.lang.ArithmeticException: / by zero throwed
```

Ch13_7 與 Ch13_6 頗為類似，但現在的 aaa() 是封裝在 Ctest 類別之內。aaa()一樣可以拋出 ArithmeticException 例外，於 main() 裡同樣定義捕捉與處理例外的程式碼。Ch13_7 的執行結果與 Ch13_6 相同。　　　　　　　　　　　　　　　　　　❖


# 13.4 自己撰寫例外類別

為了處理各種例外，Java 可透過繼承的方式撰寫自己的例外類別。由於所有可以處理的例外類別均繼承自 Exception 類別，因此自己設計的類別也必須繼承這個類別。自行撰寫例外類別的語法如下：

---

撰寫自訂例外類別的語法

**class** 例外類別名稱 **extends** Exception{
　// 定義類別裡的各種成員

}

---

您可以在自訂例外類別裡撰寫函數來處理相關的事情，甚至不撰寫任何敘述亦可正常的工作，這是因為父類別 Exception 已提供相當豐富的函數，透過繼承，子類別均可使用它們。

接下來以一個範例來說明如何定義自己的例外類別，以及如何使用它們：

---

```
01   // Ch13_8, 定義自己的例外類別
02   class CircleException extends Exception{  // 定義自己的例外類別
03   }
04
05   class Circle{            // 定義類別 Circle                由函數拋出例外
06      private double radius;
07      public void setRadius(double r) throws CircleException{
08         if(r<0){
09            throw new CircleException();          // 拋出例外
10         }
11         else
12            radius=r;
13      }
14
15      public void show(){
16         System.out.println("area="+3.14*radius*radius);
17      }
18   }
19
20   public class Ch13_8{
21      public static void main(String[] args){
22         Circle c1=new Circle();
23         try{
24            c1.setRadius(-2.0);
25         }
26         catch(CircleException e){     // 捕捉由 setRadius()拋出的例外
```

```
27              System.out.println(e+" throwed");
28          }
29          c1.show();
30      }
31  }
```
• 執行結果：
```
CircleException throwed
area=0.0
```

Ch13_8 的第 2~3 行定義 CircleException 例外類別，在這個類別裡我們並沒有寫上任何的敘述，由於繼承的關係，此類別已具備基本例外處理的功能。第 7~13 行定義 setRadius() 函數，它可拋出 CircleException 例外，拋出例外的條件定義在第 8~10 行，也就是當半徑 r 小於 0 時便拋出例外，捕捉由 setRadius() 拋出的例外寫在第 23~28 行。

於此例中，第 24 行呼叫 setRadius(-2.0) 時，由於傳入的值為負數，因此 setRadius() 會拋出例外，並由第 26 行的 catch 捕捉並印出字串。最後程式執行第 29 行，印出圓面積。想想看，為什麼圓面積是 0？

# 13.5 拋出輸出/輸入的例外類別

與使用者互動的程式中，有時會因為使用者輸入錯誤的資料，此時若是沒有將可能發生的例外處理寫在程式裡，就會造成執行的中斷。本節的內容裡，我們要討論使用者輸入錯誤時所會遇到的例外處理。

## 13.5.1 拋出輸入型態不合的例外

第 3 章曾經使用 Scanner 類別由鍵盤輸入資料，若是使用者不慎輸入錯誤的資料型態時，會因此造成意外的中斷，無法正常結束程式的執行。舉例來說，程式中預設要讓使用者輸入整數，使用者卻輸入字元，如此一來由於資料的型態不合，Java 會拋出 InputMismatchException 例外後中斷執行，無法完成程式的目的。

下面的程式是驗證 Scanner 類別在遇到輸入型態不合時，會拋出什麼樣的例外，於執行過程中刻意輸入英文字母，讓讀者能看到例外的發生。

```
01    // Ch13_9, 捕捉 InputMismatchException 例外
02    import java.util.*;
03    public class Ch13_9{
04        public static void main(String[] args){
05            int num;
06            Scanner scn=new Scanner(System.in);
07            try{
08                System.out.print("請輸入一個整數: ");    // 輸入整數
09                num=scn.nextInt();
10                System.out.println("num="+num);
11            }
12            catch(Exception e){                          // 捕捉所有的例外
13                System.out.println("拋出"+e+"例外");      // 印出例外的種類
14            }
15            scn.close();
16        }
17    }
```
• 執行結果：
請輸入一個整數: k
拋出 java.util.InputMismatchException 例外

第 7~11 行，將輸入資料的敘述放在 try 區塊中，利用第 12~14 行捕捉程式中所有可能發生的錯誤，執行時若是發生例外，第 13 行會印出被拋出的例外種類，然後結束執行。於執行過程中刻意輸入文字，由於第 9 行變數 num 所接收的型態是 int 型態，因此程式會拋出例外，於第 13 行印出"拋出 java.util.InputMismatchException 例外"。將 InputMismatchException 例外的英文分解，即變成 Input Mismatch Exception，表示輸入資料型態不合的意思。

## 13.5.2 拋出 IOException 例外類別

IOException 是用來處理有關輸入/輸出的例外，這種情況通常是發生在讀取檔案未完成便被終止，或者是讀不到指定的檔案。如果某一個函數會拋出 IOException 例外，就必須要撰寫例外處理的程式碼，否則會無法編譯成功。

對於會拋出 IOException 例外的函數而言，其例外處理的方式有兩種：一種是直接由 main() 拋出例外，讓 Java 預設的例外處理機制來處理，例如下面的程式所採用的就是這種機制：

```
01   // 從鍵盤輸入字串
02   import java.io.*;
03   public class test
04   {
05     public static void main(String args[]) throws IOException{
..        ...
16     }
17   }
```

由 main() 拋出例外讓系統預設的例外處理機制來處理

另一種方式是在程式碼內撰寫 try-catch 區塊來捕捉拋出的 IOException 例外，如此便不用指定由 main() 拋出 IOException 例外。完整的程式碼撰寫如下：

```
01  // Ch13_10, 撰寫 try-catch 區塊來捕捉 IOException 例外
02  import java.io.*;                     //  載入 java.io 類別庫裡的所有類別
03
04  public class Ch13_10{
05     public static void main(String[] args){
06        BufferedReader buf;
07        String str;
08
09        buf=new BufferedReader(new InputStreamReader(System.in));
10        try{
11           System.oul.print("Input a string: ");
12           str=buf.readLine();
13           System.out.println("string= "+str);          // 印出字串
14        }
15        catch(IOException e){}
16     }
17  }
```
• 執行結果：
```
Input a string: Hello Java!
string= Hello Java!
```

程式 Ch13_10 的 main() 並沒有指定要拋出例外，而是在第 9~15 行撰寫 try-catch 程式碼來捕捉例外。第 14 行的 catch() 區塊內並沒有填上任何的敘述，因此就算是捕捉到例外，在本範例裡也不做任何事。

事實上，本例只是單純的從鍵盤輸入字串，所以不會有讀不到檔案，或者是讀檔錯誤發生的情形，因此要有 IOException 例外產生不太容易，雖然如此，還是得為它加上例外處理的敘述。 ❖

# 第十三章 習題

## 13.1 例外的基本觀念

1. 請先閱讀下面的程式碼，嘗試瞭解其中每一行的意義，並試著回答接續的問題：

```
01  // Ex13_1, 例外訊息的擷取
02  public class Ex13_1{
03     public static void main(String[] args){
04        int num=12,den=0;
05        int ans=num/den;
06        System.out.println("end of main()!!");
07     }
08  }
```

(a) 在編譯此程式時，會不會有錯誤訊息產生？

(b) 執行 Ex13_1 後，系統會拋出如下的例外：試說明這個例外的涵義，並指出為什麼會產生這個例外：

```
Exception in thread "main" java.lang.ArithmeticException: / by zero
        at Ex13_1.main(Ex13_1.java:5)
```

(c) 於本例中，程式碼的第 6 行是否會被執行？試說明會或不會的原因。

2. 試修改習題 1 的程式碼，加入 if-else 的判斷式，若 den 為 0，則跳過除法的運算，並印出 "除數為 0" 的字串，若 den 不為 0，則進行除法運算。

3. 試修改習題 2，加入 try-catch-finally 區塊，使得 catch() 可捕捉 ArithmeticException 例外。

4. 試修改下面的程式碼，加入 try-catch-finally 區塊，若超過陣列長度，即停止運算，並印出 "超過陣列大小" 的字串：

```
01  // Ex13_4
02  public class Ex13_4{
03    public static void main(String args[]){
04      int[] arr={18,29,13,38,15,62};
05      int den=5;
06
07      for(int i=0;i<=10;i++){
08        System.out.print(arr[i]+"/"+den+"=");
09        arr[i]/=den;
10        System.out.println(arr[i]);
11      }
12      System.out.println("end of main() method !!");
13    }
14  }
```

5. 試修改下面的程式碼，加入 try-catch-finally 區塊，若除數為 0，則跳過除法的運算，並印出 "除數為 0 不計算" 的字串，若除數不為 0，則進行除法運算：

```
01  // Ex13_5
02  public class Ex13_5{
03    public static void main(String args[]){
04      int num=5;
05      int[] d={3,0,0,1};
06      for(int i=0;i<d.length;i++)
07        System.out.println(num+"/"+d[i]+"= "+num/d[i]);
08    }
09  }
```

本題可以得到如下面的結果：

```
5/3= 1
除數為 0 不計算
除數為 0 不計算
5/1= 5
```

## 13.2 例外類別的繼承架構

6. 下面的程式碼裡存在有兩個錯誤,第一個是除數為 0,第二個是陣列索引值超出了範圍。試在此程式碼內加入 try-catch 區塊,使得當除數為 0 時會印出 "除數為 0",然後繼續下一筆計算,當陣列索引值超出了範圍,程式便會停止執行,並印出 "陣列索引值超出了範圍" 字串。

```
01  // Ex13_6
02  public class Ex13_6{
03     public static void main(String args[]){
04        int num=12;
05        int[] den={12,0,3,0,0,4};
06        for(int i=0;i<10;i++)
07           System.out.println(num+"/"+den[i]+"="+num/den[i]);
08     }
09  }
```

本題可以得到如下面的結果:

```
12/12=1
除數為 0
12/3=4
除數為 0
除數為 0
12/4=3
陣列索引值超出了範圍
```

7. 下面的程式碼裡存在兩個錯誤,第一個是除數為 0,第二個是陣列索引值超出範圍。使用 try-catch 區塊來捕捉由錯誤而產生的例外,其中 catch() 可捕捉所有可能由系統拋出的例外,並印出 "捕捉到例外了" 字串(提示:由 catch() 來捕獲 Exception 例外類別的物件)。

```
01  // Ex13_7
02  public class Ex13_7{
03     public static void main(String args[]){
04        int[] arr={4,12,87,21,6,18};
05        int[] den={2,0,7,0,61,0};
06        double sum=0.0;
07        for(int i=0;i<=6;i++)
08           sum+=(double)arr[i]/den[i];
```

```
09       System.out.println("sum="+sum);
10    }
11 }
```

8. 試修改下面的程式碼，利用 try-catch 區塊來捕捉由錯誤而產生的例外，其中 catch 區塊可同時捕捉 "除數為 0" 與 "陣列索引值超出範圍" 這兩種錯誤所造成的例外，請將發生例外的原因印出。

```
01  // Ex13_8
02  public class Ex13_8{
03     public static void main(String args[]){
04        int[] a={64,15,47,23,96,38};
05        int[] d={3,0,7,9,14,0};
06        int sum=0;
07        for(int i=0;i<=6;i++)
08           sum+=a[i]/d[i];
09        System.out.println("sum="+sum);
10     }
11  }
```

## 13.3 拋出例外

9. 下面為 test() 函數，可以計算並印出二個數相除的結果。試在 main() 內撰寫程式碼來捕捉由 test() 所拋出的 ArithemeticException 例外。

```
01  static void test(int num,int den){
02     System.out.println(num+"/"+den+"="+num/den);
03  }
```

10. 接續上題，試將 test() 函數改寫在一個獨立的 Test 類別內，使得 ArithemeticException 例外是由 Test 類別內的 test() 所拋出。

11. 如果把 Ch13_7 的 aaa() 改為「實例函數」，而非「類別函數」，試修改 main() 使得其輸出結果與 Ch13_7 相同。

## 13.4 自己撰寫例外類別

12. 已知兩點之間的距離公式為 $\sqrt{(x_1-x_2)^2+(y_1-y_2)^2}$。下面的程式，可以判斷 $(x_1,y_1)$ 是否在半徑 radius，圓心 $(x_2,y_2)$ 的圓內：

```
01   // Ex13_12
02   public class Ex13_12{
03      public static void main(String args[]){
04          double radius=10.0;
05          double x1=5.3;
06          double y1=6.8;
07          double x2=0.2;
08          double y2=9.5;
09          double dist=Math.sqrt((x1-x2)*(x1-x2)+(y1-y2)*(y1-y2));
10
11          if(dist<=radius){
12              System.out.print("("+x1+","+y1+")");
13              System.out.print("在半徑"+radius);
14              System.out.println(", 圓心("+x2+","+y2+")的圓內");
15          }
16          else{
17              System.out.print("("+x1+","+y1+")");
18              System.out.print("不在半徑"+radius);
19              System.out.println(", 圓心("+x2+","+y2+")的圓內");
20          }
21      }
22   }
```

請利用 try-catch 區塊捕捉自訂的例外，完成下面各題：

(a) 若 $(x_1, y_1)$ 剛好是圓心，則拋出自訂的 CenterException 例外，並印出 "$(x_1, y_1)$ 在 半徑 xxx,圓心 $(x_2, y_2)$ 的圓心上" 字串，其中 $x_1$、$y_1$、$x_2$、$y_2$、xxx 為實際的變 數值。

(b) 若 $(x_1, y_1)$ 不在圓內，則拋出自訂的 OutException 例外，並印出 "$(x_1, y_1)$ 不在半 徑 xxx,圓心 $(x_2, y_2)$ 的圓內" 字串，其中 $x_1$、$y_1$、$x_2$、$y_2$、xxx 為實際的變數值。

(c) 若 $(x_1, y_1)$ 在圓內，則拋出自訂的 InException 例外，並印出 "$(x_1, y_1)$ 在半徑 xxx, 圓心 $(x_2, y_2)$ 的圓內" 字串，其中 $x_1$、$y_1$、$x_2$、$y_2$、xxx 為實際的變數值。

13. 請完成習題 12 後接續修改，並完成下列程式需求：

(a) 建立一個名為 Circle 的類別，並利用有引數之建構元 Circle(double a,double b,double c,double d)，為 $(x_1, y_1)$ 與 $(x_2, y_2)$ 設值。$x_1$ 設值為 a，$y_1$ 設值為 b，$x_2$ 設 值為 c，$y_2$ 設值為 d。

(b) 於 Circle 類別中加入 check() 函數，使得 check() 函數可以判斷 $(x_1, y_1)$ 與半徑 radius，圓心 $(x_2, y_2)$ 的關係，並拋出適當的自訂例外。

於本題中，若於 main() 裡撰寫如下左邊的程式碼，應該可以得到右邊的結果：

```
Circle c1=new Circle(5.8,2.1,0.2,9.5);     (5.8,2.1)在半徑 10.0,圓心
c1.check();                                (0.2,9.5)的圓內
```

14. 三角形的三個邊為 a、b、c。當 a=b=c 時，即構成正三角形。下面的程式，可以判斷是否為正三角形：

```
01  // Ex13_14
02  public class Ex13_14{
03      public static void main(String[] args){
04          int a=3, b=3, c=3;
05
06          if((a+b)<c || (a+c)<b || (b+c)<a)
07              System.out.println("不構成三角形");
08          else if(a==b && a==c && b==c)
09              System.out.println("這是正三角形");
10          else
11              System.out.println("這不是正三角形");
12      }
13  }
```

請將判別三角形的程式碼撰寫到 void triangle(int a,int b,int c) 函數，並利用 try-catch 區塊捕捉自訂的例外，這些例外由 triangle() 拋出。請完成下面各題的要求：

(a) 若此三邊不能構成一個三角形，則拋出自訂的 NotTriangle 例外，並印出 "不構成三角形" 字串。

(b) 若此三角形為正三角形，則拋出自訂的 EquilateralTriangle 例外，並印出 "這是正三角形" 字串。

(c) 若此三角形不為正三角形，則拋出自訂的 NotEquilateralTriangle 例外，並印出 "這不是正三角形" 字串。

15. 下面的程式，是印出 1~n 之間的奇數值。請先閱讀下面的程式碼，嘗試了解其中每一行的意義：

```
01  // Ex13_15
02  public class Ex13_15
03  {
04     public static void main(String args[]){
05        int n=11;
06        for(int i=1;i<=n;i+=2)
07           System.out.print(i+" ");
08        System.out.println();
09     }
10  }
```

(a) 請將印出奇數值部分的程式碼，改成 void odd(int n) 函數。

(b) 當 n 小於等於 0 時，請由 odd() 函數拋出 IllegalArgumentException 例外，並印出 "n 值小於等於 0, 無法處理" 字串。

(c) 當 n 為偶數值，請由 odd() 函數拋出 NotOddException 例外，並印出 "n 值為偶數, 無法處理" 字串。

## 13.5 拋出輸出/輸入的例外類別

16. 試撰寫一程式，可以由鍵盤輸入一字串。若字串之值為 "520"，則拋出 Exception520 這個例外物件，並印出下面的字串：

"這是由字串 520 所引起的例外"

如果輸入的字串不為 "520"，則印出原來輸入的字串。

17. 試撰寫一程式，由鍵盤輸入一整數，再依序完成題目的要求：

(a) 若整數之值小於 0，則拋出 IntegerlessThanZero 例外，並印出下面的字串：

"您輸入的整數的值小於 0"

(b) 若整數之值大於 0，則拋出 IntegerGreatetThanZero 例外，並印出下面的字串：

"您輸入的整數的值大於 0"

(c) 若整數之值等於 0，則拋出 IntegerEqualToZero 例外，並印出下面的字串：

"您輸入的整數的值為 0"

18. 試設計 void mySqrt(int n) 函數，計算 n 的開根號值。請於 mySqrt() 中判別 n 是否大於 0；若 n 小於 0，則拋出自訂的 ArgumentOutOfBound 例外，並印出字串 "n 小於 0"，其中 n 為實際的變數值。請利用 BufferedReader 輸入 n，IOException 例外請直接由 main() 拋出。

19. 試設計 boolean prime(int n) 函數，可用來判別 n 是否為質數，其中 n 是由鍵盤讀入，若為質數，則回應 true，若不是，則回應 false；若 n 小於或等於 1，則拋出自訂的 ArgumentOutOfBound 例外。IOException 例外請直接由 main() method 拋出。

20. 下面的程式，是印出 0~n 之間的偶數數值。請先閱讀下面的程式碼，嘗試了解其中每一行的意義：

```
01  // Ex13_20
02  public class Ex13_20{
03     public static void main(String args[]){
04        int n=10;
05        for(int i=0;i<=n;i+=2)
06           System.out.print(i+" ");
07        System.out.println();
08     }
09  }
```

(a) 請改由鍵盤輸入 n 值，同時 IOException 例外請由 try-catch 區塊來捕捉。

(b) 請把 5-6 行印出偶數值部分的程式碼，改成 void even(int n) 函數。

(c) 當 n 小於 0 時，請由 even() 函數拋出 IllegalArgument 例外，並印出 "n 值小於 0, 無法處理" 字串。

(d) 當 n 為奇數值，請由 even() 函數拋出 NotEven 例外，並印出 "n 值為奇數, 無法處理" 字串。

❖

第十三章 習題

# 14

Chapter

# 檔案處理

學過前一章的例外處理，相信您對一些錯誤狀況的處理已更加熟悉，接下來我們要介紹檔案的處理。提到檔案，不外乎就是讀取、處理、儲存和寫入等動作。本章將對 Java 的檔案處理函數做一個初步的介紹，學完本章，您將會對檔案的處理有更進一步的瞭解。

**◉ 本章學習目標**

- ▣ 認識串流
- ▣ 學習檔案的開啟與關閉
- ▣ 學習如何處理文字檔
- ▣ 學習如何處理二進位檔

輸入（input）與輸出（output）在程式語言裡扮演著相當重要的角色，藉由資料的輸入與輸出，我們可以在程式裡和外界互動，從外界接收訊息，或者是把訊息傳遞給外界。Java 是以「串流」（stream）的方式來處理輸入與輸出，您可以把串流想像成是「資料流」，它和水流的概念非常類似，只是流動的是資料而不是水。本章將要討論什麼是串流，以及它們的基本概念，進而說明 Java 是如何利用串流來處理檔案。

# 14.1 關於串流

「串流」是一種抽象觀念，從鍵盤輸入資料、將處理結果寫入檔案、以及讀取檔案的內容等動作皆可視為串流的處理。串流裡的資料是由字元（characters）與位元（bits）所組成，我們可經由串流從資料來源（data source）讀寫資料，也可以將資料以字元或位元的型式藉由串流寫到檔案裡。

以資料的讀取或寫入分類，串流可分為「輸入串流」（input stream）與「輸出串流」（output stream）兩種，下圖說明串流如何做為檔案處理的橋樑：

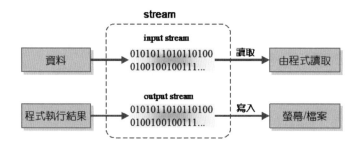

Java 透過 java.io 類別庫所提供的類別處理串流，各種格式的資料皆可視為串流，因此在使用 Java 處理檔案時，可以視實際需要載入 java.io 類別庫裡特定的類別，也可以將此類別庫裡所有的類別全部載入，省去查閱某個類別是屬於哪個類別庫的麻煩。

在 Java 裡，我們可以透過 InputStream、OutputStream、Reader 與 Writer 類別來處理串流的輸入與輸出。InputStream 與 OutputStream 類別通常是用來處理「位元串流」（bit stream），也就是二進位檔（binary file），而 Reader 與 Writer 類別則是用來處理「字元串流」（character stream），也就是純文字檔（text file）。

一般而言，我們並不會直接使用這些類別，而是根據這些類別所衍生出的子類別來做檔案的處理。在 Java 裡，檔案的處理方式通常是先透過檔案相關類別的建構子來建立物件，然後再利用這些物件的 read() 或 write() 函數來讀取或寫入資料。資料處理完後，必須用 close() 來關閉串流。

下圖列出與檔案相關類別的繼承圖。事實上，Java 提供的類別遠比它複雜許多，此圖所列的類別僅是其中的一小部分，稍後的章節將會一一介紹這些類別。

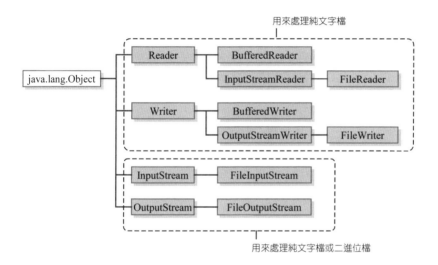

## 14.2 檔案的基本處理

Reader 與 Writer 類別可用來處理字元串流之讀取和寫入的動作。下面列出 Reader 與 Writer 類別所提供的函數；一般而言，我們是以 Reader 與 Writer 的衍生類別來建立物件，再利用它們來進行檔案讀寫的動作，因此這些函數通常是繼承給子類別使用，而不是用在父類別本身。

Reader 類別的函數

| 函數 | 主要功能 |
|------|---------|
| void close() | 關閉串流 |
| int read() | 讀取串流中的一個字元 |
| int read(char[ ] cbuf) | 從串流讀取資料,放到字元陣列 cbuf 中,並傳回所讀取字元的總數 |
| int read(char[ ] cbuf, int off, int len) | 從串流讀取資料,並放到陣列 cbuf 的某個範圍(off 表示陣列索引值,len 表示讀取字元數) |
| long skip(long n) | 跳過 n 個字元不讀取 |

Writer 類別的函數

| 函數 | 主要功能 |
|------|---------|
| void close() | 關閉串流 |
| abstract void flush() | 將緩衝區的資料寫到檔案裡。注意這是抽象函數,其明確的定義是撰寫在 Writer 的子類別裡 |
| void write(char[ ] cbuf) | 將字元陣列輸出到串流 |
| void write(char[ ] cbuf, int off, int len) | 將字元陣列依指定的格式輸出到串流中(off 表示陣列索引值,len 表示寫入字元數) |
| void write(int c) | 將單一字元 c 輸出到串流中 |
| void write(String str) | 將字串 str 輸出到串流中 |
| void write(String str, int off, int len) | 將字串 str 輸出到串流(off 表示陣列索引值,len 表示寫入字元數) |

如果不懂上表所列函數的用法也沒關係,因為它們通常是繼承給子類別使用的。稍後我們將分別介紹 Reader 與 Writer 類別所衍生的子類別 BufferedReader、BufferedWriter、InputStreamReader 與 OutputStreamWriter,到時將會實際應用它們到檔案的存取,您也會很快的熟悉它們。

## 14.2.1 讀取檔案的內容--使用 FileReader

FileReader 類別繼承自 InputStreamReader 類別,而 InputStreamReader 類別又繼承自 Reader 類別,因此 Reader 與 InputStreamReader 所提供的函數均可供 FileReader 所建立的物件使用。FileReader 類別可用來讀取文字檔,使用時必須先呼叫 FileReader()

建構子來建立 FileReader 類別的物件，再利用它呼叫 read() 函數來讀取檔案。
FileReader() 建構子的格式可參考下表：

FileReader 建構子

| 建構子 | 主要功能 |
| --- | --- |
| FileReader(String name) | 依檔案名稱建立一個可供讀取字元的輸入串流物件 |

接下來以一個實例說明如何利用 FileReader 讀取純文字檔 train.txt。train.txt 是一首
童謠的歌詞，其內容如下圖所示。請自行在記事本裡建好它，儲存的時候要把編碼
格式選為 ANSI，否則在讀取中文時會出現亂碼：

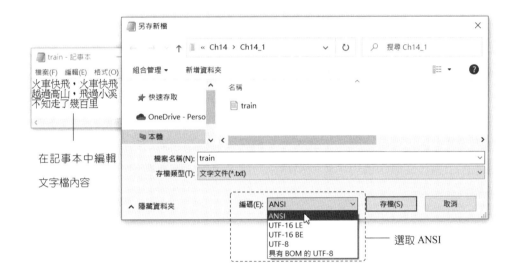

在記事本中編輯
文字檔內容

選取 ANSI

假設此 train.txt 存放在目錄 C:\MyJava\Ch14\Ch14_1 裡，下面的範例介紹該如何讀取
這個檔案：

```
01  // Ch14_1，使用 FileReader 類別讀取檔案
02  import java.io.*;                    // 載入 java.io 類別庫裡的所有類別
03  public class Ch14_1{
04    public static void main(String args[]) throws IOException{
05      char data[]=new char[128];    // 建立可容納 128 個字元的陣列
06      // 建立物件 fr
07      FileReader fr=new FileReader("C:\\MyJava\\Ch14\\Ch14_1\\train.txt");
```

```
08
09        int num=fr.read(data);           // 將資料讀入字元陣列 data 內
10        String str=new String(data,0,num);    // 將字元陣列轉換成字串
11        System.out.println("Characters read= "+num);
12        System.out.println(str);
13
14        fr.close();
15    }
16  }
```

• 執行結果：
```
Characters read= 29
火車快飛，火車快飛
越過高山，飛過小溪
不知走了幾百里
```

於 Ch14_1 中，因為第 9 行的 read() 可能會拋出 IOException 例外，所以在第 4 行的 main()之後必須加上 throws IOException，讓系統來捕捉例外。第 5 行準備好可容納 128 個字元的陣列 data（您可以任意調整這個數字，只要陣列的長度大於所要讀取的字元數即可），以便儲存讀進來的檔案。第 7 行以檔名建立一個輸入串流物件 fr，利用此物件即可進行檔案的相關處理。您可以在檔案名稱之前加上路徑，用以指明檔案的位置（注意必須用兩個反斜線來分隔子目錄，因為字串裡單獨一個反斜線會被視為控制字元）。

第 9 行利用串流物件 fr 呼叫 read()，並把所讀入的字元存放在字元陣列 data 裡。read() 會傳回讀入的字元數，於第 9 行中我們把此數設給變數 num。第 10 行利用 String() 建構子將字元陣列 data 中，從索引值為 0 的位置算起，取 num 個字元設給字串變數 str，事實上，這個範圍也就是所讀入檔案的全部內容。第 11 與 12 行分別印出字元的總數與檔案內容。

Java 把一個中文字看成是一個字元，但細心的讀者也許可發現，train.txt 裡僅有 25 個中文字，為何結果會顯示共讀取 29 個字元？這是因為在 Windows 裡，換行字元是「\r\n」兩個字元，如下圖所示：

## 14.2.2 將資料寫入檔案--使用 FileWriter 類別

FileWriter 類別繼承自 OutputStreamWriter 類別，而 OutputStreamWriter 類別又繼承自 Writer 類別，因此 Writer 與 OutputStreamWriter 所提供的函數均可供給 FileWriter 所建立的物件使用。

FileWriter 類別可用來將字元型態的資料寫入檔案，使用時必須先呼叫 FileWriter() 建構子建立 FileWriter 類別的物件，再利用它來呼叫 write() 寫入資料。FileWriter() 建構子的格式可參考下表：

FileWriter 建構子

| 建構子 | 主要功能 |
| --- | --- |
| FileWriter(String filename) | 依檔案名稱建立一個可供寫入字元資料的串流物件，原先的檔案會被覆蓋 |
| FileWriter(String filename, Boolean a) | 同上，但如果 a 設為 true，則會將資料附加在原先的資料後面 |

下面的範例說明如何以 FileWriter 類別將字元陣列與字串寫到檔案裡：

```
01  // Ch14_2, 使用 FileWriter 類別將資料寫入檔案內
02  import java.io.*;
03  public class Ch14_2{
04    public static void main(String args[]) throws IOException   {
05      FileWriter fw=new FileWriter("C:\\MyJava\\Ch14\\Ch14_2\\proverb.txt");
06      char data[]={'T','i','m','e',' ','f','l','i','e','s','!','\r','\n'};
07      String str="End of file";
08      fw.write(data);              // 將字元陣列寫到檔案裡
```

```
09      fw.write(str);              // 將字串寫到檔案裡
10      fw.close();
11    }
12 }
```

由於第 8~9 行的 write() 可能會拋出 IOException 例外，所以在第 4 行的 main() 之後要加上 throws IOException，讓系統來捕捉例外。第 5 行建立一個串流物件 fw，利用它即可寫入資料到檔案內。第 6~7 行分別宣告字元陣列與字串，第 8~9 行將字元陣列與字串寫入檔案中。如果用記事本開啟 proverb.txt，將可看到如下的內容：

本節所介紹的檔案處理方式均是屬於沒有緩衝區（buffer）的檔案處理。這種處理方式由於沒有緩衝區，所以是直接與檔案做輸入/輸出的動作，因此比起有緩衝區的處理方式而言，其存取效率較差，在使用上的便利性也不及有緩衝區的檔案處理。

# 14.3 利用緩衝區來讀寫資料

緩衝區（buffer）可作為程式與檔案之間存取的橋樑。具有緩衝區的檔案處理方式是在存取時，會先將資料放置到緩衝區，而不會直接在磁碟做存取。這種處理方式不需要不斷地做磁碟讀取，因此可以增加程式執行的效率。但其缺點是，緩衝區會佔用一塊記憶體空間，而且如果沒有關閉檔案或是系統當機，則留在緩衝區裡的資料會因尚未寫入磁碟而造成資料的流失。

若以有緩衝區的機制來處理檔案，在讀取資料時，檔案處理函數會先到緩衝區裡讀取資料。如果緩衝區裡沒有資料，會從資料檔裡讀取資料至緩衝區，再由緩衝區把資料讀至程式中。同樣的，若是把資料寫入檔案，則會先把資料放在緩衝區中，待緩衝區的資料裝滿或檔案關閉時，再一併將資料從緩衝區寫入資料檔中，其過程如下圖所示：

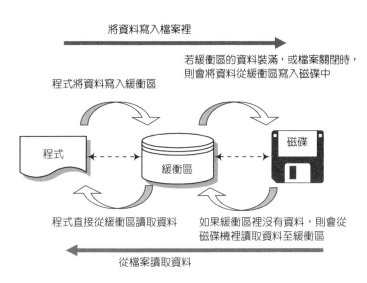

## 14.3.1 從緩衝區讀取資料--使用 BufferedReader 類別

BufferedReader 類別可用來讀取字元緩衝區裡的資料，它繼承自 Reader 類別，因此亦可使用 Reader 類別所提供的函數。下表列出 BufferedReader 類別常用的建構子與函數：

BufferedReader 的建構子

| 建構子 | 主要功能 |
| --- | --- |
| BufferedReader(Reader in) | 建立緩衝區字元讀取串流 |
| BufferedReader(Reader in, int size) | 建立緩衝區字元讀取串流，並設定緩衝區大小 |

BufferedReader 的函數

| 函數 | 主要功能 |
| --- | --- |
| void close() | 關閉串流 |
| int read() | 讀取單一字元 |
| int read(char [ ] cbuf, int off, int len) | 讀取字元陣列（off 表示陣列索引值，len 表示讀取位元數） |
| long skip(long n) | 跳過 n 個字元不讀取 |
| String readLine() | 讀取一行字串 |

欲使用 BufferedReader 類別來讀取緩衝區裡的資料，必須先建立 FileReader 物件，再以它為引數來建立 BufferedReader 類別的物件，接下來就可以利用此物件來讀取緩衝區裡的資料。我們以一個實例來說明如何使用 BufferedReader 讀入檔案裡的數字，請先建好如下的數據，並將它存成 number.txt：

下面的範例說明如何以 BufferedReader 類別讀入 number.txt 裡的數字資料：

```
01  // Ch14_3, 從緩衝區裡讀入資料
02  import java.io.*;
03  public class Ch14_3{
04     public static void main(String args[]) throws IOException    {
05        String str;
06        int count=0;
07        FileReader fr=new FileReader("C:\\MyJava\\Ch14\\Ch14_3\\number.txt");
08        BufferedReader bfr=new BufferedReader(fr);
09
10        while((str=bfr.readLine())!=null){       // 每次讀取一行，直到檔案結束
11           count++;                              // 計算讀取的行數
12           System.out.println(str);
13        }
14        System.out.println(count+" lines read");
15        fr.close();                              // 關閉檔案
16     }
17  }
```

• 執行結果：
```
12
34
63
14
16
56
6 lines read
```

程式第 7 行先建立 FileReader 物件 fr，第 8 行再以 fr 為引數建立 BufferedReader 類別的物件 bfr。BufferedReader 裡有一個方便的 readLine()，它可一次讀取一行資料。第 10 行利用 readLine() 一行一行讀取資料，直到讀完檔案內所有的資料為止（如果讀到檔案結束，則 readLine() 傳回 null）。第 11 行是用來計算讀取的行數，第 12 行將每一行讀取的內容列印到螢幕上。本例中一共讀取 6 筆資料，因此第 14 行會顯示出 "6 lines read" 字串。

## 14.3.2 將資料寫入緩衝區--使用 BufferedWriter 類別

BufferedWriter 類別是用來將資料寫入緩衝區裡，它繼承自 Writer 類別，因此也可以使用 Writer 類別所提供的函數。下表列出 BufferedWriter 類別常用的建構子與函數：

BufferedWriter 的建構子

| 建構子 | 主要功能 |
| --- | --- |
| BufferedWriter(Writer out) | 建立緩衝區字元寫入串流 |
| BufferedWriter(Writer out, int size) | 建立緩衝區字元寫入串流，並設定緩衝區的大小 |

BufferedWriter 的函數

| 函數 | 主要功能 |
| --- | --- |
| void close() | 關閉串流 |
| void flush() | 寫入緩衝區內的字元到檔案裡 |
| void newLine() | 寫入換行字元 |
| void write(int c) | 寫入單一字元 |
| void write(char[] cbuf, int off, int len) | 寫入字元陣列（off 表示陣列索引值，len 表示讀取位元數） |
| void write(String s, int off, int len) | 寫入字串（off 與 len 代表的意義同上） |

要使用 BufferedWriter 類別將資料寫入緩衝區裡內，其過程與 BufferedReader 的讀出過程相似，我們必須先建立 FileWriter 物件，再以它為引數來建立 BufferedWriter 類別的物件，接著利用此物件將資料寫入緩衝區內。所不同的是，緩衝區內的資料最後要用 flush() 將它清空，這個動作也就是將緩衝區內的資料全部寫到檔案內。

BufferedWriter 類別裡有一個 newLine()，它可寫入換行字元，而且與作業平台無關（每一種作業系統對換行字元的定義可能不同），使用它可確保程式可跨平台執行。

下面的範例說明如何利用 BufferedWriter 類別將 5 個亂數寫入緩衝區，最後再將緩衝區內的資料全部清空到檔案裡：

```
01    // Ch14_4，將資料寫到緩衝區內
02    import java.io.*;
03    public class Ch14_4{
04       public static void main(String[] args) throws IOException    {
05          FileWriter fw=new FileWriter("C:\\MyJava\\Ch14\\Ch14_4\\random.txt");
06          BufferedWriter bfw=new BufferedWriter(fw);
07
08          for(int i=1;i<=5;i++){
09             bfw.write(Double.toString(Math.random()));  // 寫入亂數到緩衝區
10             bfw.newLine(); // 寫入換行符號
11          }
12          bfw.flush();       // 將緩衝區內的資料寫到檔案裡
13          fw.close();        // 關閉檔案
14       }
15    }
```

於 Ch14_4 中，第 5 行建立 FileWriter 物件 fw，第 6 行再以 fw 為引數建立 BufferedWriter 類別的物件 bfw。第 9 行利用 random() 產生亂數，將它轉換成字串後直接用 write() 寫入緩衝區內，第 10 行則是加上換行符號，使得每一筆資料分行來儲存。將資料全部寫入緩衝區之後，第 12 行利用 flush() 將緩衝區內的資料寫到檔案裡，第 13 行將檔案關閉。如果打開 random.txt，將可看到如下的畫面，由於亂數的關係，裡面的數字應和本例不一樣：

# 14.4 使用 InputStream 與 OutputStream 類別

InputStream 與 OutputSteram 類別是 Java 用來處理以「位元組」為主的串流，也就是說，除了純文字檔之外，它們也可用來存取二進位檔（binary file）的資料。InputStream 與 OutputSteram 類別均繼承自 Java.lang.Object 類別，但通常不直接使用它們來處理檔案，而是使用其子類別 FileInputStream 與 FileOutputStream 所建立的物件來處理。

## 14.4.1 讀取檔案的內容--使用 FileInputStream 類別

FileInputStream 繼承自 InputStream 類別，主要用來處理以「位元組」為主的輸入工作。下表列出 FileInputStream 類別的建構子與常用的函數：

FileInputStream 的建構子

| 建構子 | 主要功能 |
| --- | --- |
| FileInputStream (String name) | 根據所給予的檔案名稱建立 FileInputStream 類別的物件 |

FileInputStream 類別的函數

| 函數 | 主要功能 |
| --- | --- |
| int available() | 取得所讀取資料所佔的位元組數（bytes） |
| void close() | 關閉位元組串流 |
| long skip(long n) | 在位元串流裡略過 n 個位元組的資料 |
| int read() | 從輸入串流讀取一個位元組 |
| int read(byte[] b) | 從輸入串流讀取位元組資料，並它存放到陣列 b 中 |
| int read(byte[] b, int off, int len) | 從輸入串流讀取位元組資料，並存放到指定的陣列中（off 表示陣列索引值，len 表示讀取位元組數） |

下面的範例以童謠「火車快飛」train.txt 為檔案，示範如何以 FileInputStream 類別所建立的物件來讀取它：

```
01  // Ch14_5, 利用 FileInputStream 讀取檔案
02  import java.io.*;
03  public class Ch14_5{
04     public static void main(String args[]) throws IOException   {
05        FileInputStream fi=new FileInputStream("C:\\MyJava\\train.txt");
06        System.out.println("file size="+fi.available());
```

```
07          byte ba[]=new byte[fi.available()]; // 建立 byte 陣列
08
09          fi.read(ba);  // 將讀取的內容寫到陣列 ba 裡
10          System.out.println(new String(ba)); // 印出陣列 ba 的內容
11          fi.close();
12     }
13 }
```

• 執行結果：
```
file size=54
火車快飛，火車快飛
越過高山，飛過小溪
不知走了幾百里
```

第 5 行利用 FileInputStream() 建構子建立串流物件 fi，第 6 行透過 fi 物件取得檔案
的大小。由於每一個中文字為 2 個 bytes，換行符號「\r\n」為 2 個 bytes，故整個檔
案大小為 54 個 bytes。第 7 行建立 byte 型態的陣列 ba，其大小恰可容納整個檔案。
第 9 行將檔案內容寫入 ba 陣列裡，第 10 行將陣列 ba 的內容轉換為字串之後，用
println() 印出。                                                            ❖

## 14.4.2 將資料寫入檔案--使用 FileOutputStraem 類別

FileOutputStream 繼承自 OutputStream 類別，它主要用來處理二進位檔案的寫入工
作。下表列出 FileOutputStream 類別的建構子與其常用的函數：

FileOutputStream 建構子

| 建構子 | 主要功能 |
| --- | --- |
| FileOutputStream(String filename) | 依檔案名稱建立一個可供寫入資料的輸出串流物件，原先的檔案會被覆蓋 |
| FileOutputStream(String name, Boolean a) | 同上，但如果 a 設為 true，則會將資料附加在原先的資料後面 |

FileOutputStream 類別的函數

| 函數 | 主要功能 |
| --- | --- |
| void close() | 關閉位元組串流 |
| void write(byte[] b) | 寫入位元組陣列 b 到串流裡 |
| void write(byte[] b, int off, int len) | 寫入位元組陣列 b 到串流裡（off 表示陣列索引值，len 表示寫入位元組數） |

稍早我們曾提及，FileOutputStream 與 FileInputStream 一樣，它們都是用來處理二進位型態之檔案的讀寫工作。本節最後示範如何以 FileInputStream 讀入一個 png 圖檔 Lena.png（為二進位檔），並利用 FileOutputStream 將它另存新檔，檔名為 MyLena.png。

```
01 // Ch14_6, 讀入與寫入二進位檔案
02 import java.io.*;
03 public class Ch14_6{
04   public static void main(String[] args) throws IOException{
05     FileInputStream fi=
           new FileInputStream("C:\\MyJava\\Ch14\\Ch14_6\\Lena.png");
06     FileOutputStream fo=
           new FileOutputStream("C:\\MyJava\\Ch14\\Ch14_6\\MyLena.png");
07
08     System.out.println("file size="+fi.available());// 印出檔案大小
09     byte data[]=new byte[fi.available()]; // 建立 byte 型態的陣列 data
10
11     fi.read(data);          // 將圖檔讀入 data 陣列
12     fo.write(data);         // 將 data 陣列裡的資料寫入新檔 MyLena.png
13     System.out.println("file copied and renamed");
14     fi.close();
15     fo.close();
16   }
17 }
```
• 執行結果：
```
file size=48077
file copied and renamed
```

於 Ch14_6 中，第 5~6 行分別建立處理讀取與寫入檔案的串流物件 fi 與 fo，第 8 行由 available() 函數取得檔案的大小，從輸出中可看出此檔案佔有 48077 個 bytes。第 9 行建立 byte 型態的陣列 data 之後，第 11 行將圖檔資料讀入 data 陣列中，第 12 行將 data 陣列裡的資料寫入新檔 MyLena.png。

現在您可以驗證一下檔案是否有寫入成功。找到 MyLena.png 這個檔案後，用右鍵按一下它的圖示，從選單中選取「內容」，此時應可得到如下的畫面。從這個畫面中，可以確定檔案已正確的寫入，且檔案大小也正確無誤：

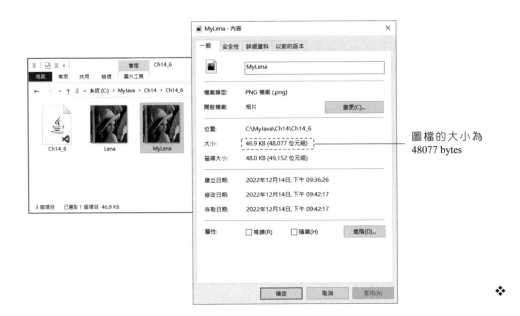

圖檔的大小為
48077 bytes

Java 在檔案讀取、處理、儲存和寫入的原理大致相同,有了基本的認識,想使用更多的檔案處理的讀者可以從 Java 參考文件中進行查詢。

# 第十四章 習題

## 14.1 關於串流

1. 下面是在 main() 函數中的部份程式碼,請試著完成整個程式,並將本程式中需要用到的類別載入,而不是 java.io 類別庫裡的所有類別。

```
01   BufferedReader buf;
02   String str;
03
04   buf=new BufferedReader(new InputStreamReader(System.in));
05
06   System.out.print("Input a string: ");
07   str=buf.readLine();   // 將輸入的文字指定給字串變數 str 存放
08
09   System.out.println("string="+str);   // 印出字串
```

2. 請由鍵盤輸入一個字串 " knowledge is power."，並利用類別庫裡的函數，將該字串轉換成大寫。請載入需要用到的 java 類別庫裡所有相關類別。

3. 請由鍵盤輸入一個整數 n，然後計算 1+2+…+n 的值。請載入 java.io 類別庫提供的所有相關類別，而不是 java.io 類別庫裡的所有類別。

## 14.2 檔案的基本處理

4. 請在記事本裡建好 donkey.txt，並完成下列問題：

　　(a) 請利用 FileReader 讀取 donkey.txt，將檔案內容列印出來，並計算讀取的字元數。

　　(b) 在 donkey.txt 裡共有中文字 26 個，與程式中所計算的字元數一樣嗎？為什麼？請繪圖說明。

5. 試改寫習題 4，將 "我有一隻小毛驢" 一行忽略不讀取。

6. 請利用 FileWriter 類別，將字元陣列 hi 寫入檔案 hello.txt 中。

```
char hi[]=={'H','e','l','l','o',' ','J','a','v','a','!','\r','\n'};
```

7. 接續習題 6，先開啟文字檔 hello.txt，在原先檔案內容的後面再寫入字串 "Welcome!"，然後印出整個檔案內容（字串 "Welcome!" 請撰寫在新的一行）。

## 14.3 利用緩衝區來讀寫資料

8. 請用記事本建立 proverb.txt，利用 BufferedReader 類別讀取 proverb.txt 後，略過 "You can't be perfect but you can be unique." 這個字串，將檔案內容印出。（提示：您可以使用 Reader 類別裡的 skip() 函數）

9. 試依照下列的步驟完成程式設計：

(a) 試撰寫一程式，可讀取文字檔 aaa.txt 與 bbb.txt，aaa.txt 與 bbb.txt 的內容如下：

 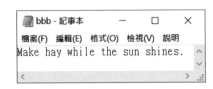

(b) 將 aaa.txt 與 bbb.txt 內容合併後，儲存成檔案 ccc.txt。ccc.txt 的內容會如下圖：

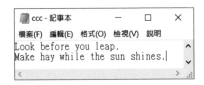

(c) 請將 aaa.txt、bbb.txt 及 ccc.txt 的內容分別列印出來。

10. 試依照下列的步驟完成程式設計：

(a) 請建立一個有引數的建構子 Data(String str, int e,int m)，用來將學生姓名 name 設值為 str，英文成績 english 設值為 e，數學成績 math 設值為 m。Data 類別的資料成員如下：

```
class Data{
    private String name;
    private int english;
    private int math;
}
```

(b) 試在 Data 類別裡撰寫 writeData() 函數，將物件 stu1、stu2 之資料成員依序寫入 student.txt。

(c) 請設計 show() 函數，可以印出 Data 類別的所有成員之值，以及英文及數學成績的平均分數。

(d) 請於 main() 撰寫 readData() 函數，用來讀取 student.txt 的資料後，利用 show() 函數印出各項資料。

於本題中，若於 main() 裡撰寫如下左邊的程式碼，應該可以得到右邊的結果：

```
Data stu1=new Data("Ariel",92,85);
Data stu2=new Data("Fiona",67,89);
```

姓名：Ariel
英文成績：92
數學成績：85
平均：88.5

姓名：Fiona
英文成績：67
數學成績：89
平均：78.0

## 14.4 使用 InputStream 與 OutputStream 類別

11. 試以 FileInputStream 與 FileOutputStream 類別撰寫程式，並依照下列的步驟完成：

    (a) 試撰寫一 writeData() 函數，可以產生 100 個亂數來表示英文小寫字母，將它寫入"rand99.txt" 檔案內。

    (b) 請撰寫 cnt() 函數，用來讀取純文字檔 rand99.txt 的內容，並找出這 100 個字母中，出現 a、e、i、o、u 出現的次數。

12. 試以 FileInputStream 與 FileOutputStream 類別撰寫程式，並依照下列的步驟完成：

    (a) 試產生 1000 個 1~99999 之間的整數亂數，將亂數寫入"rand.txt" 檔案內。

    (b) 讀取 rand.txt 的內容，並找出這 1000 個數值的平均值、最大值與最小值。

    (c) 讀取 rand.txt 的內容，並對這 1000 個數值由小排到大，並將結果寫到 rand2.txt。

    （提示：本題需要用到 String 類別裡的 split() 函數，關於 split() 的用法，可以參考 Java 的參考文件）

13. 試以 FileInputStream 與 FileOutputStream 類別撰寫程式，並依照下列的步驟完成：

    (a) 請建立一有引數的 Car(String m, String c, int p) 建構子，用來將車款 module 設值為 m，車子的顏色 color 設值為 c，車價 price 設值為 p。Car 類別的資料成員如下：

    ```
    class Car{
    public String module;
      public String color;
      public int price;
    }
    ```

(b) 試在 Car 類別裡撰寫 writeData() 函數，將物件 c1、c2 之資料成員依序寫入 mycar.txt。

(c) 請設計 show() 函數，可以印出 Car 類別的所有成員之值。

(d) 請於 main() 撰寫 readData() 函數，用來讀取 mycar.txt 的資料後，利用 show() 函數印出各項資料。

於本題中，若於 main() 裡撰寫如下左邊的程式碼，應該可以得到右邊的結果：

```
Car c1=new Car("C 300 Estate","white",297);        車款: C 300 Estate
Car c2=new Car("5-Series Sedan M5","black",716);   顏色: white
                                                   車價: 297

                                                   車款: 5-Series Sedan M5
                                                   顏色: black
                                                   車價: 716
```

# 15

Chapter

# 多執行緒

Java 是支援「多執行緒」（multi-thread）的語言之一。大多數的程式語言只能循序（sequential）執行單一個程式區塊，但無法同時執行程式內不同的區塊。Java 的「多執行緒」恰可補足這個缺憾，它可以讓不同的程式區塊一起執行，如此一來不但能達到多工處理的目的，同時也讓程式的執行更為順暢。

## ◉ 本章學習目標

- 認識執行緒
- 學習如何建立執行緒
- 學習如何管理執行緒
- 認識執行緒的同步處理

# 15.1 認識執行緒

在傳統的程式語言裡，執行的方式總是必須順著程式的流程進行，遇到 if-else 敘述就加以判斷，遇到 for、while 等迴圈就多繞幾個圈圈，不管如何變化，最後程式還是循著一定的程序執行，且一次只能執行一個程式區塊。Java 的「多執行緒」（multi-thread）改變了這個遊戲規則。

所謂的執行緒（thread）是指程式的執行流程，「多執行緒」的機制則是可以同時執行多個程式區塊，使程式執行的效率變得更高，也可克服傳統程式語言所無法設計的問題。例如：有些包含迴圈的執行緒可能要花上一段時間來運算，此時便可啟動另一個執行緒來做其它的處理。

本節我們用兩個簡單的程式來說明單一執行緒與多執行緒的不同。Ch15_1 是單一執行緒的範例，其程式碼的撰寫方法與前幾節的程式碼並沒有什麼兩樣：

```
01   // Ch15_1，單一執行緒的範例
02   class CTest{
03      private String id;
04      public CTest(String str){            // 建構子，設定資料成員 id
05         id=str;
06      }
07      public void run(){                   // run() 函數
08         for(int i=0;i<4;i++){
09            for(int j=0;j<100000000;j++);//空迴圈，用來拖慢 10 行執行的速度
10            System.out.println(id+" is running...");
11         }
12      }
13   }
14   public class Ch15_1{
15      public static void main(String[] args){
16         CTest dog=new CTest("doggy");
17         CTest cat=new CTest("kitty");
18         dog.run();
19         cat.run();
20      }
21   }
```

- 執行結果：

```
doggy is running...
doggy is running...
doggy is running...
doggy is running...
kitty is running...
kitty is running...
kitty is running...
kitty is running...
```

第 18 行用 dog 物件呼叫 run() 函數的執行結果

第 19 行用 cat 物件呼叫 run() 函數的執行結果

Ch15_1 是單一執行緒的範例。在第 7~12 行裡定義 run() 函數，用迴圈印出 4 個連續的字串。第 9 行是空迴圈（注意此行是以分號結尾），它的用意是在稍稍拖慢第 10 行的執行速度。第 16 與 17 行分別建立 dog 與 cat 物件之後，第 18 行呼叫 run()，印出 "doggy is running…"，最後由第 19 行呼叫 run()，印出 "kitty is running…"。

從本例中可看出，要執行到第 19 行，非得等第 18 行執行完畢才行，這便是單一執行緒的限制。在 Java 裡，是否可以同時執行第 18 與 19 行的敘述，使得 "doggy is running..." 和 "kitty is running…" 交錯印出呢？答案是肯定的，其方法是 -- 啟動多個執行緒。

### 啟動執行緒

如果在某個類別裡要啟動執行緒，必須先準備好下列兩件事情：

(1) 此類別必須是延伸自 Thread 類別，使自己成為它的子類別。

(2) 執行緒的處理必須撰寫在 run() 函數內。

Thread 類別存放在 java.lang 類別庫裡，由於它會自動載入，因此我們不需特別載入 java.lang 類別庫。此外，run() 是定義在 Thread 類別裡的一個函數，因此把執行緒的程式碼撰寫在 run() 內，事實上就是執行改寫（override）的動作。因此要使某個類別可啟動執行緒，必須用下列的語法來撰寫：

執行緒的定義語法

```
class 類別名稱  extends Thread{    // 從 Thread 類別延伸出子類別
    類別裡的資料成員;
    類別裡的函數;
    修飾子 run(){                   // 改寫 Thread 類別裡的 run() 函數
        以執行緒處理的程序;
    }
}
```

接下來我們以上述的觀念來重新撰寫 Ch15_1，使它可以同時啟動多個執行緒：

```
01   // Ch15_2，啟動執行緒的範例
02   class CTest extends Thread{        // 從 Thread 類別延伸出子類別 CTest
03       private String id;
04       public CTest(String str){      // 建構子，設定成員 id
05           id=str;
06       }
07       public void run(){             // 改寫 Thread 類別裡的 run() 函數
08           for(int i=0;i<4;i++){
09               for(int j=0;j<100000000;j++);//空迴圈，用來拖慢 10 行執行的速度
10               System.out.println(id+" is running...");
11           }
12       }
13   }
14   public class Ch15_2{
15       public static void main(String[] args){
16           CTest dog=new CTest("doggy");
17           CTest cat=new CTest("kitty");
18           dog.start();               // 注意是呼叫 start(),而不是 run()
19           cat.start();               // 注意是呼叫 start(),而不是 run()
20       }
21   }
```

• 執行結果：

```
kitty is running...      ── 第 18 行用 cat 物件呼叫 start() 函數
doggy is running...      ── 第 19 行用 dog 物件呼叫 start() 函數
kitty is running...
kitty is running...
doggy is running...
kitty is running...
doggy is running...
doggy is running...
```

Ch15_2 與 Ch15_1 並沒有太大的差別。Ch15_2 的第 2 行，CTest 類別繼承 Thread 類別，第 7~12 行改寫（override）Thread 類別裡的 run()，並把執行緒的處理程序全部寫在這個函數裡。第 18、19 行呼叫 start()，用以啟動執行緒：

```
18          dog.start();          // 用 dog 物件啟動執行緒
19          cat.start();          // 用 cat 物件啟動執行緒
```

於上面的程式碼中，您不能直接呼叫 run()，這樣只是把 run() 執行一遍而已，並沒有啟動執行緒。正確的方式是呼叫由 Thread 類別繼承而來的 start()，然後由 star() 在排程器（scheduler）中登錄該執行緒，最後這個執行緒開始執行時，run() 自然會被呼叫。

讀者現在可注意到，雖然在第 18 行先呼叫 dog.start()，第 19 行再呼叫 cat.start()，但於 Ch15_2 的輸出中，"kitty is running..." 與 " doggy is running..." 是交錯出現的，也就是說，這兩個執行緒是一起執行的。

但哪一個字串先出現就不一定，全看誰先搶到 CPU 的資源，也因此您螢幕上的輸出可能和本書不同。事實上，在相同的環境內，甚至每次執行的結果也可能會不一樣，建議讀者可將第 9 行的迴圈數加大，多跑幾次看看，並觀察會有什麼樣的變化。下圖為單一執行緒與兩個執行緒的執行流程比較：

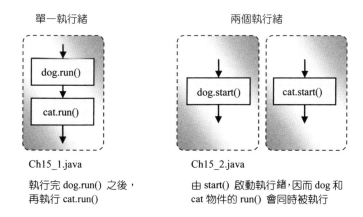

Ch15_1.java

執行完 dog.run() 之後，
再執行 cat.run()

Ch15_2.java

由 start() 啟動執行緒，因而 dog 和
cat 物件的 run() 會同時被執行

# 15.2 實作 Runnable 介面來建立執行緒

前一節介紹如何以繼承 Thread 類別的方式來建立執行緒。讀者也許可發現,如果類別本身已經繼承某個父類別,但現在又要繼承 Thread 類別來建立執行緒,馬上會面臨到一個問題 -- Java 不能多重繼承;也就是說,不能繼承某個類別,同時又繼承 Thread 類別。那麼,該怎麼辦呢?

這個問題使我們馬上聯想到前幾章裡所學過 -- "介面是實現多重繼承的重要方式"。Java 提供的 Runnable 介面,恰好可以解決這個難題。Runnable 介面裡已定義抽象的 run(),因此只要在類別裡確實定義 run(),也就是把處理執行緒的程式碼放在 run() 裡即可建立執行緒。我們用下面的實例來做說明:

```
01   // Ch15_3, 實作 Runnable 介面來建立執行緒
02   class CTest implements Runnable{  // 由 CTest 類別實作 Runnable 介面
03      private String id;
04      public CTest(String str){          // 建構子,設定成員 id
05         id=str;
06      }
07      public void run(){     // 詳細定義 runnable() 介面裡的 run() 函數
08         for(int i=0;i<4;i++){
09            for(int j=0;j<100000000;j++);// 空迴圈,用來拖慢 10 行執行的速度
10            System.out.println(id+" is running...");
11         }
12      }
13   }
14
15   public class Ch15_3{
16      public static void main(String args[]){
17         CTest dog=new CTest("doggy");
18         CTest cat=new CTest("kitty");
19         Thread t1=new Thread(dog);        // 產生 Thread 類別的物件 t1
20         Thread t2=new Thread(cat);        // 產生 Thread 類別的物件 t2
21         t1.start();                // 用 t1 啟動執行緒
22         t2.start();                // 用 t2 啟動執行緒
23      }
24   }
```

- 執行結果：

```
kitty is running...          ——— 第 22 行用 t2 物件呼叫 run() 函數
doggy is running...          ——— 第 21 行用 t1 物件呼叫 run() 函數
kitty is running...
kitty is running...
doggy is running...
kitty is running...
doggy is running...
doggy is running...
```

Ch15_3 的 CTest 是由 Runnable 介面實作而來的類別。由於 Runnable 介面裡定義有 run()，因此必須在 CTest 類別裡定義它的處理方式才行，事實上只要把處理執行緒的程式碼放在 run() 裡即可。第 17~18 行建立物件之後，第 19 與 20 行分別以 dog 和 cat 為引數產生 Thread 類別的物件。如此一來，只要用類別變數 t1 或 t2 呼叫 start()，即可啟動執行緒。

### 使用 Thread 還是 Runnable?

使用多執行緒時到底要選用 Thread 類別，還是 Runnable 介面呢？其實兩者皆可，就看要該類別有沒有繼承其他類別，由於類別只能繼承一個類別，可以實作多個介面，若是這個要使用多執行緒的類別已經繼承其他類別，就必須實作（implement）Runnable 介面，如下面的程式片段：

```
class CTest extends Circle implements Runnable
{...}      // CTest 類別繼承 Circle 類別，並實作 Runnable 介面
```

上面的程式是將 CTest 類別繼承 Circle 類別並實作 Runnable 介面，如此定義之後 CTest 類別就能使用多執行緒，同時繼承 Circle 類別。

在此要釐清一個觀念，當某個類別實作 Runnable 介面時，在該類別裡必須要實作 run()，若是繼承 Thread 類別，則要於該類別中改寫 run()。事實上，Thread 類別本身也實作了 Runnable 介面，它所實作的 run() 會檢查建立 Thead 物件時是否有傳入實作 runnable 的物件，若是有，就會執行該物件的 run()，否則就不執行任何動作。

以程式設計師管理的角度來說，建議把 Thread 當成負責建立與管理執行緒的類別，個別類別若要啟動新執行緒，還是以實作 runnable 介面為佳。因為 Thread 代表的是一個執行緒，而 runnable 可視為在新執行緒裡執行工作的能力，不同的類別都可以擁有 runnable 的能力，但不是為了管理執行緒而存在。

# 15.3 執行緒的管理

若有一個以上的執行緒同時執行，管理執行緒的工作便顯得相當重要。有些執行緒必須安排在某些執行緒結束之後才能執行，有些執行緒必須讓它小睡片刻（sleep），或者是先暫緩執行，等待其它的執行緒喚醒它。執行緒在撰寫上並不困難，麻煩的是管理與維護，管理得宜可以增加執行的效率，管理不當反而使得效能降低。

## 15.3.1 執行緒的生命週期

每一個執行緒，在其產生和銷毀之前，均會處於下列五種狀態之一：新產生的（newly created）、可執行的（runable）、執行中的（running）、被凍結的（blocked）與銷毀的（dead）狀態。這五種狀態均可透過 Thread 類別所提供的函數來呼叫。執行緒狀態的轉移與函數之間的關係可由下圖來表示：

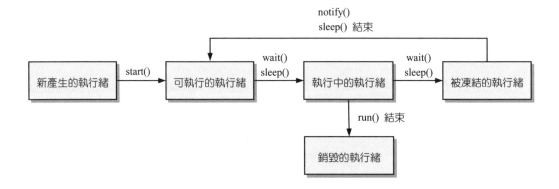

#### 新產生的執行緒

當我們用 new Thread() 建立物件時，執行緒便馬上進入這個狀態，但此時系統並不會配置資源，直到用 start() 啟動執行緒時才會配置。

### 可執行的狀態

當 start() 啟動執行緒時，執行緒便進入可執行的狀態。此時最先搶到 CPU 資源的執行緒先開始執行 run()，其餘的執行緒便在佇列（queue）中等待機會爭取 CPU 的資源，一旦爭取到便開始執行。

### 執行中的狀態

最先搶到 CPU 資源的執行緒會開始執行 run()，此時進入執行的狀態。一次只會有一個執行緒處在「執行的狀態」中。

### 被凍結的狀態

當發生下列的事件時，執行緒便會進入凍結狀態：

(1) 該執行緒呼叫物件的 wait() 函數。

(2) 該執行緒本身呼叫 sleep() 函數。sleep(long millis) 可用來設定睡眠（sleep）的時間，單位為 millis 毫秒（千分之一秒）。

(3) 該執行緒和另一個執行緒 join() 在一起時。當呼叫特定執行緒的 join() 時，原來正在執行的執行緒會先暫停，等到特定執行緒結束後才會再繼續執行。

當執行緒被凍結時，便暫停 run() 的執行，直到被凍結的因素消失後，執行緒便回到可執行的狀態，繼續排隊爭取 CPU 的資源。被凍結因素消失的原因有下列幾點：

(1) 如果執行緒是中呼叫物件的 wait() 所凍結，則該物件的 notify() 被呼叫時可解除凍結。notify 的英文本意即為 "告知" 之意，也就是說，notify() 可 "告知" 被 wait() 凍結的執行緒開始執行。

(2) 執行緒進入睡眠（sleep）狀態，但指定的睡眠時間已到。

在 Java 的多執行緒中，wait() 和 sleep() 用法看似都是暫緩執行緒的執行，二者之間還是有不同之處，其差異如下：

(1) wait() 是 Object 的實例函數，sleep() 是 Thread 類別的靜態函數。

(2) wait() 可藉由 notify() 與 notifyAll() 喚醒，sleep() 則需要等到指定的時間結束才會自動喚醒。

(3) wait() 會在條件滿足前保持等待的狀態，sleep() 只是要拖時間暫緩執行緒的執行，不會等待特定條件滿足。

(4) wait() 的作用是在監控同步處理的物件，用來處理執行緒之間物件同步的問題，因此要在同步處理(synchronized) 的函數中被呼叫，sleep() 則不需要，且 sleep() 是直接作用在呼叫它的執行緒。

(5) sleep() 會鎖定呼叫它的執行緒，wait() 則不會。

關於同步處理的認識在稍後的 15.4 中會有詳盡的介紹。

### ■ 銷毀的狀態

當執行緒的 run() 執行結束，或是由執行緒呼叫它的 stop() 時，此時執行緒進入銷毀的狀態。當執行緒處於銷毀的狀態之後，無法再次啟動該執行緒。

限於篇幅的關係，本節只介紹如何使用 sleep() 與 join() 來控制執行緒；其它有關於函數的用法，讀者可參考其它相關的書籍，或由 Java 的參考文件來查詢。

## 15.3.2 讓執行緒小睡片刻

於 Ch15_2 中，第 9 行是以空迴圈來拖慢第 10 行印出字串的速度。事實上有更好的方法可以控制執行緒的執行速度 – "讓執行緒小睡片刻"。也就是說，讓執行緒小睡一下（進入凍結的狀態），時間一到就會自動醒來，如此便可稍緩執行緒的執行。

Thread 類別裡的 sleep() 可用來控制執行緒的小睡狀態，小睡的時間全看 sleep() 裡的引數而定，單位為千分之一秒。例如：sleep(1000) 代表讓執行緒小睡 1 秒鐘，時間一到它就會自動醒來。下面的範例改寫自 Ch15_2，將 Ch15_2 第 10 行的空迴圈改以 sleep() 來取代：

```
01   // Ch15_4, sleep() 函數的示範
02   class CTest extends Thread{       // 從 Thread 類別延伸出子類別
03      private String id;
04      public CTest(String str){      // 建構子，設定成員 id
05         id=str;
06      }
07      public void run(){             // 改寫 Thread 類別裡的 run() 函數
08         for(int i=0;i<4;i++){
09            try{
10               sleep((int)(1000*Math.random()));
11            }
12            catch(InterruptedException e){}
13            System.out.println(id+" is running...");
14         }
15      }
16   }
17   public class Ch15_4{
18      public static void main(String[] args){
19         CTest dog=new CTest("doggy");
20         CTest cat=new CTest("kitty");
21         dog.start();
22         cat.start();
23      }
24   }
```

第 9~11 行：sleep() 必須寫在 try-catch 區塊裡

• 執行結果：
```
kitty is running...      ── 第 20 行用 cat 物件呼叫 start() 函數
doggy is running...      ── 第 19 行用 dog 物件呼叫 start() 函數
kitty is running...
kitty is running...
doggy is running...
kitty is running...
doggy is running...
doggy is running...
```

第 9~12 行用來控制執行緒的小睡時間。因為 sleep() 函數可能會拋出 InterruptedException 例外，所以 sleep() 必須要寫在 try-catch 區塊內，且 catch 接收的必須是 InterruptedException 例外：

```
09      try{
10         sleep((int)(1000*Math.random()));
11      }
12      catch(InterruptedException e){}
```

sleep() 必須寫在 try-catch 區塊裡

此外，sleep() 的引數裡，Math.random() 會產生 0~1 之間的浮點數亂數，乘上 1000 之後變成 0~1000 之間的浮點數亂數，最後再把它強制轉換成整數（sleep() 的引數必須為整數型態）。由於利用此語法便可控制執行緒的小睡時間為 0 秒到 1 秒之間的亂數，因此 Ch15_4 的執行結果每次都不相同，至於誰先執行全看誰睡得短而定。

## 15.3.3 等待執行緒

Ch15_4 的兩個執行緒幾乎是同時啟動的。當第 19 行啟動 dog 的執行緒之後，第 20 行的 cat 的執行緒也隨之啟動。如果在這兩個執行緒啟動之後，再加上一行列印字串的程式，結果會怎樣呢？我們來看看下面的範例：

```
01   // Ch15_5，執行緒排程的設計(一)
02   // 將 Ch15_4 的 CTest 類別置於此處
03   public class Ch15_5{
04      public static void main(String[] args){
05         CTest dog=new CTest("doggy");
06         CTest cat=new CTest("kitty");
07         dog.start();              // 用 dog 物件來啟動執行緒
08         cat.start();                 // 用 cat 物件來啟動執行緒
09         System.out.println("main() finished");
10      }
11   }
```

• 執行結果：

```
main() finished
doggy is running...
kitty is running...
doggy is running...
doggy is running...
doggy is running...
kitty is running...
```

```
kitty is running...
kitty is running...
```

於本例中，由於 CTest 類別與 Ch15_4 相同，在此我們把它略去。注意於第 9 行中的 println() 敘述，我們預期它會最後執行，可是執行結果卻在第一行就印出？事實上，別忘記 main()本身也是一個執行緒，因此 main() 執行完第 7、8 行之後，接著會往下執行第 9 行的敘述，因而會印出 "main() finished" 字串。

至於會先執行第 9 行的敘述，還是先跳到 cat 或 dog 執行緒裡去執行，全看誰先搶到 CPU 的資源而定。通常是第 9 行的敘述會先執行，因為它不用經過執行緒的啟動程序。　　　　　　　　　　　　　　　　　　　　　　　　　　　　　❖

當執行緒 A 正在執行時，如果想加入一個執行緒 B，並要求 B 先執行，等 B 執行完後，再繼續 A 的工作，此時可以使用 join() 處理執行緒的排程。join() 的概念，就像您正在操場打球（執行緒 A），老師過來要求您先把作業完成（執行緒 B），然後再回來繼續打球一樣（執行緒 A）。下面的範例將 Ch15_5 稍做修改，使得 dog 執行緒先完成後再執行 cat 執行緒；等到 cat 執行緒結束後，印出 "main() finished" 字串：

```
01   // Ch15_6，執行緒排程的設計(二)
02   // 將 Ch15_4 的 CTest 類別置於此處
03   public class Ch15_6{
04      public static void main(String[] args){
05         CTest dog=new CTest("doggy");
06         CTest cat=new CTest("kitty");
07
08         dog.start(); // 啟動 dog 執行緒
09         try{
10            dog.join();     // 限制 dog 執行緒結束後才能往下執行
11            cat.start();    // 啟動 cat 執行緒
12            cat.join();     // 限制 cat 執行緒結束後才能往下執行
13         }
14         catch(InterruptedException e){}
15         System.out.println("main() finished");
16      }
17   }
```

join() 必須寫在 try-catch 區塊裡

• 執行結果：

```
doggy is running...  ⎫
doggy is running...  ⎬  先執行 dog 執行緒
doggy is running...  ⎪
doggy is running...  ⎭
kitty is running...  ⎫
kitty is running...  ⎬  再執行 cat 執行緒
kitty is running...  ⎪
kitty is running...  ⎭
main() finished  ————  最後再執行第 15 行的敘述
```

於 Ch15_6 中，第 8 行啟動 dog 執行緒後，繼續往下執行，由於第 10 行是 dog.join()
敘述，它會使程式的流程先停在此處，直到 dog 執行緒結束之後，才會執行第 11 行
的 cat 執行緒。相同的情況也發生在第 12 行，也就是說，要等到 cat 執行緒結束後，
第 15 行的 "main() finished" 字串才會印出。

值得一提的是，join() 也會拋出 InterruptedException 例外，因此在撰寫時必須把 join()
撰寫在 try-catch 區塊內，否則無法順利編譯。　　　　　　　　　　　　　　　❖

## 15.3.4 執行緒的優先順序

在 Windows 平台中，其實是利用分時多工的方式處理執行緒的執行。所謂「分時多
工」（Time Division Multiplex），就是將 CPU 時間切細，平均分配給所有的執行緒，
若是某執行緒有優先順序，就會先執行優先順序較高的，如此一來會讓人以為電腦
同時做很多事情，達到多工的效果。

Java 的執行緒優先順序是用數字 1~10 來表示，數字愈大表示優先權愈高，優先權愈
高的愈先進入執行狀態。下表為設定、取得執行緒優先順序的函數：

執行緒優先權相關的函數

| 函數 | 主要功能 |
|------|----------|
| void setPriority(int newPriority ) | 設定執行緒的優先順序，newPriority 的範圍為 1~10 |
| int getPriority() | 取得執行緒的優先順序之值 |

在程式中除了可以直接設定執行緒的優先權，Java 提供三個 static 常數代碼，直接取代 setPriority() 中的引數 newPriority，增加程式的可讀性，如下表所示：

setPriority() 函數中引數的代碼

| 代碼 | 意義 |
| --- | --- |
| MAX_PRIORITY | 最大優先順序之數值為 10 |
| MIN_PRIORITY | 最小優先順序之數值為 1 |
| NORM_PRIORITY | 系統預設的優先順序之數值為 5 |

範例 Ch15_7 建立 5 個執行緒，於執行緒執行前先設定優先權，在呼叫該執行緒時印出其優先權之值。

```
01  // Ch15_7, 執行緒的優先順序
02  class CTest extends Thread{        // 從 Thread 類別延伸出子類別
03     private String id;
04     public CTest(String str){       // 建構子，設定成員 id
05        id=str;
06     }
07     public void run(){              // 改寫 Thread 類別裡的 run()
08        for(int i=0;i<3;i++){
09           try{
10              sleep(1000);      // 小睡 1 秒
11           }
12           catch(InterruptedException e){}
13           System.out.println(id+" is running..Priority="
14              +this.getPriority()); // 印出哪個執行緒被執行，並取得優先權值
15        }
16     }
17  }
18
19  public class Ch15_7{
20     public static void main(String[] args){
21        CTest dog=new CTest("doggy");
22        CTest cat=new CTest("kitty");
23        CTest rabbit=new CTest("rabbit");
24        CTest sheep=new CTest("sheep");
25        CTest horse=new CTest("horse");
```

```
26
27        cat.setPriority(Thread.MAX_PRIORITY);      // 設定執行序的優先權
28        dog.setPriority(Thread.MIN_PRIORITY);
29        rabbit.setPriority(7);
30        horse.setPriority(3);
31
32        dog.start();                   // 啟動執行緒
33        cat.start();
34        rabbit.start();
35        sheep.start();
36        horse.start();
37     }
38  }
```

• 執行結果：
```
kitty is running...Priority=10
sheep is running...Priority=5
rabbit is running...Priority=7
horse is running...Priority=3
doggy is running...Priority=1
sheep is running...Priority=5
kitty is running...Priority=10
rabbit is running...Priority=7
horse is running...Priority=3
doggy is running...Priority=1
kitty is running...Priority=10
sheep is running...Priority=5
rabbit is running...Priority=7
horse is running...Priority=3
doggy is running...Priority=1
```

在 main() 裡，第 21~25 行建立執行緒物件，第 27~30 行為各執行緒設定不同的優先
順序，數值愈大則表示執行緒的優先權愈高。第 13 行印出目前正在執行的執行緒，
並印出該執行緒的優先權之值。程式在執行時誰先拿到執行權，只有看系統的安排。

在 Windows 系統中，對於程序的執行安排是屬於「固定優先權」（fixed priority
scheduling），也就是說，在沒有特別設定的狀況下，執行緒的優先順序都是相同的，

因此哪個執行緒先搶到執行權，就會先進入執行狀態中，其他執行緒仍會繼續在佇列中等待爭取執行的機會。

## 15.4 同步處理

執行緒雖然方便我們處理一些事情，但如果程式一次啟動數個執行緒，且共用同一個變數時，就很容易發生一些可能不自覺的錯誤。

舉個例子來說，假設有家銀行，它可接受顧客（customer）的匯款，每做一次匯款，便可計算出匯款的總額。現在有兩個顧客，每人都分 3 次，每次 100 元將錢匯入，因此最後銀行匯款的總額應該是 600 元。

我們可以把銀行設計成一個類別 Bank，可接收顧客匯進來的錢，並印出每次處理後的匯款總額；顧客則設計成 Customer 類別，可用來匯款給銀行。為了模擬銀行實際作業時，可能會有網路塞車與資料傳送的遲滯，於是在 Bank 類別裡加上一個睡眠裝置，讓每一筆交易處理小睡 0~1 秒鐘。依據這個概念，可設計出如下的程式碼：

```
01   // Ch15_8, 沒有同步處理的執行緒
02   class Bank{
03      private static int sum=0;
04      public static void add(int n){
05         int tmp=sum;
06         tmp=tmp+n;                    // 累加匯款總額
07         try{
08            Thread.sleep((int)(1000*Math.random()));   // 小睡 0~1 秒鐘
09         }
10         catch(InterruptedException e){}
11         sum=tmp;
12         System.out.println("sum= "+sum);
13      }
14   }
15   class Customer extends Thread{ // Customer 類別，繼承自 Thread 類別
16      public void run(){                // run() 函數
17         for(int i=1;i<=3;i++)
```

```
18            Bank.add(100);        // 將 100 元分三次匯入
19      }
20   }
21   public class Ch15_8{
22      public static void main(String[] args){
23         Customer c1=new Customer();
24         Customer c2=new Customer();
25         c1.start();
26         c2.start();
27      }
28   }
```

• 執行結果：----(**沒有加** synchronized **的執行結果**)

```
sum= 100
sum= 100
sum= 200
sum= 300
sum= 200
sum= 300
```

在 Ch15_8 中，我們把 Bank 裡的資料成員 sum 與 add() 函數均宣告成 static，其目的在於第 18 行呼叫 add() 時，可以用類別直接呼叫。Bank 類別裡的第 5、6 與 11 行均是用來處理匯款加總的動作，其實這三行也可以把它們縮成一行來撰寫，甚至也不需用到 tmp 變數，但此處把它們分開來撰寫，並在第 7~9 行插入睡眠裝置 sleep()，讓每一筆交易處理小睡 0~1 秒鐘，這樣可以更容易引發錯誤，也更容易讓我們看出發生錯誤的地方。

第 15~20 行定義 Customer 類別，它繼承自 Thread 類別，並以 run() 處理匯款的動作。於 main() 主程式中，建立 c1 與 c2 執行緒後，便呼叫 start() 啟動執行緒。問題是，我們預期每做一次匯款的動作，sum 的值便會加 100，但從輸出中可發現程式執行的結果並不正確。

錯誤發生在何處呢？這是由於兩個執行緒共用同一個變數，且其中一個執行緒在 add()還沒結束前，另一個執行緒也進入 add() 中，因此造成計算上的錯誤，如下圖所示：

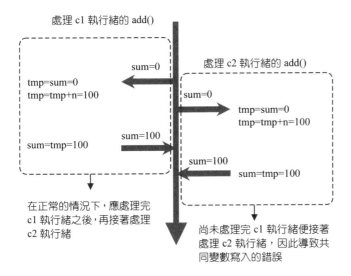

要更正這個錯誤，只要設定讓 c1 執行緒處理完畢之後，接著再處理 c2 執行緒即可，怎麼做？最簡單的方法是在 add() 之前加上 synchronized 關鍵字，如下面的語法：

```
04    public  synchronized  static void add(int n){
05
      ... ...              在 add() 之前加上 synchronized 關鍵字
13    }
```

synchronized 本意是「同步」的意思，在 add() 之前加上這個關鍵字，可以使得各執行緒在時間上取得協調，一次只允許一個執行緒進入 add() 進行處理，而其它的執行緒只能等候該執行緒處理完 add() 之後才能進入處理。

當您把 Ch15_8 第 4 行的 add() 前加上 synchronized 關鍵字之後，程式執行的結果應如下所示：

```
/* Ch15_8 OUTPUT------(加上 synchronized 的執行結果)

sum= 100
sum= 200
sum= 300
sum= 400
sum= 500
sum= 600
----------------------*/
```

讀者可觀察到這個結果正如我們所預期，也就是每匯入一次 sum 的值便加 100。

從本例中，我們可以學到同步處理的重要性。若是有多個執行緒，共用一個變數時，特別要注意它們之間存取的順序，否則在一個執行緒未處理完某個函數時，另一個執行緒又闖進來，可能會造成錯誤發生哦！

❖

當很多執行緒都需要存取某個資源時，因為這個資源被 synchronized（同步）而導致其他執行緒在等待另一個執行緒釋放該資源後才能存取，而原執行緒卻未能及時釋放資源，造成程式執行流程的阻塞，由於這種情況在執行時並不會引發例外，因此在撰寫執行緒的同步處理時要謹慎小心，避免出現卡住的情況。

# 第十五章 習題

## 15.1 認識執行緒

1. 以執行緒的觀念來思考，如果您在上網與好友 line 的同時，一邊編譯 java 程式，一邊聽 mp3 音樂，則此時的作業系統是在做單一執行緒的處理，還是多執行緒?

2. 試依照下面的步驟逐步完成程式的需求：

   (a) 試撰寫一個 Test 類別，繼承自 Thread 類別。請在 Test 類別裡建立 Test(String str) 建構子，用來設定 Test 類別的資料成員 id 之值為 str。

   (b) 請在 Test 類別內設計 run() 函數，其內容如下：

   ```
   01   public void run(){
   02     for(int i=1;i<=5;i++)   {
   03         for(int j=0;j<100000000;j++);
   04         System.out.println(id+" "+i);
   05     }
   06   }
   ```

   (c) 請在 main() 中，宣告 2 個 Test 類別的物件 hi，id 為 "Hello"；另一個物件 bye，id 為 "Good bye"。並分別利用這 2 個物件呼叫 run()。

   (d) 執行結果為何？試解釋此一現象。

3. 試依照下面的步驟逐步完成程式的需求：

   (a) 試修改習題 2，使得它可以同時啟動多個執行緒。

   (b) 試以下列的語法來建立物件，並利用 morning 物件呼叫 start()，使其同時啟動 3 個執行緒：

   ```
   Test morning=new Test("Good morning");
   ```

   (c) 請試著用下面的語法再加上一個新的物件，並利用 night 物件呼叫 start()，使 4 個執行緒同時啟動：

   ```
   Test night=new Test("Good night");
   ```

## 15.2 實作 Runnable 介面來建立執行緒

4. 試設計 Add 類別，其資料成員與建構子如下：

```
01  class Add{
02     private int n;
03     private int sum=0;
04     public Add(int a){
05        n=a;
06     }
07  }
```

   請在 Add 類別中加入可以計算 1 + 2 + … + n 的程式，並以實作 Runnable 介面的方式建立執行緒，分別計算 1 + 2 + … + 5 與 1 + 2+...+10 的值。

5. 試設計 MyPrint 類別，其資料成員與建構子如下：

```
01  class MyPrint{
02     private int n;
03     private char ch;
04     public MyPrint(int a,char c){
05        n=a;
06        ch=c;
07     }
08  }
```

   請在 MyPrint 類別中加入可以列印 n 個字元 ch 的程式，並以實作 Runnable 介面的方式建立執行緒的方式，分別印出 5 個*與 3 個$。於本題中，若於 main() 裡撰寫如下左邊的程式碼，應該可以得到類似右邊的結果：

```
MyPrint s1=new MyPrint(5,'*');                    $$*$****
MyPrint s2=new MyPrint(3,'$');
Thread t1=new Thread(s1);
Thread t2=new Thread(s2);
t1.start();
t2.start();
```

6. 試設計 Sub 類別，其資料成員與建構子如下：

```
01   class Sub{
02      private int n;
03      private int sum=1;
04      public Sub(int a){
05         n=a;
06      }
07   }
```

請在 Sub 類別中加入可以計算 $1 * 2 * ... * n$ 的程式，並以實作 Runnable 介面的方式建立執行緒的方式，分別計算 $1 * 2 * ... * 5$ 與 $1 * 2 * ... * 10$ 的值。

## 15.3 執行緒的管理

7. 試撰寫一程式，由實作 Runnable 介面的方式建立 t1 與 t2 兩個執行緒。t1 執行緒每隔 1 秒便印出 "Thread 1 is running…" 的字串，t2 執行緒每隔 2.5 秒便印出 "Thread 2 is running…" 字串，直到每個執行緒執行 run() 10 次為止。

8. 試撰寫一程式，建立 t1、t2 與 t3 三個執行緒。t1 執行緒每隔 1 秒便印出 5 個 "Thread 1 is running…" 字串，t2 執行緒每隔 2.5 秒便印出 10 個 "Thread 2 is running…" 字串，當 t1 執行緒跑完後，t3 執行緒便會接著啟動，並且每隔 3.5 秒印出 5 個 "Thread 3 is running…" 字串。

9. 試利用多執行緒來撰寫第三隻小豬和大野狼的故事。可利用 join()、sleep() 與例外處理進行程式流程。請依下列指示依序完成：

   (a) 請撰寫 Pig 類別，實作 Runnable 介面，用來表示小豬做的事情：

        小豬看到大野狼在爬煙囪
        就在壁爐上煮了一鍋水
        2 分鐘   4 分鐘   6 分鐘   8 分鐘   10 分鐘
        一鍋煮沸的熱水煮好了

(b) 請撰寫 Wolf 類別，實作 Runnable 介面，用來敘述大野狼對小豬的房子吹氣，吹不倒之後，決定要從煙囪爬進小豬的家裡：

> 大野狼對著第三隻小豬的房子吹氣
> 牠不停地吹氣又吹氣
> 還是不能把房子吹倒
> 大野狼非常的生氣
> 牠決定要從煙囪爬進小豬的家裡

(c) 請在(b)描述的故事敘述後面加入 Pig 類別的多執行緒。使得大野狼要爬煙囪時，小豬在家裡煮水。

(d) 完成(c)後，在 Wolf 類別中讓大野狼爬煙囪：

> 3 分鐘　6 分鐘　9 分鐘　12 分鐘　15 分鐘
> 大野狼爬上煙囪了

(e) 最後再安排大野狼的結局：大野狼從煙囪滑進房子裡後就被小豬煮好的水燙死了。整個程式執行的結果如下：

```
/* output----------------------------------
大野狼對著第三隻小豬的房子吹氣
牠不停地吹氣又吹氣
還是不能把房子吹倒
大野狼非常的生氣
牠決定要從煙囪爬進小豬的家裡
小豬看到大野狼在爬煙囪
就在壁爐上煮了一鍋水
2 分鐘　4 分鐘　6 分鐘　8 分鐘　10 分鐘
一鍋煮沸的熱水煮好了
3 分鐘　6 分鐘　9 分鐘　12 分鐘　15 分鐘
大野狼爬上煙囪了
大野狼從煙囪滑進房子裡
就被小豬煮好的水燙死了
-----------------------------------*/
```

10. 試以實作 Runnable 介面的方式建立 hi 與 bye 兩個執行緒。hi 執行緒每隔 1 秒便分別印出 "Hello 1" ~ "Hello 5"的字串，bye 執行緒每隔 2.5 秒便分別印出 "Good bye 1" ~ "Good bye 5" 字串。

11. 請撰寫 Animal 類別，實作 Runnable 介面，用來設定動物的名字，其資料成員與建構子如下，並依照程式要求完成本題：

```
01  class Animal{
02     private String id;
03     public Animal(String str){
04         id=str;
05     }
06  }
```

(a) 請於宣告 4 個 Animal 類別物件，並建立多執行緒 t1、t2、t3、t4。

> Animal Tom=new Animal("狸克");
> Animal Redd=new Animal("狐利");
> Animal Tortimer=new Animal("壽伯");
> Animal Blathers=new Animal("傅達");

(b) 每個執行緒會執行 5 次，執行緒執行 run() 時會印出該執行緒的動物名與次數，如 Tom 執行緒第一次進入，會印出 "狸克來了 1 次" 字串。

(c) 請限制執行緒的流程，並在所有執行緒結束後，印出 "All Threads are finished" 字串。其執行緒的排程如下：

> Tom 執行緒--> Tortimer 執行緒--> Blathers 執行緒-->Redd 執行緒

本題的執行結果：
```
/* output------------------
狸克來了 1 次
狸克來了 2 次
狸克來了 3 次
狸克來了 4 次
狸克來了 5 次
壽伯來了 1 次
壽伯來了 2 次
壽伯來了 3 次
壽伯來了 4 次
壽伯來了 5 次
傅達來了 1 次
傅達來了 2 次
傅達來了 3 次
傅達來了 4 次
傅達來了 5 次
狐利來了 1 次
狐利來了 2 次
```

狐利來了 3 次
狐利來了 4 次
狐利來了 5 次
```
All Threads are finished
------------------------*/
```

## 15.4 同步處理

12. 小華去便利商店買了張面值 200 元的電話卡，他分別在 3 個不同的公共電話使用這張電話卡。請完成下列程式的需求：

(a) 請撰寫 PrePaid 類別，繼承自 Thread 類別，資料成員為 sum，用來記錄電話卡的餘額。

(b) 請在 run() 中，利用亂數產生 0~99 的整數 fee，用來當成單次使用電話卡的通話費。當電話卡的餘額 sum 大於 10 元時，即呼叫 talk(fee)，傳入此次打電話的通話費，計算並顯示電話卡的餘額。

(c) 請在 talk() 中加入 sleep()，故意拖延時間，使程式發生同步問題。

於本題中，若於 main() 裡撰寫如下左邊的程式碼，應該可以得到類似右邊的結果：

```
PrePaid phone1=new PrePaid();            打了 83 元，餘額 117 元
PrePaid phone2=new PrePaid();            打了 46 元，餘額 71 元
PrePaid phone3=new PrePaid();            打了 47 元，餘額 24 元
phone1.start();                          打了 13 元，餘額 11 元
phone2.start();                          打了 1 元，餘額 10 元
phone3.start();
```

13. 下面的程式碼是以同步處理的方式，以不同的時間執行三個執行緒，並將 sum 減去執行緒裡的整數。試閱讀下面的程式碼，再回答接續的問題：

```
01   // Ex15_13
02   class CData extends Thread{
03       private static int sum=30;
04       private int n;
05       private int sec;
06       public CData(int a,int s){
07           n=a;
08           sec=s;
09       }
```

```
10     public void run(){
11         while(sum>10)
12             sub(n,sec);
13     }
14     public static void sub(int a,int s){
15         int tmp=sum-a;
16         try{
17             sleep(s);
18         }
19         catch(InterruptedException e){}
20         if(tmp>0){
21             sum=tmp;
22             System.out.println("減"+a+"後，餘數為"+sum);
23         }
24     }
25 }
26
27 public class Ex15_13{
28     public static void main(String args[]){
29         CData d1=new CData(5,1500);
30         CData d2=new CData(9,1000);
31         CData d3=new CData(8,2000);
32         d1.start();
33         d2.start();
34         d3.start();
35     }
36 }
```

• 執行結果：

減 9 後，餘數為 21

減 5 後，餘數為 25

減 8 後，餘數為 22

減 9 後，餘數為 12

減 5 後，餘數為 20

減 9 後，餘數為 3

減 8 後，餘數為 14

減 5 後，餘數為 15

減 8 後，餘數為 10

減 5 後，餘數為 10

(a) 請問程式何者有誤？試指出錯誤之處，並加以改正。

(b) 本題修正錯誤之後，從執行結果可以發現什麼？

## 綜合練習

14. 試依照下面的步驟逐步完成兩個排序程式的執行緒：

    (a) 請用 Math.random() 產生十萬筆 0~10000 之間 double 型態的亂數，並分別將這十萬筆亂數存入 bdata.txt 與 qdata.txt 中。

    (b) 試撰寫 BSort 類別與 QSort 類別，並分別建立類別函數 bubbleSort(double data[]) 與 quickSort(double data[])，利用氣泡排序法（bubble sort）與快速排序法（quick sort）排序，並以多執行緒的方式讓 bubbleSort() 讀取 bdata.txt、quickSort() 讀取 qdata.txt 中的資料，並將排序後的結果存入 bresul.txt 與 qresult.txt 中。

15. 試撰寫兩個執行緒，其中一個執行緒可用來計算 2~100000 之間質數（prime number）的個數，另一個執行緒則可用來計算 100001~200000 之間質數的個數，並回答下列問題：

    (a) 哪一個執行緒先跑完？

    (b) 2~100000 之的間質數多還是 100001~200000 之間的質數多？

❖

第十五章 習題

# 16

# Java collection 集合物件

collection 是收集、聚集的意思，也就是將資料聚集在一起，以某種方式來存取
這些資料。Java 將這一群相關聯的資料視為單一個物件，稱為集合物件。物件
中的資料稱為元素，這些集合物件有的可以自動排序，有的允許重複存在，有
的則必須是唯一。認識集合物件將會對資料的存取更加充分的運用，進而增加
程式執行的效率。

## 本章學習目標

- 認識 collection 架構
- 認識並學習如何建立各種集合物件
- 學習利用 Iterator 介面的函數走訪元素
- 學習利用 ListIterator 介面的函數走訪元素

# 16.1 認識集合物件

集合物件（collection）是指一群相關聯的資料，集合在一起組成一個物件。在集合物件裡的資料稱為元素（elements）。集合的概念和陣列很類似，但陣列裡的元素只能是相同的型態，且不能增減元素的個數，而集合本身就沒有這個限制，還可以動態增加元素。

## 16.1.1 認識 collection 架構

集合物件的種類很多，有的可以重複儲存相同的元素，有的則可以將元素排序等等。Java Collections Framework 提供處理與儲存集合物件的統一架構，包括三個部分：

(a) 介面（Interface）

Collection 是存放於 java.util 類別裡的一個介面，它是各種與 collection 相關介面的父介面，這些介面定義著各種 collection 的抽象函數（abstract method），使得我們能透過 Collection 介面或其子介面操作不同的集合物件。

(b) 演算法（Algorithms）

在 java.util 類別庫中，有一個 Collections（請注意，最後面有加上 s，和 Collection 介面是不同的）類別，就是 Java Collections Framework 中的演算法。Collections 類別提供許多處理排序、搜尋等功能的類別函數。

(c) 實作（Implementations）

介面僅只是定義抽象函數的名稱，而不定義該函數的處理細節，因此要使用某個介面時，就必須要找到實作的類別。AbstractCollection 類別即是 Collection 介面的實作部分，也就是各種 Collection 介面的實作。

下圖是各種 Collection 介面的繼承關係圖，其中實線的部分是繼承的子介面，虛線則是實作的類別。

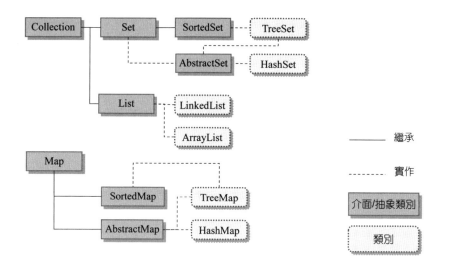

讀者可以注意到,雖然 Map 介面並不是 Collection 介面的子介面,但它是一種特別的集合介面,因此在認識 collection 時,也會將 Map 介面列入學習的目標。

為了避免混淆,在本章中若是出現小寫英文字母帶出的 collection 時,即代表是集合物件的統稱;若是看到大寫英文字母起頭的 Collection 或 Collections,則是指 Collection 介面或 Collections 類別。

## 16.1.2 簡單的範例

對初學集合物件的讀者可能對於集合尚無概念,在此先簡單舉一個範例,讀者暫時不需理解程式如何撰寫,請直接將下面的程式輸入到編輯器,然後編譯執行它。對集合的模樣有個較為清晰的認識之後,我們再來瞭解集合的撰寫及使用方式。

```java
01  // Ch16_1, 簡單的範例
02  import java.util.*;
03  public class Ch16_1{
04     public static void main(String[] args){
05        HashSet<String> hset=new HashSet<String>();
06
07        hset.add("Monkey");      // 增加元素
08        hset.add("Bunny");       // 增加元素
09        hset.add("Monkey");      // 增加元素
10
```

```
11          System.out.println("HashSet 內容:"+hset); // 顯示集合物件的內容
12      }
13  }
```

• 執行結果：

```
HashSet 內容:[Bunny, Monkey]
```

在 Java 中，Collection 介面的實作類別皆放置在 java.util 類別之中，因此於第 2 行利用 import 將相關的類別載入。第 5 行宣告 HashSet 集合物件 hset，其中<String>設定物件內的元素是 String 型態。第 7~9 行在集合中增加元素，第 11 行印出集合物件裡的內容。

HashSet 是利用雜湊法存取元素的一種集合，在集合內的元素皆不可重複存在，因此我們可以看到第 9 行增加的元素（Monkey）和第 7 行是相同的，但從執行結果可以看到，集合內的元素數量仍然只有 2 個，這就是 HashSet 集合擁有的特性之一，即不可重複性。稍後會介紹 HashSet 類別的使用，在此只要知道集合物件大致上的用法即可。

❖

不管哪種集合，宣告及加入元素的方式都與 Ch16_1 的模式大同小異，在集合裡能夠使用的函數也會因實作的類別而有些不同。至於如何在集合裡處理（如刪除、走訪）元素的方法，在稍後的章節會一一介紹。

## 16.1.3 泛型與 collection

collection 相關介面是以泛型（generic）為基礎來發展 collection 相關的介面或類別，因此在瞭解 collection 的用法之前，我們必須先對泛型作一個基本的認識。

泛型是 Java 用來將程式碼簡潔化的一個重要技術。舉例來說，假設類別 Member 內含一個資料成員 id，因此需要一個 setId() 函數來設定 id 的值。如果 id 的型態允許是整數或字串，則多載的技術可能派不上用場，因為多載只能設定函數可接收不同型態的引數，無法設定資料成員可以有不同的資料型態。在這種情況下，Java 的泛型技術恰可解決這個問題。

泛型技術是利用一個通用的型態來代表所有可能的型態，我們只需針對這個通用的型態來撰寫相對應的資料成員與函數成員（如上面所提及的 id 與 setId()），因此可以解決多載無法解決的問題。在泛型技術中，如果類別 Member 內的資料成員 id 想設計成通用的型態，可利用下面的語法來宣告：

---

定義泛型類別

```
class Member<T>{              // 定義泛型類別 Member，T 為通用的型態
    // Member 類別的內容
}
```

---

在上面的語法中，<T> 指明了 Member 是一個泛型類別，其中 T 為通用型態。如果要建立一個 Member 物件，資料成員 id 的型態是字串，則可利用下面的語法來建立：

```
Member<String> obj=new Member<String>();
```

或是

```
Member<String> obj=new Member<>();
```

相同的，如果 id 的型態希望是整數，則可利用下面的語法來建立：

```
Member<Integer> obj=new Member<Integer>();
```

在<T>裡的型態必須是 wrapper class 裡的資料型態，因此如果是整數型態，我們不能把它寫成<int>，而必須寫成 int 的 wrapper class，也就是<Integer>。關於 wrapper class，可以參考 12.6.3 節的說明。Ch16_2 是根據上面所介紹的泛型觀念所寫成的：

```
01  // Ch16_2，簡單的泛型範例
02  public class Ch16_2{
03     public static void main(String[] args){
04        Member<Integer> obj1=new Member<Integer>();
05        Member<String>  obj2=new Member<String>();
06        obj1.setId(6);
07        obj2.setId("Lily");
08        obj1.show();
09        obj2.show();
```

```
10        }
11    }
12    class Member<T>{               // 定義泛型類別 Member，T 為通用的型態
13        private T id;              // 宣告 id 的型態為 T
14        public void setId(T value){
15            id=value;             // 將 id 成員設為傳入的引數
16        }
17        public void show(){
18            System.out.println("id="+id);
19        }
20    }
```

• 執行結果：

```
id=6
id=Lily
```

在 Ch16_2 中，第 12~20 行定義泛型類別 Member，以大寫的 T 當成是 Member 類別裡的通用型態。第 13 行以型態 T 宣告資料成員 id，並在第 14~16 行定義 setId() 函數，它可接收一個型態為 T 的變數 value，然後將 id 成員設值為 value。第 17~19 行的 show() 可顯示出 id 成員的值。

在 main() 中，第 4 行宣告 Member 型態的物件 obj1，並指定 obj1 中的通用型態 T 為 Integer，此時 obj1 中的 id 成員的型態即為 Integer，函數成員 setId() 可接收之變數的資料型態為 Integer。相同的，第 5 行宣告 Member 型態的物件 obj2，同時指定 obj2 中的通用型態為 String，因此 obj2 裡的 id 其型態為 String，setId() 所接收之變數的資料型態是 String。第 6~7 行分將 obj1 與 obj2 的 id 設為 6 與 "Lily"，並在第 8~9 行印出 id 成員的值。

由此範例可以知道使用泛型類別的好處。只要在建立物件時明確指出通用型態是哪一種型態，物件中的成員即可在指定的型態下正確的執行，如下圖所示：

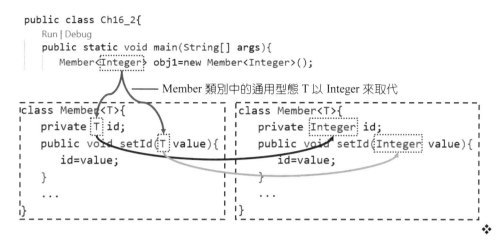

```
public class Ch16_2{
    Run | Debug
    public static void main(String[] args){
        Member<Integer> obj1=new Member<Integer>();
```

—— Member 類別中的通用型態 T 以 Integer 來取代

```
class Member<T>{              class Member<T>{
    private T id;                 private Integer id;
    public void setId(T value){   public void setId(Integer value){
        id=value;                     id=value;
    }                             }
    ...                           ...
}                             }
```

瞭解泛型的概念之後，我們就很容易理解 Ch16_1 第 5 行的語法：

```
05    HashSet<String> hset=new HashSet<String>();
```

我們可以知道這一行是以泛型類別 HashSet 建立一個物件 hset，並指定裡面的通用型態為 String。由於 hset 是一個由元素所組成的集合物件，因此可窺知元素的型態為 String。

當我們希望用同一程式碼處理不同型別的資料時，就可以利用泛型；而多型是針對不同型別的資料自動選用對應版本的程式碼。集合在元素的儲存與取用上並不會因為元素的型別不同而有差異，因此您應可以理解為何實作 Collection 介面的類別要導入泛型技術。由於集合物件裡的元素可以是不同的型態( 如 Integer、Double 或 String 等 )，以泛型類別來實作 collection 介面是很自然的事。

## 16.1.4 集合的特性

我們可以依照集合是否具有「自動排序性」、「重複性」、「次序性」及「使用關鍵值」，為資料選擇適合儲存的集合物件：

- 「自動排序性」：自動將加入集合的元素做遞增或遞減的排序。
- 「重複性」：集合中的元素是否允許存在相同的物件。
- 「次序性」：元素是否會依加入集合時的順序依次排列。
- 「使用關鍵值」：利用關鍵值存放元素，一個關鍵值（key）對照一個對應值（value），因此關鍵值的內容必須是唯一存在。

下表列出常用的集合類別（或介面）的各種特性，方便讀者選擇適當的集合類別或是介面。限於本書的篇幅，本章僅介紹常用的集合，具備這些基本認識之後，學習其它新的集合就不再是難事！。

集合的特性與集合類別/介面的關係

| 集合類別/介面 | 排序性 | 不可重複性 | 次序性 | 使用關鍵值 |
|---|---|---|---|---|
| TreeSet | ◎ | ◎ | | |
| SortedSet | ◎ | ◎ | | |
| HashSet | | ◎ | | |
| LinkedHashSet | | ◎ | ◎ | |
| ArrayList | | | ◎ | |
| LinkedList | | | ◎ | |
| TreeMap | ◎ | | | ◎ |
| SortedMap | ◎ | | | ◎ |
| HashMap | | | | ◎ |
| Hashtable | | | | ◎ |
| LinkedHashMap | | | ◎ | ◎ |

# 16.2 Set 介面

Set 有點類似數學中的集合，在 Set 中的元素不能重複出現。由於 Java 的 Set 是一個介面，它是 Collection 的子介面，因此繼承所有 Collection 介面的函數。下表列出 Set 介面常用的函數，其中 T 代表集合物件裡，元素的資料型態，問號？代表任意一個類別。因此 <? extends T> 可解釋成所有繼承自 T 的類別。

Set 介面常用的函數

| 函數 | 主要功能 |
|---|---|
| boolean add(T o) | 將物件 o 新增為元素，成功時傳回 true |
| boolean addAll(Collection<? extends T> c) | 將 Collection c 中所有的元素新增為此集合的元素，成功時傳回 true |
| void clear() | 從集合中移除所有的元素 |
| boolean contains(Object o) | 當集合物件裡包含元素 o 時，傳回 true |

| 函數 | 主要功能 |
| --- | --- |
| boolean containsAll(Collection<?> c) | 當集合物件裡包含 Collection c 中所有的元素時，傳回 true |
| boolean isEmpty() | 集合物件若沒有任何元素，傳回 true |
| boolean remove(Object o) | 從集合物件中刪除物件 o，成功時傳回 true |
| boolean removeAll(Collection<?> c) | 從集合物件中刪除 Collection c 中所有的元素，成功時傳回 true |
| boolean retainAll(Collection<?> c) | 從集合物件中保留 Collection c 中所有的元素，其餘刪除，成功時傳回 true |
| int size() | 傳回集合物件的元素個數 |
| Iterator<T> iterator() | 取得集合物件 |

要特別注意的是，這些 Collection 介面的實作類別，皆放置在 java.util 的類別庫中，因此在撰寫集合物件相關的程式時，必須利用 import java.util.* 將 java.util 載入，才能順利編譯與執行。

## 16.2.1 HashSet 類別

在儲存資料時，最常見的方式就是一筆一筆依序將資料存入陣列。當我們需要其中某一筆特定的資料時，也必須逐一取出比對，才能順利找到所需的資料，這種方式稱為「循序法」。循序法雖然簡單易學，但執行效率不佳。HashSet 類別實作 Set 介面，它利用雜湊表（hash table）演算法來改進執行的效率。HashSet 物件裡的元素都是唯一，因為 HashSet 具有不可重複性。此外，HashSet 裡的元素並不能保證排列的順序和原先加入時的順序相同，這是因為 HashSet 不具有次序性。

由於 HashSet 類別已實作 Set 介面裡的函數，因此 HashSet 類別也就具有 Set 介面所提供的函數。下表列出常用的 HashSet 建構子，完整的資訊請參閱 Java 的參考文件：

java.util.HashSet<T> 類別的建構子

| 建構子 | 主要功能 |
| --- | --- |
| HashSet() | 建立一個全新、空的 HashSet 物件 |
| HashSet(Collection<? extends T> c) | 建立一個新的、且包含特定的 Collection 物件 c 內所有元素之 HashSet 物件 |

我們以一個簡單的範例來說明如何利用 HashSet 類別。下面的程式是將字串加入 HashSet 集合物件後，利用 Set 介面提供的函數，如 isEmpty()、remove() 等處理集合中的元素。

```
01  // Ch16_3, 簡單的 HashSet 範例
02  import java.util.*;
03  public class Ch16_3{
04     public static void main(String args[]){
05        HashSet<String> hset=new HashSet<String>();
06
07        String str1="Puppy";
08        String str2="Kitty";
09        System.out.println("Hash empty: "+hset.isEmpty());
10        hset.add("Monkey");          // 增加元素
11        hset.add("Bunny");           // 增加元素
12        hset.add(str1);              // 增加元素
13        hset.add(str2);              // 增加元素
14
15        System.out.println("Hash size="+hset.size()); // 顯示元素個數
16        System.out.println("Hash empty: "+hset.isEmpty());
17        System.out.println("HashSet 內容:"+hset); // 顯示集合物件的內容
18
19        hset.remove(str2);
20        System.out.println("清除 Kitty..., Hash size="+hset.size());
21
22        System.out.println("Hash 中是否有"+str2+"? "+hset.contains(str2));
23        System.out.println("Hash 中是否有 fish? "+hset.contains("fish"));
24        System.out.println("Hash 中是否有 Puppy? "+hset.contains("Puppy"));
25        hset.remove("Bunny");
26        System.out.println("清除 Bunny..., Hash size="+hset.size());
27
28        System.out.println("HashSet 內容:"+hset);
29        hset.clear();
30        System.out.println("清除 Hash 中所有的物件...");
31        System.out.println("Hash empty: "+hset.isEmpty());
32     }
33  }
```

• 執行結果：
```
Hash empty: true
Hash size=4
Hash empty: false
HashSet 內容:[Monkey, Kitty, Puppy, Bunny]
清除 Kitty..., Hash size=3
Hash 中是否有 Kitty? false
Hash 中是否有 fish? false
Hash 中是否有 Puppy? true
清除 Bunny..., Hash size=2
HashSet 內容:[Monkey, Puppy]
清除 Hash 中所有的物件...
Hash empty: true
```

在 Ch16_3 中，由於想要在集合中存放動物的名稱（是一個字串），因此第 5 行宣告一個元素型態為 String 的 HashSet 物件 hset，注意其個數不需事先確定。第 7、8 行宣告字串 str1、str2，並設定其值；第 9 行利用 isEmpty()顯示集合 hset 中是否有元素存在；第 10~13 行利用 add() 將元素分別加入 hset 中；第 15 行利用 size() 顯示目前集合 hset 內元素的個數；第 17 行直接將 hset 變數印出，即可看到集合中所有物件的內容。

第 19、25 行分別將物件 str2 與 "Bunny" 從集合中刪除；第 20、26 行印出元素的個數；第 22~24 行利用 contains() 檢查物件是否有在集合 hset 裡；第 29 行將集合清空，並於第 31 行印出清空後的集合中是否有元素存在，由於集合已被清空，因此會顯示 true。

從執行結果可以看到，元素加入 HashSet 物件時，是以 Monkey、Bunny、Puppy、Kitty 的順序加入，但是第 17 行的輸出順序卻與輸入順序不同，由此可知 HashSet 物件裡的元素並不具有次序性。另外，HashSet 物件裡的元素是唯一的，因為它具有不可重複性，也就是說，重複的元素並不會被加入集合中。您可以試著在程式中再加入一個 Bunny，並觀察程式執行的結果。

## 16.2.2 TreeSet 類別

存放在 HashSet 的元素是沒有順序的，如果希望在加入元素時，這些元素可以自動排序，此時可以利用 TreeSet 來完成。TreeSet 實作 SortedSet 介面，因此承襲 SortedSet 介面中，自然排序的特性，也就是會自動將元素由小而大排列。下面列出 TreeSet 所提供的建構子，以及實作 SortedSet 介面的函數：

java.util.TreeSet<T> 類別的建構子

| 建構子 | 主要功能 |
| --- | --- |
| TreeSet() | 建立一個全新、空的 TreeSet 物件 |
| TreeSet(Collection<? extends T> c) | 建立一個新的、且包含特定的 Collection 物件 c 內所有元素之 TreeSet 物件 |

| 函數 | 主要功能 |
| --- | --- |
| T first() | 取得集合物件中的第一個元素 |
| SortedSet<T> headSet(T toElm) | 取得小於 toElm 的元素 |
| T last() | 取得集合物件中的最後一個元素 |
| SortedSet<T> subSet(T fromElm, T toElm) | 從 fromElm 這個元素開始取出，取到 toElm 之前的元素。toElm 不會被抓取到新的子集合中 |
| SortedSet<T> tailSet(T fromElm) | 取得大於等於 fromElm 的元素 |

在 TreeSet 集合裡元素不能重複出現，同時元素加入時會依照由小而大的規則排列。範例 Ch16_4 是將整數型態的元素加入 TreeSet 物件後，找出集合中的第一個與最後一個元素，以及特定範圍的子集合。

```
01   // Ch16_4, 簡單的 TreeSet 範例
02   import java.util.*;
03   public class Ch16_4{
04     public static void main(String args[]){
05       TreeSet<Integer> tset=new TreeSet<Integer>();
06
07       for(int i=20;i>=2;i-=2)                    // 增加元素
08         tset.add(i);
09
10       System.out.println("元素個數="+tset.size());
11       System.out.println("集合內容="+tset);      // 顯示集合物件的內容
```

```
12
13          System.out.println("第一個元素="+tset.first());
14          System.out.println("最後一個元素="+tset.last());
15          System.out.println("介於6和14之間的集合="+tset.subSet(6,14));
16          System.out.println("大於等於10的集合="+tset.tailSet(10));
17          System.out.println("小於8的集合="+tset.headSet(8));
18      }
19  }
```

• 執行結果：

```
元素個數=10
集合內容=[2, 4, 6, 8, 10, 12, 14, 16, 18, 20]
第一個元素=2
最後一個元素=20
介於 6 和 14 之間的集合=[6, 8, 10, 12]
大於等於 10 的集合=[10, 12, 14, 16, 18, 20]
小於 8 的集合=[2, 4, 6]
```

在 Ch16_4 中，第 5 行宣告一個 TreeSet 物件 tset，並設定元素的型態為 Integer。第 7~8 行利用迴圈將元素加入 tset 中；第 10 行以 size() 顯示目前集合內元素的個數；第 11 行直接將 tset 印出，即可以看到集合物件中所有元素的內容。第 13 行以 first() 印出集合裡的第一個元素；第 14 行以 last() 印出集合裡的最後一個元素；第 15 行以 subSet(6,14) 印出大於等於 6 且小於 14 的集合；第 16 行以 tailSet(10) 印出大於等於 10 的集合；第 17 行則用 headSet(8) 印出小於 8 的集合。

從執行結果可以看到，元素加入 TreeSet 物件時，是以大到小的順序加入，但由第 11 行的輸出中得知，不管元素加入 TrecSct 的次序如何，其儲存的順序卻會自動地由小到大排序，由此可知 TreeSet 是具有自動排序性。  ❖

# 16.3 List 介面

List 是串列的意思。在 Java 裡，List 也是集合的一種。List 中的元素會一個接著一個串接在一起，因此是有前後次序的。和 Set 不同的是，它是屬於有序集合物件（ordered collection），會依照特定的順序排列。儲存在 List 中的元素可以重複，且元素具有索引值（index），因此我們可以利用這個索引值進行類似陣列存取元素的動作。

由於 List 介面是 Collection 的子介面，因此繼承所有 Collection 介面的函數，除此之外，還增加一些處理元素順序的函數。下表列出 List 介面裡常用的函數：

List 介面常用的函數

| 函數 | 主要功能 |
| --- | --- |
| void add(int index, T element) | 在 index 位置加入 element 元素，索引值從 0 開始 |
| boolean addAll(int index, Collection<? extends T> c) | 在 index 位置加入 Collection 的所有元素，成功時傳回 true |
| T get(int index) | 從集合中取得並傳回索引值為 index 的元素 |
| int indexOf(Object o) | 搜尋集合中是否有與 o 相同的元素，並傳回第一個搜尋到的索引值，找不到則傳回-1 |
| Iterator iterator() | 取得可走訪集合的物件 |
| int lastIndexOf(Object o) | 搜尋集合中是否有與 o 相同的元素，並傳回最後一個搜尋到的索引值，找不到則傳回-1 |
| ListIterator<T> listIterator() | 取得實作 ListIterator<T>介面的可走訪物件，即 listIterator(0) |
| ListIterator<T> listIterator(int index) | 取得實作 ListIterator<T>介面的可走訪物件，且第一個訪問的是索引值為 index 的元素 |
| T remove(int index) | 從集合物件中刪除 index 位置的元素 |
| T set(int index, T element) | 將集合中 index 位置的元素置換成 element |
| List<T> subList(int fromIndex, int toIndex) | 傳回索引值 fromIndex(含) 到 toIndex(不含) 位置的子集合 |

前一節提到的 SortedSet 是自動排序的集合物件（sorted collection），它會根據元素本身的大小來排列；而 List 是屬於有序的集合物件（ordered collection），它會依照加入順序來排列元素的位置。

LinkedList 與 ArrayList 類別都是實作 List 介面的類別。LinkedList 加入或移除元素都是在物件的起始或結尾處，而 ArrayList 利用索引值指定哪一個位置要加入或刪除元素。以下我們以兩個小節分別介紹這兩個類別。

# 16.3.1 LinkedList 類別

鏈結串列在資料結構中是必學的主題之一,分為單向鏈結串列(Single Link List)、雙向鏈結串列(Double Link List)與環狀鏈結串列(Circular Link List)三種。鏈結串列就像一節一節的車廂串接在一起,每個車廂稱為節點(node),節點中又分為 2 個欄位,分別是資料欄及鏈結欄,資料欄儲存的是所需之資料;鏈結欄記錄著下一個節點的位址。鏈結串列的最後一個節點會指向 null,表示後面已沒有節點。

假設鏈結串列有四個節點,分別儲存資料 a、b、c 與 d,我們將鏈結串列的觀念化為圖形,如此能有更清楚的認識。單向鏈結串列就是一個節點指向下一個節點,直到最後一個節點指向 null:

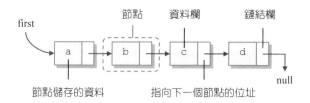

雙向鏈結串列的節點會有二個鏈結欄,一個指向下一個節點,另一個指向前一個節點:

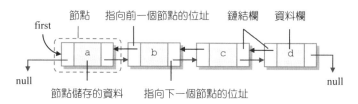

環狀鏈結串列則是將雙向鏈結串列的第一個和最後一個節點相互連結,形成環狀串列。第一個節點的一個鏈結欄會指向下一個節點,另一個鏈結欄則指向最後一個節點:

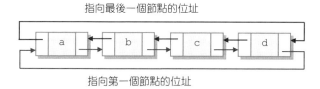

Java 在 LinkedList 類別使用的是雙向鏈結串列，其表示方式如下圖所示：

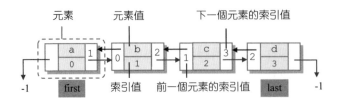

圖中第 0 個元素稱為 first，最後一個元素稱為 last。每一個元素包含「元素值」及「索引值」兩個欄位，「元素值」的內容為資料存放的地方，「索引值」則是儲存此元素在集合中的排列順序。「索引值」從 0 開始，第 0 個元素的索引值為 0，第 1 個元素的索引值為 1，以此類推。

當我們在 List 中增加或刪除元素時，索引值會自動重新排序。以 LinkedList 為例，下圖是將 e 加到 LinkedList 物件起始處之後的情形：

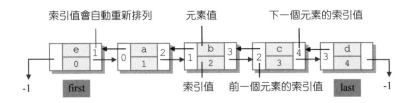

當元素 e 加入 LinkedList 物件的最前面之後，e 的索引值會自動設為 0，原先的第一個元素 a，其索引值就變成 1，元素 b 的索引值變成 2，…。由此可看出，當 LinkedList 物件中的元素有加入或是刪除時，其元素的索引值就會重新排列。

值得注意的是，前面的說明與圖解是為了讓讀者方便理解串列的操作方式。在實際情況下，索引值是 List 介面提供的，與 LinkedList 沒有直接關係。索引值就是循著串列數位置而已，節點中並沒有真正的索引欄位，索引值會自動更新，是因為串列的關係，只要節點有變動，循序數下來的索引就會跟著變化，並不是更新索引欄位的內容。

LinkedList 類別是實作 List 介面的類別，List 介面又繼承 Collection 介面，因此 LinkedList 類別的函數與 List 介面的函數相同，請直接參考前面所列 List 介面常用函數的介紹。下表列出 LinkedList 建構子與常用的函數：

java.util.LinkedList<T> 類別的建構子

| 建構子 | 主要功能 |
| --- | --- |
| LinkedList() | 建立一個空的 LinkedList 物件 |
| LinkedList(Collection<? extends T> c) | 建立一個包含特定的 Collection 物件 c 之 LinkedList 物件 |

java.util.LinkedList<T> 類別的函數

| 函數 | 主要功能 |
| --- | --- |
| void addFirst(T o) | 將元素 o 加入 LinkedList 物件的起始處 |
| void addLast(T o) | 將元素 o 加入 LinkedList 物件的結尾處 |
| T getFirst() | 取得 LinkedList 物件中的第一個元素 |
| T getLast() | 取得 LinkedList 物件中的最後一個元素 |
| T removeFirst() | 刪除並傳回 LinkedList 物件中的第一個元素 |
| T removeLast() | 刪除並傳回 LinkedList 物件中的最後一個元素 |

範例 Ch16_5 是 LinkedList 類別的使用範例，其中包含元素的加入、刪除與走訪等。

```
01  // Ch16_5, LinkedList 範例
02  import java.util.*;
03  public class Ch16_5{
04     public static void main(String[] args){
05        LinkedList<Integer> llist=new LinkedList<Integer>();
06
07        for(int i=10;i<=30;i+=10)        // 增加元素
08           llist.add(i);
09        llist.addFirst(100);
10        llist.addLast(200);
11        llist.addFirst(300);
12
13        System.out.println("元素個數="+llist.size());
14        System.out.print("LinkedList 的元素:");
15        for(int i=0;i<llist.size();i++)  // 顯示集合物件的內容
16           System.out.print(llist.get(i)+" ");
```

```
17
18          System.out.print("\n 刪除最後一個元素 ");
19          System.out.println(llist.removeLast()+"...");
20
21          System.out.println("第一個元素="+llist.getFirst());
22          System.out.println("最後一個元素="+llist.getLast());
23          System.out.println("元素值為 200 的索引值="+llist.indexOf(200));
24      }
25  }
```

• 執行結果：

元素個數=6
LinkedList 的元素:300 100 10 20 30 200
刪除最後一個元素 200...
第一個元素=300
最後一個元素=30
元素值為 200 的索引值=-1

在 Ch16_5 中，第 5 行宣告一個 LinkedList 物件 llist，並指明元素的型態為 Integer。第 7~11 行利用 add()、addFirst() 與 addLast() 函數將物件加入 llist 中。第 13 行印出元素的個數；第 15~16 行依序印出 llist 中的所有元素。

第 19 行的 removeLast() 會刪除並傳回集合中的最後一個元素，因此利用 println() 印出 llist 中被刪除的元素 200；第 21 行印出第 0 個元素，第 22 行印出最後一個元素；第 23 行印出元素值為 200 的索引值，由於在第 19 行已經將 200 刪除，因此 indexOf() 會回應並印出-1，代表集合中並沒有這個元素值。                                     ❖

## 16.3.2 ArrayList 類別

ArrayList 類別也是實作 List 介面，與 LinkedList 不同的是，LinkedList 是依靠節點之間的連結串連下一個元素，只能循序尋找某個元素，資料量大的時候會顯得效率不佳。 ArrrayList 則是配置一整塊記憶體以陣列的方式儲存資料，因此可直接找到指定索引位置的元素，而且會自動依據元素數量變化重新配置記憶體，在尋找元素上效率較好。不過由於 ArrrayList 是以陣列形式儲存元素，在增加、刪除元素時就可能會涉及大量的資料搬移，進而影響效能。ArrayList 類別常用的建構子與函數如下表所示：

java.util.ArrayList<T> 類別的建構子

| 建構子 | 主要功能 |
|--------|----------|
| ArrayList() | 建立一個空的 ArrayList 物件 |
| ArrayList(Collection<? extends T> c) | 建立一個包含特定的 Collection 物件 c 內所有元素之 ArrayList 物件 |

java.util.ArrayList<T> 類別的函數

| 函數 | 主要功能 |
|------|----------|
| void trimToSize() | 將 ArrayList 物件的容量剪裁成目前元素的數量 |

範例 Ch16_6 是 ArrayList 類別的使用範例。在這個範例中，我們將可觀察到 ArrayList 與 LinkedList 的不同，同時也可看出 ArrayList 優於傳統的陣列之處。

```java
01  // Ch16_6, ArrayList 範例
02  import java.util.*;
03  public class Ch16_6{
04     public static void main(String[] args){
05        ArrayList<Integer> alist=new ArrayList<Integer>();
06
07        for(int i=10;i<=50;i+=10)   // 增加元素
08           alist.add(i);
09        alist.add(3,200);
10        alist.add(0,300);
11        alist.add(400);             // 將 400 放在 alist 的最後一個位置
12
13        System.out.println("元素個數="+alist.size());
14        System.out.println("ArrayList 的元素:"+alist);
15        System.out.println("將索引值 1 的元素以 200 取代...");
16        alist.set(1,200);
17        System.out.println("ArrayList 的元素:"+alist);
18        System.out.print("第一個元素值為 200 的索引值=");
19        System.out.println(alist.indexOf(200));
20        System.out.print("最後一個元素值為 200 的索引值=");
21        System.out.println(alist.lastIndexOf(200));
22     }
23  }
```

• 執行結果：
元素個數=8
ArrayList 的元素:[300, 10, 20, 30, 200, 40, 50, 400]
將索引值 1 的元素以 200 取代...
ArrayList 的元素:[300, 200, 20, 30, 200, 40, 50, 400]
第一個元素值為 200 的索引值=1
最後一個元素值為 200 的索引值=4

在 Ch16_6 中，第 5 行宣告一個 ArrayList 物件 alist，元素為 Integer 型態。第 7~11
行將元素加入 alist 中；第 13 行以 size() 顯示目前集合內元素的個數：第 14 行直接
將 alist 變數印出，即可以看到集合中所有物件的內容。

第 16 行將索引值為 1 的元素以 200 取代，再於第 17 行印出集合中所有元素的內容；
第 19 行找出第一個元素值為 200 的索引值；第 21 行印出最後一個元素值為 200 的
索引值。

在 LinkedList 及 ArrayList 物件中，可以用 get() 指定索引的方式逐一將物件裡的元
素取出，或是直接將變數印出，即會得到所有的元素內容，至於要用何種方式取出
元素，就視程式的需求而定，讀者可自行試試。

# 16.4 實作 Map 介面

Map 介面並不是 Collection 介面的子介面，它是一個獨立架構的介面。與 Set、List
不同的是，Map 要以關鍵值（key）儲存，這個關鍵值會對應到指定的資料，即對應
值（value）。就像身分證字號（關鍵值）一樣，透過身分證字號就可以找到本人的
所有相關訊息（對應值）。

在 Java 的參考文件中可以看到 Map 介面是以 Map<K,V>表示，其中 K 是關鍵值 key，
V 是對應值 value。下表為 Map 介面常用的函數：

Map<K,V>介面常用的函數

| 函數 | 主要功能 |
| --- | --- |
| void clear() | 從集合中移除所有的元素 |
| boolean containsKey(Object key) | 當集合物件裡包含關鍵值 key，即傳回 true |
| boolean containsValue(Object value) | 當集合物件裡包含對應值 value，即傳回 true |
| V get(Object key) | 傳回集合物件中，關鍵值 key 的對應值 |
| boolean isEmpty() | 集合物件若沒有任何元素，傳回 true |
| V put(K key, V value) | 將關鍵值 key，對應值 value 新增至集合物件中，若 key 值相同，則以對應值 value 取代舊有的資料 |
| void putAll(Map<? extends K,? extends V> t) | 將整個 Map 物件 t 複製到集合中 |
| Set<K> keySet() | 將關鍵值存入一個實作 Set 介面的物件後傳回 |
| V remove(Object key) | 從集合物件中刪除關鍵值 key 的元素，成功時傳回被刪除的 value 值，否則傳回 null |
| int size() | 傳回集合物件的元素個數 |
| Collection<V> values() | 將關鍵值存入一個實作 Collection 介面的物件後傳回 |

由於關鍵值 key 與 Map 集合裡的元素皆不能重複存在，因此可以利用 keySet() 來取得 Map 物件中的所有關鍵值（key），並將其儲存成 Set 集合物件後傳回。keySet() 傳回的 Set 物件包含了 Map 物件中的所有鍵關鍵值（key），並且不會包含重複的關鍵值。同樣地，若要取得 Map 物件中的對應值（value）可以使用 values()，它會將 Map 物件中的對應值（value）儲存成 Collection 物件的元素。

此外，Java 會動態維護集合的內容，這表示常您對傳回的 Set 或 Collection 物件進行增加、修改、刪除元素等動作時，相對應的 Map 物件之內容也會相應地發生變化。這種動態維護集合內容的特性可以確保 Map 物件和傳回的 Set 或 Collection 物件之間保持同步。

值得注意的是，values() 可能會包含重複的值，因為 Map 中的不同關鍵值（key）可能對應到相同的對應值（value）。此外，List 及 Set 物件均是以 add() 將元素加入，而 Map 物件是以 put() 新增元素，在撰寫程式時要特別注意。

## 16.4.1 HashMap 類別

HashMap 是實作 Map 介面的類別，在宣告 HashMap 類別的物件時，關鍵值與對應值的型態要以逗號分開，如下面的程式敘述：

```
HashMap<Integer,String> hmap=new HashMap<Integer,String>();
```

上面的敘述宣告一個 HashMap 類別的物件 hmap，並在<>中指明關鍵值與對應值的型態，其中第一個引數 Integer 為關鍵值的型態；第二個引數 String 為對應值的型態，關鍵值與對應值的型態以逗號區隔。

HashMap 允許關鍵值與其對應值的內容為 null。下表列出 HashMap 類別的建構子，完整的資訊請參閱 Java 的參考文件：

java.util.HashMap<K,V> 類別的建構子

| 建構子 | 主要功能 |
| --- | --- |
| HashMap() | 建立一個空的 HashMap 物件，預設的元素個數為 16 個 |
| HashMap(int initialCapacity) | 建立一個空的 HashMap 物件，指定的元素個數為 initialCapacity 個 |
| HashMap(Map<? extends K,? extends V> m) | 建立一個包含特定的 Map 物件 m 內所有元素之 HashMap 物件 |

下面的程式是將物件加入 HashMap 後，將集合中的元素印出，然後以關鍵值與對應值尋找、刪除與顯示資料，再利用 get() 及 println() 取得並印出包含某個關鍵值的對應值。

```
01  // Ch16_7, HashMap 範例
02  import java.util.*;
03  public class Ch16_7{
04    public static void main(String[] args){
05      HashMap<Integer,String> hmap=new HashMap<Integer,String>();
06
07      hmap.put(94001,"Fiona");
08      hmap.put(94003,"Ariel");
09      hmap.put(94002,"Ryan");
10
```

```
11          System.out.println("元素個數="+hmap.size());
12          System.out.println("HashMap 的元素:"+hmap);
13          System.out.print("HashMap 中是否有關鍵值 94002? ");
14          System.out.println(hmap.containsKey(94002));
15          System.out.print("HashMap 中是否有對應值 Kevin? ");
16          System.out.println(hmap.containsValue("Kevin"));
17          hmap.remove(94001);
18          System.out.print("清除關鍵值 94001 的資料..., ");
19          System.out.println("元素個數="+hmap.size());
20          System.out.println("HashMap 的元素:"+hmap);
21          System.out.println("關鍵值 94003 的對應值="+hmap.get(94003));
22      }
23  }
```

• 執行結果：

```
元素個數=3
HashMap 的元素:{94002=Ryan, 94003=Ariel, 94001=Fiona}
HashMap 中是否有關鍵值 94002? true
HashMap 中是否有對應值 Kevin? false
清除關鍵值 94001 的資料..., 元素個數=2
HashMap 的元素:{94002=Ryan, 94003=Ariel}
關鍵值 94003 的對應值=Ariel
```

Ch16_7 中，第 5 行宣告一個 HashMap 物件 hmap，元素有關鍵值與對應值 2 個，關鍵值的泛型型態為 Integer，對應值的泛型型態為 String。第 7~9 行以 put() 將物件加入 hmap 中。第 11 與 19 行印出元素的個數；第 12 與 20 行印出 hmap 的所有元素。

第 14 行利用 containsKey() 檢查關鍵值 94002 的物件是否在集合裡；第 16 行利用 containsValue() 檢查對應值 Kevin 是否存在於集合裡；第 17 行刪除關鍵值為 94001 的元素；第 21 行將關鍵值為 94003 的對應值輸出。細心的讀者應該會注意到，HashMap 物件裡的元素並沒有依關鍵值的大小排序，這是因為 HashMap 裡元素也是採用雜湊表來配置的關係。

## 16.4.2 TreeMap 類別

SortedMap 是 Map 的子介面，TreeMap 類別是實作 SortedMap 介面的類別，元素會依關鍵值由小至大排序。下表列出 TreeMap 類別常用的建構子及函數：

java.util.TreeMap<K,V>類別的建構子

| 建構子 | 主要功能 |
|---|---|
| TreeMap() | 建立一個空的 TreeMap 物件，依關鍵值由小至大排序 |
| TreeMap(Map<? extends K,? extends V> m) | 建立一個包含特定的 Map 物件 m 內所有元素之 TreeMap 物件 |
| TreeMap(SortedMap<K,? extends V> m) | 建立一個包含特定的實作 SortedMap 介面物件 m 內所有元素之 TreeMap 物件 |

java.util.TreeMap<K,V>類別的函數

| 函數 | 主要功能 |
|---|---|
| K firstKey() | 傳回集合中第一個關鍵值，即最小關鍵值 |
| K lastKey() | 傳回集合中最後一個關鍵值，即最大關鍵值 |
| SortedMap<K,V> subMap(K fromKey, K toKey) | 取得大於等於 fromKey，且小於 toKey 的 TreeMap 物件 |
| SortedMap<K,V> tailMap(K fromKey) | 取得大於等於 fromKey 的 TreeMap 物件 |

範例 Ch16_8 是將物件加入 TreeMap 物件後，利用關鍵值與對應值尋找、列印以及刪除 TreeMap 中的全部或特定元素。

```
01  // Ch16_8, TreeMap 範例
02  import java.util.*;
03  public class Ch16_8{
04     public static void main(String args[]){
05        int k1=94001,k2=94003,key;
06        TreeMap<Integer,String> tmap=new TreeMap<Integer,String>();
07
08        tmap.put(94001,"Fiona");
09        tmap.put(94003,"Ariel");
10        tmap.put(94002,"Ryan");
11        tmap.put(94004,"Jack");
12
```

```
13        System.out.println("元素個數="+tmap.size());
14        System.out.println("TreeMap 的元素:"+tmap);
15        key=tmap.firstKey();
16        System.out.println("第 0 個元素= "+key+", "+tmap.get(key));
17        key=tmap.lastKey();
18        System.out.println("最後一個元素= "+key+", "+tmap.get(key));
19        System.out.print("介於"+k1+"和"+k2+"之間的 TreeMap=");
20        System.out.println(tmap.subMap(k1,k2));
21        System.out.print("大於等於"+k2+"的 TreeMap=");
22        System.out.println(tmap.tailMap(k2));
23    }
24  }
```

• 執行結果：

```
元素個數=4
TreeMap 的元素:{94001=Fiona, 94002=Ryan, 94003=Ariel, 94004=Jack}
第 0 個元素= 94001, Fiona
最後一個元素= 94004, Jack
介於 94001 和 94003 之間的 TreeMap={94001=Fiona, 94002=Ryan}
大於等於 94003 的 TreeMap={94003=Ariel, 94004=Jack}
```

在 Ch16_8 中，第 15 行利用 firstKey() 找到第 0 個元素，並將這個關鍵值指定給整
數變數 key 存放，再於第 16 行以 get() 取得對應值。第 17 行利用 lastKey() 找到最
後一個元素，並將這個關鍵值指定給整數變數 key 存放，再於第 18 行以 get() 取得
對應值。第 20、22 行分別利用 subMap()、tailMap() 取得部分的 TreeMap 物件。

❖

# 16.5 走訪集合物件的元素

瞭解 Set、List 及 Map 的用法之後，細心的讀者可能會發現一點，List 與 Map 因為
有索引值或是關鍵值，所以可以將某個特定的元素取出，而 Set 只能刪除元素，這對
我們來說似乎有些不方便，畢竟要能將資料存入集合中，也要有取出的方法。

Java 提供的 Iterator 與 ListIterator 介面，皆可用來「走訪」（Traversal，意指按照某
種規則，以不重複的方式取出所有節點的過程，資料結構的專用術語中稱為走訪）

或是刪除集合物件的元素，完成程式的需求。Java 提供的 for-each 迴圈，用來走訪陣列與集合元素相當好用。

### 使用 for-each 迴圈

當我們想要存取一個陣列或集合裡面的元素時，for-each 迴圈是個簡單且有效率的方法。for-each 迴圈的格式如下：

| for-each 迴圈的格式 |
| --- |
| **for**(元素型態 迴圈控制變數：集合或陣列名稱)<br>　　//　迴圈主體 |

for-each 迴圈控制變數的型態要與集合或陣列裡的元素型態相同。舉例來說若是集合元素的型態是 double，在迴圈裡宣告的迴圈控制變數型態也要是 double，如下面的程式片段：

```
LinkedList<Double> llst=new LinkedList<Double>(); // 元素的型態為
Double
...                              型態要一致
for(double data:llst)                        // 迴圈控制變數的型態為 double
 ...
```

下表為集合在傳統 for 迴圈及 for-each 迴圈走訪元素的範例，讀者可以比較一下兩種寫法的異同。

陣列與集合使用 for 迴圈及 for-each 迴圈的範例

| 傳統 for 迴圈 | 使用 for-each loop |
| --- | --- |
| `int arr[]={5,3,8};`<br>`int sum=0;`<br>`for(int i=0;i<arr.length;i++)`<br>　`sum+=arr[i];` | `int arr[]={5,3,8};`<br>`int sum=0;`<br>`for(`**`int item:arr`**`)`<br>　`sum+=item;` |

下面的範例宣告一個 TreeSet 物件，加入元素之後，再利用 for-each 迴圈走訪 TreeSet 物件裡的元素。

```
01  // Ch16_9, 以 for-each loop 走訪 TreeSet 元素
02  import java.util.*;
03  public class Ch16_9{
04     public static void main(String[] args){
05        TreeSet<String> tset=new TreeSet<String>();
06        tset.add("Monkey");              // 增加元素
07        tset.add("Bunny");
08        tset.add("Puppy");
09        tset.add("Kitty");
10        System.out.print("TreeSet 內容:");
11
12        for(String i:tset)               // 走訪
13           System.out.print(i+" ");
14     }
15  }
```
• 執行結果：
```
TreeSet 內容:Bunny Kitty Monkey Puppy
```

程式第 12 行，使用 for-each 迴圈，由於 TreeSet 集合裡的元素型態為 String，因此在 for-each 迴圈裡宣告的迴圈控制變數 i 也要宣告成 String，才能正確走訪集合。在第 13 行中直接印出迴圈控制變數 i 的值，即為目前集合中走訪到的元素內容。

❖

使用 for-each 迴圈時要注意下列幾點：

(1) 只能從頭開始訪問每個元素，不能從集合或陣列的尾端向前走訪。

(2) 只能取出集合或陣列裡的元素而不能置換它。

(3) for-each 迴圈裡面的變數是區域變數。

使用 for-each 迴圈可以走訪集合內的元素，但若是要使用更多存取集合的功能，如取出子集合等，就必須靠 Java 提供的其它介面，如 Iterator、ListIterator 等介面完成。

## 16.5.1 使用 Iterator 走訪元素

Iterator 介面適用在「非 Map」的集合物件，它提供走訪集合元素及刪除元素的函數，由於 Collection、List 及 Set 介面，都已經實作 Iterator 介面，因此只要利用這些介面裡的 iterator()，即可取得 Iterator 物件。下表列出 Iterator 介面的函數：

Iterator<T> 的函數

| 函數 | 主要功能 |
| --- | --- |
| Iterator<T> iterator() | 取得實作 Iterator 物件 |
| boolean hasNext() | 集合中若是有下一個元素，即傳回 true |
| T next() | 傳回集合的下一個元素 |
| void remove() | 刪除集合中最後一個取得的元素 |

舉例來說，若是想走訪 TreeSet<String>物件 tset，則在 tset 的元素增加完成後，再利用 iterator() 函數取得 Iterator<String>物件，其語法如下圖所示：

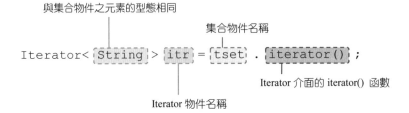

上面的敘述是利用 tset 呼叫 iterator()，以便取得 Iterator 物件 itr。取得 itr 物件之後，就可以利用它來走訪與刪除集合物件裡的元素。Ch16_10 是利用 Iterator 介面所提供的函數走訪 TreeSet 物件的範例。

```
01  // Ch16_10, 以 Iterator 走訪 TreeSet 元素
02  import java.util.*;
03  public class Ch16_10{
04     public static void main(String[] args){
05        TreeSet<String> tset=new TreeSet<String>();
06        String str="";
07        tset.add("Monkey");             // 增加元素
08        tset.add("Bunny");              // 增加元素
09        tset.add("Puppy");              // 增加元素
```

```
10          tset.add("Kitty");                    // 增加元素
11
12          Iterator<String> itr=tset.iterator(); // 取得 Iterator 物件
13          System.out.print("TreeSet 內容:");
14          while(itr.hasNext()){                  // 走訪元素
15             str=itr.next();
16             System.out.print(str+" ");          // 印出元素內容
17          }
18
19          System.out.println("\n 刪除最後讀取的元素"+str+"...");
20          itr.remove();                          // 刪除最後讀取的元素
21          System.out.println("TreeSet 內容:"+tset);
22       }
23    }
```

• 執行結果：

```
TreeSet 內容:Bunny Kitty Monkey Puppy
刪除最後讀取的元素 Puppy...
TreeSet 內容:[Bunny, Kitty, Monkey]
```

在 Ch16_10 中，第 5~10 行建立 TreeSet 物件 tset，並將元素加入 tset 中；第 12 行以 tset 呼叫 iterator() 取得 Iterator 介面的物件 itr；第 14~17 行利用 while 迴圈走訪集合中的元素；第 20 行將最後讀取的元素刪除，最後再於第 21 行印出 tset 的所有元素內容。

從執行結果可以看到，利用 Iterator 物件刪除集合中的元素，原先產生它的集合物件裡的元素也會跟著刪除，因為它們都指向同一個集合。　　　　　　　　　❖

利用 Iterator 走訪物件最大的好處是，它可以用統一的方式走訪不同的集合裡的元素。通常在使用 Iterator 的物件時，會利用 while 迴圈，以 hasNext() 作為迴圈執行的判斷條件，再於迴圈中以 next() 取得元素的內容。

值得注意的是，Iterator 物件的讀取是單向的且只能讀取一次，也就是說，Iterator 物件只能從頭讀到尾，也不能回頭再讀取。因此當 hasNext() 傳回值為 false 時，該 Iterator 物件也就沒有任何的可用之處，除非再重新用 iterator() 取得 Iterator 物件。

## 16.5.2 使用 ListIterator 走訪元素

由前面的介紹可以知道，Iterator 物件的走訪方式是從頭到尾的單一方向，而 ListIterator 物件的走訪則可以是雙向的，也就是說可以從頭到尾（正向），也可以從最後一個元素逆向讀取到最前面一個元素（反向）。

值得注意的是，並非所有集合都可以使用 ListIterator 物件，只有實現 List 介面的集合（如 ArrayList、LinkedList 等）才能使用 ListIterator 物件。而對於實現 Set 介面的集合（如 HashSet、TreeSet 等），則無法使用 ListIterator 物件。

在 Java 中，ListIterator 是一個介面（Interface），用於在 List 集合中進行雙向的走訪元素的操作。然而，並非所有的集合都實作 ListIterator 介面，只有實作 List 介面的集合，例如 ArrayList、LinkedList 等，才能使用 ListIterator 物件來進行雙向走訪操作。

而對於實作 Set 介面的集合，例如 HashSet、TreeSet 等，則不支援 ListIterator，因為 Set 介面不保證元素的順序，且不允許重複的元素，因此並不需要支援雙向走訪。如果想要在 Set 集合中進行走訪操作，可以使用 Iterator 或者 for-each 迴圈。

只要利用 List 介面裡的 listIterator()，即可取得 ListerIterator 物件。有了這個物件之後，即可進行走訪的動作。下表列出 ListIterator 介面的函數：

ListIterator 所提供的函數

| 函數 | 主要功能 |
| --- | --- |
| ListIterator<T> listIterator() | 取得 ListIterator 物件，並設定下一個元素是索引值為 0 的元素 |
| ListIterator<T> listIterator(int index) | 取得 ListIterator 物件，並設定下一個元素是索引值為 index 的元素 |
| void add(T o) | 在下一個元素之前加入 o |
| boolean hasNext() | 集合中若是有下一個元素，即傳回 true |
| boolean hasPrevious() | 集合中若是有前一個元素，即傳回 true |
| T next() | 傳回集合的下一個元素 |
| int nextIndex() | 傳回集合的下一個元素之索引值 |

| 函數 | 主要功能 |
|------|---------|
| T previous() | 傳回集合的前一個元素 |
| int previousIndex() | 傳回集合的前一個元素之索引值 |
| void remove() | 刪除集合中最後一個取得的元素 |
| void set(T o) | 將集合中的最後一個元素以 o 取代 |

以 LinkedList 為例，若是想走訪 LinkedList<Integer>物件 llist，可以利用 listIterator() 取得 ListIterator 物件，再進行走訪。下圖為程式的敘述及說明：

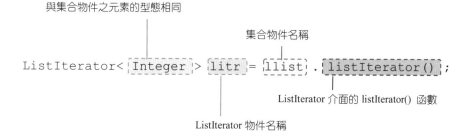

上圖可以看到，利用串列物件 llist 呼叫 listIterator() 可取得 ListIterator 物件 litr，再利用物件 litr 走訪或刪除集合物件裡的元素。範例 Ch16_11 可以讓您能夠更清楚該如何利用 ListIterator 介面的函數走訪物件裡的元素：

```java
01  // Ch16_11, 以 ListIterator 走訪 LinkedList 元素
02  import java.util.*;
03  public class Ch16_11{
04      public static void main(String[] args){
05          LinkedList<Integer> llist=new LinkedList<Integer>();
06          llist.add(5);    //加入元素 5
07          llist.add(7);    //加入元素 7
08          llist.add(10);   //加入元素 10
09          llist.add(14);   //加入元素 13
10          ListIterator<Integer> litr=llist.listIterator();
11
12          System.out.print("正向列出 LinkedList 內容:");
13          while(litr.hasNext())                        // 正向走訪元素
14              System.out.print(litr.next()+" ");       // 印出元素內容
15          System.out.println();
16
```

```
17              System.out.print("反向列出 LinkedList 內容:");
18              while(litr.hasPrevious())                      // 反向走訪元素
19                  System.out.print(litr.previous()+" ");     // 印出元素內容
20              System.out.println();
21          }
22      }
```

• 執行結果：

正向列出 LinkedList 內容:5 7 10 14
反向列出 LinkedList 內容:14 10 7 5

第 5 行建立 LinkedList 物件 llist，並於第 6~9 行將元素加入 llist 中。第 10 行取得
ListIterator 物件 litr，由於 listIterator() 括號中沒有傳入引數，因此下一個元素會是
索引值為 0 的元素，也就是元素 5。第 13~14 行利用 while 迴圈印出集合中的元素，
直到 hasNext() 傳回 false 為止。第 18~19 行利用 while 迴圈印出集合中的元素，直
到 hasPrevious() 傳回 false 為止。

ListIterator 提供了在 List 集合中進行雙向走訪的功能，可以在集合中來回移動。您
可以使用 ListIterator 物件的 next() 來取得下一個元素，並使用 previous() 來取得上
一個元素，如此可以在集合中來回走訪。同時，當 hasNext() 或 hasPrevious() 傳回
值為 false 時，該 ListIterator 物件仍然是有效的，並且可以繼續使用 previous() 來
向前走訪。

學完本章，對於 Java 提供的 collection 架構，以及各種 collection 物件的操作方式，
應該有初步的瞭解。當然 Java 提供的集合物件並不僅止於本書所介紹的內容，若是
您對 Collection 介面所提供的其它介面與類別有興趣，可以參閱 Java 的參考文件，
以及資料結構的相關書籍，相信能夠帶領您進入更豐富的世界。

# 第十六章 習題

## 16.1 認識集合物件

1.  試加入一個可以設定球體物件的 Ball<T> 類別，可用來設定球的顏色 color 成員的
    初值，設定 color 成員為 String 或是 int 型態。於本題中，若於 main() 裡撰寫如下
    左邊的程式碼，可以得到右邊的結果：

    ```
    b1.setValue("Red");            color=Red
    b2.setValue(255);              color=255
    b1.show();
    b2.show();
    ```

2.  試加入一個圓形物件的 Circle<T> 類別，可用來設定成員 value 的初值為 double 或
    是 String 型態。如果設定值是 double 型態，則於 show() 函數中以 double 型態的數
    值為半徑，印出圓面積，如果設定值是字串則印出傳入的字串為物件的顏色。於本
    題中，若於 main() 裡撰寫如下左邊的程式碼，可以得到右邊的結果：

    ```
    s1.setValue(2.0);              area=12.56
    s2.setValue("Blue");           color=Blue
    s1.show();
    s2.show();
    ```

## 16.2 Set 介面

3.  請依下面的題意依序完成程式的需求。

    (a) 建立 HashSet 型態的物件 h1，內含整數元素 36 與 15。

    (b) 建立 TreeSet 型態的物件 t1，內含整數元素 52、23、32、69、10、7、36 與
        15。

    (c) 將 h1 與 t1 物件中所有的元素印出。

    (d) 若是 t1 物件中包含有 32 的元素，則將該元素刪除，刪除後請將物件的內容重
        新印出。若是找不到值為 32 的元素，則顯示字串 "t1 中沒有元素 32"。

    (e) 請判別 t1 物件中是否包含 (a) 所建立之 h1 的所有元素。

4. 請依下面的題意依序完成程式的需求。

   (a) 建立 HashSet 型態的物件 hset，內含整數元素 65、29、18 與 34，並印出集合內容。

   (b) 建立 TreeSet 型態的物件 tset，內含整數元素 97、62 與 53，並印出集合內容。

   (c) 將 hset 物件裡的元素加入到 tset 物件裡，並將 tset 所有的元素印出。

   (d) 計算 (c) 完成的 tset 物件裡的第一個元素與最後一個元素之平均值。

5. 請依下面的題意依序完成程式的需求。

   (a) 試建立 TreeSet 型態的物件 tset，內含字串型態的元素，其內容如下所示：

   ```
   Speech is silver, silence is golden.
   Two heads are better than one.
   East or west, home is best.
   It is never too late to learn.
   ```

   (b) 將 tset 中的所有元素印出。

   (c) 將 tset 中的第一個元素印出。

   (d) 將 tset 中的最後一個元素印出。

   (e) 尋找 tset 物件中小於字串 "Speech" 的元素。

## 16.3 List 介面

6. 請依下面的題意依序完成程式的需求。

   (a) 請取出 5 個介於 0~100 的整數亂數，將它們加入一個 LinkedList 型態的物件 llist 中，然後印出 llist 物件中所有的元素。

   (b) 將 150、55、10 加入 LinkedList 集合中，並印出 LinkedList 的所有元素。

   (c) 將索引值 5 的元素置換成 999，並印出 LinkedList 的所有元素。。

   (d) 印出 LinkedList 集合中的第一個及最後一個元素。

   (e) 印出索引值 2~5 的子集合。

7. 請依下面的題意依序完成程式的需求。

   (a) 將字串 "apple" 與 "guava"加入 LinkedList 型態的物件 llist 中，然後印出 llist 物件中所有的元素。

(b) 將字串 "tomato"、"apple"、"papaya" 與 "grape"，加入 ArrayList 型態的物件 alist 中，並印出 alist 裡的所有元素。

(c) 將 llist 裡的元素加入 alist 中，並將 alist 所有元素印出。

(d) 請印出(c)所建立的 alist 中，第一個及最後一個出現 apple 的索引值。

8. 請將下列字串以 ArrayList 物件 alist 儲存，利用迴圈將 alist 中所有的元素內容印出。

```
Homer sometimes nods.
Beauty is in the eye of beholder.
Example is better than precept.
Learn to walk before you run.
Make hay while the sun shines.
```

## 16.4 實作 Map 介面

9. 請依下面的題意依序完成程式的需求。

(a) 請取出 5 個介於 0~100 的整數亂數，以 HashMap 型態的物件 hmap 儲存，關鍵值為 0~4。

(b) 請利用 values() 函數，將(a)中 hmap 的對應值，轉換成 TreeSet 物件 tset。

(c) 請利用 keySet() 函數，將(a)中 hmap 的關鍵值，轉換成 HashSet 物件 hset。

(d) 印出 hmap、tset 及 hset 的所有元素。

10. 請依下面的題意依序完成程式的需求。

(a) 請取出 5 個小於 100 的整數亂數做為對應值，1~5 做為關鍵值，建立 TreeMap 型態的物件 tmap，印出 tmap 的內容。

(b) 將 tmap 的所有對應值加總，並印出總和及平均值。

11. 請依下面的題意依序完成程式的需求。

(a) 請取出 5 個介於 0~100 的整數亂數做為關鍵值，0~4 做為對應值，並將它們加入 TreeMap 型態的物件 tmap 中。

(b) 承上題，請仿照 Map 介面的 keySet() 函數，將物件 tmap 的關鍵值轉換成 HashSet 物件 hset。

(c) 印出 tmap 及 hset 的所有元素。

12. 下表是某班學生的英文成績表，請依下面的題意依序完成程式的需求。

| 姓名 | 英文成績 |
| --- | --- |
| Ryan | 95 |
| Fiona | 83 |
| Jack | 89 |
| Kevin | 76 |
| Ariel | 92 |

(a) 請以英文成績做為關鍵值（整數），姓名當成對應值（字串型態），建立 HashMap 型態的物件 hmap 後，印出 hmap 裡的所有元素。

(b) 請計算 Ariel 與 Fiona 的英文成績平均值。

(c) 請計算 Kevin 與 Jack 的英文成績相差多少。

**16.5 走訪集合物件的元素**

13. 請取出 10 個小於 100 的整數亂數，建立 ArrayList 型態的物件 alist，並利用 for-each 迴圈走訪集合，將集合元素印出。

14. 請取出 10 個小於 100 的整數亂數，建立 TreeSet 型態的物件 tset，並利用 for-each 迴圈走訪集合，將集合元素印出，然後計算所有元素的平均值。

15. 請依下面的題意依序完成程式的需求。

(a) 取出 10 個小於 100 的整數亂數，建立 LinkedList 型態的物件 llist，然後印出 llist 裡所有的元素。

(b) 以反向走訪的方式印出 llist 裡的所有元素，並計算所有元素的和。

16. 請依下面的題意依序完成程式的需求。

(a) 試建立一個 ArrayList 型態的物件 alist，內含字串 "Sunday"、"Monday"、"Tuesday"、"Wednesday"、"Thursday"、"Friday" 與 "Saturday"。

(b) 分別以正向與反向走訪並印出 alist 物件的所有元素。

# 17

Chapter

# 圖形使用者介面與事件處理

AWT 是 Java 早期用來提供處理使用者圖形化的介面，如按鈕、功能表、選項、文字區等。Swing 是 AWT 的加強版。每一個 Swing 物件都足以取代 AWT 物件，也提供比 AWT 更豐富、更漂亮的物件供程式設計師使用。不但如此，Swing 更改進 AWT 耗費系統資源的缺點，使得 Swing 在執行上更有效率。本章針對常用的 Swing 物件做一個初步的解說，再加上 Java 的事件處理，可提升與使用者互動的便利與視覺美觀的效果。

## ✪ 本章學習目標

- ▣ GUI 概述
- ▣ 認識 JFrame 類別
- ▣ 學習 Swing 的基本物件
- ▣ 學習 Swing 物件之間的互動

# 17.1 圖形使用者介面概述

圖形使用者介面（Graphic User Interface，GUI）可以用圖像友善的方式操作程式介面、與使用者進行互動，如視窗介面、對話方塊、按鈕、核取方塊等。Java 早期使用 AWT（Abstract Windowing Toolkit）處理圖形使用者介面，它的每一個物件會耗掉較多的資源，當視窗物件（如按鈕、捲軸或文字方塊）一多時，這種架構下的視窗程式容易拖累執行效率。Swing 類別庫的誕生不但改進 AWT 耗費系統資源的缺點，同時在視覺上也比 AWT 來得更為精緻細膩，以及有著更高的執行效率，使得 Swing 成為 Java 圖形介面的新寵。

Swing 所提供物件的數目遠超過 AWT 的物件，Java 以 javax.swing 類別庫做為建立 Swing 物件的類別庫，它包含相當豐富的類別，可以設計出更美麗花俏的使用者介面。幾乎每一個 AWT 物件都有一個相對應的 Swing 介面取代它，不僅如此，Swing 還提供 AWT 所沒有的物件，如進度列（process bar）、內部視窗（internal frame）等等。本書以 Swing 為主，AWT 為輔，搭配事件處理，簡單介紹 GUI 的使用。

# 17.2 使用 Swing 物件

本章將介紹幾個典型的 Swing 物件，它們多半是置於 javax.swing 這個類別庫之中，類別名稱多半都冠以 J 開頭的大寫字母。大部分的 Swing 物件都直接或間接繼承 AWT 的 Container 類別，下圖繪出本章所要介紹 Swing 物件的繼承關係圖，讀者應該瞭解，完整的 Swing 繼承關係圖相當複雜，下圖只是其中的一小部份：

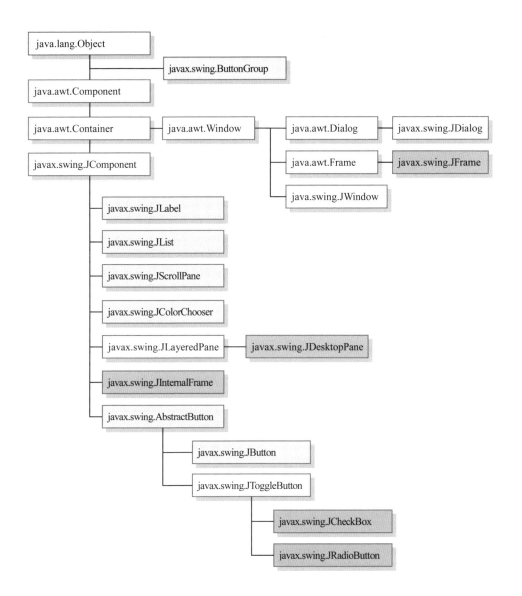

## 17.2.1 Swing 的 JFrame 視窗

JFrame 視窗類別是 Swing 裡視窗介面的基礎。Swing 的視窗包含好幾個層（layer），每個層都有其特定的功能，都可以依據需求規劃配置不同的元件。其中以「JPanel」這層（本書將 JPanel 譯為容器層）較為常用，因為許多 Swing 物件（如按鈕、標籤等）多半是放在這個容器中，如下圖所示：

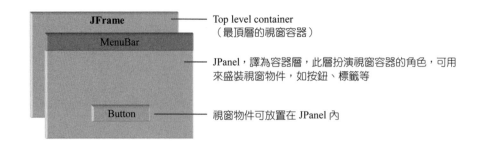

上圖僅繪出 Top level container 與 JPanel 二種容器層，事實上，完整的 Swing 視窗還可以使用 root pane、layered pane 與 glass pane 等容器，每種容器各有其特定的功用。如有需要，讀者可參考其它專門介紹 Swing 的書籍。下表列出 JFrame 類別的建構子與常用的函數，如果需要完整的資訊，可以參考 Java 的參考文件：

JFrame 的建構子與常用的函數

| 建構子 | 主要功能 |
| --- | --- |
| JFrame() | 建立 JFrame 視窗物件 |
| JFrame(String title) | 建立 JFrame 視窗物件，視窗標題為 title |

| 函數 | 主要功能 |
| --- | --- |
| Container getContentPane() | 取得 content pane |
| void setLayout(LayoutManager manager) | 設定版面配置為 manager |
| void remove(Component comp) | 移除元件 comp |
| void update(Graphics g) | 清除繪圖區畫面後呼叫 paint() |

值得一提的是，通常 Java 並不是把物件擺設在 JFrame 內，而是置於 JPanel，因此在稍後的範例中，將會看到把物件加入視窗時，必須先用 JPanel() 建立容器，再分別將物件加入中。下面的範例是建立 JFrame 視窗類別的練習：

```
01  // Ch17_1, Swing 的 JFrame 練習
02  import javax.swing.*;      // 載入 javax.swing 類別庫裡的所有類別
03  public class Ch17_1{
04      public static void main(String args[]){
05          JFrame frm=new JFrame("JFrame 視窗");
06          frm.setSize(260,150);    // 設定視窗大小
07          frm.setVisible(true);
```

```
08              // 設定關閉視窗時結束程式
09              frm.setDefaultCloseOperation(JFrame.EXIT_ON_CLOSE);
10      }
11  }
```

由於在第 9 行有設定關閉視窗時會結束程式，因此在按下視窗右上角的 ╳，即可將程式結束，不需要回到 VSCode 中強制停止程式的執行。執行結果如下圖所示：

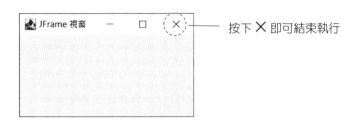

按下 ╳ 即可結束執行

於 Ch17_1 中，第 2 行載入 javax.swing 類別庫裡的所有類別，以便使用 Swing 所提供的視窗物件。第 5 行建立 JFrame 類別的物件 frm。第 6 行用 setSize() 函數設定視窗的寬 260，高 150。第 7 行以 setVisible() 函數將視窗設定為 true，也就是將視窗顯示出來。第 9 行利用 setDefaultCloseOperation() 函數設定關閉視窗時即結束程式的執行。❖

有趣的是，在 Swing 視窗裡，若是要把按鈕、標籤等物件加入視窗中，通常會先建立新的「容器層」，這個「容器」可由 JPanel() 函數來取得，您可以加入物件（如按鈕等）到容器、更改內容顏色，或者是設定版面配置等。

## 17.2.2　按鈕與標籤

在 Swing 的架構下，按鈕與標籤都可以加上圖片影像，使得外型更為美觀。除此之外，我們還可以設定按鈕被按下，或者是滑鼠指標停在按鈕上時所顯示的影像圖形（image icon），使用起來頗富趣味，同時倍感親切。本節將討論 Swing 裡的 JButton 與 JLabel 物件。

在稍後的兩個小節中，將會把影像圖示加入按鈕和標籤中，因此我們先來瞭解一下如何建立影像圖示的物件。

## ImageIcon 類別

在 Swing 裡，若是要把影像加到按鈕（或標籤）中，只要利用 ImageIcon() 建構子讀入圖檔，建立 ImageIcon 類別的物件之後，再把這個物件當成引數傳遞給按鈕（或標籤）類別的建構子或函數，即可建立含有影像圖示的按鈕（或標籤）。

Swing 的按鈕是以 JButton 類別來處理。通常是利用 JButton 建構子來建立 Swing 的按鈕，但 Swing 按鈕常用的函數多半是定義在 JButton 的父類別 AbstractButton 中。下表列出 JButton 建構子，以及使用 JButton 類別時常用到的函數：

JButton 的建構子

| 建構子 | 主要功能 |
|--------|---------|
| JButton() | 建立 JButton 物件 |
| JButton(Icon icon) | 建立 JButton 物件，並使用 icon 為圖示 |
| JButton(String text) | 建立 JButton 物件，標題為 text |
| JButton(String text, Icon icon) | 建立 JButton 物件，標題為 text，圖示為 icon |

JButton 常用的函數（這些函數定義在 JButton 的父類別 AbstractButton 中）

| 函數 | 主要功能 |
|------|---------|
| Icon getIcon() | 傳回按鈕的圖示 |
| void setIcon(Icon icon) | 設定按鈕的圖示為 icon |
| Icon getPressedIcon() | 傳回按鈕被按下時的圖示 |
| void setPressedIcon(Icon icon) | 設定按鈕被按下時的圖示為 icon |
| Icon getRolloverIcon() | 傳回滑鼠從上面經過時，按鈕的圖示 |
| void setRolloverIcon(Icon icon) | 設定滑鼠從上面經過時，按鈕的圖示為 icon |
| String getText() | 傳回按鈕的標題 |
| void setText(String str) | 設定按鈕的標題為 str |
| void setHorizontalTextPosition(int pos) | 設定按鈕的標題在圖示的左邊或右邊，pos 的值可為 JButton.LEFT 或 JButton.RIGHT |
| void setVerticalTextPosition(int pos) | 設定按鈕標題的垂直位置，pos 的值可為 JButton.TOP、JButton.CENTER 或 JButton.BOTTOM |
| void setEnabled(boolean b) | 設定按鈕是否可用 |

JButton 的父類別 AbstractButton 裡提供的 setIPressedcon() 與 setRolloverIcon() 函數，可分別用來設定按鈕被按下，與滑鼠指標停在按鈕上方時的圖示。

Ch17_2 是 JButton 使用的範例。此範例在 JFrame 視窗上先配置一個 JPanel，再置入具有圖示的 JButton 按鈕，其中圖示會隨著滑鼠游標位置的不同而有所變化，如下圖所示：

滑鼠沒有停在按鈕上

滑鼠停在按鈕上，沒有按下

按下滑鼠按鈕時

Ch17_2 程式碼的撰寫如下：

```
01  // Ch17_2, JButton 影像圖示的變化
02  import javax.swing.*;
03  public class Ch17_2{
04      static JFrame frm=new JFrame("JButton 測試");
05      static JPanel pne=new JPanel();
06
07      static ImageIcon general=
            new ImageIcon("C:\\MyJava\\Ch17\\Ch17_2\\img1.png");
08      static ImageIcon rollover=
              new ImageIcon("C:\\MyJava\\Ch17\\Ch17_2\\img2.png");
09      static ImageIcon pressed=
              new ImageIcon("C:\\MyJava\\Ch17\\Ch17_2\\img3.png");
10      static JButton btn=new JButton("Kitten");  // 建立 JButton 物件
11
12      public static void main(String args[]){
```

```
13        pne.add(btn);    // 將按鈕加入容器中
14        frm.add(pne);    // 將容器加入視窗中
15        btn.setRolloverEnabled(true); // 設定滑鼠指標與按鈕有互動效果
16        btn.setIcon(general);          // 設定在一般情況下，按鈕的圖示
17        btn.setRolloverIcon(rollover);// 設定指標在按鈕上方時的圖示
18        btn.setPressedIcon(pressed);  // 設定滑鼠按鍵按下時的圖示
19
20        frm.setSize(255,135);
21        frm.setVisible(true);
22        frm.setDefaultCloseOperation(JFrame.EXIT_ON_CLOSE);
23    }
24  }
```

於 Ch17_2 中，第 7~9 行建立 ImageIcon 的物件 general、rollover 與 pressed，分別代表滑鼠指標不在按鈕上方、指標在按鈕上方與滑鼠按鍵按下時的圖示。第 11 行建立 JButton 物件 btn，並設定標題為 " Kitten"。

第 13 行將按鈕 btn 加入容器中，第 15 行設定滑鼠指標與按鈕圖示有互動效果，第 16~18 行設定在每一種狀態下，按鈕圖示所要呈現的圖案。於本例中可以觀察到利用簡單的程式碼，在 Swing 裡就可以擁有漂亮的按鈕。

## 17.2.3 使用 JLabel 標籤

Swing 的 JLabel 可在標籤內加入影像，這是 AWT 的 Label 所無法使用的功能。下表列出 JLabel 常用的建構子與函數：

JLabel 的建構子

| 建構子 | 主要功能 |
| --- | --- |
| JLabel() | 建立 JLabel 物件 |
| JLabel(Icon icon) | 建立 JLabel 物件，並使用 icon 為圖示 |
| JLabel(String text) | 建立 JLabel 物件，標題為 text |
| JLabel(String text, Icon icon, int align) | 建立 JLabel 物件，標題為 text，圖示為 icon，水平的對齊方式為 align（可為 CENTER、LEFT 或 RIGHT） |

JLabel 的函數

| 函數 | 主要功能 |
|---|---|
| Icon getIcon() | 傳回標籤的圖示 |
| void setIcon(Icon icon) | 設定標籤的圖示為 icon |
| Icon getDisabledIcon() | 傳回標籤無作用時的圖示 |
| void setDisabledIcon(Icon icon) | 設定標籤無作用時的圖示為 icon |
| int getIconTextGap() | 取得圖示和文字間的距離 |
| void setIconTextGap(int gap) | 設定圖示和文字間的距離為 gap |
| void setHorizontalTextPosition(int pos) | 設定標籤的名稱在圖示的左邊或右邊，pos 可為 JLabel.LEFT 或 JLabel.RIGHT |
| void setVerticalTextPosition(int pos) | 設定標籤名稱的垂直位置，pos 可為 JLabel.TOP、JLabel.CENTER 或 JLabel.BOTTOM |
| String getText() | 傳回標籤的名稱 |
| void setText(String str) | 設定標籤的名稱為 str |

下面的範例中配置兩個 JButton 按鈕與一個 JLabel 標籤。包括「前一張」與「後一張」按鈕，按鈕旁還有左、右箭頭圖片，標籤中載入一張影像圖片。執行結果與程式碼如下：

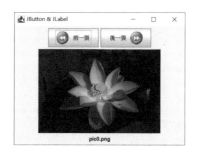

```
01  // Ch17_3, JButton 與 JLabel 的綜合應用
02  import javax.swing.*;
03  public class Ch17_3{
04      static JFrame frm=new JFrame("JButton & JLabel");
05      static JPanel pne=new JPanel();
06
07      static ImageIcon pic;
08      static ImageIcon left=
            new ImageIcon("C:\\MyJava\\Ch17\\Ch17_3\\left.png");
```

17-9

```
09    static ImageIcon right=
        new ImageIcon("C:\\MyJava\\Ch17\\Ch17_3\\right.png");
10
11    static JButton btn1=new JButton(" 前一張 ",left);
12    static JButton btn2=new JButton(" 後一張 ",right);
13    static JLabel lab=new JLabel();
14    public static void main(String args[]){
15        //載入圖片
16        pic=new ImageIcon("C:\\MyJava\\Ch17\\Ch17_3\pic0.png");
17        // 設定文字水平位置
18        btn2.setHorizontalTextPosition(JButton.LEFT);
19        pne.add(btn1);
20        pne.add(btn2);
21        pne.add(lab);
22        frm.add(pne);
23        lab.setIcon(pic);
24        lab.setText("pic0.png");
25        // 設定文字水平位置
26        lab.setHorizontalTextPosition(JLabel.CENTER);
27        // 設定文字垂直位置
28        lab.setVerticalTextPosition(JLabel.BOTTOM);
29        frm.setSize(400,300);
30        frm.setVisible(true);
31        frm.setDefaultCloseOperation(JFrame.EXIT_ON_CLOSE);
32    }
33 }
```

第 7 行建立 ImageIcon 型態的變數 pic，第 8 與 9 行載入兩張影像檔。第 11~12 行建立兩個按鈕用來控制顯示的圖片，第 13 行建立一個 JLabel 物件 lab，用來顯示圖片。在 main() 函數中，第 16 行載入圖片，第 18 行設定文字的水平位置，第 19~21 行將 btn1、btn2 及 lab 加入容器層 pne 中。第 22 行將容器層 pne 加入視窗 frm 中。第 23 行設定 lab 物件的圖示為 pic 所指向的圖片 pic0.png，第 24 行設定 lab 物件的標題為 "pic0.png"。第 25~28 行設定 24 行所顯示文字的水平與垂直位置，第 29 行設定視窗的大小為 400×350。第 31 行利用 setDefaultCloseOperation() 函數設定關閉視窗時結束程式。

❖

## 17.3 版面配置與管理

「版面配置」（layout）是指視窗上的物件遵循一定的規則來排列，並會隨著視窗的大小來改變物件大小與位置的一種配置方式。利用版面配置來排列與管理這些物件，會顯得更為簡單與方便。

Swing 提供 1 個類別、AWT 提供 5 個類別來進行版面配置的管理，它們均繼承自 java.lang.Object 類別，下圖繪出這些類別以及它們之間的繼承關係：

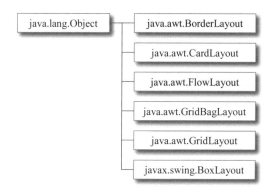

其中 JFrame 預設的版面配置為 BorderLayout，JPanel 預設的版面配置為 FlowLayout。限於篇幅的關係，我們只介紹 BorderLayout 與 FlowLayout，其餘版面配置，讀者如有興趣，可查閱 Java 的參考文件。

### 17.3.1 使用 BorderLayout 類別

您可以利用「邊界版面配置」（border layout）將物件配置於視窗的邊界，例如捲軸（scroll bars）即常用這種技術。AWT 以 BorderLayout 類別來處理邊界版面配置，Swing 則直接沿用，下表列出它常用的建構子與函數：

java.awt.BorderLayout 的建構子

| 建構子 | 主要功能 |
| --- | --- |
| BorderLayout() | 建立 BorderLayout 類別的物件 |
| BorderLayout(int hgap, int vgap) | 建立 BorderLayout 類別的物件，並設定水平間距為 hgap，垂直間距為 vgap |

java.awt.BorderLayout 的函數

| 函數 | 主要功能 |
| --- | --- |
| int getHgap() | 取得 BorderLayout 的水平間距 |
| int getVgap() | 取得 BorderLayout 的垂直間距 |
| void removeLayoutComponent( Component comp) | 移除 BorderLayout 中的物件 comp |
| void setHgap(int hgap) | 設定 BorderLayout 的水平間距 |
| void setVgap(int vgap) | 設定 BorderLayout 的垂直間距 |

使用「邊界版面配置」時,必須在 add() 裡指定物件擺設的位置,BorderLayout 類別已經把這些位置撰寫在它的資料成員裡,下表列出常用的成員與其主要功能:

java.awt.BorderLayout 類別常用的資料成員

| 資料成員（field） | 主要功能 |
| --- | --- |
| static String CENTER | 將物件放在視窗的中間 |
| static String EAST | 將物件放在視窗的右邊 |
| static String NORTH | 將物件放在視窗的上方 |
| static String SOUTH | 將物件放在視窗的下方 |
| static String WEST | 將物件放在視窗的左邊 |

值得一提的是,利用 BorderLayout 類別配置的版面,其版面上的物件大小會根據視窗的尺寸而定,因此無法利用 setSize() 或其它方式來設定物件的大小。要使用「邊界版面配置」時,必須先產生 BorderLayout 類別的物件,再將此物件傳給 setLayout(),即可將版面配置設定為「邊界版面配置」。

下面的範例是利用「邊界版面配置」將 5 個按鈕分置於上、下、左、右與中間:

```
01   // Ch17_4, BorderLayout 類別的使用
02   import java.awt.*;
03   import javax.swing.*;
04   public class Ch17_4{
05     static JFrame frm=new JFrame("Border Layout");
06     public static void main(String args[]){
07       frm.setSize(300,150);
```

```
08          frm.add(new JButton("East"),BorderLayout.EAST);
09          frm.add(new JButton("West"),BorderLayout.WEST);
10          frm.add(new JButton("South"),BorderLayout.SOUTH);
11          frm.add(new JButton("North"),BorderLayout.NORTH);
12          frm.add(new JButton("Center"),BorderLayout.CENTER);
13          frm.setVisible(true);
14          frm.setDefaultCloseOperation(JFrame.EXIT_ON_CLOSE);
15      }
16  }
```

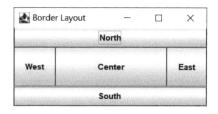

JFrame 預設的配置方式即為「邊界版面配置」，因此不需要特意設置。於 Ch17_4 中，我們直接將物件加入 JFrame 中，藉以觀查「邊界版面配置」的排列方式。第 10~14 行分別產生 JButton 物件，並指定 JButton 於版面配置的位置之後，用 add() 將它加入視窗中，例如，第 8 行是將按鈕配置於版面的右邊，第 9 行將按鈕配置於版面的左邊等等。此處 frm 呼叫的 add() 是從父類別 Container 繼承而來的 add() 函數：

```
void add(Component comp, Object constraints)
```

將上面的語法套到本例中，第一個引數必須為 Component 物件，會在這個位置新建立一個 JButton 物件。第二個引數是限制條件，因此填上 BorderLayout.EAST、BorderLayout.WEST 等變數來限制 JButton 物件的擺設位置。

## 17.3.2 使用 FlowLayout 類別

「流動式版面配置」（flow layout）有點類似文書編輯器裡自動換行的功能，它可自動依照視窗的大小，將物件以由左而右、由上而下的次序來排列。AWT 利用 FlowLayout 類別來處理流動版面配置的相關事宜，下表列出 FlowLayout 類別常用的建構子與函數：

java.awt.FlowLayout 的建構子與函數

| 建構子 | 主要功能 |
|--------|----------|
| FlowLayout() | 建立 FlowLayout 類別的物件，物件置中對齊，物件的垂直與水平間距皆預設為 5 個單位 |
| FlowLayout(int align) | 建立 FlowLayout 類別的物件，物件的垂直與水平間距皆為 5 個單位，對齊方式可以為 FlowLayout.LEFT、FlowLayout.CENTER 與 FlowLayout.RIGHT，分別代表靠左、置中與靠右對齊 |
| FlowLayout(int align, int hgap, int vgap) | 建立 FlowLayout 類別的物件，物件的水平間距為 hgap，垂直間距為 vgap，對齊方式為 align |

| 函數 | 主要功能 |
|------|----------|
| int getAlignment() | 取得版面配置的對齊方式 |
| int getHgap() | 取得物件之間的水平間距 |
| int getVgap() | 取得物件之間的垂直間距 |
| void setAlignment(int align) | 設定物件的對齊方式為 FlowLayout.LEFT、FlowLayout.CENTER 與 FlowLayout.RIGHT，分別代表靠左、置中與靠右對齊 |
| void setHgap(int hgap) | 設定物件的水平間距為 hgap |
| void setVgap(int vgap) | 設定物件的垂直間距為 vgap |

下面的範例是在「流動式版面配置」裡建立三個文字方塊，每一個文字方塊都是以「可容納的字元數」來設定文字方塊的寬度：

```
01   // Ch17_5, FlowLayout 類別的使用
02   import java.awt.*;
03   import javax.swing.*;
04   public class Ch17_5{
05      static JFrame frm=new JFrame("Flow Layout");
06      public static void main(String args[]){
07         FlowLayout flow=new FlowLayout(FlowLayout.CENTER,5,10);
08         frm.setLayout(flow);     // 設定版面配置為流動式
09         frm.setSize(280,180);
10         frm.add(new JButton("East"));
11         frm.add(new JButton("West"));
12         frm.add(new JButton("South"));
13         frm.add(new JButton("North"));
```

```
14          frm.add(new JButton("Center"));
15          frm.setVisible(true);
16          frm.setDefaultCloseOperation(JFrame.EXIT_ON_CLOSE);
17      }
18  }
```

程式執行時
的狀態

將視窗拉大/縮小之後，視窗
內的物件也會跟著重新排列

於 Ch17_5 中，第 7 行設定版面配置為「流動式版面配置」，並設定物件置中對齊，物件的水平距離為 5，垂直距離為 10。第 8 行設定 frm 視窗採用此一版面配置。第 10~14 行分別建立按鈕，並將它們加入 frm 視窗中。

您可以試著拉拉視窗，看看物件的排列變化，很快地就可以瞭解到為什麼這種配置方式要稱為「流動式版面配置」。　　　　　　　　　　　　　　　　　　❖

至目前為止我們按下按鈕都沒有任何反應，是因為並沒有加入事件的處理，GUI 的設計就是要與使用者互動，因此先介紹事件處理，之後再回來接續認識 Swing 物件，讓 GUI 靈活運作。

## 17.4 委派事件模式

Java 的事件處理是採取「委派事件模式」（delegation event model）。所謂的「委派事件模式」是指當事件發生時，產生事件的物件（即事件來源者，event source，如按鈕），會把此一「訊息」轉給「事件傾聽者」（event listener）處理的一種方式，而這裡所指的「訊息」事實上就是 java.awt.event 事件類別庫裡，某個類別所建立的物件，我們暫且把它稱為「事件物件」（event object）。

例如當按鈕按下時，會觸發一個「動作事件」（action event）， Java 會產生一個「事件物件」來表示這個事件，然後把這個「事件物件」傳遞給「事件傾聽者」，「事件傾聽者」再依據事件的種類把工作指派給事件處理者。在這個範例裡，按鈕是一個 event source，也就是事件的來源者。

為了讓「產生事件的物件」（如按鈕）知道要把事件訊息傳送給哪一個「事件傾聽者」，我們必須先把「事件傾聽者」向「產生事件的物件」註冊（register），這個動作也就是告知「產生事件的物件」，在事件發生時，要把事件訊息傳遞給「事件傾聽者」。下圖說明「委派事件模式」的運作流程：

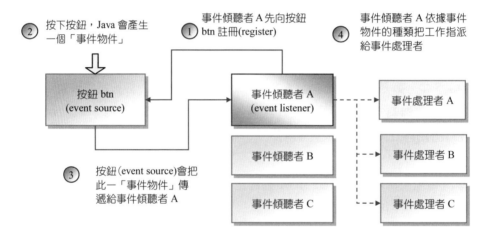

## 17.4.1 簡單的範例

如果還不太清楚委派事件模式的運作方式也沒有關係，我們舉一個簡單的例子來說明如何撰寫 Java 的事件處理。假設要設計一個視窗 frm，內含一個按鈕 btn，當此按鈕按下時，視窗的顏色便會從原先的白色變成黃色。下圖簡單地說明這個範例的執行流程：

如果不考慮事件的處理，只擺設物件的話，應該很容易撰寫出如下的程式碼：

```
01  // Ch17_6, 簡單的事件處理範例(未加入事件處理)
02  import java.awt.*;
03  import javax.swing.*;
04  public class Ch17_6 extends JFrame{ //設定 Ch17_6 類別繼承自 JFrame 類別
05      static Ch17_6 frm=new Ch17_6();  // 建立 Ch17_6 類別的物件 frm
06      static JButton btn=new JButton("Click Me");
07
08      public static void main(String args[]){
09          frm.setLayout(new FlowLayout());
10          frm.setTitle("Action Event");
11          frm.setSize(280,150);
12          frm.add(btn);
13          frm.setVisible(true);
14          frm.setDefaultCloseOperation(JFrame.EXIT_ON_CLOSE);
15      }
16  }
```

注意在第 4 行中，我們設定 Ch17_6 類別繼承自 JFrame 類別，第 5 行再以 Ch17_6 類別建立 frm 物件。由於 Ch17_6 繼承自 JFrame，所以 frm 物件也繼承 JFrame 所有的資料成員與函數。如果執行本例，應該會得到如上圖中左側的結果，但現在尚未撰寫任何事件處理的程式碼，因此就算是按下 btn 按鈕，也不會有任何動作產生。

### (1) 誰來當傾聽者？

現在開始要撰寫事件處理的程式碼，首先必須先選擇事件來源者與傾聽者。選擇事件來源者通常較無問題，在 Ch17_6 中的 btn 按鈕即是事件來源者，但誰來當多事的傾聽者？通常會偏好讓包含「事件來源者」的物件來擔任（因為程式撰寫起來較為簡單），由於 btn 按鈕是建立在 Ch17_6 類別之內，也就是說 Ch17_6 類別包含 btn 按鈕，因此讓 Ch17_6 類別所建立的物件 frm 來扮演這個角色是相當適合的。

注意我們不能把 Ch17_6 的第 5 行撰寫成下面的敘述，又要讓 frm 充當傾聽者：

```
static JFrame frm=new JFrame();              // 產生 JFrame 類別的物件 frm
```

既然 frm 物件要充當傾聽者，就必須讓類別 Ch17_6 具有傾聽事件處理的能力，也就是讓類別 Ch17_6 實作（implements）事件處理的介面（interface）。在本範例中，按鈕觸發的事件是由 ActionListener 介面來傾聽，因此我們要實作的介面是 ActionListener，所以必須把第 4 行修改成：

```
public class Ch17_6 extends JFrame implements ActionListener
```

類別 Ch17_6 實作
ActionListener 介面

### (2) 怎麼註冊？

決定好事件來源者 btn 與傾聽者 frm 之後，接下來就是把傾聽者 frm 向事件來源者 btn 註冊，這個步驟可用 addActionListener() 函數來達成：

傾聽者

```
btn.addActionListener(frm);
```

事件來源者

### (3) 如何撰寫事件處理的程式碼？

當 btn 按鈕按下時，它會建立一個代表此一事件的物件（在本例中是 ActionEvent 類別型態的物件），這個物件包含此一事件與它的來源者，也就是 btn 按鈕等相關資訊。在 Java 裡，任何事件都是以物件來表示，而此一物件也會被當成引數傳入處理事件的函數裡。

稍早我們曾提及 Ch17_6 類別實作 ActionListener 介面，以類別實作介面的話，必須在類別裡詳細定義介面裡只定義名稱、卻未定義細節的函數。ActionListener 介面只提供一個 actionPerformed() 函數，它正是要把事件處理程序撰寫在裡面的函數。本例的事件處理只是把視窗的底色改成黃色，因此可以很容易的撰寫出如下的程式：

```
public void actionPerformed(ActionEvent e)     // 事件發生的處理動作
{
   // 把視窗的底色改成黃色
   frm.getContentPane().setBackground(Color.YELLOW);
}
```

請注意，actionPerformed() 函數會接收 ActionEvent 類別型態的物件，這個物件正是 btn 按鈕按下之後所傳過來的物件！

最後，由於程式碼裡會用到 ActionEvent 類別，因此必須載入包含此一類別的類別庫：

```
import java.awt.event.*;    // 載入 java.awt.event 類別庫裡的所有類別
```

### (4) 最後的完成工作

現在已經完成事件處理的撰寫！把它重新整理，可得到下面的程式碼：

```
01  // Ch17_7, 簡單的事件處理範例(已加入事件處理)
02  import java.awt.*;
03  import javax.swing.*;
04  import java.awt.event.*;
05  public class Ch17_7 extends JFrame implements ActionListener{
06      static Ch17_7 frm=new Ch17_7();
07      static JButton btn=new JButton("Click Me");
08      public static void main(String args[]){
09          btn.addActionListener(frm);              // 把 frm 向 btn 註冊
10          frm.setLayout(new FlowLayout());
11          frm.setTitle("Action Event");
12          frm.setSize(280,150);
13          frm.add(btn);
14          frm.setVisible(true);
15          frm.setDefaultCloseOperation(JFrame.EXIT_ON_CLOSE);
16      }
17      public void actionPerformed(ActionEvent e){// 事件發生的處理動作
18          frm.getContentPane().setBackground(Color.YELLOW);
19      }
20  }
```

如果編譯與執行上面的程式碼，應可發現視窗中的 btn 按鈕已經可以將視窗的底色變換成黃色。我們可以把 Ch17_7 的執行流程繪製成下圖：

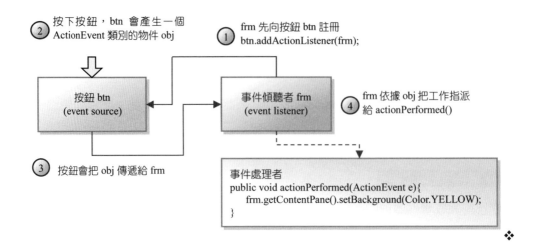

## 17.4.2 定義內部類別當成傾聽者

於前例中，我們把包含 btn 的類別 Ch17_7 所建立的物件拿來當成傾聽者。事實上您也可以自訂一個類別來實作 ActionListener 介面，再把此類別產生的物件當成傾聽者。通常是把實作介面的類別定義在主類別裡，自己成為它的內部類別。下面的範例是以這個觀念寫成的：

```
01   // Ch17_8，定義內部類別當成傾聽者
02   import java.awt.*;
03   import javax.swing.*;
04   import java.awt.event.*;
05   public class Ch17_8{          // 主類別，注意此類別不需繼承 JFrame 類別
06       static JFrame frm=new JFrame("Action Event");
07       static JButton btn=new JButton("Click Me");
08       static JPanel pne=new JPanel();
09
10       public static void main(String args[]){
11           btn.addActionListener(new ActLis());
12           frm.setSize(280,150);
13           pne.add(btn);
14           frm.add(pne);
15           frm.setVisible(true);
16           frm.setDefaultCloseOperation(JFrame.EXIT_ON_CLOSE);
17       }
```

```
18      // 定義內部類別 ActLis，並實作 ActionListener 介面
19      static class ActLis implements ActionListener{
20        public void actionPerformed(ActionEvent e){// 事件發生的處理動作
21          pne.setBackground(Color.YELLOW);
22        }
23      }
24   }
```

在類別 Ch17_8 裡，第 19~23 行定義內部類別 ActLis，並實作 ActionListener 介面，因此它可以當成事件的傾聽者。稍早曾經提過，事件的傾聽者必須先向會觸發事件的物件註冊，因此在第 11 行裡先用 new 產生 ActLis 類別的物件，再用 addActionListener() 向 btn 註冊。

也許您已注意到，第 19 行把內部類別 ActLis 宣告成 static，而不是一般的內部類別（inner class），這是因為在外部類別（outer class，也就是類別 Ch17_8）的「類別函數」（class method）內，不能建立非 static 內部類別之物件的關係，但很不幸的，main() 非得宣告成 static 不行。因此最簡單的解決方法就把傾聽者類別 ActLis 宣告成 static 即可。                                   ❖

## 17.4.3  認識事件處理類別

上一節我們已瞭解到事件的發生，以及撰寫處理事件的程式碼。本節將介紹事件類別的概念、它們之間的繼承關係以及相關的應用。在 Java 中，AWTEvent 類別是所有事件類別的最上層，它繼承 java.util.EventObject 類別，而 java.util.EventObject 又繼承 java.lang.Object 類別，其繼承的關係如下圖所示：

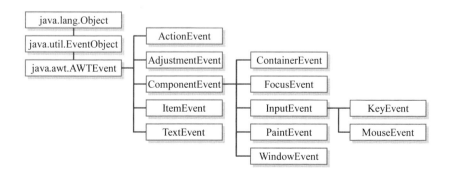

Java 把事件類別大致分為兩種：語意事件（semantic events）與低階事件（low-level events），其中語意事件直接繼承自 AWTEvent 類別，如 ActionEvent、AdjustmentEvent 與 ComponentEvent 等均是。低階事件則是繼承自 ComponentEvent 類別，如 ContainerEvent、FocusEvent、WindowEvent 與 KeyEvent 等均屬之。讀者可以注意到，我們所學過的 ActionEvent 是繼承自 AWTEvent 類別，因此它是屬於語意事件。

事實上，完整的事件類別繼承圖比起上圖而言，要來的複雜許多，上圖只是列出較常用的事件，而這些事件的處理方式也是讀者必須要知道的。限於篇幅的關係，本書僅介紹最基礎的事件類別，讀者應能旁徵博引進而瞭解其它事件類別的運作方式。

對於每一個事件類別而言，幾乎都有相對應的事件傾聽者，例如稍早學過的 ActionEvent 類別，它的事件傾聽者便是 ActionListener。Java 的事件傾聽者都是以介面（Interface）來呈現，它們均繼承自 java.util.EventListener 介面。下圖為事件傾聽者之間的繼承關係圖。

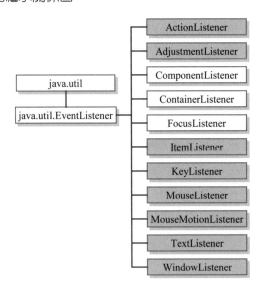

第 11 章中曾提及，以類別實作介面時，必須詳細定義介面裡只定義名稱但未定義內容的每一個函數，就如同 Ch17_7 中，要詳細定義 actionPerformed() 一樣（actionPerformed() 是 ActionListener 介面裡定義的函數）。至於本書裡所提到的事件類別、所因應的事件傾聽者介面，與傾聽者介面裡所提供的函數這三者之間的關係，可以整理成下表：

17-22

事件類別、事件傾聽者介面與傾聽者介面裡所提供的函數

| 事件類別 | 傾聽者介面 | 傾聽者介面所提供的事件處理者 |
|---|---|---|
| KeyEvent | KeyListener | void keyTyped(KeyEvent e)<br>void keyPressed(KeyEvent e)<br>void keyReleased(KeyEvent e) |
| WindowEvent | WindowListener | void windowActivated(WindowEvent e)<br>void windowClosed(WindowEvent e)<br>void windowClosing(WindowEvent e)<br>void windowDeactivated(WindowEvent e)<br>void windowDeiconified(WindowEvent e)<br>void windowIconified(WindowEvent e)<br>void windowOpened(WindowEvent e) |
| TextEvent | TextListener | void textValueChanged(TextEvent e) |
| ActionEvent | ActionListener | void actionPerformed(ActionEvent e) |
| AdjustmentEvent | AdjustmentListener | void adjustmentValueChanged(AdjustmentEvent e) |
| ItemEvent | ItemListener | void itemStateChanged(ItemEvent e) |
| MouseEvent | MouseListener | void mouseClicked(MouseEvent e)<br>void mouseEntered(MouseEvent e)<br>void mouseExited(MouseEvent e)<br>void mousePressed(MouseEvent e)<br>void mouseReleased(MouseEvent e) |
| | MouseMotionListener | void mouseDragged(MouseEvent e)<br>void mouseMoved(MouseEvent e) |

至於 Swing 或 AWT 所提供的物件中，可能觸發事件類別的對應關係，我們把它整理成下表，注意某些物件可能會觸發好幾個事件，此時只需針對所要的事件撰寫程式碼即可：

Swing / AWT 的物件可能產生事件的對應關係表

| 事件來源者 | 產生事件的類別型態 |
|---|---|
| Button、JButton | ActionEvent |
| CheckBox 、 JCheckBox 、 JRadioButton | ActionEvent, ItemEvent |
| Component、JComponent | ComponentEvent, FocusEvent, KeyEvent, MouseEvent |
| MenuItem、JMenuItem | ActionEvent |
| Scrollbar、JScrollBar | AdjustmentEvent |
| TextArea、JTextArea | TextEvent, ActionEvent |

| 事件來源者 | 產生事件的類別型態 |
|---|---|
| TextField、JTextField | TextEvent, ActionEvent |
| Window、JDialog | WindowEvent |

認識了 Java 提供的事件處理的方法後，範例 Ch17_9 是將 Ch17_3 中的按鈕加上事件處理，使其按下後能夠顯示更多的照片。

```
01   // Ch17_9, JButton 與 JLabel 的綜合應用
02   import javax.swing.*;
03   import java.awt.event.*;
04   public class Ch17_9{
05       static JFrame frm=new JFrame("JButton & JLabel");
06       static JPanel pne=new JPanel();
07
08       static ImageIcon pic[]=new ImageIcon[4];   // 建立 ImageIcon 陣列
09        static ImageIcon left=
             new ImageIcon("C:\\MyJava\\Ch17\\Ch17_9\\left.png");
10        static ImageIcon right=
             new ImageIcon("C:\\MyJava\\Ch17\\Ch17_9\\right.png");
11
12       static JButton btn1=new JButton(" 前一張 ",left);
13       static JButton btn2=new JButton(" 後一張 ",right);
14       static JLabel lab=new JLabel();
15       static int index=0;          // index 變數，用來記錄哪一張影像正被顯示
16
17       public static void main(String args[]){
18           pic[0]=new ImageIcon("C:\\MyJava\\Ch17\\Ch17_9\\pic0.png");// 載入影像
19           pic[1]=new ImageIcon("C:\\MyJava\\Ch17\\Ch17_9\\pic1.png");
20           pic[2]=new ImageIcon("C:\\MyJava\\Ch17\\Ch17_9\\pic2.png");
21           pic[3]=new ImageIcon("C:\\MyJava\\Ch17\\Ch17_9\\pic3.png");
22           // 設定文字水平位置
23           btn2.setHorizontalTextPosition(JButton.LEFT);
24           pne.add(btn1);
25           pne.add(btn2);
26           pne.add(lab);
27           frm.add(pne);
28
```

```
29        lab.setIcon(pic[0]);
30        lab.setText("pic0.png");
31        // 設定文字水平位置
32        lab.setHorizontalTextPosition(JLabel.CENTER);
33        // 設定文字垂直位置
34        lab.setVerticalTextPosition(JLabel.BOTTOM);
35
36        btn1.addActionListener(new ActLis());
37        btn2.addActionListener(new ActLis());
38
39        frm.setSize(400,300);
40        frm.setVisible(true);
41        frm.setDefaultCloseOperation(JFrame.EXIT_ON_CLOSE);
42    }
43    static class ActLis implements ActionListener{
44        public void actionPerformed(ActionEvent e){
45            JButton btn=(JButton) e.getSource(); // 取得被按下的按鈕
46            int num=pic.length;
47
48            if(btn==btn1 && index>0)       // 若btn1被按下，且index>0
49                index--;
50            if(btn==btn2 && index<num-1)// 若btn2被按下，且index<num-1
51                index++;
52            lab.setText("pic"+ index%num +".png");  // 設定標題名稱
53            lab.setIcon(pic[index%num]);
54        }
55    }
56 }
```

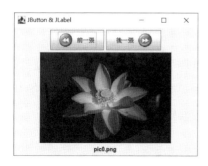

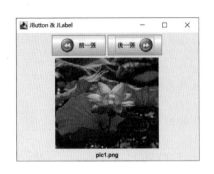 

試著按下「前一張」、「後一張」按鈕，
看看圖片更換的變化

第 6 行建立 JPenel 物件 pne，第 8 行建立 ImageIcon 陣列 pic，用來存放 4 張圖片。
第 9~10 行建立存放左右箭頭圖片的 ImageIcon 物件 left、right。第 12~13 行建立按
鈕物件 btn1、btn2，並加入 left 與 right 存放的圖片。第 14 行建立 JLabel 物件存放
要顯示的圖片。18~21 行設定 ImageIcon 陣列存放的圖片。第 23 行設定 btn2 按鈕內
文字水平的位置靠左，預設為靠右，因此 btn1 不需要特別設定。第 24~26 行將按鈕
及標籤物件 btn1、btn2、lab 加入 pne 物件，第 27 行將物件 pne 加入視窗 frm。

第 29~34 行分別設定 lab 裡的圖片、文字及文字的水平、垂直位置。36~37 行先用
new 產生 ActLis 類別的物件，再用 addActionListener() 向 btn1、btn2 註冊。第 43~55
行定義內部類別 ActLis，並實作 ActionListener 介面，控制當按鈕 btn1、btn2 被按下
時要顯示哪張圖片。您可以試著按下「前一張」、「後一張」按鈕，看看圖片更換的
變化。

# 17.5 更多類型的元件

認識了版面配置與事件處理的方式之後，接下來我們就可以在 GUI 中加入事件處理，
本節將會介紹核取方塊、捲軸與文字區塊的處理，如此能更貼近與使用者的互動，
透過各種不同的物件，設計出更多樣且完善的視窗程式。

## 17.5.1 核取方塊

Swing 的核取方塊（check box）可讓使用者選取一個或數個選項。AWT 利用 CheckBox 類別進行單選與複選的處理，Swing 則是以 JCheckBox 與 JRadioButton 類別來做相對應的動作。以下分兩個單元來介紹這兩個類別：

### JCheckBox 類別　（核取方塊）

JCheckBox 類別可用來處理可複選的選項，JCheckBox 類別常用的函數多半是繼承 AbstractButton 而來，下表列出 JCheckBox 類別常用的建構子：

javax.swing.JCheckBox 的建構子

| 建構子 | 主要功能 |
| --- | --- |
| JCheckBox() | 建立核取方塊 |
| JCheckBox(String label) | 建立標題為 label 的核取方塊 |
| JCheckBox(Icon icon) | 建立圖示為 icon 的核取方塊 |
| JCheckBox(String label, boolean state) | 建立標題為 label 的核取方塊，並設定 state 狀態，若 state 為 true，則核取方塊呈被選取狀態 |

### JRadioButton 類別　（選項方塊）

在 Java 中，JRadioButton 與 JCheckBox 的功能完全相同，只是勾選的圖形不一樣而已。JCheckBox 使用的是方形的選擇圖形，而 JRadioButton 是使用圓形的選擇圖形，如下圖：

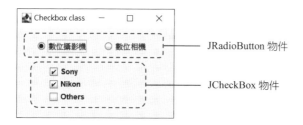

相同的，JRadioButton 類別常用的函數多半是繼承 AbstractButton 而來。下表列出 JRadioButton 類別常用的建構子：

javax.swing.JRadioButton 的建構子

| 建構子 | 主要功能 |
|--------|---------|
| JRadioButton() | 建立選項方塊 |
| JRadioButton (String label) | 建立標籤為 label 的選項方塊 |
| JRadioButton (Icon icon) | 建立圖示為 icon 的選項方塊 |
| JRadioButton (String label, boolean st) | 建立標籤為 label 的選項方塊，並設定 st 狀態，若 st 為 true，則選項方塊呈被選取狀態 |

在 Java 裡，JRadioButton 仍然可以設計成複選，但因使用者多半已經習慣單選物件的圖形為圓形，因此在設計時，建議還是依循這個慣例。若要把 JRadioButton 設為單選，必須配合 javax.swing 類別庫內的 ButtonGroup 類別。ButtonGroup 可限制同一時間內，只有一個物件的狀態為 true，其它皆為 false。下面的範例說明 JCheckBox 與 JRadioButton 的應用：

```
01  // Ch17_10, 核取方塊與選項方塊的應用
02  import javax.swing.*;
03  public class Ch17_10{
04      static JFrame frm=new JFrame("Checkbox class");
05      static JPanel pne=new JPanel();
06      static JRadioButton rb1=new JRadioButton("數位攝影機");
07      static JRadioButton rb2=new JRadioButton("數位相機");
08
09      static JCheckBox ckb1=new JCheckBox("Sony",true);
10      static JCheckBox ckb2=new JCheckBox("Nikon",true);
11      static JCheckBox ckb3=new JCheckBox("Others");
12
13      public static void main(String args[]){
14          rb1.setBounds(30,20,90,20);
15          rb2.setBounds(140,20,78,20);
16          ckb1.setBounds(50,60,140,20);
17          ckb2.setBounds(50,80,140,20);
18          ckb3.setBounds(50,100,140,20);
19
20          ButtonGroup bgroup=new ButtonGroup();// 建立 ButtonGroup 物件
21          bgroup.add(rb1);                      // 將 rb1 設定為單選
22          bgroup.add(rb2);                      // 將 rb2 設定為單選
23          rb1.setSelected(true);                // 設定 rb1 被選擇
```

```
24
25              pne.add(rb1);
26              pne.add(rb2);
27              pne.add(ckb1);
28              pne.add(ckb2);
29              pne.add(ckb3);
30              pne.setLayout(null);
31              frm.add(pne);
32              frm.setSize(270,180);
33              frm.setVisible(true);
34              frm.setDefaultCloseOperation(JFrame.EXIT_ON_CLOSE);
35          }
36      }
```

在 Ch17_10 中，第 6~7 行建立兩個 JRadioButton 的物件 rb1 與 rb2，第 9~11 行建立三個 JCheckBox 的物件 ckb1、ckb2 與 ckb3。由於我們想把 rb1 與 rb2 設計為單選，因此第 20 行建立 ButtonGroup 物件 bgroup，並於第 21~22 行將 rb1 與 rb2 加入物件 bgroup 中，使它們成為單選的項目。

本例並沒有設計事件的處理，因此程式碼相當的簡單，您可以嘗試自行練習撰寫事件處理的程式碼，使得本例也能用來處理事件。

❖

## 17.5.2 捲軸

許多圖形介面均設有捲軸（scroll bars），以方便使用者拖曳捲軸來設定數值或捲動畫面。捲軸包含：兩個捲軸箭號（位於捲軸兩端）、一個捲軸盒（用來拖曳捲軸）、以及捲軸列（用來放置捲軸盒）。

Swing 裡的 JScrollBar 類別可用來處理捲軸相關的功能，下表列出 JScrollBar 類別常用的建構子與函數：

javax.swing.ScrollBar 的建構子與函數

| 建構子 | 主要功能 |
| --- | --- |
| JScrollBar() | 建立垂直方向的捲軸 |
| JScrollBar(int orientation) | 建立捲軸,並指定方向 |
| JScrollBar(int orientation, int value, int extent, int min, int max) | 建立捲軸,並指定方向、初始值、捲軸盒的可視大小、捲軸的最小與最大值 |

| 函數 | 主要功能 |
| --- | --- |
| void addAdjustmentListener(AdjustmentListener l) | 加入 AdjustmentEvent 事件傾聽者 |
| int getMaximum() | 取得捲軸的最大值 |
| int getMinimum() | 取得捲軸的最小值 |
| int getOrientation() | 取得捲軸的方向 |
| int getValue() | 取得目前捲軸的數值 |
| int getVisibleAmount() | 取得捲軸盒的可視大小 |
| void setMaximum(int newMaximum) | 設定捲軸的最大值 |
| void setMinimum(int newMinimum) | 設定捲軸的最小值 |
| void setOrientation(int orientation) | 設定捲軸的方向 |
| void setValue(int newValue) | 設定目前捲軸的數值 |
| void setValues(int value, int visible, int minimum, int maximum) | 設定捲軸的數值、捲軸盒的可視大小、捲軸的最小值與最大值 |
| void setVisibleAmount(int newAmount) | 設定捲軸盒的可視大小 |

捲軸的方向可設定為水平或垂直,JScrollBar 類別分別以 IIORIZONTAL 與 VERTICAL 這兩個類別變數來代表它們。

有趣的是,利用 setVisibleAmount() 即可設定捲軸盒的可視大小(想想看,捲軸盒的大小代表著什麼涵義),且捲軸盒的大小會影響到捲軸的傳回值。例如我們設定捲軸的最小值為 20,最大值為 180,但由於捲軸盒的大小佔掉 40,因此這個捲軸只能傳回 20~140 之間的數值。

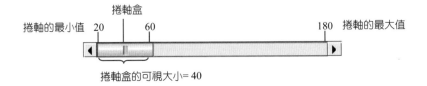

捲軸盒
捲軸的最小值　20　　60　　　　　　　　　　180　捲軸的最大值

捲軸盒的可視大小= 40

JScrollbar 類別並不是搭配 ActionListener 介面使用，它使用的是 AdjustmentListener 介面。此介面裡只定義一個函數：

```
void adjustmentValueChanged(adjustmentEvent e)
```

adjustmentValueChanged() 可接收 AdjustmentEvent 類別的物件，這個物件正是當捲軸捲動時會觸發 AdjustmentEvent 事件，繼而傳遞給傾聽者的物件。

Ch17_11 是捲軸的實例應用。我們在視窗中配置二個 JLabel 物件與一個垂直的捲軸，當捲軸移動時，捲軸的數值會顯示在視窗的下方，且視窗上方 "No cross, no crown." 字體的大小也會隨著捲軸數值的不同而改變。

```
01  // Ch17_11, 捲軸的實例應用
02  import java.awt.*;
03  import java.awt.event.*;
04  import javax.swing.*;
05  public class Ch17_11 extends JFrame implements AdjustmentListener{
06      static Ch17_11 frm=new Ch17_11();
07      static JScrollBar scr=new JScrollBar();  // 建立垂直捲軸 scr
08      static JLabel lab1=new JLabel("No cross, no crown.",JLabel.CENTER);
09      static JLabel lab2=new JLabel("size=20",JLabel.CENTER);
10
11      public static void main(String args[]){
12          frm.setTitle("Scrollbar Demo");
13          frm.setSize(300,150);
14          scr.addAdjustmentListener(frm);     // 以 frm 當成 scr 的傾聽者
15          scr.setValues(20,4,12,40);          // 設定 scr 的相關數值
16          frm.add(scr,BorderLayout.EAST);
17          frm.add(lab1,BorderLayout.CENTER);
18          frm.add(lab2,BorderLayout.SOUTH);
19          lab1.setFont(new Font("Dialog",Font.PLAIN,20));
20          frm.setVisible(true);
21          frm.setDefaultCloseOperation(JFrame.EXIT_ON_CLOSE);
22      }
23      public void adjustmentValueChanged(AdjustmentEvent e){
24          int size=scr.getValue();            // 取得 scr 的數值
25          lab1.setFont(new Font("Dialog",Font.PLAIN,size));// 設定字型樣式
```

```
26            lab2.setText("size="+size);        // 顯示字體大小
27        }
28  }
```

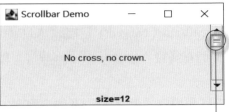

拉動捲軸可調整
文字的大小

第 7 行建立捲軸物件 scr，第 14 行設定 frm 為 scr 的事件傾聽者，第 16 行將捲軸 scr
加入視窗 frm 中，在本例中，將 frm 的版面配置設為 BorderLayout 是絕佳的選擇，
因為通常捲軸是貼著視窗的邊界來放置。第 23~27 行以 adjustmentValueChanged() 來
處理捲軸捲動時所觸發的事件，其中第 24 行取得拖曳捲軸時，捲軸盒所在位置的數
值，第 25 行並依此值來設定字體的大小，第 26 行則是在 lab2 中顯示此值。

於本例中，第 15 行設定捲軸的最小值為 12、最大值為 40，由於捲軸盒的大小設定
為 4，因此實際上，捲軸只能傳回 12~36 之間的數值。                    ❖

## 17.5.3 文字處理

Swing 主要用來處理文字輸入物件的類別有兩個，分別為 JTextField 與 JTextArea。
JTextField 用來處理單行文字，JTextArea 則可以做多行文字的處理。JTextField 與
JTextArea 均繼承自 javax.swing.text.JTextComponent 類別，JTextComponent 裡有不
少常用的函數會繼承給 JTextField 與 JTextArea 類別使用，下表為這些函數的整理：

javax.swing.text.JTextComponent 的函數

| 函數 | 主要功能 |
| --- | --- |
| String getSelectedText() | 取得被選取區域的文字 |
| String getText() | 取得文字區塊裡的文字 |
| boolean isEditable() | 測試文字區塊裡的文字是否可被編輯 |

| 函數 | 主要功能 |
|---|---|
| void select(int selStart, int selEnd) | 選擇位置從 selStart 到 selEnd 之間的字元 |
| void selectAll() | 選擇文字區塊裡的所有文字 |
| void setEditable(boolean b) | 文字區塊設定為可編輯的 |

## 用 JTextField 建立文字方塊

文字方塊（text field）是 Swing 裡最基本的文字處理物件，以 JTextField 類別來建立文字方塊，輸入文字。下表列出 JTextField 類別所提供的建構子與常用的函數：

javax.swing.JTextField 的建構子與函數

| 建構子 | 主要功能 |
|---|---|
| JTextField() | 建立文字方塊 |
| JTextField(int columns) | 建立文字方塊，並設定文字方塊的寬度可容納 columns 個字元 |
| JTextField(String text) | 建立文字方塊，並以 text 為預設的文字 |
| JTextField(String text, int columns) | 建立文字方塊，以 text 為預設的文字，並設定文字方塊的寬度可容納 columns 個字元 |

| 函數 | 主要功能 |
|---|---|
| int getColumns() | 取得文字方塊預設的寬度（以字元數為單位） |
| void setColumns(int columns) | 設定文字方塊的寬度為 columns 個字元 |
| void setFont(Fong f) | 設定文字方塊的字型為 f |
| protected int getColumnWidth() | 取得文字方塊的寬度（以字元數為單位） |

JPasswordField 類別可以把輸入的文字轉成特定的符號，以避免被他人窺視。下表列出 JPasswordField 類別所提供的建構子與常用的函數：

javax.swing.JPasswordField 的建構子

| 建構子 | 主要功能 |
|---|---|
| JPasswordField() | 建立文字密碼欄位 |
| JPasswordField(int columns) | 建立文字密碼欄位，並設定文字密碼欄的寬度可容納 columns 個字元 |
| JPasswordField(String text) | 建立文字密碼欄位，並以 text 為預設的密碼 |
| JPasswordField(String text, int columns) | 建立文字密碼欄位，以 text 為預設的密碼，並設定文字密碼欄的寬度可容納 columns 個字元 |

17-33

javax.swing.JPasswordField 的函數

| 函數 | 主要功能 |
|------|----------|
| boolean echoCharIsSet() | 取得文字密碼欄是否設定回應字元 |
| char getEchoChar() | 取得文字密碼欄回應的字元 |
| char[] getPassword() | 取得文字密碼欄的內容 |
| void setEchoChar(char c) | 設定文字密碼欄回應的字元為 c |

下面的範例是在視窗中建立 3 個文字方塊,其中第一個文字方塊設成不可編輯,第二個文字方塊設成可編輯,第三個文字方塊一樣可編輯,但回應的字元是*(星號),這有點類似您在網路上鍵入密碼,但電腦的回應卻是*(星號),以防止別人窺視。

```java
01  // Ch17_12, JTextField 與 JPasswordField 的應用
02  import javax.swing.*;
03  public class Ch17_12{
04      static JFrame frm=new JFrame("JTextField class");
05      static JTextField txf1=new JTextField("JTextField Demo");
06      static JTextField txf2=new JTextField("Editable");
07      static JPasswordField txf3=new JPasswordField("password");
08
09      public static void main(String args[]){
10          frm.setSize(270,180);
11          frm.setLayout(null);
12          txf1.setBounds(70,30,120,20);
13          txf2.setBounds(70,60,120,20);
14          txf3.setBounds(70,90,120,20);
15          txf1.setEditable(false);        // 設定 txf1 為不可編輯
16          txf3.setEchoChar('*');          // 設定 txf3 的回應字元為'*'
17          frm.add(txf1);
18          frm.add(txf2);
19          frm.add(txf3);
20          System.out.println(txf1.getText());
21          System.out.println(txf2.getText());
22          System.out.println(txf3.getPassword());
23          frm.setVisible(true);
24          frm.setDefaultCloseOperation(JFrame.EXIT_ON_CLOSE);
25      }
26  }
```

- 執行結果：
```
JTextField Demo
Editable
password
```

於此例中，第 5~6 行分別建立 JTextField 物件 txf1、txf2，第 7 行建立 JPasswordField 物件 txf3，並設定初始字串。第 15 行設定 txf1 為不可編輯，所以在輸出的視窗中，可以發現 txf1 物件呈灰色，且無法輸入任何文字。第 16 行設定 txf3 的回應字元為*（星號），因此由 JPasswordField() 建構子所設定的 "password" 字串，在顯示時即會變成*（星號）。如果在這個文字方塊內輸入任何文字，此方塊回應的也會是星號。

第 20~21 行呼叫 getText() 函數、22 行呼叫 getPassword() 函數，在 VSCode 視窗中顯示 txf1、txf2 與 txf3 文字方塊內的文字。注意 getText() 並非 JTextField 類別所提供，而是繼承自 JTextComponent 而來的函數。有趣的是，雖然 txf3 在文字方塊內顯示的是星號，但是用 getPassword() 函數取出的卻是原本的文字。

讀者也許可發現，JTextField() 建構子也可以在建立文字方塊時，便同時指定文字方塊的長度（以可容納的字元數為單位），此外 JTextField 類別的 setColumns() 也提供相同的設定，但這些功能只在啟用版面配置時才有效用。

### 用 JTextArea 建立文字區

文字區（text area）可看成是二維的文字方塊，它可呈現多行文字，並具有自動換行的功能。JTextArea 和 JTextField 一樣，都是繼承自 JTextComponent 類別。下表列出 JTextArea 類別常用的建構子與函數：

17-35

javax.swing.JTextArea 的建構子與函數

| 建構子 | 主要功能 |
|--------|----------|
| JTextArea() | 建立文字區 |
| JTextArea(int rows, int cols) | 建立一個文字區，並指定列與行分別為 rows 與 cols 個字元 |
| JTextArea(String text) | 建立文字區，並預設文字為 text |
| JTextArea(String text, int rows, int cols) | 建立文字區，並預設文字及指定大小 |

| 函數 | 主要功能 |
|------|----------|
| void append(String str) | 在目前的文字區內的文字之後加上新的文字 str |
| int getColumns() | 取得文字區的行數（以字元數為單位） |
| int getRows() | 取得文字區的列數（以字元數為單位） |
| void insert(String str, int pos) | 在文字區的 pos 位置插入 str 字串 |
| void replaceRange(String str, int start, int end) | 在文字區內，位置 start 到 end 的文字以字串 str 來取代 |
| void setColumns(int columns) | 設定文字區的行數（以字元數為單位） |
| void setRows(int rows) | 設定文字區可顯示的列數 |
| void setText(String txt) | 設定文字區內的文字為 txt |

JTextArea 也可以與 JScrollPane 類別的捲軸（scroll bars）搭配，拉動捲軸來觀看文件其它部分的內容。JScrollPane 繼承自 JComponent 類別，由於我們通常是直接載入 javax.swing.*，因此使用 JScrollPane 類別時不需要另外載入。下表列出 JScrollPane 類別常用的建構了與函數：

javax.swing.JScrollPane 的建構子

| 建構子 | 主要功能 |
|--------|----------|
| JScrollPane() | 建立具有捲軸的面板 |
| JScrollPane(int vsbPolicy, int hsbPolicy) | 建立具有捲軸的面板，並指定捲軸的顯示方式為 vsbPolicy 與 hsbPolicy |
| JScrollPane(Component view) | 建立具有捲軸的面板，並預設內容為 view |
| JScrollPane(Component view, int vsbPolicy, int hsbPolicy) | 建立具有捲軸的面板，並預設內容及指定顯示方式為 vsbPolicy 與 hsbPolicy |

javax.swing.JScrollPane 的函數

| 函數 | 主要功能 |
|------|---------|
| JScrollBar getVerticalScrollBar() | 取得垂直捲軸 |
| JScrollBar getHorizontalScrollBar () | 取得水平捲軸 |
| void setHorizontalScrollBarPolicy(int policy) | 設定水平捲軸的顯示方式 |
| void setVerticalScrollBarPolicy(int policy) | 設定水平捲軸的顯示方式 |

您可以注意到 setVerticalScrollBarPolicy() 函數可用來設定捲軸的顯示方式，其顯示方式的引數設定列表如下：

setVerticalScrollBarPolicy() 的引數

| 資料成員 （field） | 主要功能 |
|------|---------|
| VERTICAL_SCROLLBAR_AS_NEEDED | 設定文字區有需要時加入垂直捲軸 |
| VERTICAL_SCROLLBAR_NEVER | 設定文字區永不出現垂直捲軸 |
| VERTICAL_SCROLLBAR_ALWAYS | 設定文字區總是出現垂直捲軸 |
| HORIZONTAL_SCROLLBAR_AS_NEEDED | 設定文字區有需要時加入水平捲軸 |
| HORIZONTAL_SCROLLBAR_NEVER | 設定文字區永不出現水平捲軸 |
| HORIZONTAL_SCROLLBAR_ALWAYS | 設定文字區總是出現水平捲軸 |

我們以一個實例來說明 JTextArea 與 JScrollPane 類別的應用：

```
01  // Ch17_13, JTextArea 類別的應用
02  import javax.swing.*;
03  public class Ch17_13{
04      static JFrame frm=new JFramc("JTextArea class");
05      static JTextArea txa=new JTextArea();
06
07      public static void main(String args[]){
08          JScrollPane jsp=new JScrollPane(txa,JScrollPane.VERTICAL_SCROLLBAR_ALWAYS,
                  JScrollPane.HORIZONTAL_SCROLLBAR_AS_NEEDED);
09          jsp.setBounds(55,15,140,80);     // 設定文字捲軸區的大小
10          frm.setLayout(null);             // 不使用版面配置
11          frm.setSize(270,150);
12          frm.add(jsp);
13          frm.setVisible(true);
```

```
14          frm.setDefaultCloseOperation(JFrame.EXIT_ON_CLOSE);
15      }
16 }
```

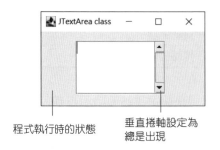

程式執行時的狀態　　垂直捲軸設定為
　　　　　　　　　　總是出現

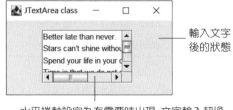

輸入文字
後的狀態

水平捲軸設定為有需要時出現，文字輸入超過
可顯示範圍時，水平捲軸就會自動出現

於 Ch17_13 中，第 5 行宣告並產生 JTextArea 類別的物件 txa。第 8 行宣告並產生 JScrollPane 類別的物件 jsp，並以 txa 為捲軸內容，同時設定捲軸的顯示方式：垂直捲軸總是出現，水平捲軸需要時出現。第 9 行設定文字捲軸區的大小與範圍。

值得注意的是，當我們宣告 JScrollPane jsp=new JScrollPane(txa) 時，文字區物件 txa 就會內嵌在捲軸物件 jsp 裡，並顯示在畫面中，因此如果要宣告文字區物件在畫面上的大小，就要用 JScrollPane 的 setBounds() 函數進行設定，若是用 JTextArea 的 setBounds() 函數來設定，會導致捲軸無法正常使用。

本章介紹 Swing 提供的一些常見物件以及事件的處理方式，現在您對於 Swing 的介面設計應有初步的認識。事實上，Swing 所提供的物件遠比本章介紹的要來得多，但從本章的內容裡不難一窺 Swing 物件的堂奧，讀者如有興趣，可進一步參考專門介紹 Swing 程式設計的書籍。

# 第十七章 習 題

**17.1** 圖形使用者介面概述

1. Swing 物件具有哪些優點？

**17.2** 使用 **Swing** 物件

2. 請建立一個寬為 250，高為 120 的 JFrame 視窗物件，視窗的標題設為 "My Frame"。
   接著再於視窗中，加入一個 JLabel 標籤，標籤的長度為 160，寬度為 20，底色為粉
   紅色；標籤的座標為(40,60)；標籤的文字為 "Knowledge is power."，文字的顏色為
   藍色，字型為 Arial，字型大小為 14。執行結果請參考下圖：

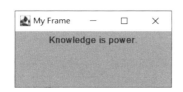

3. 試先建立一個 250*120 的視窗，視窗的標題設為 "Frame 3"。然後在此視窗裡建立
   一個 JButton 按鈕，標題為 " Push Me!!"。執行結果請參考下圖：

4. 試建立 250*150 的視窗，標題設為 "Frame 4"，再建立二個 JButton 按鈕，按鈕標題
   為 "OK" 及 "Cancel"，請在二個按鈕上分別加入 OK 與 Cancel 圖案。執行結果請
   參考下圖：

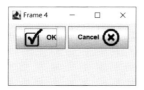

5. 試建立 250*260 的視窗，標題為 "Frame 5"，視窗內建立一個 JLabel 物件，可載入
   一張圖檔，一個 JButton 按鈕，按鈕標題為 "OK"，請在按鈕上加入圖檔。執行結果
   請參考下圖：

**17.3 版面配置與管理**

6. 試建立 240*150 的視窗，標題設為 "Frame 6"，然後利用「邊界版面配置」在 Up、Down、Left 與 Right 四個方向配置四個按鈕。執行結果請參考下圖：

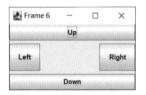

7. 試建立 230*120 的視窗，標題設為 "Frame 7"，利用「流動式版面配置」建立二個按鈕 OK 與 Exit，以及一個底色為橘色的標籤，標籤內的文字為 "Honesty is the best policy."。建立完成之後，請試著調整視窗的大小，觀察按鈕位置的變化。執行結果請參考下圖：

拉動視窗後的狀態

8. 試建立 120*150 的視窗，標題設為 "Frame 8"，利用「流動式版面配置」建立三個按鈕 Button1、Button2、Button3，建立完成之後，請試著調整視窗的大小，觀察按鈕位置的變化。執行結果請參考下圖：

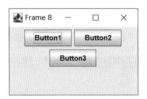

**17.4 委派事件模式**

9. 試修改 Ch17_9 的程式碼，使得按下「前一張」按鈕時，如果圖片已是在第一張，則此時最後一張圖片會被顯示。如果按下「後一張」按鈕時，若圖片已是在最後一張，則此時第一張圖片會被顯示。

10. 試設計一程式，可載入 2 張圖檔，按下按鈕即可顯示對應的圖檔。例如，按下 kitty 按鈕，即會載入 kitty.png；按下 puppy 按鈕，即會載入 puppy.png。kitty 與 puppy 按鈕上請加入小圖示。執行結果請參考下圖：

11. 試設計一視窗，包含有 2 個按鈕與 1 個標籤，標籤的顏色為 Orange。按下 Red 按鈕，標籤內的文字顏色會變成紅色，按下 Green 按鈕，標籤內的文字顏色會變成綠色。Red 與 Green 按鈕上請加入小圖示。執行結果請參考下圖：

**17.5 更多類型的元件**

12. 試設計如下圖的視窗，在 JFrame 視窗內建立三個 JRadioButton 物件，可單選 kitty、puppy 及 agave。選擇 JRadioButton 物件裡的選項後，可將相關的圖片置於視窗中。

13. 試設計如下的視窗程式，在視窗上建立一個 JLabel 物件。當捲動捲軸時，JLabel 物件會顯示目前捲軸的水平及垂直數值。捲軸的範圍請設在視窗的可視範圍內。執行結果請參考下圖：

14. 試設計如下圖的視窗。按下「計算」鈕，即可以顯示 x 的絕對值、平方值或立方值。

15. 試設計如下圖的視窗。當按下「Start」鈕，可顯示由 a 到 b 之間的所有奇數或偶數。

# 18
Chapter

# 網路程式設計

Java 是因應網路需求而誕生的語言，因此利用它來設計網路程式，也較其它程式語言來的簡單。在多半的程式語言中，要撰寫一般的網路程式是相當複雜的，但 Java 往往是短短幾行程式碼就足夠。本章初步地介紹 Java 對網路的支援，從網路的概念到實作，皆可在本章中找到答案。

## @ 本章學習目標

- 認識網路
- 學習如何取得文件的內容資訊
- 學習如何建立 socket 連線
- 學習如何建立 TCP 伺服程式與客戶程式

# 18.1 網址與 InetAddress 類別的使用

在網路的世界中，電腦與電腦之間是以 IP（internet protocol）位址來識別它們在網路中的位置。每台電腦都會有其特定的 IP，在網路上處理資料時，便是依據這個 IP 位址來傳送資料封包到目的地。

現行的網路通訊協定分為 IPv4 及 IPv6。IPv4 的位址格式是採用 32 位元長度，位址能提供 $2^{32}$ 個，IP 位址是以 4 個 8 bits 的數值，以 10 進位來表示，用來區分網路上的每一台電腦。例如，「PChome Online 網路家庭」放置 Web 主機的 IP 位址為

```
34.110.144.106
```

因此您只要在瀏覽器內建入

```
https://34.110.144.106/
```

即可進到「PChome Online 網路家庭」的首頁。

由於網路是以 IP 位址來識別不同的電腦，但是 IP 位址對於一般人而言並不容易記憶，因此習慣上會把電腦取一個簡單易記，且能代表此一電腦的名稱，稱之為 host name（主機名稱）。例如，「PChome Online 網路家庭」放置 Web 主機的 host name 即為 www.pchome.com.tw。

值得注意的是，有時直接在瀏覽器中輸入 IP 位址（如：34.110.144.106），可能會出現如下的「隱私權設定發生錯誤」頁面，警告您與這個網站的連線不安全，這是因為電子憑證通常是與網域名稱相關聯，而不是與 IP 位址相關聯。

當您使用 IP 位址直接連接到網站時，瀏覽器無法驗證憑證上的域名是否與輸入的 IP 位址相匹配，因此會出現不安全的警告。這可能增加網路安全的風險，因為您無法確認所訪問的網站是否為正確的網站，也無法確保連線是否受到適當的加密保護。建議您使用正確的網域名稱訪問網站，而不是直接使用 IP 位址，以確保網絡連線和個人資料的安全。

90 年代有學者擔心 IPv4 的位址不夠，因而重新規劃新的通訊協定 IPv6，其位址格式採用 128 位元長度，位址則能提供 $2^{128}$ 個，表示方式是使用 8 組數字，每組為 4 個字元的 16 進位數值，每組數字之間區隔的部分以「:」表示，如

```
1079:0BD3:6ED4:1D71:414B:2E2A:7144:72BE
```

就是一組標準的 IPv6 網路位址。不管是 IPv4 還是 IPv6 的位址表示法實在太難讓使用者記憶與使用，因此一般都是使用 DNS 網域名稱（如:ibm.com）會較為方便。

每台電腦的 IP 位址只能有一個，然而 host name 卻非必要，可以沒有，也可以多於一個。IP 位址就如同身分證字號一樣是唯一，且只能有一個；hose name 有如綽號般，可以沒有，也可以有好幾個綽號。

host name 雖然好記，但電腦只認得 IP 位址，於是有 DNS（Domain name service）伺服器的產生。DNS 伺服器可以將 host name 轉成相對應的 IP 位址，如此一來，就可以利用 host name 來傳遞資訊。

有了 DNS 的轉換之後，如要連上「PChome Online 網路家庭」的首頁，只要鍵入它的 host name：

```
https://www.pchome.com.tw
```

即可。這個網址對您來說，是不是更容易記憶呢？

本書礙於篇幅，僅介紹以 IPv4 進行 Java 的網路程式設計。接下來我們要開始介紹 Java 如何處理網路的類別。Java 把相關的類別都放置在 Java.net 這個類別庫裡，因此在本章的習作中，記得要載入這個類別庫。

**InetAddress 類別**

Java 以 InetAddress 類別來處理有關 host name 與 IP 位址的取得。比較特殊的是，InetAddress 類別並沒有提供建構子，要建立這個類別的物件，必須利用 InetAddress 類別直接呼叫此類別內所提供的類別函數來建立 InetAddress 類別的物件。下表列出 InetAddress 類別常用的函數：

java.net.InetAddress 常用的函數

| 函數 | 主要功能 |
|------|----------|
| static InetAddress[] getAllByName(String host) | 給予電腦的 host name，取得該主機下所有提供服務的 IP 位址 |
| static InetAddress getByName(String host) | 給予電腦的 host name，取得該主機的 IP 位址 |
| static InetAddress getLocalHost() | 取得本地端電腦的 host name 與 IP 位址 |
| String getHostAddress() | 取得電腦的 IP 位址 |
| String getHostName() | 取得電腦的 host name |

下面的範例是利用 getLocalHost() 函數來取得代表本機的 InetAddress 物件，然後利用此物件來取得 host name 與 IP 位址：

```
01   // Ch18_1, 取得本機的名稱與 IP 位址
02   import java.net.*;
03   public class Ch18_1{
04      public static void main(String args[]){
05        try{
06           InetAddress adr=InetAddress.getLocalHost();
07           System.out.println(adr.getHostAddress());
08           System.out.println(adr.getHostName());
09           System.out.println(adr);
10        }
11        catch(UnknownHostException e){// 捕捉由 InetAddress()拋出的例外
12           System.out.println("無法取得 IP 位址");
13        }
14      }
15   }
```

● 執行結果：
```
192.168.100.31
DESKTOP-OCF6GJN
DESKTOP-OCF6GJN/192.168.100.31
```

於 Ch18_1 中，第 6 行利用 getLocalHost() 取得代表本機的 InetAddress 物件，然後把這些資訊設給 adr。第 7 行透過 getHostAddress() 取得 adr 的 IP 位址，第 8 行是以 getHostName() 取得 adr 的 host name。如果以 println() 印出 adr 物件，則可同時顯示出 host name 與 IP 位址，如程式的第 9 行。從輸出中，讀者可以看出筆者上網電腦的 host name 是 DESKTOP-OCF6GJN，IP 是 192.168.100.31。

值得一提的是，getLocalHost() 會拋出 UnknownHostException 例外，因此必須撰寫 try-catch 區塊來捕捉它。

InetAddress 類別裡的 getByName() 函數也允許您由電腦 host name 取得相對應的 IP 位址，如下面的範例：

```
01  // Ch18_2, 取得本機的名稱與 IP 位址
02  import java.net.*;
03  public class Ch18_2{
04     public static void main(String args[]){
05        try{
06           InetAddress adr;        // 宣告 InetAddress 類別型態的變數 adr
07           adr=InetAddress.getByName("udn.com"); // 取得 IP 位址
08           System.out.println(adr);
09        }
10        catch(UnknownHostException e){
11           System.out.println("無法取得 IP 位址");
12        }
13     }
14  }
```
● 執行結果：
```
udn.com/23.41.132.165
```

於 Ch18_2 中，第 7 行利用 getByName() 取得 host name 為 "udn.com" （這是聯合新聞網）的 IP 位址，並由第 8 行的 println() 印出。從輸出中可以看出，聯合新聞網的 IP 為 23.41.132.165。

## 18.2　認識 URL

URL 是 universal resource locator 的縮寫，用以表示網路上資源的位址。此處所謂的資源是泛指任何格式的電子檔案，如文字檔、影像檔、聲音檔與執行檔等等。

例如，下面的網址便是一個 URL 的範例：

```
http://udn.com:80/NEWS/main.html
```

其中的「http」代表取得資源的方式是利用 http 的通訊協定（protocol）。所謂的通訊協定，可以把它想像成電腦與電腦之間溝通的語言，各種不同平台的電腦有相同的通訊協定之後，彼此之間就可以相互溝通，相互傳遞訊息。例如，TCP/IP 就是每台電腦要連上網路的通訊協定。

「udn.com」是伺服器的名稱，「80」是埠號。由於 http 通訊協定的埠號預設為 80，因此埠號可以省略不寫。「NEWS」是網站中的目錄，「main.html」則是該目錄中的檔案名稱。

於是，這個 URL 表示伺服器的名稱為「udn.com」，此伺服器的 NEWS 目錄裡有一個「main.html」檔案，它的內容可以透過通訊協定「http」，由埠號 80 的存取。

也許您會問及，為什麼要有埠號呢？這是因為網路上的電腦雖可用 IP 的位址來指定，但電腦裡可能同時有好幾個應用程式在執行，所以單單以 IP 來指定電腦，並無法指明是要與電腦裡的哪一個程式建立連線，此時埠號就派上用場。埠號可以指明是哪一個程式要與網路連上線，如此一來，就可以透過埠號找到要連結的對象。一般而言，http 使用的埠號是 80，LINE 是 443，網路時間通訊協定（NTP）是 123。Java 是以 URL 類別來處理 URL 相關的資訊。下表列出 URL 類別常見的建構子與函數：

java.net.URL 常用的建構子與函數

| 建構子 | 主要功能 |
| --- | --- |
| URL(String spec) | 由字串 spec 建立 URL 物件 |
| URL(String protocol, String host, String file) | 以通訊協定、host name 與檔案路徑的字串建立 URL 物件 |
| URL(URL context, String spec) | 以一個絕對路徑的 URL 物件,以及相對路徑的檔案名稱建立 URL 物件 |

| 函數 | 主要功能 |
| --- | --- |
| Object getContent() | 取得 URL 檔案的內容 |
| String getFile() | 取得 URL 的檔案名稱 |
| String getHost() | 取得 URL 的 host name |
| String getPath() | 取得 URL 的路徑 |
| int getPort() | 取得 URL 的埠號 |
| String getProtocol() | 取得 URL 的通訊協定名稱 |
| URLConnection openConnection() | 建立一個 URL 連線,並傳回 URLConnection 物件 |

下面的範例說明如何建立一個 URL 物件,及如何利用 URL 物件來取得該物件裡的通訊協定名稱、host name、埠號與檔名等:

```
01  // Ch18_3, 使用 URL 類別
02  import java.net.*;
03  public class Ch18_3{
04      public static void main(String args[]){
05          try{
06              URL u=new URL("https://udn.com/news/index");
07              System.out.println("通訊協定名稱為 "+u.getProtocol());
08              System.out.println("host name 為 "+u.getHost());
09              System.out.println("埠號為 "+u.getPort());
10              System.out.println("檔名為 "+u.getFile());
11          }
12          catch(MalformedURLException e){
13              System.out.println("發生了" +e+ "例外");
14          }
15      }
16  }
```

● 執行結果：

通訊協定名稱為 https
host name 為 udn.com
埠號為 -1
檔名為 /news/index

Ch18_3 的第 6 行建立 URL 物件 u，第 7~10 行分別以 getProtocol()、getHost()、getPort() 與 getFile() 函數取得物件 u 的通訊協定名稱、host name、埠號與檔名。由於在建立 URL 物件 u 時，我們並沒有指定使用的埠號，所以 getPort() 取得的埠號是 -1，代表 URL 物件裡的埠號並未被指定。                                                           ❖

建立 URL 物件之後，即可利用 URL 物件呼叫 getContent() 函數，取得 URL 內的資源，如下面的範例：

```
01   // Ch18_4, 載入 URL 的檔案內容
02   import java.net.*;
03   import java.io.*;
04   public class Ch18_4{
05      public static void main(String args[]){
06         String str;
07         try{
08            URL u=new URL("https://flagtech.github.io/flag.txt");
09
10            Object obj=u.getContent();              // 取得 URL 的內容
11            InputStreamReader isr=new InputStreamReader((InputStream) obj);
12            BufferedReader br=new BufferedReader(isr);
13
14            while((str=br.readLine())!=null)
15               System.out.println(str);
16            br.close();
17         }
18         catch(IOException e){
19            System.out.println("發生了"+e+"例外");
20         }
21      }
22   }
```

- 執行結果：
FLAG

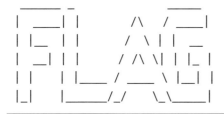

於 Ch18_4 中，第 8 行建立一個 URL 物件 u，第 10 行利用 getContent() 函數取得
URL 的內容，值得一提的是，getContent() 會傳回 Object 型態的物件，所以第 10 行
利用一個 Object 類別的變數 obj 來指向它。第 11 行先把 obj 轉換成 InputStream 型
態，然後以它來建立一個 InputStreamReader 類別的物件 isr，第 12 行再以 isr 物件建
立一個 BufferedReader 的物件 br，接下來的第 14~15 行就可以利用 readLine() 一行
一行的讀取 URL 的檔案內容。

要特別注意的是，如果第 8 行的 URL 路徑是設在網路上，在執行本程式前一定要先
連上網路，否則會發生 UnknownHostException 例外。

本例所讀取的是一個純文字檔，所以可以用 BufferedReader 類別的 readLine() 來讀
取內容。Java 不但可以讀取純文字檔，還可以讀取存放影像的 URL，有興趣的讀者
可以自行試試。

### ▌使用 URLConnection 類別

在建立 URL 類別的物件時，即使沒有連上網路，URL 類別依然可以建立物件。我們
可以直接從 URL 物件中取出檔名、路徑、埠號等資訊是很自然的事，因為這些資訊
本來就寫在 URL 的建構子裡。如果要取得檔案的大小與類型等資訊，就必須透過
URLConnection 類別的幫忙。

要取得檔案大小與類型等資訊，可利用 URL 物件呼叫 openConnection()，此函數會
傳回 URLConnection 類別型態的物件，利用此物件即可取得檔案的類型，以及檔案

所佔的位元組等資訊。下表列出兩個 URLConnection 類別提供的函數，稍後的範例將會使用到它們：

java.net.URLConnection 常用函數

| 函數 | 主要功能 |
| --- | --- |
| int getContentLength() | 取得資料所佔的位元數 |
| int getContentType() | 取得資料的型態 |

下面的範例說明如何利用 URLConnection 類別裡的 getContentLength() 函數取得檔案的大小（即所佔的位元數）：

```
01  // Ch18_5，使用 URLConnection 類別
02  import java.net.*;
03  import java.io.*;
04  public class Ch18_5{
05    public static void main(String args[]){
06      try{
07        URL u1=new URL("https://www.hinet.net");
08        URL u2=new URL("file:///C:\\MyJava\\Ch18\\Ch18_5\\poem.txt");
09        URL u3=new URL("file:///C:\\MyJava\\Ch18\\Ch18_5\\pic0.png");
10
11        URLConnection uc1=u1.openConnection();
12        URLConnection uc2=u2.openConnection();
13        URLConnection uc3=u3.openConnection();
14
15        System.out.print("主網頁的大小為 " + uc1.getContentLength());
16        System.out.println("， 類型為 " + uc1.getContentType());
17        System.out.print("poem.txt 的大小為 " + uc2.getContentLength());
18        System.out.println("， 類型為 " + uc2.getContentType());
19        System.out.print("pic0.jpg 的大小為 " + uc3.getContentLength());
20        System.out.println("， 類型為 " + uc3.getContentType());
21      }
22      catch(IOException e){
23        System.out.println("發生了"+e+"例外");
24      }
25    }
26  }
```

• 執行結果：

```
主網頁的大小為 249034， 類型為 text/html; charset=UTF-8
poem.txt 的大小為 54， 類型為 text/plain
pic0.jpg 的大小為 84271， 類型為 image/png
```

於本例中，第 7~9 行建立三個 URL 物件，參照到三個檔案，分別為「中華電信」的
主網頁，和磁碟機 C 中，Java 資料夾裡的 poem.txt 與 pic0.jpg。第 8 和 9 行的「file://」
使用的是 URL 協定，由於 URL 協定並沒有 hostname，因此開頭要寫成「file:///」，
表示是本地檔案。第 11~13 行分別以這三個 URL 物件呼叫 openConnetcion()，藉以
和這三個檔案連上線。最後，第 15~20 行呼叫 getContentLength() 與 getContenType()
取得檔案所佔的位元數與型態。 ❖

# 18.3 建立主從架構程式 ─ 使用 Socket 類別

在主從（client-server）的架構裡，不同的伺服程式會使用不同的埠號，同時在伺服
器裡執行。伺服程式會隨時監視自己的埠號，當客戶端（client 端）發出請求時，伺
服端（server 端）的伺服程式會對此一請求做出回應，如下圖示：

一旦收到客戶端的請求之後，伺服端的伺服程式會建立一個新的 socket 物件，並透
過這個物件與客戶端連線，以便進行資料的傳遞。socket 是程式與網路之間的一種
介面，要把資訊傳送到網路，必須透過 socket 的幫忙。在進行傳輸的工作時，必須
先建立一個 socket 物件，此時系統會傳回 socket 識別碼，以供我們使用。

Java 提供 ServerSocket 與 Socket 類別，ServerSocket 類別提供了伺服器端建立和監
聽網路連線的功能，並為每個連線建立一個對應的 Socket 物件，以實現與客戶端之

間的通訊。而 Socket 類別可將客戶端（client）的電腦連上伺服器，並可從伺服器傳遞資料給客戶端。

其做法是在伺服端（server）的伺服程式裡呼叫 ServerSocket 類別的建構子，把 server socket 建立在特定的埠號上，然後再呼叫 accept() 函數，用以監控伺服端的請求。當客戶端有請求時，伺服端的 accept() 會接受該請求，並建立 Socket 物件與客戶端連線，然後依據客戶端的請求，把資訊傳遞給客戶端，直到雙方都關閉 socket 為止，其運作的流程如下圖所示：

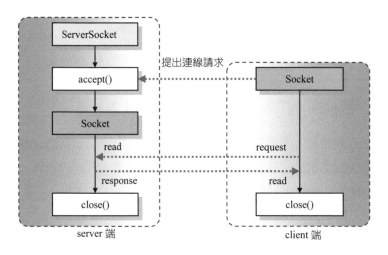

下面二個表分別列出 ServerSocket 與 Socket 類別所提供的建構子與函數，稍後將利用它們來建立伺服程式與客戶程式：

java.net.ServerSocket 常用的建構子與函數

| 建構子 | 主要功能 |
| --- | --- |
| ServerSocket(int port) | 以埠號 port 等待建立 server socket 連線 |

| 函數 | 主要功能 |
| --- | --- |
| Socket accept() | 監控客戶端的請求。當客戶端有請求時，便建立 socket 物件與客戶端連繫 |
| void close() | 關閉 socket |

java.net.Socket 常用的建構子與函數

| 建構子 | 主要功能 |
|---|---|
| Socket() | 建立 socket 物件 |
| Socket(InetAddress address, int port) | 根據 IP 位址與埠號建立 socket 物件 |

| 函數 | 主要功能 |
|---|---|
| void close() | 關閉 socket 連線 |
| InetAddress getInetAddress() | 取得 socket 所連線的 IP 位址 |
| InetAddress getLocalAddress() | 取得 socket 連線的本地端 IP 位址 |
| InputStream getInputStream() | 取得 socket 連線的輸入串流 |
| OutputStream getOutputStream() | 取得 socket 連線的輸出串流 |
| int getLocalPort() | 取得 socket 連線的本地端埠號 |
| int getPort() | 取得 socket 連線時遠端的埠號 |

接下來的兩個範例說明如何建立伺服端與客戶端的程式。

### 建立 Server 端的伺服程式

本範例將建立一個 server 端的伺服端程式，它可以等候 client 端的請求，一旦 client 端和伺服器連上線，伺服器就會建立一個 socket 物件，並透過它來傳送字串給 client 端的電腦。程式的撰寫如下：

```
01  // Ch18_6, 建立 Server 端的伺服程式
02  import java.net.*;
03  import java.io.*;
04  public class Ch18_6{
05    public static void main(String args[]){
06      try{
07        ServerSocket svs=new ServerSocket(2525);
08
09        System.out.println("等候客戶端的請求中...");
10        Socket s=svs.accept();    // 等候客戶端的請求
11        System.out.println("客戶端已和本機連上線...");
12
13        OutputStream out=s.getOutputStream();   // 取得輸出串流
14        String str="Honor shows the man.";
15        System.out.println("資料正在傳送中...");
```

```
16        out.write(str.getBytes()); // 將字串轉成 Byte 陣列，再寫入串流中
17        out.close();    // 關閉輸出串流
18        s.close();// 關閉 socket
19        svs.close();
20        System.out.println("資料傳送完畢...");
21     }
22     catch(Exception e){
23        System.out.println("發生了"+e+"例外");
24     }
25   }
26 }
```

於本範例中，第 7 行把 server socket 建立在埠號 2525 上，第 10 行呼叫 accept() 函數，等候客戶端的請求。當客戶端提出請求，accept() 會傳回一個 socket 物件，並讓變數 s 指向它。第 13 行利用 s 取得輸出串流，第 16 行將字串轉成 byte 型態的陣列後，再寫入輸出串流。第 17~19 行分別關閉輸出串流與伺服器端的 socket 物件。

值得一提的是，埠號共有 0~65535 可供使用，其中埠號 0~1023 為系統所保留，因此可讓使用者自行設定的埠號只有 1024~65535。

此時如果執行 Ch18_6，由於尚未撰寫客戶端的程式碼，accept() 不會接受到客戶端的請求，所以本範例的執行結果只會在螢幕中出現 "等候客戶端的請求中..." 字串。

### 建立 Client 端的伺服程式

Ch18_6 建立一個伺服器端的程式，但單單有它還是動不起來，因為它必須接受客戶端的程式的請求，才會有後續的處理步驟。

接下來是一個客戶端的程式，它可對伺服器端的程式送出請求，然後接收由伺服器端送出的檔案。客戶端程式的撰寫如下：

```
01  // Ch18_7, 建立 Client 端的伺服程式
02  import java.net.*;
03  import java.io.*;
04  public class Ch18_7{
05      public static void main(String args[]){
06          byte buff[]=new byte[1024];              // 建立 byte 型態的陣列
07          try{
08              System.out.println("正在與伺服器建立連線...");
09              Socket s=new Socket("127.0.0.1",2525);    // 建立 socket 物件
10              System.out.println("已經與伺服器取得連線...");
11              InputStream in=s.getInputStream();    // 建立輸入串流
12              int n=in.read(buff);      // 從串流讀入資料
13              System.out.print("從伺服端收到: ");
14              System.out.println (new String(buff,0,n));// 印出讀入的內容
15              in.close();
16              s.close();
17          }
18          catch(Exception e){
19              System.out.println("發生了"+e+"例外");
20          }
21      }
22  }
```

於 Ch18_7 中，第 9 行針對埠號為 2525，IP 為 127.0.0.1 的伺服器建立一個 socket 連線。此處 127.0.0.1 代表 local host，也就是執行 Ch18_6 的電腦位址。如果 Ch18_6 的程式碼是放在不同電腦裡執行，第 9 行的 IP 就必須填上存放 Ch18_6 的電腦的 IP。

一旦針對埠號 2525 與 IP 127.0.0.1 的伺服器建立 socket 連線，伺服器端的程式（Ch18_6）便開始傳送字串。此時第 11 行會建立輸入串流，第 12 行開始接受由伺服器端傳送過來的字串。讀入的內容由第 14 行輸出，最後第 15 與 16 行分別關閉輸入串流與 socket 物件，如此便完成整個傳檔的程序。

接下來請參考 12.5 章的內容，將 Ch18_6 建立工作區，並將 Ch18_7 新增至 Ch18_6 工作區中，如此才能執行伺服器端（Ch18_6）與客戶端（Ch18_7）的程式。建立工作區完成後的 VSCode 檔案總管如下圖：

此時，您必須先執行伺服器端的程式，然後再執行客戶端的程式。切換到 Ch18_6 程式標籤，按下執行鈕會出現如下面的執行結果：

```
/* Ch18_6 OUTPUT----------------
等候客戶端的請求中...
-------------------------------*/
```

此時再切換至 Ch18_7 的程式標籤，按下執行鈕則會出現如下的執行結果：

```
/* Ch18_7 OUTPUT----------------
正在與伺服器建立連線...
已經與伺服器取得連線...
從伺服端收到: Honor shows the man.
-------------------------------*/
```

本章簡單地介紹 Java 網路功能的使用，從中可以瞭解到 Java 是如何建立網路的連線，以及如何建立簡單的主從式架構。網路的應用層面相當的廣泛，許多工作的進行都需要藉由網路來運作，例如分散式運算（以網路連接多部電腦協同運作）、網路遊戲、即時影音傳輸、遠端監控、P2P（電腦點對點的共享）等等。現在您已具備 Java 網路的基礎，未來這些應用層面就有待您去開拓。

# 第十八章 習 題

## 18.1 網址與 InetAddress 類別的使用

1.   試撰寫一 Swing 視窗，內含一個 JLabel 與兩個 JButton 物件，使得當「Host name」按鈕按下時，JLabel 物件上會顯示出您現在所執行電腦的 host name，當「Host address」按鈕按下時，JLabel 物件上會顯示出電腦的 IP 位址，其中視窗內元件的配置如下：

2. 試撰寫一 Swing 視窗程式,可依據 host name 來查詢它所對應的 IP 位址,輸入 host name 的 JTextField 物件預設值為 www.udn.com,下圖為視窗內元件的配置與參考的執行結果:

## 18.2 認識 URL

3. 試撰寫 Swing 視窗,其中配置了一個按鈕與文字區物件,當按鈕按下時,便能取得 poem.txt,並將它顯示在文字區中,視窗內元件的配置如下所示:

4. 試修改習題 3,使得文字區內先顯示 poem.txt 的檔案大小(佔多少 bytes),然後再顯示 poem.txt 的內容。執行結果請參考下圖:

5. 試撰寫一視窗程式，可輸入網址或是檔案的名稱位置，來查詢它的 URL 檔案大小與類型，其中視窗內元件的配置如下所示：

6. 試將 Ch18_5 改寫成視窗程式，只要按下「open connection」按鈕，即可取得 URL 檔案的大小與類型。視窗內元件的配置與執行結果如下所示：

## 18.3 建立主從架構程式 -- 使用 Socket 類別

7. 試以 Swing 視窗介面來撰寫 Ch18_6 與 Ch18_7。視窗內元件的配置與執行結果如下所示：

8. 試設計二個 Swing 視窗，一個是客戶端，一個是伺服端。當客戶端接收到伺服端所傳送的 "No pain, no gain." 後，會由客戶端傳送 "received" 字串給伺服端，同時在客戶端的 Swing 視窗中顯示 "已回報到伺服端..." 字串；當伺服端接收到 "received" 字串後，會顯示出 "已收到回報..." 與 "資料傳送完畢..." 字串。視窗內元件的配置與執行結果請參考下圖：

9. 試撰寫 Swing 視窗介面的 client-server 架構。請由客戶端輸入一個字串,當客戶端發送這個字串給伺服端後,伺服端也會發送相同的字串給伺服端。視窗內元件的配置與執行結果請參考下圖:

❖

第十八章 習題

# 附錄 A  ASCII 碼表

| 十進位 | 二進位 | 八進位 | 十六進位 | ASCII | 按鍵 |
|---|---|---|---|---|---|
| 0 | 0000000 | 00 | 00 | NUL | Ctrl+l |
| 1 | 0000001 | 01 | 01 | SOH | Ctrl+A |
| 2 | 0000010 | 02 | 02 | STX | Ctrl+B |
| 3 | 0000011 | 03 | 03 | ETX | Ctrl+C |
| 4 | 0000100 | 04 | 04 | EOT | Ctrl+D |
| 5 | 0000101 | 05 | 05 | ENQ | Ctrl+E |
| 6 | 0000110 | 06 | 06 | ACK | Ctrl+F |
| 7 | 0000111 | 07 | 07 | BEL | Ctrl+G |
| 8 | 0001000 | 10 | 08 | BS | Ctrl+H，Backspace |
| 9 | 0001001 | 11 | 09 | HT | Ctrl+I，Tab |
| 10 | 0001010 | 12 | 0A | LF | Ctrl+J，Line Feed |
| 11 | 0001011 | 13 | 0B | VT | Ctrl+K |
| 12 | 0001100 | 14 | 0C | FF | Ctrl+L |
| 13 | 0001101 | 15 | 0D | CR | Ctrl+M，Return |
| 14 | 0001110 | 16 | 0E | SO | Ctrl+N |
| 15 | 0001111 | 17 | 0F | SI | Ctrl+O |
| 16 | 0010000 | 20 | 10 | DLE | Ctrl+P |
| 17 | 0010001 | 21 | 11 | DC1 | Ctrl+Q |
| 18 | 0010010 | 22 | 12 | DC2 | Ctrl+R |
| 19 | 0010011 | 23 | 13 | DC3 | Ctrl+S |
| 20 | 0010100 | 24 | 14 | DC4 | Ctrl+T |
| 21 | 0010101 | 25 | 15 | NAK | Ctrl+U |
| 22 | 0010110 | 26 | 16 | SYN | Ctrl+V |
| 23 | 0010111 | 27 | 17 | ETB | Ctrl+W |
| 24 | 0011000 | 30 | 18 | CAN | Ctrl+X |
| 25 | 0011001 | 31 | 19 | EM | Ctrl+Y |
| 26 | 0011010 | 32 | 1A | SUB | Ctrl+Z |
| 27 | 0011011 | 33 | 1B | ESC | Esc，Escape |

| 十進位 | 二進位 | 八進位 | 十六進位 | ASCII | 按鍵 |
|--------|--------|--------|----------|-------|------|
| 28 | 0011100 | 34 | 1C | FS | Ctrl+\ |
| 29 | 0011101 | 35 | 1D | GS | Ctrl+] |
| 30 | 0011110 | 36 | 1E | RS | Ctrl+= |
| 31 | 0011111 | 37 | 1F | US | Ctrl+- |
| 32 | 0100000 | 40 | 20 | SP | Spacebar |
| 33 | 0100001 | 41 | 21 | ! | ! |
| 34 | 0100010 | 42 | 22 | " | " |
| 35 | 0100011 | 43 | 23 | # | # |
| 36 | 0100100 | 44 | 24 | $ | $ |
| 37 | 0100101 | 45 | 25 | % | % |
| 38 | 0100110 | 46 | 26 | & | & |
| 39 | 0100111 | 47 | 27 | ' | ' |
| 40 | 0101000 | 50 | 28 | ( | ( |
| 41 | 0101001 | 51 | 29 | ) | ) |
| 42 | 0101010 | 52 | 2A | * | * |
| 43 | 0101011 | 53 | 2B | + | + |
| 44 | 0101100 | 54 | 2C | , | , |
| 45 | 0101101 | 55 | 2D | − | − |
| 46 | 0101110 | 56 | 2E | . | . |
| 47 | 0101111 | 57 | 2F | / | / |
| 48 | 0110000 | 60 | 30 | 0 | 0 |
| 49 | 0110001 | 61 | 31 | 1 | 1 |
| 50 | 0110010 | 62 | 32 | 2 | 2 |
| 51 | 0110011 | 63 | 33 | 3 | 3 |
| 52 | 0110100 | 64 | 34 | 4 | 4 |
| 53 | 0110101 | 65 | 35 | 5 | 5 |
| 54 | 0110110 | 66 | 36 | 6 | 6 |
| 55 | 0110111 | 67 | 37 | 7 | 7 |
| 56 | 0111000 | 70 | 38 | 8 | 8 |
| 57 | 0111001 | 71 | 39 | 9 | 9 |
| 58 | 0111010 | 72 | 3A | : | : |

| 十進位 | 二進位 | 八進位 | 十六進位 | ASCII | 按鍵 |
|---|---|---|---|---|---|
| 59 | 0111011 | 73 | 3B | ; | ; |
| 60 | 0111100 | 74 | 3C | < | < |
| 61 | 0111101 | 75 | 3D | = | = |
| 62 | 0111110 | 76 | 3E | > | > |
| 63 | 0111111 | 77 | 3F | ? | ? |
| 64 | 1000000 | 100 | 40 | @ | @ |
| 65 | 1000001 | 101 | 41 | A | A |
| 66 | 1000010 | 102 | 42 | B | B |
| 67 | 1000011 | 103 | 43 | C | C |
| 68 | 1000100 | 104 | 44 | D | D |
| 69 | 1000101 | 105 | 45 | E | E |
| 70 | 1000110 | 106 | 46 | F | F |
| 71 | 1000111 | 107 | 47 | G | G |
| 72 | 1001000 | 110 | 48 | H | H |
| 73 | 1001001 | 111 | 49 | I | I |
| 74 | 1001010 | 112 | 4A | J | J |
| 75 | 1001011 | 113 | 4B | K | K |
| 76 | 1001100 | 114 | 4C | L | L |
| 77 | 1001101 | 115 | 4D | M | M |
| 78 | 1001110 | 116 | 4E | N | N |
| 79 | 1001111 | 117 | 4F | O | O |
| 80 | 1010000 | 120 | 50 | P | P |
| 81 | 1010001 | 121 | 51 | Q | Q |
| 82 | 1010010 | 122 | 52 | R | R |
| 83 | 1010011 | 123 | 53 | S | S |
| 84 | 1010100 | 124 | 54 | T | T |
| 85 | 1010101 | 125 | 55 | U | U |
| 86 | 1010110 | 126 | 56 | V | V |
| 87 | 1010111 | 127 | 57 | W | W |
| 88 | 1011000 | 130 | 58 | X | X |
| 89 | 1011001 | 131 | 59 | Y | Y |

| 十進位 | 二進位 | 八進位 | 十六進位 | ASCII | 按鍵 |
|---|---|---|---|---|---|
| 90 | 1011010 | 132 | 5A | Z | Z |
| 91 | 1011011 | 133 | 5B | [ | [ |
| 92 | 1011100 | 134 | 5C | \ | \ |
| 93 | 1011101 | 135 | 5D | ] | ] |
| 94 | 1011110 | 136 | 5E | ^ | ^ |
| 95 | 1011111 | 137 | 5F | _ | _ |
| 96 | 1100000 | 140 | 60 | ` | ` |
| 97 | 1100001 | 141 | 61 | a | a |
| 98 | 1100010 | 142 | 62 | b | b |
| 99 | 1100011 | 143 | 63 | c | c |
| 100 | 1100100 | 144 | 64 | d | d |
| 101 | 1100101 | 145 | 65 | e | e |
| 102 | 1100110 | 146 | 66 | f | f |
| 103 | 1100111 | 147 | 67 | g | g |
| 104 | 1101000 | 150 | 68 | h | h |
| 105 | 1101001 | 151 | 69 | i | i |
| 106 | 1101010 | 152 | 6A | j | j |
| 107 | 1101011 | 153 | 6B | k | k |
| 108 | 1101100 | 154 | 6C | l | l |
| 109 | 1101101 | 155 | 6D | m | m |
| 110 | 1101110 | 156 | 6E | n | n |
| 111 | 1101111 | 157 | 6F | o | o |
| 112 | 1110000 | 160 | 70 | p | p |
| 113 | 1110001 | 161 | 71 | q | q |
| 114 | 1110010 | 162 | 72 | r | r |
| 115 | 1110011 | 163 | 73 | s | s |
| 116 | 1110100 | 164 | 74 | t | t |
| 117 | 1110101 | 165 | 75 | u | u |
| 118 | 1110110 | 166 | 76 | v | v |
| 119 | 1110111 | 167 | 77 | w | w |
| 120 | 1111000 | 170 | 78 | x | x |

| 十進位 | 二進位 | 八進位 | 十六進位 | ASCII | 按鍵 |
|---|---|---|---|---|---|
| 121 | 1111001 | 171 | 79 | y | y |
| 122 | 1111010 | 172 | 7A | z | z |
| 123 | 1111011 | 173 | 7B | { | { |
| 124 | 1111100 | 174 | 7C | \| | \| |
| 125 | 1111101 | 175 | 7D | } | } |
| 126 | 1111110 | 176 | 7E | ~ | ~ |
| 127 | 1111111 | 177 | 7F | Del | Del，Rubout |

❖ ASCII 碼表

# 附錄 B　事件處理類別

本附錄列出於本書裡所介紹到的事件類別、事件傾聽者介面，與傾聽者介面裡所提供的函數的整理，以方便讀者查閱。

事件類別、事件傾聽者介面與傾聽者介面裡所提供的函數

| 事件類別 | 傾聽者介面 | 傾聽者介面所提供的事件處理者 |
|---|---|---|
| ActionEvent | ActionListener | actionPerformed(ActionEvent e) |
| AdjustmentEvent | AdjustmentListener | adjustmentValueChanged(AdjustmentEvent e) |
| ItemEvent | ItemListener | itemStateChanged(ItemEvent e) |
| KeyEvent | KeyListener | keyTyped(KeyEvent e)<br>keyPressed(KeyEvent e)<br>keyReleased(KeyEvent e) |
| MouseEvent | MouseListener | mouseClicked(MouseEvent e)<br>mouseEntered(MouseEvent e)<br>mouseExited(MouseEvent e)<br>mousePressed(MouseEvent e)<br>mouseReleased(MouseEvent e) |
| | MouseMotionListener | mouseDragged(MouseEvent e)<br>mouseMoved(MouseEvent e) |
| TextEvent | TextListener | textValueChanged(TextEvent e) |
| WindowEvent | WindowListener | windowActivated(WindowEvent e)<br>windowClosed(WindowEvent e)<br>windowClosing(WindowEvent e)<br>windowDeactivated(WindowEvent e)<br>windowDeiconified(WindowEvent e)<br>windowIconified(WindowEvent e)<br>windowOpened(WindowEvent e) |
| ListSelectionEvent | ListSelectionListener | valueChanged(ListSelectionEvent e) |

KeyListener 介面裡宣告的函數

| KeyListener 介面的函數 | 功能說明 |
|---|---|
| keyPressed(KeyEvent e) | 按下按鍵事件 |
| keyReleased(KeyEvent e) | 放開按鍵事件 |
| keyTyped(KeyEvent e) | 字元輸入事件，即按下按鍵與放開按鍵這一整個事件，但不包括鍵入 Action Key |

視窗物件可能產生事件的對應關係表

| 事件來源者 | 產生事件的類別型態 | 加入傾聽者函數 |
|---|---|---|
| Button<br>JButton | ActionEvent | addActionListener() |
| CheckBox<br>JCheckBox<br>JRadioButton | ActionEvent、ItemEvent | addActionListener()<br>addItemListener() |
| JList | ListSelectionEvent | addListSelectionListener() |
| MenuItem | ActionEvent | addActionListener() |
| Scrollbar | AdjustmentEvent | addAdjustmentListener() |
| TextArea | TextEvent | addTextListener() |
| TextField | TextEvent | addTextListener() |
| Window | WindowEvent | addWindowListener() |
| 滑鼠 | MouseEvent | addMouseListener()<br>addMouseMotionListener() |

事件轉接器類別 （Adapter class）

| 事件轉接器類別 | 實作的事件介面 |
|---|---|
| KeyAdapter | KeyListener |
| MouseAdapter | MouseListener |
| MouseMotionAdapter | MouseMotionListener |
| WindowAdapter | WindowListener |

MouseListener 介面裡宣告的函數

| MouseListener 介面的函數 | 功能說明 |
|---|---|
| mouseClicked(MouseEvent e) | 在事件來源物件的上方按一下滑鼠按鍵（此動作包括按下與放開兩個程序） |
| mouseEntered(MouseEvent e) | 滑鼠的指標進入事件的來源物件 |
| mouseExited(MouseEvent e) | 滑鼠的指標移出事件的來源物件 |
| mousePressed(MouseEvent e) | 按下滑鼠的任一個按鍵 |
| mouseReleased(MouseEvent e) | 放開滑鼠被按下的按鍵 |

WindowListener 介面裡宣告的函數

| WindowListener 介面的函數 | 事件說明 |
|---|---|
| windowActivated(WindowEvent e) | 視窗由「非作用中視窗」變成「作用中視窗」 |
| windowClosed(WindowEvent e) | 視窗已被關閉 |
| windowClosing(WindowEvent e) | 使用者企圖關閉視窗時。此事件是發生在按下視窗關閉鈕時，因此通常會利用這個時機讓使用者確定是否要關閉 |
| windowDeactivated(WindowEvent e) | 視窗由「作用中視窗」變成「非作用中視窗」 |
| windowDeiconified(WindowEvent e) | 視窗由最小化狀態變成一般狀態 |
| windowIconified(WindowEvent e) | 視窗由一般狀態變成最小化狀態 |
| windowOpened(WindowEvent e) | 視窗開啟時 |

MouseMotionListener 介面裡宣告的函數

| MouseMotionListener 介面的函數 | 功能說明 |
|---|---|
| mouseDragged(MouseEvent e) | 當滑鼠在事件的來源物件上方拖曳 |
| mouseMoved(MouseEvent e) | 當滑鼠在事件的來源物件上方移動 |

❖

事件處理類別

# 中文索引

# 英文索引

索引

❖

英文索引

The Path to Professionalism

The Path to Professionalism

# Java 教學手冊

著作人　　　　洪維恩

發行人　　　　施威銘

發行所　　　　旗標科技股份有限公司

　　　　　　　台北市杭州南路一段15-1號19樓

電話　　　　　(02)2396-3257(代表號)

傳真　　　　　(02)2321-2545

劃撥帳號　　　1332727-9

帳戶　　　　　旗標科技股份有限公司

新台幣售價：　680 元

西元 2024 年 3 月 六版 2 刷

行政院新聞局核准登記 - 局版台業字第 4512 號

ISBN　978-986-312-753 6

學生團體訂購專線：(02) 2396-3257 轉 362 / 傳真專線：(02) 2321-2545